Kassung · Mersmann · Rader (Hrsg.)

# ZOOLOGICON

Christian Kassung · Jasmin Mersmann
Olaf B. Rader (Hrsg.)

# ZOOLOGICON

Ein kulturhistorisches Wörterbuch der Tiere

Wilhem Fink

Umschlaggestaltung: Gregor Kasper
Buchstaben aus Joseph-Balthazar Silvestre: Tieralphabet, 1834.
In: Robert Massin: Buchstabenbilder und Bildalphabete.
Ravensburg: Otto Maier 1970. S. 82, Abb. 226.

Bibliografische Information der Deutschen Nationalbibliothek

Die Deutsche Nationalbibliothek verzeichnet diese Publikation in der Deutschen Nationalbibliografie; detaillierte bibliografische Daten sind im Internet über http://dnb.d-nb.de abrufbar.


(Wilhelm Fink GmbH & Co. Verlags-KG, Jühenplatz 1, D-33098 Paderborn)

Internet: www.fink.de

Satz / Layout: younow.me design, Berlin
Printed in Germany
Herstellung: Ferdinand Schöningh GmbH & Co KG, Paderborn
ISBN 978-3-7705-5454-6

Für Thomas Macho

# INHALT

# VORWORT

Christian Kassung, Jasmin Mersmann, Olaf B. Rader

Dass der Mensch 99,4 Prozent seines Erbguts mit dem Schimpansen teilt, mag noch gar nicht einmal so stark verwundern. Immerhin sehen sie uns – oder wir ihnen – doch ziemlich ähnlich. Und sogar in manchen ihrer Verhaltensweisen erkennen wir uns wieder. So vergleicht der frühneuzeitliche Jesuit Baltasar Gracián zwar den dreißigjährigen Menschen mit einem Löwen und den sechzigjährigen mit einem Hund, den Greis jedoch mit dem Affen. Weitaus bedrohlicher aber dürfte sein, dass unsere genetische Verwandtschaft mit Fruchtfliegen oder Blattwürmern immer noch bei 48 Prozent liegt. Wer möchte sich schon mit den Quälgeistern in der Nähe gegorenen Obstes vergleichen, die die spätsommerlichen Küchen bevölkern?

Dieses ebenso verstörende wie die Phantasie anregende Verwandtschaftsverhältnis hat der Kulturhistoriker und Philosoph Thomas Macho, der sich bereits seit vielen Jahrzehnten mit der Kulturgeschichte der Tiere beschäftigt, in dem Satz zusammengefasst: Über Tiere lässt sich nicht reden, ohne auch über den Menschen zu sprechen. Wobei wir, wenn wir von Tieren reden, zumeist nicht Insekten oder Amöben meinen, sondern eben nur jene Tiere, die uns in Größe und Verhalten irgendwie ähnlich sind. Einmal ganz zu schweigen von den Tierformen, die das Grenzdreieck zwischen Tieren, Pflanzen und Nichtlebendigem bevölkern.

Dabei war die Philosophie über Jahrhunderte, wie Machos Forschungen immer wieder unterstreichen, gar nicht wirklich daran interessiert, prinzipielle Unterschiede zwischen Menschen und Tieren hervorzuheben. Aristoteles beispielsweise machte diese Differenz am Willen zur Staatenbildung fest. In seiner vielzitierten Konzeption vom *zoon politicon* formulierte er keinen prinzipiellen Unterschied, sondern charakterisierte die Menschen eben als »staatenbildende Lebewesen« – ähnlich wie die Bienen, Termiten oder Ameisen. Auch im Mittelalter fand man nichts dabei, Schweinen oder Hunden wie Menschen den Prozess zu machen und sie zur Strafe an den Galgen zu bringen. Die Gegenüberstellung von Menschen und Tieren versteht sich keineswegs von selbst, sie ist eine kulturelle Zuschreibung. Im Grunde ist sie das Resultat einer Anthropologie der Aufklärung. Begleitet wurde sie von der fortschrittsoptimistischen Vorstellung, dass Menschen die besseren Tiere oder andersherum – in einer romantischen Idealisierung – dass Tiere die besseren Menschen seien.

Eine Kulturgeschichte der Tiere, ihr gleichsam kulturelles Leben, hat also immer mit uns selbst zu tun: mit unseren Selbstentwürfen, unseren Krisenerfahrungen, unseren Utopien und unserer Realitätsaneignung. Dies immer wieder in einer wissenschaftlichen Öffentlichkeit propagiert zu haben, ist eines der großen Verdienste von Thomas Macho, der in diesem Jahr seinen sechzigsten Geburtstag feiert. Um dem Jubilar eine Freude zu machen, haben wir ein wenig in seinem eigenen Forschungsterrain gewildert. Entstanden ist eine Sammlung kurzer essayistischer Texte, in denen jeweils ein Tier in seinem kulturellen Kontext beleuchtet oder besser angeleuchtet wird. Darunter sind solche, die wir für gewöhnlich als *normale* Tiere ansehen, wie etwa die Kuh, das Schaf oder das Pferd, oder auch die Fliege, die Motte und den Silberfisch. Es sind aber auch wundersame Geschöpfe darunter, wie etwa Godzilla, Pink Panther oder Medusa. Das Virus oder das Radiotier berühren dann schon den Bereich des artifiziellen Lebens, wie es Thomas Macho in seinem Text »Tiere Menschen Maschinen: Zur Kritik der Anthropologie« (2007) beschrieben hat. Vor allem ein Tier aber darf in diesem Band nicht fehlen: der Mensch selbst.

Übersetzt man *zoon* eher als »Lebewesen« denn als »Tier«, dann bezeichnen »Zoologiken« für Thomas Macho verschiedene Wissensordnungen und Typologien, mit deren Hilfe sich Lebewesen, also Menschen wie Tiere, systematisieren lassen. In diesem Sinn haben die Herausgeber *ein* »Zoologicon« konzipiert, das Texte von Freunden, Schülern und Kollegen, von Philosophen, Kunst- und Kulturhistorikern, Medientheoretikern, Künstlern und Soziologen versammelt. Jeder dieser Texte markiert eine doppelte Differenz: Was zeichnet dieses Tier in seiner Kulturgeschichte gegenüber anderen Tieren aus und warum fiel die Wahl des Autors oder der Autorin auf dieses und nicht auf jenes Tier? Jeder Essay ist insofern auch ein sehr persönliches Geschenk an Thomas Macho.

Das »Zoologicon« kann und will deshalb auch weder vollständig noch repräsentativ sein. Es ist kein Katalog und keine Dokumentation eines Zoos, vielmehr ein gemeinsamer Ausflug in einen Tiergarten anlässlich eines Geburtstags.

Der moderne Zoo, wie wir ihn kennen, entstand erst im späten 18. Jahrhundert. Zuvor wurden Tiere als feudale Prestigeobjekte gesammelt, getauscht oder verschenkt. Sie wurden in privaten Gehegen gehalten, jedoch zumeist nur auf Umzügen oder im Rahmen kurzfristiger Schaustellungen präsentiert. Eine spektakuläre Menagerie unterhielt beispielsweise Friedrich II., der Sizilianer auf dem römisch-deutschen Kaiserthron: Wie Karl der Große besaß er sogar einen Elefanten. Als er 1235 mit seinen Kamelen, Geparden, Affen und Falken, die von Sarazenen bewacht wurden, nördlich der Alpen erschien, brauchte er nicht einmal ein Heer, um einen Aufruhr niederzuschlagen. Seine exotischen Tiere reichten, um die Unterwerfung zu erzwingen; die Macht der Menagerie also. In den Städten der Renaissance – in Neapel, Parma, Ferrara und vor allem Florenz – gab es ebenfalls Tiergehege zu Repräsentationszwecken. Ab der Mitte des 18. Jahrhunderts traten in Mitteleuropa bereits Wandermenagerien auf. Zwar wurde der Begriff des »Zoologischen Gartens« in England geprägt, doch erst die Gestaltung des Jardin des Plantes zu einem idyllischen Landschaftsgarten mit integrierter Tierhaltung in den ersten Jahrzehnten des 19. Jahrhunderts führte zu dem, was wir heute unter einem Tiergehege verstehen.

Ein solches modernes Gehege ist das »Zoologicon« nicht, eher eine barocke Wunderkammer. Bereits die erste Ausgabe des zwischen 1863 und 1869 erschienenen »Thierlebens« von Alfred Edmund Brehm umfasste immerhin sechs Bände. Täglich werden neue Tierarten entdeckt, deren Anzahl in die Millionen geht. Immerhin: Säugetiere gibt es nur einige tausend, doch wie viele genau, weiß niemand. Thomas Macho schrieb einmal in einer Rezension zu einem Tierbuch: »Ein Buch ist keine Arche Noah«, und man könnte ergänzen: Eine Arche Noah gibt es nicht. Wohl aber einen Ausflug in die Wunderkammer der Tiere, in einen Tiergarten voller überraschender und persönlicher Geschichten. Dies möchte der vorliegende Band sein, zum Glückwunsch an den Jubilar und in Erwartung weiterer Tierbücher aus seiner Feder. Dabei gilt unser Dank Raimar Zons und den Mitarbeitern des Wilhelm Fink Verlags, die das Projekt sehr großzügig unterstützt haben. Für den gelungenen Buchsatz danken wir Gregor Kasper, für die unermüdlichen Arbeiten an den Texten Christiane Gaedicke, Birgit Lettmann und Una Ulrike Schäfer. Dass die Philosophische Fakultät III der Humboldt-Universität zu Berlin diesem Buch finanziell unter die Arme gegriffen hat, ist ein Zeichen für die hohe Wertschätzung, die Thomas Macho sowohl von seinen Kollegen wie von der Institution entgegengebracht wird. In diesem Sinne gilt unser aller Dank schließlich dem Jubilar selbst.

Berlin, 2. Juli 2012, die Herausgeber

# A

# AASGEIER, DER

(*Neophron percnopterus* LINNAEUS, 1758; engl. *Egyptian vulture;* frz. *percnoptère*)

Tina Weber

Um es gleich vorweg zu sagen: Die Wahl meines Tieres hat allein mit den Anfangsbuchstaben meines Nachnamens (Weber) und meines Lieblingstiers (Wal) zu tun. Um wenigstens einmal ganz vorne im Buch zu stehen und den Anfang gleich mit dem Ende zu verknüpfen, habe ich mich für den Aasgeier entschieden. Mit der Trivialbezeichnung werden all jene Geier benannt, die sich hauptsächlich von Aas ernähren.

Beginnen möchte ich mit dem altbekannten Kalauer: »Es gibt noch eine Steigerung von tot, nämlich ausgestorben.« Viele Aasgeier, insbesondere die Altweltgeier (Südeuropa, Afrika und Asien) stehen auf der Liste gefährdeter Arten, wie auch einige Neuweltgeier (Mittel- und Südamerika, USA). Ich werde mich den europäischen Aasgeiern widmen, deren Populationszahlen erfreulicherweise seit einiger Zeit wieder ansteigen, und die deshalb nach dem Lesen dieses Essays bei Sichtung auch ornithologisch korrekt kategorisiert werden können. Zunächst möchte ich aber nach eingehender Erforschung des Vogels den landläufigen Meinungen entgegentreten, der Aasgeier sei ein gar zu abscheuliches Tier. Ein kurzer, mit ornithologischen Fakten angereicherter kulturhistorischer Abriss belegt im Gegenteil auch das positive Renommee des Aasgeiers als Totengräber, Muttertier und Lebensspender.

Vor vier Jahrtausenden, im alten Ägypten, war der Aasgeier die erste geschützte Spezies weltweit. Sogar die Todesstrafe wurde für die mutwillige Tötung eines Aasgeiers als angemessen erachtet, schließlich vertilgte er Kadaver und trug so zur Hygiene und Gesundheit der Bevölkerung bei. Da in einigen Kulturen das Berühren von toten Körpern tabuisiert war, leistete er sogar einen notwendigen Dienst, der ihm gleichzeitig zwiespältige Emotionen einbrachte. Viele Aasgeier stehen heute dennoch auf der Roten Liste und das, obwohl sie nur wenige tierische Feinde besitzen und – entgegen allgemeiner Zuschreibungen – eher ängstliche Zeitgenossen sind. Ihre Abwehrtaktik

<< Abb.: Ernst Rose: Altweltgeier (Detail), 2010 © Ernst Rose, Pixelio.de

besteht zumeist in der Flucht – beim Truthahngeier nach einem so genannten *projectile vomiting*, also einem explosiven Erbrechen auf den Widersacher. Das Erbrochene kann aus Fleischresten bestehen, die sich in jedem möglichen Verfallsstadium befinden und aus toten Tieren stammen. Mit ihren kahlen Köpfen und Schnäbeln können Aasgeier Fleischstücke aus Kadavern reißen, und weil deren Bakterien nur schwer an den kahlen Köpfen haften bleiben bzw. spätestens beim Sonnenbaden vom Sonnenlicht abgetötet werden, kommt es nicht zu Infektionen. Der Legende nach verdankt der Vogel sein Aussehen jedoch dem alttestamentarischen König Salomon: Weil die Vögel ihn nicht vor der Sonne abschirmten, bestrafte er sie mit einem kahlen Kopf, damit die Hitze der Sonne, der beißende Wind und der schlagende Regen ihnen Gleiches antun würde.

> Der Mönchsgeier: Neben dem Bartgeier ist der Mönchsgeier, auch Black Vulture genannt, der größte Aasgeier. Er besitzt ein Gewicht von bis zu 12,5 kg, eine Körperlänge von bis zu 1,10 m und eine Flügelspannweite von bis zu 2,95 m, womit er tatsächlich Schatten spenden könnte. Wenige Zentimeter größer ist nur noch der Andenkondor als größter flugfähiger Vogel. (vgl. Baumgart 2001)

Im alten Ägypten trat das Bild des Schmutzgeiers als ›Henne der Pharaonen‹ in Erscheinung: eine ebenso zurückhaltende wie gesellige und schlaue Art von Aasgeier.

> Der Schmutzgeier: Der kleinste der europäischen Geier verbringt seinen Tag gerne dösend, verdauend oder putzend auf dem Felsen. Er hält sein Federkleid penibel sauber, aber sein Nest ist randvoll mit unreinen Nahrungsresten, bestehend aus Kadavern, aber auch Abfall und Kot. Diese Nahrungsreste kann er bis zu einer Größe von 6,4–8 cm aus einer Höhe von 1.000 Metern noch erspähen. (vgl. ebd.)

Mit seinen gewaltigen Schwingen eignete sich der Geier auch als Seelengeleiter. Die ägyptische Göttin Nekhbet wird häufig in Gemälden gezeigt, wie sie schützend mit weit ausgebreiteten Flügeln über einen König oder Pharao fliegt. Im Leben wie im Tod war diese Sicherung vonnöten, um die Seelen in der unsicheren Passage zur nächsten Welt zu beschützen.

> Der Bartgeier: Der rein tagaktive Bartgeier badet und sonnt gerne vor oder nach den Flügen, auf denen er eine Geschwindigkeit von bis zu 170 km/h erreichen kann. Im Gleitflug nutzt er thermische Aufwinde und schlägt nur selten mit den Flügeln; im Suchflug gleitet er etwa 50 m über dem Boden. Im Streckenflug aber fliegt er manchmal kilometerweit gradlinig mit hoher Geschwindigkeit dahin, um im letzten Moment mit kräftigen Flügelschlägen Hindernissen auszuweichen. Die Fluggeräusche steigern sich vom surrenden Pfeifen im Suchflug zu einem weit hörbaren Sausen und Brausen bei höherer Geschwindigkeit. (vgl. ebd.)

Im Gegensatz zur Göttin Nekhbet wurde die Göttin Mut eher mit maternalen Eigenschaften assoziiert und mit dem Körper einer Frau und dem Kopf eines Aasgeiers abgebildet. Sie bietet als Muttergöttin Schutz und Zuflucht und ist dennoch zugleich eine unheilbringende Göttin des Todes. Aasgeier waren stark mit Maternität assoziiert und symbolisierten so die Verbindung von Leben und Tod, Geburt und Wiedergeburt. Schließlich sind sie als Aasfresser in der Lage, Totes in Lebendes zu transformieren.

Die christliche, ägyptische und griechische Kultur teilten den lang verbreiteten Glauben, dass es nur weibliche Aasgeier gäbe, die durch den Wind befruchtet werden. Der Glaube entstand vermutlich dadurch, dass Aasgeier häufig ihre Nester in hohen Felsenschluchten bauen und von Menschen nicht gefunden werden konnten. Ebenso galt der Aasgeier in diesen Kulturen jedoch nicht nur als Totentier, sondern auch als Symbol von Visionen und Vorhersehung.

> Der Gänsegeier: Der Gänsegeier ist ein großer thermikabhängiger Segelflieger, der seine Nahrungsquellen lange aus der Höhe beobachtet. Nach der Landung in bis zu 100 m Entfernung und erneuter kritischer Prüfung der Situation, nähert er sich dem Kadaver. Ist eine Gruppe Aasgeier versammelt, schreitet der Ranghöchste in feierlichem Stechschritt, d.h. auffälligem Heben und Spreizen der Zehen, zum Aas. Dann erfolgt das Anschneiden: Die Haut mit den muskulösen Krallenfüßen fixierend, stößt der Geier seinen hakenförmigen Schnabel in die Bauchdecke und reißt diese mit einem kraftvollen Ruck auf. Die eindrucksvolle Szenerie wird nicht lange von ihm allein dominiert. Beim Reißen und Verschlingen liegt die Verteidigung brach, weshalb sich nun die Rangniedrigen lang-

> sam nähern, bis sich aller Respekt im Hunger verliert und der Kadaver im wüsten Gedränge, flügelschlagenden Gezanke einer Horde Aasgeier untergeht. (vgl. ebd.)

Auch in der griechischen Mythologie taucht der Aasgeier mit eher negativen Vorzeichen auf, wo er als Eton dem zur Bestrafung am kaukasischen Felsen hängenden unsterblichen Titan Prometheus täglich Stücke aus der Leber reißt, bis Herakles Prometheus befreit, indem er den Vogel erschlägt. In Herman Melvilles »Moby Dick« wird der Aasgeier als Metapher genutzt, um Kapitän Ahabs obsessive Jagd nach dem weißen Wal zu umschreiben: »Gott sei mit dir, alter Mann! Dein Sinn hat in dir ein Geschöpf erschaffen, und wer durch starkes Sinnen sich solchermaßen zum Prometheus macht, dem frisst in Ewigkeit ein Geier an dem Herzen – das nämliche Geschöpf, das er erschafft.« (Melville 2001: 333) Auch in Franz Kafkas »Der Geier« (1920) wird ein Mensch von einem Aasgeier angefallen, wobei allerdings der Aasgeier am Ende in den Unmengen der Blutströme ertrinkt.

> Der Mönchsgeier: Die Nahrung des Mönchsgeiers besteht nicht nur aus toten Tieren, sondern auch aus verletzten oder schwachen Tieren, manchmal werden sogar Menschen angegriffen. Dabei verwerten sie Gedärme und Knochen, die sogar in massivster Form im Magen abgebaut werden können. (vgl. Baumgart 2001)

Bekanntlich können sich aber auch Menschen in Geier verwandeln, nämlich wenn sie insolvent werden. Der Pleitegeier hat zwar ursprünglich gar nichts mit Geiern zu tun, sondern leitet sich vom jiddischen *plejte gejer,* Pleite-Geher, ab (*pejte* < hebr. *pelejtá*: Flucht), doch wird auch die Verbindung von Geier und Gier zu der negativen Konnotation beigetragen haben. Die Karikatur transformiert dann gern den (Bundes-)Adler in einen Aasgeier, der nicht selbst bankrott sein muss, sondern auch für den der Bürger verantwortlich gemacht wird.

Trotzdem zeigt der exemplarische Ausflug in die Kulturgeschichte, dass der schlechte Ruf des Aasgeiers nur bedingt begründbar ist. Die Assoziationen mit Tod und Leben, Göttinnen, Maternität und Visionen zeichnen ein differenziertes Bild vom Aasgeier, das nicht nur durch Angst und Schrecken, sondern durchaus auch von Respekt und Dankbarkeit geprägt ist. Es gibt heutzutage auch schon Berichte von Aasgeiern, die tatsächlich mit Menschen zusammenleben. Clem, adoptiert aus dem Center for Rehabilitation Of Wildlife in den USA, wuchs bei menschlichen Pflegeeltern auf und kehrt bis heute, obwohl tagsüber mit seinesgleichen unterwegs, jeden Abend zu ihnen zurück.

In jüngster Zeit wird der Aasgeier auch immer wieder gerne in Comics verwendet und dabei unterschiedlich charakterisiert. In der Figur des Adrian Toomes gehört er zu Spidermans ältesten und sinistren Gegnern (1963), in den »Looney Tunes« (1963) agiert er zusammen mit Bugs Bunny als liebenswürdige zweiköpfige Kreatur, Emily und Agathe. In »Lucky Luke« (1978) erscheint der Aasgeier immer zusammen mit dem Bestatter Mathias Bones und ist darauf trainiert, neue Kunden zu finden. So ähnlich imaginierte wohl auch der niedersächsische Kriminalbeamte Rainer Herrmann eine Übereinkunft von Mensch und Aasgeier, als er 2009 die Futtersuche der Tiere im Vogelpark Walsrode für einen polizeilichen Sucheinsatz zu funktionalisieren versuchte. Der daraufhin trainierte Vogel Sherlock traute sich aber dann doch nicht so recht, den Vogelpark zu verlassen und stritt sich lieber mit weiteren Schülern, Miss Marple und Columbo, so dass die Flugstaffel Walsrode bis heute den Einsatz nicht antreten konnte.

# AMEISE, DIE

(*Formicidae* LATREILLE, 1802; engl. *ant;* frz. *fourmis*)

Eva Johach

Ameisen sind Kollektivwesen: Schwärme, Superorganismen, oder auch effizient organisierte Heere – wie im Fall der berüchtigten Treiberameisen (*army ants*), bei deren regelmäßigen Raubzügen an die 100.000 Beutetiere ihr Leben lassen und die deshalb als die »Hunnen und Tartaren der Insektenwelt« bezeichnet worden sind. (Wheeler 1910: 246) Einer jener Abenteurer, die sich zu Beginn der 1920er Jahre in die Neue Welt aufmachten, um dort diese *wahren* Herrscher des Dschungels in freier Wildbahn zu studieren, war der amerikanische Naturforscher William Beebe (1877–1922). Das Abenteuer, das im Folgenden geschildert werden soll, beginnt unmittelbar an den Treppenstufen der seit 1916 in Kartabo/British Guiana ansässigen Tropical Research Station der New York Zoological Society. Wie er in seinem Buch »Edge of the Jungle« berichtet, war er bereits mehrfach der faszinierte Zeuge der Raubzüge von *army ants* geworden und hatte zudem bestaunen können, wie sie in einem Nebengebäude der Forschungsstation ihre »home town« errichteten, die aus nichts als ihren Körpern bestand – verbunden zu lebenden Brücken, Geländern und Pfeilern. Eines Abends fällt nun das Laternenlicht auf einen Trupp von Überlebenden einer *eciton*-Armee, die nach dem beutereichen Überfall auf ein Wespennest – wie es scheint, ziellos – dem Strand zumarschieren. Als Beebe am Morgen darauf erneut nach den Versprengten Ausschau hält, bietet sich ihm ein erstaunliches Bild: Die Kolonne (*column*) war auf ihr Ende getroffen und hatte sich zu einem Zirkel vereint. In einer Formation von 1.200 Fuß Durchmesser bewegten sich die Ameisen in einem »insane circle«, und die Bewegung schien an kein Ende zu kommen. Am zweiten Morgen hatten etliche ihre Beuteladung abgeworfen und der Takt hatte sich deutlich verlangsamt. Schließlich wanderten die halbtoten *ecitons* nur noch in schmaler Linie, »tired, hopeless, bewildered, idiotic and thoughtless to the least«. (Beebe 1921: 294)

<< Abb.: Anonym: ›Ameisenmühle‹ (Detail), vor 1948. In: Schneirla/Piel 1948/1972: 766

Für Beebe ergibt sich die Tragik der Szene daraus, dass er noch einen mysteriösen Kollektivgeist, ein »colony Ego« oder einen ›Armeegeist‹ (*spirit of the army*) voraussetzt, der plötzlich, scheinbar grundlos seine Dirigierfähigkeit verliert. Während dieser militärische Geist im gewöhnlichen räuberischen Leben der Tiere die erstaunlichsten Kräfte mobilisieren kann – »endless enthusiasm, illimitable energy« – so läuft er nun ins Leere. Die von ihm regierten Individuen werden nicht mehr auf ein Ziel ausgerichtet, sondern auf einen ziellosen Todesmarsch geschickt. Würde vielleicht eine zufällige Störung, ein abirrendes Individuum die Rekonfiguration der Armee herbei führen, so dass diese erstarken und erneut unter die Schirmherrschaft eines kollektiven *spirit* geraten kann? Sein Buch schließt die Akte bei offenem Ausgang.

Von einem anderen Stützpunkt aus, dem Barro Colorado Island Laboratory in Panama, macht sich der amerikanische Psychologe Theodore C. Schneirla in den 1940er Jahren daran, dem Kollektiv der *army ants* ihren mysteriösen *Geist* auszutreiben. Er wendet sich gegen die Annahme, die Manöver der Armeeameisen würden durch Befehl und Gehorsam gesteuert. Nicht nur die Vorstellung von Befehlen (denn wer sollte hier in der Lage sein, zu befehlen?), sondern auch die teleologischen Größen Zweck- und Zielgerichtetheit stehen zur Überwindung an. Was diese Armeen vorwärts treibt, sei eine Gemengelage aus externen und internen Stimuli, und bei näherem Hinsehen ähnelten ihre bewundernswerten »field operations« eher den Gesetzen der Hydraulik als denen militärischer Taktik. (Schneirla/Piel 1948/1972: 760)

Dies erweist sich für Schneirla ganz besonders, als er nach einem heftigen Regenfall mit einem ähnlichen Szenario konfrontiert wird wie Beebe: Unweit des Labors hatten sich Reste einer Armee zu einer *circular mill* vereinigt, die immer mehr Ameisen in sich hineinzog und nach und nach auf den Umfang einer Langspielplatte anwuchs. Nach 24 Stunden drehten sich lediglich noch drei Dutzend Überlebende im Kreis auf einem Schlachtfeld, das von unzähligen toten und sterbenden *ecitons* übersät war. Wie konnte es so weit kommen? Nach der von Schneirla entwickelten Theorie bilden die Schwärme von *eciton* ein soziales Kollektiv, das durch externe und interne Stimuli (Nahrungsströme und Duftspuren) zusammengehalten wird. Seine »raiding operations« beruhen auf dem Zusammenwirken zweier Impulse, dem zentrifugalen Impuls »to resume the march« und dem zentripetalen Impuls, sich an der hinterlassenen Duftspur auszurichten. Gerade die *ant mill* bringt als Störung die Regel ans Licht: Während die gegenläufigen Impulse den Schwarm im Normalfall in expansive Richtung treiben, geraten sie nun in vollendete »Geometrie«. In einer Situation, in der keinerlei externer Stimulus die Geometrie der Antagonisten stört, verstärken sich die internen Stimuli derart, dass sich die Armee buchstäblich zu Tode marschiert. (vgl. ebd.: 765)

Diese unter natürlichen Bedingungen sehr selten auftretende »Eciton calamity« sei im vollsten Sinn des griechischen Dramas als tragisch zu bezeichnen und bringe doch nichts anderes als das Wesen des Ameisenverhaltens ans Licht. Die *ant mill* kommt über die Krieger »like Nemesis, out of the very aspects of the ant's nature which most plainly characterize its otherwise successful behavior«. (ebd.) Man muss es sich auf der Zunge zergehen lassen, dass Schneirla dieses Geschehen als »ironic catastrophe« bezeichnet: Was die Ameisen in der ›Mühle‹ ereilt, ist eine Rache der Natur, die nicht von außen, sondern von innen, von den perfekt angepassten *behavior patterns* selbst ausgeht. Sobald diese, ohne Antagonist, ohne Widerstand und ohne zufällige Störung in der Reinform des Automatismus wirken können, wenden sie sich gegen ihre Exekutoren: »the masters of the jungle had become their mental prey.« (Beebe 1921: 293) Was bleibt, ist die Ironie der Katastrophe, katastrophale Ironie. Was kein noch so großes Hindernis vermochte (auf YouTube kann man im Zeitraffertempo beobachten, wie ein *eciton*-Schwarm in 21:08:47 Stunden einen Gecko skelettiert und in seine Einzelteile zerlegt), das kann der zur Mühle gewordene Schwarm an sich selbst vollbringen: seine suizidale Zerstörung. Drängen sich in Anbetracht dieser Lektion in fataler sozialer Eigendynamik nicht Brückenschläge zwischen Mensch und Ameise auf?

»The army ant suicide mill provides an excellent occasion for considering the comparative nature of social behavior and organization at the various levels from ants to men. Other animals occasionally give themselves over to analogous types of mass action. Circular mills are common among schools of herring. Stampeding cattle, sheep jumping fences blindly in column and other instances of pell-mell surging by a horde of animals are familiar phenomena. Experience tells us that men, too, can act as a mob. These analogies are the stock-in-trade of the ›herd instinct‹ schools of sociology and politics. They are cited by those who hold that emotionalized, individually degraded, regimented patterns are the rule in group behavior of mankind.« (Schneirla/Piel 1948/1972: 765)

Auch wenn die Analogien ins Auge zu springen scheinen – Schneirla ist weit davon entfernt, die Evidenz dieser scheinbaren Strukturähnlichkeit zu unterstützen und das über-emotionalisierte Verhalten von Menschen in der Ausnahmesituation des Mobs mit dem über-stereotypisierten Verhalten von Ameisen über denselben Leisten zu schlagen. Man müsse, schreibt Schneirla, hinter die augenfällige Analogie blicken: Ein singuläres, analog erscheinendes Muster könne nur in Verbindung mit anderen Faktoren des individuellen und Gruppenverhaltens etwas über das *behavior pattern* einer Spezies aussagen. Damit kann die Analogie gut humanistisch genutzt werden, um die anthropologische Differenz zu schärfen. Die *ant mill* macht ›hinter‹ der augenscheinlichen kollektiven Intelligenz das unabdingbar stereotype Verhalten der Einzelwesen sichtbar, von denen kein einziges in der Lage ist, auch nur für den Augenblick eines ›Ameisenatemzugs‹ (*an ant's breath*) aus dem Zirkel des Unvermeidlichen herauszutreten. Der Trumpf der Säugetiere hingegen liegt in ihrer ›Plastizität‹, der Anpassungsfähigkeit an neue Situationen, und dies sei auch für das soziale Verhalten und die sozialen Fähigkeiten von Menschen entscheidend. Wenn also der Mensch beginnt, im Kreis zu marschieren, dann kommt darin für Schneirla das Gegenteil ans Licht: nicht der fatale Automatismus seiner internen Verhaltensmuster, seine ›Natur‹, sondern die soziale ›Zwangsjacke‹ (*strait-jacket*) seiner sozialen Institutionen. Diese grundlegende Differenz lässt die augenscheinliche Ähnlichkeit für Schneirla gänzlich in sich zusammenfallen – und mit ihr das gesamte soziologische Konzept des ›Herdentriebs‹. (ebd.: 765f.) In seinen jahrelangen experimentellen und vergleichend-psychologischen Studien an *army ants* beschäftigte Schneirla neben den generellen Verhaltensmustern dieser Tiere vor allem ihr Lernverhalten. Bereits in den 1920er Jahren hatte er Ameisen ins Labyrinth geschickt, um ihre ›Problemlösungsfähigkeiten‹ experimentell zu erkunden. Zumindest *formica* erwies sich dabei als überraschend lernfähig.

Schneirlas *ant mill* zeigte das Ameisenkollektiv gleichsam am Nullpunkt seiner Lernfähigkeit. Damit bildet sie gleichsam das Negativ zum Positiv einer ›lernenden Maschine‹, wie sie Claude Shannon in seinen *maze solving machines* zu konstruieren im Sinn hatte. Und dennoch scheint gerade der *system error*, der die kollektive Intelligenz der Ameisen in die Kalamitäten eines totalen *feedbacks* stürzen kann, in seine Apparate eingeflossen zu sein. Auf der 8. Macy-Konferenz 1951 präsentierte Shannon eine seiner *maze solving machines*, die über die Fähigkeit verfügen, per *trial and error* zu lernen, den Weg durch ein elektromechanisches Labyrinth zu einem Ziel zu finden, die ›erlernte‹ Lösung zu speichern und zu reproduzieren. (vgl. Shannon 2003: 478) Etwas jedoch ist an dieser Maschine bemerkenswert, und gerade dies deutet darauf hin, dass ihr Konstrukteur von den Ameisen gelernt hat. Die Maschine verfüge nämlich, so Shannon, über ein »further feature«: Wenn man das Labyrinth manipuliert, nachdem eine Lösung gefunden wurde, wird das Ziel verfehlt und die zuvor zielgerichtete Bewegung in ein zirkuläres Zurückkehren an den Ausgangspunkt verkehrt. Die Maschine verhält sich nun ganz so wie der in die Mühle geratene Ameisentrupp: »It has established a vicious circle ...« (ebd.: 474) Dies geschieht gerade dann, wenn die Maschine sich im Modus der »goal strategy« befindet, in der sie nicht (wie in der »exploration strategy«) nach neuen Lösungen sucht, sondern lediglich die bereits durchlaufenen Felder wieder aufsucht.

Zwar zieht keiner der Diskutanden die Parallele zu den Ameisen. Der aufmerksam zuhörende Neurophysiologe Ralph Waldo Gerard erkennt im vorgeführten »vicious circle« stattdessen sogleich, mit Shannons Zustimmung, das Prinzip der Neurose. Das mehrfach verdichtete Bild der Sinnlosigkeit bewirkt nun aber, dass sich ein gewisser apokalyptischer Ton auf die Maschine überträgt. Und so kommt es bei der Präsentation von Shannons Automat zu folgendem denkwürdigen Wortwechsel, der in all seiner Kürze die Tragweite der Angelegenheit über Ameisen und Apparate weit hinausschießen lässt:

> *von Foerster*: What happens if there is no goal?
> *Shannon*: If there is no goal, the machine establishes a periodic path, searching for the goal [...] and if it doesn't find the goal, the path is repeated again and again. [...] The machine just continues looking for the goal throughout every square...
> *Frank*: It is all too human.
> *Bosin*: George Orwell should have seen this. (ebd.: 478)

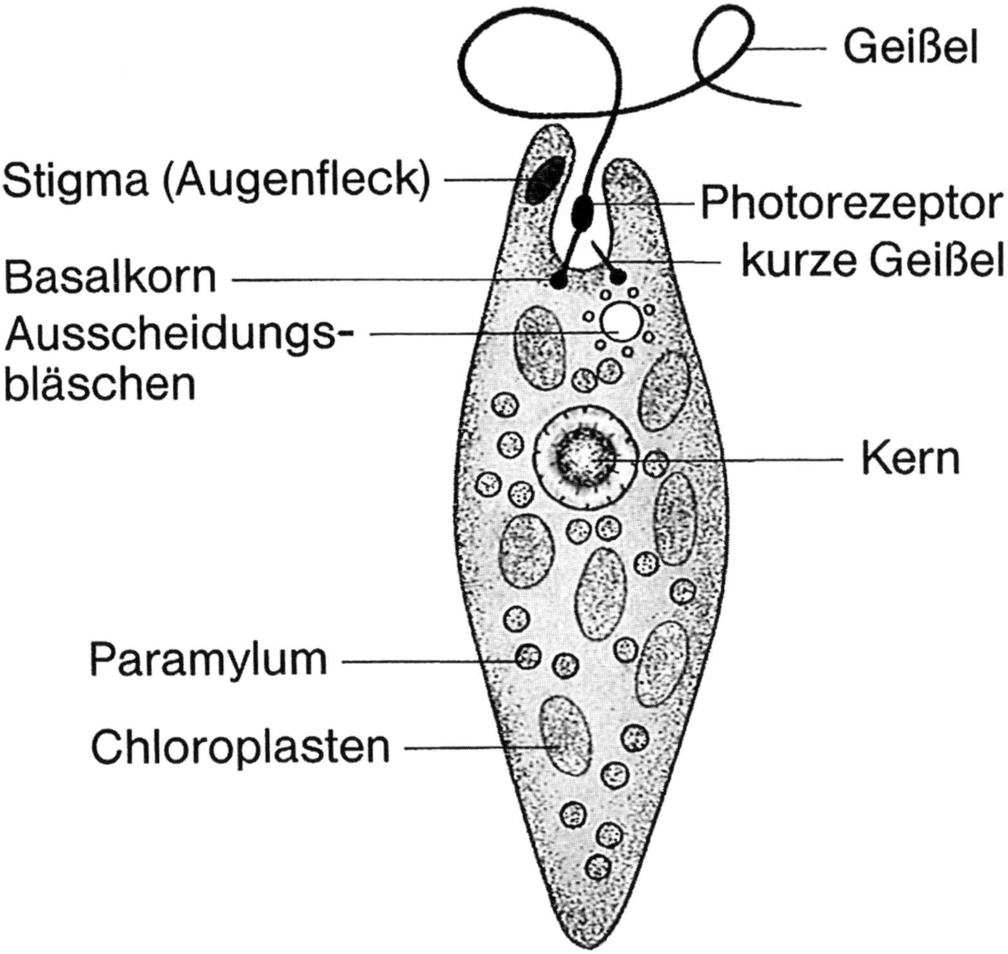

Geißel
Stigma (Augenfleck)
Photorezeptor
kurze Geißel
Basalkorn
Ausscheidungs-
bläschen
Kern
Paramylum
Chloroplasten

# AUGENTIERCHEN, DAS

(*Euglena gracilis* G.A.KLEBS, 1883; engl. *euglena;* frz. *euglena*)

Peter Berz

Generationen von Studenten und Gymnasiasten, Wissenschaftler seit einem Jahrhundert lernten schon von ihr. Linders »Biologie. Lehrbuch für die Oberklassen der höheren Schulen und für die Selbstbelehrung« führt über sie sämtliche Grundfragen der Biologie ein: atmen, essen, sich bewegen; Bauplan, Vermehrung, Population; Reiz, Wahrnehmung, ja Verhalten der Lebewesen. *Euglena gracilis* KLEBS, das Augentierchen, ist ein Einzeller aus dem Reich der Protoktista, der Einzeller mit Kern wie Algen und Protozoen, Klasse der Geißeltierchen, Flagellata. Die Gattung Euglena wurde 1838 durch Christian Gottfried Ehrenberg benannt: von griechisch *glaukós* funkelnd, glänzend, einem Beiwort der Augen, über *he gléne*, dem Glänzenden im Aug', dem Augenstern und der Pupille, zu *to glenós*, dem Pracht- und Schaustück. Mit ihren vier Hundertstel Millimetern Länge zeichnet sich die Spezies *E. gracilis* durch, so ihr Erstbeschreiber, »Zartheit und Durchsichtigkeit ihres Körpers aus«; andere sehen sie im Mikroskop »wunderschön und meist etwas gelblich-grün gefärbt«, die Farborganellen »sehr zart, die Ränder schleierartig dünn und in die benachbarten überfließend«. Ihren griechischen und deutschen Namen verdankt sie nicht nur einem Augenfleck am vorderen, begeiselten Ende. *Euglena gracilis* lebt die Beziehung der Lebewesen zum Licht überhaupt. Sie steht auf der Grenze zweier Reiche: der Pflanzen und der Tiere. (vgl. Linder 1948/1983; Klebs 1883; Zumstein 1899; Ternetz 1912; Margulis/Schwartz 1989; Walne/Kivic 1990)

Euglena ist ein »charakteristischer Bewohner der Mistpfützen der Dörfer und der Viehweiden, faulender Sümpfe, u.s.w.«. Da sie »in der freien Natur wohl fast immer in der bekannten zart grünen Form erscheint«, fiel sie lange Zeit im Wimmeln der anderen grünen Wesen kaum auf. Klebs bemerkt nur, dass sich die benachbarte Gattung Astasia von *E. gracilis* einzig dadurch unterscheidet, dass ihre Arten farblos sind und ganz durchscheinend, *hyalin* –

<< Abb.: Euglena (Augentierchen). In: Linder 1948/1983: 9, Abb. 9.1

von griechisch *hyalínos*, gläsern. Schon zu Klebs' Zeiten fragt man sich, ob die farblosen Astasia »direkte Abkömmlinge grüner Euglenen« sind oder nicht. Im Jahr 1900 wird daraus ein Casus. Der Basler Botaniker Hans Zumstein verbringt für seine Dissertation die grüne Euglene aus Schweizer Dörfern ins Labor, also in Verhältnisse, die Licht und Dunkel manipulierbar machen. Bei künstlichem Lichtabschluss verliert *E. gracilis* binnen weniger Tage ihre grüne Farbe. Aber, im Unterschied etwa zu *E. viridis*, die Dunkelheit nicht überlebt, gedeiht sie prächtig im Dunkeln, schwänzelt, schwärmt und vermehrt sich. Zurück ans Licht versetzt, ergrünt sie schon nach »drei hellen Tagen« wieder. (Zumstein 1899: 152, 178 und 182)

Nur: Was heißt hier »sie«?

Zumstein beobachtet *Lichtkulturen* und *Dunkelkulturen*. Diese Kulturen sind erstens, was die geschichtlichen nie waren und werden: sie sind rein. Am Ursprung steht *ein* einzelnes, ein wirkliches Augentierchen. »Ausgangspunkt, wenigstens für die erste wirklich reine Kultur, muss eine einzige Zelle sein«. Die Linie, *strain* oder *souche* »Z« der ersten Zumsteinschen Kultur ist noch heute in Laboren präsent, nach einem Jahrhundert Welt- und anderen Kriegen des geschichtlich existierenden Wesens. Zweitens sind Laborkulturen nur durch und mit und in Medien. Als Arnold Lange 1878 »les milieux« der Zoologischen Philosophie Lamarcks als »die Medien« ins Deutsche übersetzt, da sind sie fast alles: Wärme, Feuchtigkeit, Elektrizität, magnetisches Fluidum und das Licht. Auf dem Stand der Dinge Anfang des 20. Jahrhunderts wird daraus Chemie, Strahlung, Energie, Gravitationskraft, Viskosität von Medien. (vgl. Przibam 1911) In den 50er Jahren, bei dem Basler Biologen und Phänomenologen Adolf Portmann, kommt zu den »physikalisch faßbaren Medien« ein sehr allgemeines Medium der Lebewesen: »das Licht als Medium lebendiger Seinsweise«. Der *Lichtraum*, das *Lichtfeld* ist bei Portmann »das primäre Medium des eigentlichen Erscheinens«, das heißt: der Darstellung oder *Selbstdarstellung* eines Lebewesens, als Individuum und als Art. (Portmann 1957: 38) Der modernen Biologie sind Medien vor allem Nährmedien. Die elementarste Beziehung des Organismus zu seiner Umgebung ist Austausch von Stoffen oder Stoffwechsel. Er ist – nicht erst seit Lévi-Strauss' Entdeckung des Rohen und Gekochten – struktural differenzierbar: in Autotrophie, Saprotrophie, Phagotrophie, die letzten beiden meist als Heterotrophie oder Allotrophie zusammengefasst. *Euglena gracilis*' Mission im Wissen von den Lebewesen ist dann, kurz gefasst, Artikulation und Grenzüberschreitung von *Autotrophie* und *Heterotrophie* im Medium Licht.

Im Labor agieren die Lebewesen als »companion species« (Haraway 1997) des geschichtlich wissenden Tiers, das nicht nur Licht und Finsternis halbdunkler Dorfpfützen scheidet, sondern auch Organisch und Anorganisch. Und Euglena antwortet. »In unorganischen Salzlösungen am Licht ernährt sich die *E. gracilis* mit Hilfe ihrer Chromatophoren. Sie assimiliert die Kohlensäure wie irgendeine grüne Pflanze unter den Bedingungen der Wasserkultur. Es wurde hauptsächlich die Knop'sche Nährlösung angewandt« (bestehend aus Nitraten wie Kalziumnitrat, Kaliumnitrat, Phosphaten und Sulfaten wie Magnesiumsulfat). (Zumstein 1899: 179) Was im 18. Jahrhundert für Joseph Priestley als Sauerstoffproduktion der Pflanzen sichtbar ist, wird im 19. chemische Struktur. Synthese von Glukose $C_6H_{12}O_6$ aus Kohlendioxid und Wasser, 6 $CO_2$ und 6 $H_2O$, im Licht, unter Freisetzung von Sauerstoff, und, seit Liebig, Bindung mineralischer N-Atome aus Nitrat, Nitrit, Ammoniak zu Aminosäuremolekülen, aus denen grüne Wesen sich selbst aufbauen und erhalten. Die moderne Biologie sieht auf dem Stand der Dinge ein Geflecht von Elektronen-Transportketten in den Membranen der grünen Chromatophoren, angestoßen von der Absorption roter und blauer Strahlung des Lichts unter Reflexion der grünen in einem Makromolekül aus vier Pyrrolringen, einem *Netzwerk* stabiler Einfach- und instabiler Doppelbindungen mit dem höchsten, im Organischen bekannten Absorptionskoeffizienten: dem Chlorophyll.

Im Dunkeln dagegen müssen organische Verbindungen, etwa Aminosäuren, schon fertig synthetisiert im Medium liegen. Das geschichtlich wissende Tier kann Ernährung im Dunkeln nur kochend durchexperimentieren. Wie gedeiht und vermehrt sich die Euglene in Zuckerlösung, Säure, Erbsenwasser, Heuextract, Fruchtsäften, dem Fleischextract von Liebig oder abgekochtem Torf und Mist? Schwärmt sie in gekochtem Samen, Quittenschleim, Milchagar, abgekochtem Käse, verdautem Muskelfleisch oder »dem Darmsaft eines frisch getöteten Hundes«? Euglena scheint sich im Dunkeln an tierische Nahrung und Ernährungsweise anzupassen. Doch da sie alle Stoffe im gelösten Zustand, ununterbrochen und durch die ganze Körperoberfläche aufnimmt, kennt sie die »eigentliche tierische Ernähungsweise« noch nicht, sondern lebt wie die Pilze *saprozoisch* oder *saprophytisch*, von griechisch *sēpomai*, verfaulen. Die *animalische Lebensweise* beginnt, so die Protozoologie, mit Aufnahme *geformter Teilchen*, entweder ohne Mund, durch Umfließen und Einschließen wie bei den Amöben, oder mit lokalisierter Mundöffnung, wie in der Euglenoidinen-Familie der *Peranemidae*. Schon Klebs stellt sie den Eugleniden an die Seite, da sie das Geißelsäckchen zu Mundöffnung und Mundapparat umbilden und sich ernähren – von Eugleniden. »Peranema nährt sich vorzugsweise von Euglenen, indem sie namentlich die ruhenden anfällt. Sie legt sich mit ihrer einen Fläche dicht an dieselbe und bohrt sich langsam hinein. Mit Behendigkeit fährt dabei der in seiner Form unveränderte Mundapparat in dem Körper der Euglene umher, er wird bald vorgestreckt, bald eingezogen; es macht ganz den Eindruck, als wenn durch sein Hin- und Herfahren die inneren Theile der Euglene auseinandergerissen werden ...«. (Klebs 1883: 325; davor: Zumstein 1899: 191–193; Mainx 1928: 369–372; Doflein/Reichenow 1953: 116)

Euglena also lebt, je nach Umgebung, aber wohl nie in freier Natur, rein autotroph wie die Pflanzen oder rein heterotroph wie Pilze und Tiere ohne Biss und Schluck. André Lwoff, der französische Nobelpreisträger, der in den 30er Jahren am Laboratoire de Protistologie des Institut Pasteur die Forschungen Zumsteins, Ternetz', Mainx' und Pringsheims fortsetzt, gewinnt daraus im Kriegsjahr 1943 eine denkwürdige Evolutionstheorie. Deren Kronzeugin heißt *Euglena gracilis*. Hatte Klebs eine evolutionäre Reihe steigender tierischer Ernährung aufgestellt: von Euglena über Astasia zu den Peranemidae, so geht Lwoff die »muntre Leiter Herrn Lamarcks« (Ossip Mandel'stam) in umgekehrter Richtung. Die Evolution von der Ernährung im Licht über die Ernährung im Dunkeln bis zu jener finstren, kambrischen Geschichte, in der Lebewesen Lebewesen fressen, ist eine Abwärtsbewegung: *une perte des fonctions*. Wo die grünen Einzeller noch sämtliche organische Stoffe aus anorganischen selbst synthetisieren können, da geht dieser *pouvoir de synthèse* bei den nicht grünen Wesen verloren. Sie verlangen immer höher organisierte Komplexe im Medium, bis auf der letzten Stufe, dem Parasitismus, der heterotrophe Organismus einen vollständigen Organismus als sein Anderes braucht. So hätte (zweifelt später ein Mitarbeiter Lwoffs) am Anfang der Evolution maximale metabolische Komplexität im Licht gestanden? (vgl. Lwoff 1944)

Doch die grünen Blätter, jene reinen Oberflächenorgane, die als solche vielleicht gar keine Organe wären, sind anders im Licht als die grüne Euglena, das Augentierchen. Seit Herbert Spencer Jennings, dem Psychologen der Einzeller (vgl. Schloegel/Schmidgen 2002), leben Euglenen nicht nur photosynthetisch im Licht. Frei schwimmend sammeln sie sich »schnell auf einen kleinen am hellsten beleuchteten Raum am Boden des Glases« oder im Wassertropfen auf der lichtabgewandten Seite, wo die Totalreflexion im Wassertropfen am stärksten ist. Euglena *verhält sich* zum Licht. Am Ansatz des Bewegungsorgans, der Geißel, besitzt sie, versenkt im Geißelsack, eine lichtempfindliche Zelle aus Rezeptorpigmenten. Sie liegt direkt dem opaken Augenfleck gegenüber. Fällt das Licht von der Seite auf den Euglenenkörper, wird die Zelle bei Drehung des Körpers periodisch vom Augenfleck verdunkelt. Da die Frequenz der Verdunkelung von der Richtung zur Lichtquelle abhängt, lässt sich bei konstanter Drehungsgeschwindigkeit ein definierter Zustand ansteuern, in dem das Licht direkt in den Geißelßack scheint, das Tierchen parallel zu den Strahlen der Lichtquelle steht und die Hell/Dunkel-Frequenz aufhört. Euglena ist ins Licht geschwommen. (vgl. Zumstein 1899: 181; Ternetz 1912: 475)

Das Augentierchen bewohnt damit nicht nur die zwei Reiche des Autotrophen im Licht und des Heterotrophen im Finstern. Es vereinigt auch zwei Organe und zwei Weisen, im Licht zu sein: die grünen Chlorplasten mit ihren »Antennenpigment-Molekülen« und das System der »rotating light-antenna«. (vgl. Walne/Kivic: 274) Beide Organe scheinen weitgehend unabhängig voneinander. Nach Pringsheim entwickeln sich Chloroplasten und Augenfleck im Dunkeln nicht parallel zurück. Die farblose Dunkelform von Euglena zeigt noch nach Tagen »heliotaktische Bewegungen«. Aber sind die Chloroplasten, jene Organellen mit eigenem Teilungsrhythmus und eigener DNA, entstanden aus Endosymbiose mit grünen Bakterien, wirklich *Organe*? Ist das kybernetische System der Orientierung zum Licht ein Organ des *Sehens*? (vgl. Ternetz 1912: 474; Pringsheim 1952)

Das Licht, das die Metaphysik nicht, wie die frühen Griechen, vom Glanz her denkt, sondern als das sich selbst Durchsichtige, Medium des reinen Selbst, hat bei Hegel sein Anderes, seine substanzielle Seite an der dunklen Materie als dem »reinen Selbstlosen, der Finsternis, Einheit von Schwere und Wärme«. Das ist Physik. Im Organischen verwirklicht die Pflanze im Element oder

Medium des Lichts ihren Prozess, Wasser und Luft als Stoffe oder Elemente in sich aufzuheben. Sie ist darum mehr Selbst als Mineral und Erde. »Das Licht ist tätig, erregend, weil die Pflanze als organisches Selbst dies Licht selbst ist.« Aus eben diesem Grund kommt die Pflanze nicht zum Sehen. Ihr Sehen ist, in Blatt und Blüte, »nur Licht, Farbe an ihr«, aber nicht »Selbstigkeit als gegenständliche Gegenwart«, geboren in der Nacht des Subjekts, »in der Mitternacht des Schlafs, in der Finsternis, dem reinen Ich«. (Hegel 1969: 79, 126 und 134; Kittler 1989)

Wenn nun auf unserem Stand der Dinge kein Subjekt mehr die Welt und das Wissen von ihr synthetisiert, sondern die Synthesen von Atomen, Molekülen, Makromolekülen, Null und Eins, dann ist auch das Licht, in dem Pflanzen und Tiere sind, nicht mehr sich selbst durchsichtig. In Licht- und Dunkelreaktion von Elektronen, die der tätig erregende Photonenstrom aus ihren instabilen Doppelbindungen löst und auf ein anderes Energieniveau hebt; in der Änderung der Raumstruktur oder Konformation des Makromoleküls Rhodopsin, des Sehpurpurs, setzt das Licht die Synthesen eines *Stoffwechsels* aus Kohlendioxid, Wasser und mineralischen Salzen frei oder *Sehen*: die »cis-trans-Isomerisierung und die sich daraus ergebenden Konformationsänderungen des photoerregten Rhodopsin-Moleküls sind das Primärereignis des Sehvorgangs«. (Stryer 1991: 1068)

*Euglena gracilis*, das Augentierchen, bewohnt das Licht als Medium verschiedener Seinsweisen.

# Huitres



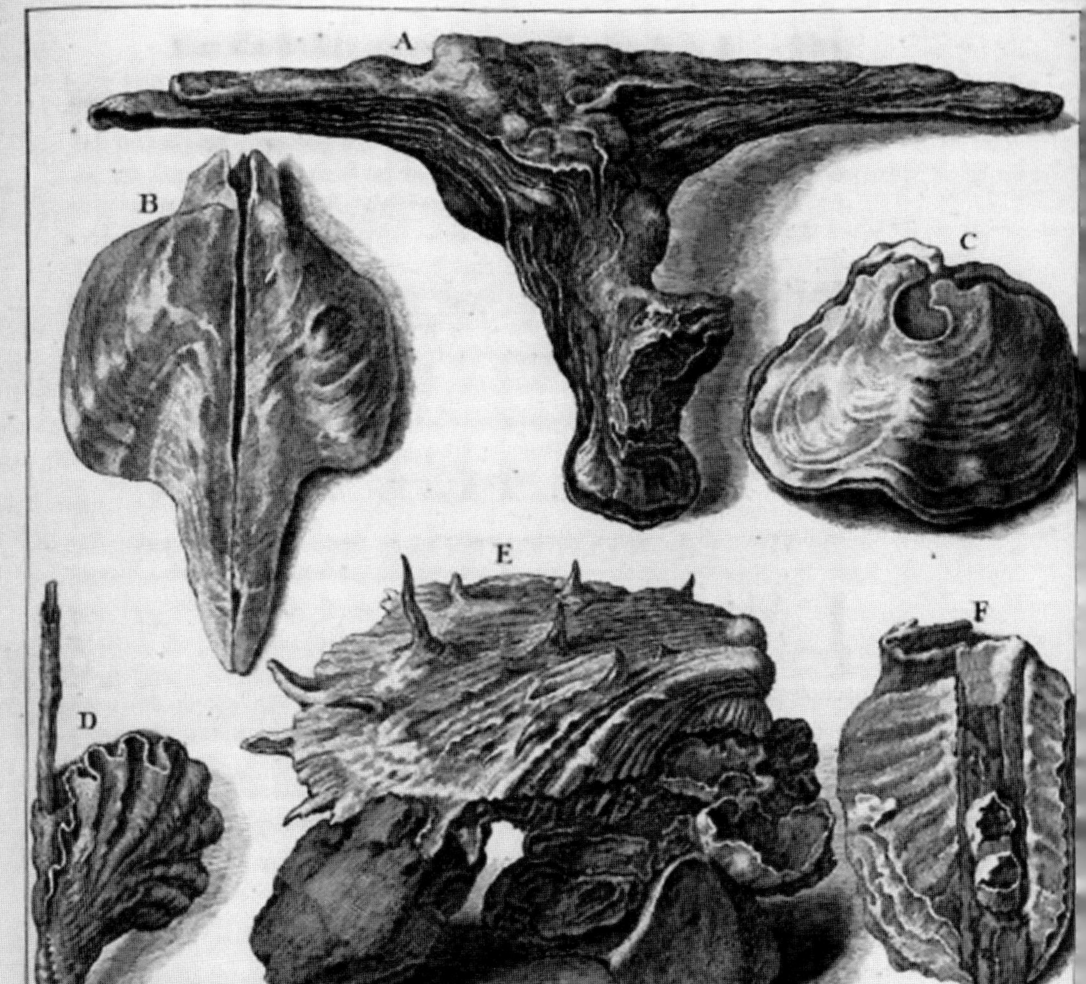


aux dépens de M.r Monſlambert Com.dt un Bataillon du Reg.t de Champagne

# AUSTER, DIE

(*Ostreidae* Rafinesque, 1815; engl. *oyster;* frz. *huître*)

Holger Brohm

»The world's mine oyster.«
(William Shakespeare 1602)

Unter den Muscheln, deren Rillen, Windungen und Spiralen sich durch eine endlose Vielfalt regelmäßiger Formen auszeichnen, nimmt die Auster eine Sonderstellung ein. In ihrem Aufbau weist sie keine Symmetrieachsen auf, da sie sich in ihrem Wachstum den räumlichen Bedingungen des Untergrundes anpasst, auf dem sie sich als junge Larve verankert und fortan bewegungsunfähig verharrt. Damit kann sie kaum das »Grundmotiv der sich voranschraubenden Spirale« für sich in Anspruch nehmen, das nach Paul Valerys Ansicht die Muscheln auszeichnet. Trotz dieses ästhetischen Makels hat sich die Auster im Bestiarium des Zeitalters der Aufklärung ihren besonderen Platz zwischen den Wölfen von Hobbes, den Bienen von Mandeville und den Spinnen von Diderot erobert – als konserviertes Sammlerstück in den Schränken der Naturalienkabinette, als farbenprächtige Abbildung in den aufwändig gestalteten muschelkundlichen Abhandlungen, als nachgebildetes Dekor an den Wänden der mit *rocaille* und *coquillage*, mit Felsgestein und Muschelwerk, verzierten Rokoko-Salons. Die prachtvollen Räume bildeten die Kulisse für Gelage, bei denen auch große Mengen von zumeist rohen Austern verspeist wurden. Die Auster diente als philosophisches Tier in den Diskursen der Naturgeschichte und als Objekt neuer Systematiken in der aufkommenden modernen Wissensproduktion. Nicht zu vergessen sind die Phantasien, die in den Salongesprächen und in literarischen Berichten kursierten. Glaubt man diesen Erzählungen des Wundervollen, dann kann die sagenhafte Riesenauster mit ihren messerscharfen Kanten einem Seemann die Hand abbeißen, die er unvorsichtigerweise in die leicht geöffneten Schalen gesteckt hat. Kurz gesagt: Der Auster war nicht so einfach zu entkommen. Dennoch soll aus der Zusammenfassung der höchst unterschiedlichen Erscheinungsformen

<< Abb.: Antoine-Joseph Dezallier d'Argenville (Zeichnung)/ Pierre-Quentin Chedel (Stich): Austern, 1742. In: Ders. 1742, Tafel 23

nicht vorschnell auf ein Jahrhundert der Auster geschlossen werden, jedoch erlaubt es der Blick auf die vielfältigen Beziehungen zwischen diesem Tier und dem Menschen, auf andere Weise eine kleine Geschichte aus dem Zeitalter der Aufklärung zu erzählen.

Bereits den Naturalienkabinetten, die sich seit dem 16. Jahrhundert in Europa ausbreiteten, lieferten die Muscheln beliebte Ausstellungsstücke. Ihre Attraktivität war der Festigkeit der Gehäuse geschuldet, die sich gut transportieren und dauerhaft aufbewahren ließen, sie verdankte sich ebenso der Wertschätzung, die das Muschelsammeln unter den humanistischen Gelehrten gefunden hatte. Das von Erasmus von Rotterdam als Wahlspruch aufgenommene Ideal des *conchas legere* – wörtlich: Muscheln lesen – knüpfte an eine kleine Szene aus Ciceros »De oratore« an, in der von dem tugendhaften Verhalten des Feldherrn Scipio des Jüngeren berichtet wird, der gemeinsam mit seinem Freund, dem Konsul Gaius Laelius, abseits der römischen Gesellschaft bei Gaetia und Laurentium Muscheln und Meeresschnecken aufgelesen hatte. Cicero folgend, galt seither das Muschelsammeln als ideale Verkörperung der Tugenden von *amicitia* und *otium*, von Freundschaft und Muße.

In der neuzeitlichen Gelehrtenkultur beschränkte sich das Interesse an den Muscheln bald nicht mehr auf die Muße, hinzu trat die ernsthafte Übung der *curiositas*, der Neugier, die sich im Zeitalter der *Encyclopédie* zu einer Leidenschaft des Wissens entwickeln sollte. So reklamierte der französische Sammler, Naturforscher und Kunsthistoriker Antoine-Joseph Dezallier d'Argenville in seiner 1742 anonym veröffentlichten »Histoire naturelle« für den Philosophen ein besonderes Verhältnis zu den Muscheln, welche ihn zu vielfachen Reflexionen herausforderten: »Wie man weiß, kündigen die kleinsten Dinge in der Natur an, welchen geschickten Händen sie entsprungen sind und wer der vortreffliche Handwerker (*ouvrier*) des Universums ist.«

Dezallier d'Argenville fand für das philosophische Interesse an der Gestalt und der Materialität der Muscheln den Begriff der Conchyliologie, die er neben der Lithologie, der Gesteinskunde, zu einem wesentlichen Gebiet der Naturgeschichte erklärte. In seiner »Histoire naturelle« fasste er noch einmal das Wissen zusammen, das während der vorangegangenen zwei Jahrhunderte in den muschelkundlichen Untersuchungen des französischen Naturforschers Pierre Belon und des Züricher Universalgelehrten Conrad Gessner und in den späteren umfangreichen Ausgaben des Naturforschers Ulisse Aldrovandi aus

Bologna und des englischen Arztes Martin Lister – die Liste muss unvollständig bleiben – erarbeitet worden war. Vor allem aber erregten die 33 Bildtafeln mit den fünfhundert »nach der Natur« gezeichneten Muscheln wegen ihrer Detailtreue große Aufmerksamkeit beim Publikum. Der Erfolg motivierte zahlungskräftige Sponsoren, die 1757 und postum 1780 veröffentlichten Neuausgaben des nunmehr »Conchyliologie« benannten Werkes zu unterstützen, für die inzwischen farbige Tafeln erstellt wurden. Die finanzielle Hilfe erfolgte nicht ganz uneigennützig, denn das Buch bot ein geeignetes Medium, einer größeren Öffentlichkeit die eigenen Sammlungen zu präsentieren, die den Abbildungen die Vorlagen lieferten.

Dezalliers Werk markierte einen Wendepunkt in der Muschelkunde, vervollständigte doch der schwedische Biologe Carl von Linné zur gleichen Zeit sein »Systema Naturae«, das mit dem Erscheinen der zehnten Auflage 1758 erstmals die moderne Nomenklatur durchgängig in der Zoologie anwendete. Während Aristoteles noch die blutführenden von den blutlosen Tieren unterschieden hatte, unterteilte Linné das Tierreich nunmehr in Wirbeltiere und Wirbellose. In beiden Klassifikationssystemen wurde die Auster wie die Mollusken im Allgemeinen den durch einen Mangel bezeichneten Arten zugerechnet. Selbst Georges Cuvier operierte bei seinem Versuch, die Klasse der Weichtiere neu zu systematisieren, terminologisch mit dem Defizit: Die Auster wurde der Ordnung der *Acéphales*, der Kopflosen, zugeschlagen, die weder über Augen noch über Ohren verfügten. Jedoch konnte sich die Bezeichnung gegenüber Linnés Begriff der *Bivalvia* nicht durchsetzen, der sich auf die zweigeteilte Kalkschale bezieht, die den eigentlichen Körper umhüllt.

Zu den Zeiten von Linné und Dezallier war das Sammeln von Muscheln nicht mehr Kennzeichen allein der Gelehrtenkultur, es hatte sich zu einem Zeitvertreib *à la mode* gewandelt. Die wenigsten Sammler hatten jedoch noch selbst die Muscheln gefunden, vielmehr versuchte man, bei speziellen Händlern ungewöhnliche Exemplare zu erwerben, welche die Seefahrer von ihren Reisen mitgebracht hatten: violette und schwarze Hammeraustern, Flügelaustern, auch Schwalben genannt, und vor allem rote und grüne Stachelaustern oder Eselshufe. Das gestiegene Interesse an den aus aller Welt zusammengetragenen Fundstücken hatte bereits 1736 zur ersten eigenständigen Auktion des Pariser Kunsthändlers Edmé-François Gersaint geführt, auf der nur Muscheln vornehmlich exotischen Ursprungs versteigert wurden. Die dort ersteigerten und von den neuen Besitzern gern zur Schau gestellten Muscheln waren vor allem wegen ihrer besonderen Formen begehrt, zusätzlich haftete ihnen noch der Reiz des Magischen an, der aus ihrer Einbindung in kultische Rituale der außereuropäischen Kulturen herrührte, von denen die Reisenden berichteten. So verband sich für jeden Sammler mit dem Erwerb eines außergewöhnlichen Exemplars, dem oftmals ein phantasievoller Name verliehen wurde, die Hoffnung, dass ein Teil dieser Kraft auf ihn übergehe.

Die Auster war nicht nur als ästhetisches Objekt, sondern im Sinne der *beauté comestible* (Salvador Dalí) auch als Nahrungsmittel allgegenwärtig. Die Meeresfrucht hatte schon bei den steinzeitlichen Menschen, die an den Küsten der Gezeitengewässer siedelten, auf dem Speiseplan gestanden, wovon die so genannten Køkkenmøddinger – mehr als 10.000 Jahre alte riesige Anhäufungen von Küchenabfällen, vornehmlich Muschel- und Austernschalen – im dänischen Jütland und in anderen Regionen der Erde zeugen. Wie die frühen menschlichen Vorfahren die leicht zu sammelnden Austern zubereitet haben, ist unbekannt, in späteren Zeiten wurden sie vor allem gekocht, gebraten oder ausgebacken serviert, wie es der Leibarzt von Louis XIV. empfohlen hatte. In der zweiten Hälfte des 17. Jahrhunderts vollzog sich jedoch ein grundlegender Wandel im Selbstverständnis der französischen Kochkunst, der mit einer Umbewertung der Geschmacksempfindungen einherging. Welchen Einfluss die kulinarische Revolutionierung des Geschmacks auf die Entfaltung des sensualistischen Ästhetikdiskurses im 18. Jahrhundert ausgeübt hat, diese Frage muss offen bleiben; im konkreten Fall der Austern lässt sich jedoch die Verschiebung des ›kulinarischen Dreiecks‹ (Claude Lévi-Strauss) beobachten. Von nun an galt der Genuss der rohen Auster als höchste Form der Kultiviertheit, während jede Bearbeitung und alle Zutaten als barbarisch abgelehnt wurden. Der seither begangene Kult des Rohen verschweigt jedoch, dass die Methoden der Austernzucht, wie die Veredlung der Muscheln durch längere Lagerung in Reinigungsbecken zu den *fines de claire*, zunehmend verfeinert wurden, um einen besonderen Geschmack zu erzeugen.

Die Auster besitzt die sprichwörtliche Fähigkeit, ihre Schalen aufeinander zu verschließen; sie dient damit als Symbol für die Abgeschlossenheit von mechanischen Gegenständen, deren Inneres vor einlaufendem Wasser geschützt werden muss – die Schweizer Uhrenmanufaktur Rolex ließ 1926 ihre erste wasserdichte Uhr unter dem Namen *Oyster* patentieren. In der Natur jedoch wirkt der Schutz in umgekehrter Richtung, er ermöglicht der Auster das lebensnotwendige Salzwasser für mindestens zehn Tage in ihrem

Inneren aufzubewahren. Diese Besonderheit der Selbstkonservierung ausnutzend, wurde bereits im 17. Jahrhundert ein ausgeklügeltes System von Transportwegen aufgebaut, das die Belieferung von Paris und anderen Orten im Landesinneren mit frischen Austern aus Cancale oder Granville an der Küste der Normandie erlaubte. Das weckte neuen Bedarf und es entwickelte sich eine regelrechte Sucht nach den Meeresfrüchten. Wo dieses Verlangen nicht befriedigt werden konnte, drohte Ungemach. So soll sich der berühmte Koch François Vatel im Jahr 1671 das Leben genommen haben, weil eine für ein königliches Pracht-Dinner bestellte Ladung frischer Austern und Fische ausgeblieben war.

Die stetig steigende Nachfrage nach Austern veranlasste das Ancien Régime in der Mitte des 18. Jahrhunderts, zum Schutze der Austernbänke die Ernte in der Zeit vom April bis zum September zu untersagen. Damit wurde die berühmte R-Monate-Regel, nach der lediglich in den Monaten mit einem R im Namen der Verzehr von Austern empfohlen wurde, administrativ noch weiter eingeschränkt. Diese Regel, die sowohl in der französischen wie auch in der englischen und in der deutschen Sprache angewendet werden kann, konstruiert auf der Basis einer zufälligen lautlichen Übereinstimmung einen bedeutungsvollen Rhythmus im Jahreskalender, eine ihrer frühesten Erwähnungen findet sich bereits 1599 in Henry Buttes englischsprachigem Kochbuch »Dyets Dry Dinner«. Spötter meinten sogar, die Einführung der Regel auf Julius Caesar zurückführen zu können, der seine Kalenderreform einzig zur Bewahrung der von ihm geschätzten Austernvorräte durchgeführt habe.

Glaubt man den zeitgenössischen Berichten, so konnte das königliche Verbot keine durchgreifende Wirkung erzielen, fand es doch wenig Unterstützung bei den Austernfischern, die nicht auf ihre Verdienstquelle verzichten wollten und auch ihre Abnehmer in der wenige hundert Kilometer entfernten Metropole nicht enttäuschen konnten. Louis-Sébastien Mercier, aufmerksamer Chronist des Pariser Lebens in der Zeit vor und nach der Revolution, schilderte in seinem »Tableau de Paris« mehrfach seine ausgedehnten Austerngelage mit Freunden. Angesichts des kaum zu stillenden Appetits seiner Landsleute prophezeite er, dass von Paris kaum mehr als riesige Berge an Austernschalen bleiben würden, welche die Forscher zur Behauptung verleiten könnten, das Meer habe in früheren Zeiten dieses Gebiet bedeckt.

Aktuelle Erklärungen für die R-Monate-Regel stellen zumeist den Zusammenhang zur Sommerhitze her, die die Austern schneller als in den kühleren Jahreszeiten verderbe, andere verweisen auf den milchigen Geschmack der Austern, der sich auf die Laichzeit im Sommer zurückführen lasse. Henry Buttes hingegen begründete sein Verbot damit, dass der Genuss dieser Meeresfrüchte in den Sommermonaten unzüchtig sei. Er formulierte damit die puritanische Variation auf die seit der Antike überlieferte Ansicht von der aphrodisierenden Wirkung der Auster. In der durch vielfältige Beziehungen der Ähnlichkeit geordneten Welt des ausgehenden Mittelalters war es vor allem die äußerliche Form der Schalen, die an die weibliche Vulva erinnert, mit der dieses Wissen begründet wurde. Später mochte der Abenteurer und Libertin Giacomo Casanova nicht auf das besondere Mittel zur Anhebung seiner Manneskraft verzichten; wenn er darüber hinaus beschreibt, wie das Schlürfen der Flüssigkeit und des Fleisches der Auster zur amourösen Eröffnung des Liebesspiels diente, möchte man vielleicht eher dieser Erklärung glauben als der nüchternen modernen lebensmittelchemischen Analyse, nach der Austern sich durch einen hohen Gehalt an Zink auszeichnen, das zur Produktion des männlichen Sexualhormons Testosteron benötigt werde. So bleibt die Einsicht, dass sich jede Wissenskultur den eigenen Ansatz geschaffen hat, um den Glauben an die Wirkung des Aphrodisiakums aufrechtzuerhalten.

Der Leidener Tuchhändler Antoni van Leeuwenhoek, der zur Kontrolle der Stoffe Mikroskope baute, mit denen er nebenher naturwissenschaftliche Experimente durchführte, zeigte sich, was den sommerlichen Genuss der Auster betrifft, weniger ängstlich als ein Jahrhundert zuvor Henry Buttes. So berichtete er in seiner wissenschaftlichen Korrespondenz im Juli 1696 von einem Austernmahl. Der Verstoß gegen die R-Monate-Regel schien ihn nicht zu beunruhigen, vielmehr beschäftigte ihn die Vorstellung, dass er mit den Austern zugleich eine Unzahl von *Animalcules* verschluckt hatte. Mit diesem Begriff bezeichnete Leeuwenhoek die von ihm unter dem Mikroskop entdeckten Mikroorganismen, im Fall der Austern handelte es sich um Spermatozoen. Mit dem Nachweis der männlichen Samenzellen fand sich die Auster in die großen Auseinandersetzungen um die Fragen nach der biologischen Fortpflanzung hineingezogen. Leeuwenhoek widersprach der Aristotelischen Auffassung einer Spontanzeugung, für ihn konnte organisches Leben nur aus organischer Materie entstehen. Der Einsatz des Streits war kein geringer, es ging um nichts weniger als die Entstehung des Lebens. Zudem kamen mit dem Fund von Fossilien, die keiner lebenden Art entsprachen, erste Zweifel am Dogma von der Unveränderlichkeit der Schöpfung auf.

Zu den Gelehrten, die sich erbittert um diese Fragen stritten, zählte auch Voltaire. Der Philosoph aus Ferney räsonierte über die Merkwürdigkeiten der im Gegensatz zum Menschen so unbeweglichen, in sich verschlossenen und anscheinend zu keiner sinnlichen Regung fähigen Auster, an die man beim Essen gewöhnlich keinen Gedanken verschwendete. Was unterscheidet die Pflanze vom Tier, wie lassen sich die Übergänge von der einen in die andere Ordnung, vom bloßen Existieren über das sinnliche Leben zum Denken bestimmen? Mehr noch als diese Probleme bereitete ihm die Frage Kopfschmerzen, wie sich die Existenz von versteinerten Austern im Alpenmassiv von Mont Cenis erklären lasse. Voltaire verfiel auf die Idee, dass die Austern einst aus dem Proviant von Pilgern bei der Besteigung des Passes gefallen sein müssen. So amüsant der Einfall auch sein mag, so hat er doch einen Sinn: Der streitlustige Kritiker der Kirche lehnt die biblische Geschichte der Sintflut ab. Dass sich mit der Annahme eines naturgeschichtlichen Geschehens vor dem geschichtlichen Auftreten des Menschen ein stärkerer Schlag gegen das kirchliche Dogma erreichen ließe, entging ihm jedoch. Voltaire belegte die Unmöglichkeit der Sintflut mit Berechnungen der notwendigen Wassermassen, er konnte sich aber nicht vorstellen, dass die Gestalt der Erde selbst sich gewandelt und einstiger Meeresgrund, in den Muscheln eingelagert waren, sich zur Höhe der Gebirge erhoben hatte. Undenkbar war auch die Vorstellung, dass die Geschichte der Auster damit wesentlich länger in die Vergangenheit zurückreichen müsse als die menschliche Geschichte.

Mit der Entdeckung weiterer Fossilien in großen Arealen von Muschelkalk wurde der Boden porös, auf dem das alte Weltbild errichtet war. Voltaires philosophischer Gegenspieler Jean-Jacques Rousseau berichtete gar von einem Fall von Conchyliomanie, von Muschelwahn, der den Genfer Juwelier Mussard befallen hatte. »Der gute Mussard, ein Philosoph der Tat«, fand beim Umgraben seines Gartens »fossiles Muschelwerk, und zwar in so großer Menge, dass seine überspannte Einbildungskraft rings in der Natur nur noch Muscheln erblickte und er schließlich allen Ernstes glaubte, das Weltall sei nur Muschelwerk, zerbröckelte Muscheltrümmer und die ganze Erde nur Muschelsand«.

# B

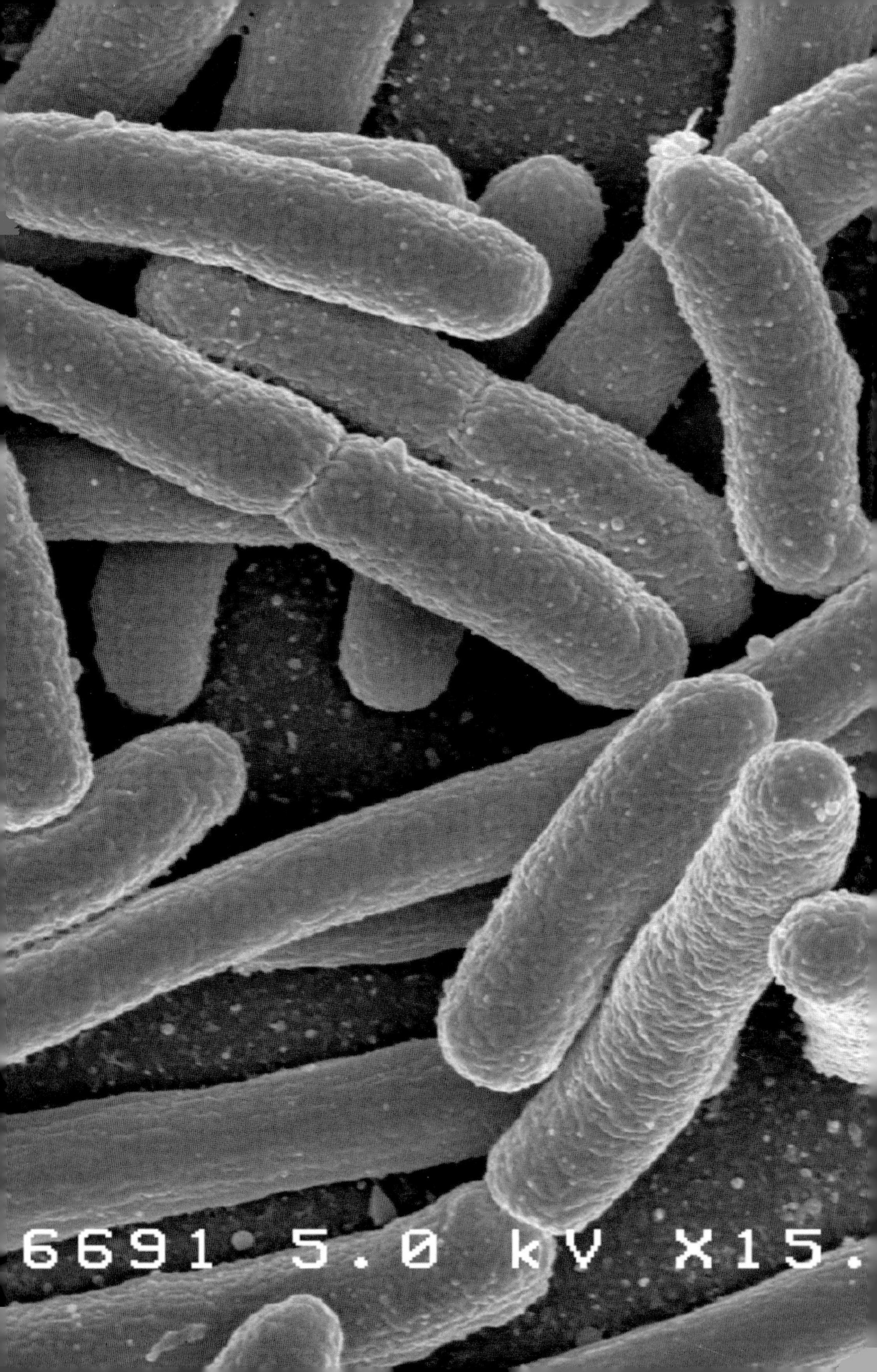
6691 5.0 kV X15.

# BAKTERIUM, DAS

(altgr. *βακτήριον*: das Stäbchen; engl. *germ;* span. *bacteria*)

Wolfgang Schäffner

Das Bakterium kommt selten allein vor; nach kurzer Zeit hat es sich geteilt und in wenigen Stunden überschreitet dieser Prozess bereits die Millionengrenze. Das Bakterium ist daher immer auch viele und bildet eine Flut in statistischen Dimensionen. Durch seine beständige identische Teilung ist es jung und uralt zugleich, weil es nicht älter als 20 Minuten wird und sich dennoch relativ stabil über Generationen hinweg immer wieder identisch teilt. Insoweit ist das Leben eines einzelnen Bakteriums eine flüchtige, geradezu nichtige Existenz: Kaum einer Teilung entsprungen, bleiben ihm als Individuum nur 20 Minuten Lebenszeit, dann hat es als Individuum wieder ausgedient und teilt sich von neuem. Allerdings hat es dann sogar in doppelter Ausführung wieder ebensoviel Zeit sein Leben zu ordnen. Das ganze materialisierte Wissensbündel, das der Organismus des Bakteriums darstellt, ist deshalb auf keine große individuelle Erfahrung ausgerichtet. Alles, was es tut, ist einerseits in ihm angelegt, andererseits eine Reaktion auf seine Umwelt. Seine ganze elementare Individualität geht auf in einem Übertragungssystem: Das Bakterium ist nichts als seine eigene Post, die sich permanent selber kopiert und verschickt. Es erspart sich all die Volten und Umwege, die höher entwickelte Lebewesen durchlaufen, und kommt direkt zum Ziel seiner Verschickung: Und diese Weitergabe ist extrem sicher, denn das Bakterium verschickt sich mit seinen Eigenschaften in unendlicher Redundanz. Es tut, was es tut, immer gleich massenhaft: Sein Stoffwechsel und dessen Inputs und Outputs bilden eine Art organischen Elementarbaustein.

Das Bakterium als solches ist ein unscheinbares Lebewesen: Seine Größe variiert zwischen 0,2 und 5 µm, seine Form ist einfach. Gegenüber der unendlichen Fülle geometrischer Formen, welche sich bei anderen niederen Organismen wie den Radiolarien und Diatomeen finden, ist die Geometrie

<< Abb.: Escherichia coli, elektronenmikroskopische Aufnahme (Detail), 2005 © Rocky Mountain Laboratories, National Institute of Allergy and Infectious Diseases (NIAID), National Institutes of Health (NHI), USA

der Bakterien so elementar wie ihr Name: Punkt, Linie, Zylinder, Fläche, Kugel. Sie zeigen dennoch als Faden- oder – in geradezu tautologischer Benennung – Stäbchenbakterien, als Tafel- oder Paketkokken, als Schrauben- oder Kugelbakterien (zu Virchows Zeiten kursierte sogar der Begriff »Punktbakterien«) und den vielen Übergangsformen auch eine große Gestaltenvielfalt. Lange war es unklar, ob Bakterien den Pflanzen oder Tieren zuzuordnen sind. Die Systematik der Bakterien hat da ganz unterschiedliche Stadien durchlaufen. Begriffe wie »Darmflora« zeugen noch immer davon. Heutzutage gelten sie als eigene Gattung von Lebewesen, als Prokaryoten, Einzeller, die sich vor allem dadurch auszeichnen, dass sie keinen Zellkern besitzen. Ihre DNA schwimmt frei im Zellplasma. Im Evolutionsprozess zählen sie zu den am frühesten entstandenen Organismen und damit zu den sehr ursprünglichen Formen, sie sind nah am Ursprung des Lebens, des »warm little pond«, von dem Darwin sprach, anzusiedeln.

Auffällig wurden die Bakterien zunächst vor allem als Feinde des Menschen. Die großen Epidemien der Pest oder Cholera haben sich als Infektionen mit den *Yersinia pestis*- oder *Vibrio cholerae*-Bakterien erwiesen. Doch noch in der Mitte des 19. Jahrhunderts gab es große Kontroversen zwischen der Miasmen- und der Ansteckungstheorie. Die hygienischen Errungenschaften eines Max von Pettenkofer auf dem Gebiet der Abwasserreinigung basierten noch auf der Anschauung, dass giftige Dämpfe aus dem Boden und nicht die Ansteckung durch übertragbare Keime für den Ausbruch dieser Seuchen verantwortlich seien. Erst mit Robert Kochs Untersuchungen hat sich die Ansicht durchgesetzt, dass hier Bakterien die Erreger sind, denen nun sogar eine eigene Wissenschaft, die Bakteriologie, gewidmet wurde.

Diese feindlichen Attacken einiger Bakterientypen auf den Menschen konnten aber nicht verbergen, dass es daneben eine weit massivere Verbindung zum Menschen gibt. Insbesondere im Rahmen der Hygiene wurde deutlich, in welchem Maße der menschliche Körper von Bakterien bevölkert ist. Besteht unser Körper aus ca. einer Billion Körperzellen, so sind diese von einer zehn Mal größeren Anzahl an Bakterien umgeben. Diese Tatsache legt immer mehr die Ansicht nahe, dass der menschliche Körper mit seinen Organen und zahllosen Bakterienkulturen ein komplexes symbiotisches System bildet. Denn elementare Prozesse des menschlichen Körpers werden von Bakterien erledigt. Stellt man sich vor, dass diese Unmenge von Bakterien sich im schnellen Rhythmus teilt, dass etwa eine einzelne Bakterie durch Teilung sich innerhalb von sieben Stunden zu einer Million Bakterien vermehren kann, wird deutlich, in welchem Maße unser Körper einen Transitraum darstellt, der einer komplexen Regelung bedarf. Der tägliche Output unseres Darms enthält schon 20 Milliarden *Escherichia coli*-Bakterien. Die spezifischen Aktionseigenschaften der unzähligen Bakterienarten – allein unsere Hände werden von mehr als 150 Arten bewohnt – bilden mit dem Körper zusammen ein kompliziertes Netzwerk, dessen Operationsformen man erst zu studieren beginnt. Ein Jahrhundert nach Robert Koch, seit dem man im medizinischen Bereich vor allem die Krankheitswirkungen von Bakterien studiert hatte, gibt es nun das große »Human Microbiome Project«, das nicht mehr wie das »Human Genome Project« vom Menschen als einem Individuum ausgeht, sondern von so genannten *host-associated microbial communities*, von symbiotischen Lebensgemeinschaften, bei denen die Wirtskörper, d.h. ›wir‹, von riesigen Bakterienpopulationen bevölkert werden.

Im Rahmen der Bakteriologie führt dies dazu, dass man sich bei einigen Krankheiten nicht mehr auf individuelle Bakterientypen und deren pathogene Effekte konzentriert, sondern auf die mathematische Modellierung von Netzwerken interagierender Bakterien-Populationen. Diese Mikrobengemeinschaften werden als komplexe Ökosysteme betrachtet, in denen sich dichte Nahrungskreisläufe bilden. Innerhalb dieser trophischen Netzwerke ist der menschliche Körper, sind wir, nur eine Komponente, und möglicherweise nicht einmal die wichtigste. Nach den drei Kränkungen des Menschen, wie Sigmund Freud die Tatsachen genannt hat, dass wir nicht im Zentrum der Welt leben, dass wir vom Affen abstammen und dass schließlich unser Ich nicht einmal mehr Herr im eigenen Haus ist, wie es die Existenz des Unbewussten nahelegt, bilden die Bakteriennetzwerke, die wir sind, sogar noch einen radikaleren Schritt: Denn die Netzwerke von unzähligen Bakterienpopulationen, die unseren Körper bestimmen, lassen sich kaum von dem ›eigentlichen‹ Körper mit seinen Organen trennen: Wir haben und wir sind gar kein eigenes Haus mehr. Man könnte diese Populationen ebenso sehr ›Organe‹ und Akteure unseres Körpers nennen, wie den Magen, den Darm oder das Gehirn. Denn genau besehen ist nicht klar, ob der Darm ein Apparat für die ihn enthaltende Darmflora ist, oder ob die Darmflora tatsächlich nur ›unsere‹ Verdauung regelt. Eine klare Hierarchie entschwindet hier umso mehr, je mehr man sich mit den Bakterien und ihren komplexen Interaktionsformen beschäftigt.

Die so genannten Bakterien-Kulturen sind nicht nur weit älter, sondern vielleicht auch weit mächtiger als unsere gesamte menschliche Kultur. So liegt nicht nur in evolutionärer Perspektive *the deep past* der Lebewesen im Bakterium, sondern vielleicht auch unsere Zukunft: Noch kennen wir nicht viel von der netzwerkartigen Verschaltung unserer Billionen von Bakterien; kaum etwas wissen wir davon, wie sie interagieren und Informationen übertragen, verarbeiten und speichern. Wenn wir dagegen unsere Gehirnzellen betrachten, wirken diese schwerfällig wie Dinosaurier: Sie können sich, einmal entstanden, nicht mehr vermehren und haben eine relativ kurze Lebensdauer. Ein Gefüge aus Bakterienpopulationen zeigt da ganz andere dynamisch-operative Möglichkeiten. Das Bakterium ist wie ein Punkt, ein operatives Grundelement, das sich beständig vermehren kann. Es bildet komplexe Verbünde aus gleichartigen Typen und mit anderen, auch antagonistischen, Formen. Man lasse sich nicht von der Einfachheit seiner singulären, monozellulären Existenz täuschen. Auch elektronische Schalter, die Flipflops unserer Computer oder unsere Gehirnzellen sind als solche nicht besonders intelligent; erst ihre Verschaltung, Kombination und Kommunikation erzeugt die Komplexitäten, die wir so schätzen. Vielleicht ist nicht der Körper, wie Friedrich Nietzsche gemeint hat, sondern diese Unmenge von Mikroben, die wir sind, weit klüger als wir selbst, und das, was wir denken, ohne unsere Bakterien gar nicht möglich.

Das Bakterium war längst da, als wir zu existieren begannen, und es wird immer noch da sein, wenn es uns nicht mehr gibt. Vielleicht aber waren wir selber nie etwas anderes als ihre gelungenste komplexe Verschaltung, die Geschichte unserer menschlichen Kultur also nur ein Moment innerhalb der großen Kulturen der Bakterien. Während wir mit Alan Turing und Friedrich Kittler noch glauben, dass die digitalen Maschinen die Macht übernommen haben, sind es längst und immer noch die dynamischen Netzwerke der Bakterien-Stäbchen, die schon Stanislaw Lem als *dots* und *dashes* imaginierte. Doch dies wäre die Aufgabe einer neuen Kulturwissenschaft, die wiederum nur wir selbst als bakterielles Akteur-Netzwerk schreiben könnten.

# BÄR, DER

(*Ursidae* FISCHER, 1817; engl. *bear;* russ. *Медве́жьи*)

Günter Blamberger

Unter Liebenden, die einander gern benennen statt sich zu erkennen, sind Bär, Bärlein, Bärchen, Brummbär, Schmusebär etc. die gebräuchlichsten Kosenamen für Männer. Kein Wunder, der Bär ist schon in der Kindheit Übergangsobjekt und Kissenersatz, unter den Stofftieren die Kuschelgröße schlechthin. Ob Panda, Koala oder Eisbär: Für Regressionsphantasien taugt selbst das werdende Raubtier, wie Knut, der Star des Berliner Zoos, bewies. Die *Bärenmarke* signalisiert Heimeligkeit, Schutz, Vertrauen. Für solche infantilen Trugbilder scheinen Deutsche und Amerikaner gleichermaßen verantwortlich. Theodore *Teddy* Roosevelt war 1902 auf Bärenjagd, erfolglos zunächst, dann präsentierte man ihm ein gefangenes Bärenbaby zum Abschuss. Roosevelt weigerte sich. Clifford K. Berryman, ein Karikaturist der Washington Post, machte aus dieser Geschichte ein Charakterbild des Präsidenten. Der russische Emigrant Morris Michtom dekorierte seinen Laden in Brooklyn mit einem Tierchen, das er mit Erlaubnis des Präsidenten »Teddy's bear« nannte, 1903 gründete er eine Fabrik und verkaufte Spielzeug-Teddys. Der Legende nach entwickelte unabhängig davon Richard Steiff, Sohn von Margarete Steiff, 1902 einen gelenkigen Stoffbären, ein Amerikaner kaufte ihn als Souvenir, er verschenkte ihn in den USA weiter, bis er schließlich über Umwege auf den Geburtstagstisch von Roosevelts Tochter gekommen sein soll, die ihn nach ihrem Vater Teddy taufte. Ein Jahr später, auf der Leipziger Messe 1903, wurden aus Amerika angeblich Tausende von Steiff-Bären bestellt. (vgl. Cockrill 2001; Brunner 2005)

Wer freundlich ist zu Tieren, wird fälschlich oft auch für menschenfreundlich gehalten *et vice versa*. Roosevelt jedenfalls mochte das Bärenbaby nicht töten, das besorgte ein Jagdkumpan dann doch: der Gouverneur von Louisiana, John M. Parker, erstach es mit einem Jagdmesser. Ovid hätte das verstanden. In Ovids »Metamorphosen« heißt es im XV. Buch, dass die Bärin ihre Jungen als formlose Klumpen zur Welt bringt und dann durch liebevolles

<< Abb.: Grizzlybär (Detail). In: NZZ Online, 23.4.2008

Lecken ihnen erst eine täuschend menschenähnliche, aufrechte Gestalt geben würde: »Was die Bärin gebiert, ist, eben geworfen, kein Jungtier, sondern leblos Fleisch: durch Belecken bildet die Mutter Glieder an ihm und gibt ihm die Form, die sie selbst schon erworben« – die Form des vorgeblichen Zweibeiners, der sich als Mensch, im wörtlichen Sinn, verstellen und damit Menschen über seine wahre Natur täuschen und hinterhältig töten kann. (Ovid, »Metamorphosen«: XV.379ff.) Dieses Wissen um das Monströse des Bären hält sich lange. Noch dem *mainstream* der christlichen Mythologie zufolge gilt der Bär als feindseliges, tückisches Raubtier und als Inkarnation des Teufels, dessen gestaltlose Gestalt, dessen Verwandlungskunst alle aufrichtigen Christen irritiert. Im germanischen Aberglauben diente der Bärenzahn übrigens als Talisman, mit Hilfe dessen man Lug und Trug aufdecken konnte, weil der Bär selbst ein Schwindler, ein Verstellungskünstler ist. (vgl. Bächtold-Stäubli 1927–1942, 1: 902)

Heinrich von Kleist scheint das nicht vergessen zu haben. Sein berühmter Essay »Über das Marionettentheater«, der 1810 in den »Berliner Abendblättern« erschien, sucht nach einer Bestimmung der Grazie und findet sie vorbildlich in Marionetten und im Beispiel eines fechtenden Bären verkörpert, nicht jedoch in menschlichen Lebewesen. Gleichwohl ist dieser Essay in der Kleist-Forschung fälschlich immer wieder als eine Apologie von Shaftesburys »moral grace«, Goethes »schönen Seelen« oder Schillers Forderung nach einer Kongruenz von Anmut und Würde, äußerer und innerer Schönheit verstanden worden. Doch Kleist ist kein Idealist. Der Vorteil der Marionetten gegenüber Menschen sei, so Kleists Aufsatz, dass der Ausdruck des Körpers »gänzlich ins Reich mechanischer Kräfte hinübergespielt« werden könne, »die Bewegungen seiner [des Marionettenspielers] Finger« verhielten sich »zur Bewegung der daran befestigten Puppe ziemlich künstlich, etwa wie Zahlen zu ihren Logarithmen oder die Asymptote zur Hyperbel«. (Kleist 1810/1991: 557) Die Grazie der Marionetten ist ohne innere, gar moralische Substanz, sie ist reine Wirkungsästhetik. Marionetten sind für Kleist keine schönen Seelen, sie verkörpern vielmehr den Traum von der vollkommenen Berechnung des Ausdrucks, von der mathematischen Kontrolle der Kommunikation, von der perfekten Steuerung des eigenen Images, um andere zu manipulieren. Er rekurriert damit auf aristokratische Klugheitslehren wie Baldassare Castigliones »Il libro del cortegiano« von 1528, die Grazie als Gunst der anderen, als deren Dank definieren, dessen man sich durch die Kunst der Selbstrepräsentation versichert. Grazie dient dem Überleben in Krisenzeiten, aber auch der Lust an der Verstellung als Macht.

Dass die Grazie der Marionetten reine Performanz meint und nicht moralische Substanz, wird leicht übersehen, weil Kleists Essay am Ende noch einen Bären als Vorbild vollendeter Grazie einführt und man gemeinhin voraussetzt, dass Tiere aus natürlichem Instinkt handeln und dieser Bär einen vorreflexiven, gewissermaßen paradiesischen Stand der Unschuld repräsentiert. Die Erzählung des Tänzers vom verlorenen Fechtkampf mit dem Bären zeigt ihn allerdings nicht als harmlosen Teddy: »Der Ernst des Bären kam hinzu, mir die Fassung zu rauben, Stöße und Finten wechselten sich, mir triefte der Schweiß: umsonst! Nicht bloß, dass der Bär, wie der erste Fechter der Welt, alle meine Stöße parierte; auf Finten (was ihm kein Fechter der Welt nachmacht) ging er gar nicht einmal ein: Aug' in Auge, als ob er meine Seele darin lesen könnte, stand er, die Tatze schlagfertig erhoben, und wenn meine Stöße nicht ernst gemeint waren, so rührte er sich nicht.« (Kleist 1810/1991: 562)

Finte ist aus dem italienischen *finta* entlehnt, welches das Partizip Perfekt von *fingere* ist, das erdichten, vorstellen, heucheln meint. Es ist ein Begriff für Wort- wie Degengefechte, meint also sowohl den immateriellen wie den materiellen Aspekt der Täuschung, also z.B. technische Kunstgriffe. Normalerweise fallen Tiere auf menschliche Finten und Fiktionen herein, wie wir aus dem berühmten Wettstreit zwischen Zeuxis und Parrhasios wissen, von dem Plinius berichtet. (vgl. Plinius, »Naturalis historiae«, XXXV: 65ff.) Zeuxis hatte bekanntlich Trauben so gemalt, dass Vögel darin Nahrung zu sehen glaubten und an den gemalten Beeren zu picken versuchten. Kleists Bär ist offensichtlich cleverer. Er ist im Gefecht nicht überlegen, weil er, wie es in der Fechtersprache heißt, bloß ›naturalisiert‹, d.h. reflexionslos, ohne Technik und Taktik, Kunstgriffe und Finten ficht. Er wird im Marionettentheater gar nicht als aktiv Kämpfender geschildert. Überlegen ist er, weil er alle Finten, alle Täuschungen zu entlarven versteht, weil er in der *Seele* seines Gegners *lesen* kann. Er gewinnt in einem Wettkampf zwischen Verschlüsselung und Dechiffrierung, weil er selbst ein Meister der Finten ist. So ist auch sein ›Naturalisieren‹ nur Verstellung, dem Fechter wird ein Bär aufgebunden. (vgl. Scheidler 1845: 190–206)

Das kann tödlich sein, wie Ventidius in Kleists »Herrmannsschlacht« erfahren muss. Herrmann, der Cheruskerfürst, ist ein gerissener Schauspieler, der sich alle Masken aufzusetzen weiß und genüsslich mit den Barbarenklischees der Römer spielt. Er inszeniert sich als naiver und den Besatzern treuer Germane, um sie über seine Aufstandspläne im Ungewissen zu lassen. Um Ventidius zu täuschen, macht Herrmann auch seine redliche Gattin Thusnelda zur Verstellungskünstlerin. Er überzeugt sie, dass des galanten Römers Liebe zu ihr nur geheuchelt sei, Ventidius nach einem Sieg über die Cherusker nur ihren Körper ausschlachten, ihre Zähne und Haare zur Verschönerung der Römerinnen nach Hause schicken wolle. Ventidius behandle sie wie ein Tier, also solle auch sie Ventidius wie ein Tier behandeln. Herrmanns Kalkül geht auf: Thusnelda bestellt Ventidius zum Rendezvous in einen Garten und lässt ihn dort durch einen Bären zerreißen, weil er sie »zur Bärin gemacht« hat und sie nur so Herrmann »wieder würdig werden« kann. (Kleist 1821/1991: 540) Nicht Ventidius allerdings hat Thusnelda zur Bärin gemacht, sondern Herrmann. Am Ende hasst sie ihn und sich dafür: »Nun mag ich diese Sonne nicht mehr sehn. [...] Verhaßt ist alles,/ Die Welt mir, du mir, ich: laß mich allein!« (ebd.: 518f.)

Die Gründung Germaniens verdankt sich in Kleists Interpretation einem Politiker, der die Kunst verstand, Freunden wie Feinden einen Bären aufzubinden. Es ist eine teuflische, zuweilen tödliche Kunst, gegen die kein Idealismus hilft, nur die Kunst der Desillusionierung. An der Harmlosigkeit von Bären ist grundsätzlich zu zweifeln, allenthalben und überall, in der Wildnis sowieso, aber auch unter Liebenden und in Städten, die sich Bärlein nennen oder, was das Gleiche ist, Berlin, den Bären im Wappen haben und ihre Straßen mit Teddys schmücken.

VRBANO VIII PONT OPT MAX
Cùm accuratior ΜΕΛΙΣΣΟΓΡΑΦΊΑ,
à LYNCEORVM ACADEMIA,
in PERPETVAE DEVOTIONIS Symbolum
ipsi offerretur,
Magne Parens rerum, cui se Natura volentem
Subijcit, et dominos collocat ante pedes,
Respice, Naturâ quâ nil præstantiº omni,
E BARBERINAE stemate Gentis APEM:
Hãc vti Lyncëidũm, ꝑpiori lumine lustrans,
Disposuit Tabulis, explicuitq; labor.
Cæsiadę Genio sacrum stimulante laborem,
Palladis et promptos arte iuuante viros,
Maxima dum tereti surgunt miracula vit
Maioremq; oculus discit habere fide
Quis nôrat quinas Hyblęo in corpore lingu
Atque leoninæ proxima colla iubæ,
Hirsutósq; oculos, binásque labris vagina
Nî facerent artis diâ reperta noua
Sic decet, vt dum te mirãdũ suspicit Orbi
Et magè mirandã se Tua præstet API
Ponebat IVSTVS. RIQVIVS. LYNCEVS. BELGA DEDIC. S. E.
FRANCISCVS STELLVTVS LYNCEVS FABR.IS MICROSCOPIO obseruabat
ROMÆ Superior. permissu. 1625
M. Greuter delineab. incid.

# BIENE, DIE

(*Apis mellifera* Linnaeus, 1758; engl. *bee;* ital. *ape*)

Claudia Bruns

Verbindungen zwischen der Insektenfamilie der Biene (*Apiformes*) und dem Menschen reichen bis in die Steinzeit zurück. Die Bienenzucht ist, wenn nicht seit Assyrischer Zeit, so gesichert seit den alten Ägyptern bekannt. Doch schon früh ging die Beziehung zu den Nahrung liefernden Hautflüglern über die eines reinen Nützlichkeitsverhältnisses hinaus und erfuhr eine symbolische Aufladung, die nicht nur der besonderen Tugendhaftigkeit der Biene und ihrer rätselhaften Fortpflanzung galt, sondern auch dem Bienenstock als Symbol politischer Ordnung. (grundlegend dazu Johach 2007; vgl. Merrik 1988)

Bereits Aristoteles zählte die Biene neben Menschen, Kranichen, Wespen und Ameisen zu den gemeinschaftsbildenden, »politischen Lebewesen«. (Aristoteles, »Historia animalium«: I.488a) In ihrem wohlgeordneten Imperium seien die kleineren (Arbeits-)Bienen, die einen Stachel besäßen, von den körperlich weit größeren stachellosen Drohnen und den Königen oder Herrschern zu unterscheiden, die zwar einen Stachel besäßen, ihn aber nicht benutzten. Dem römischen Polyhistor Varro zufolge war die Beziehung zwischen Arbeiterbienen und König gar mit einem Heer zu vergleichen, das seinem Anführer folgt. Und Seneca sah schließlich im Bienenstaat den Beweis dafür, dass die Natur selbst die Erfinderin der Monarchie sei. (vgl. Varro »Rerum rusticarum«, III.16 und Seneca, »De clementia«: I.19)

Fortpflanzung und Geschlechtlichkeit des Bienenvolks gaben den Zeitgenossen hingegen Rätsel auf. Aristoteles wies die Annahme zurück, dass Königin und Arbeitsbienen weiblich und die Drohnen männlich seien (wovon die heutige Forschung ausgeht), weil die Natur den Weibchen üblicherweise keine als Waffen zu gebrauchenden Stachel mitgebe. Andererseits könnten die Arbeitsbienen auch nicht männlich sein, weil sie sich so um ihren Nachwuchs kümmerten wie es die Natur nur für das weibliche Geschlecht vorgesehen habe. Diese Überlegungen ließen Aristoteles auf eine eingeschlechtliche Zeugung ohne Paarung, also durch Parthenogenese innerhalb der Arbeitsbienen

<< Abb.: Francesco Stelluti: Melissographia, 1625. In: Cesi 1625, Frontispiz

schließen. (vgl. Aristoteles, »De Animalium generatione«: 759a–761a) Die vorbildhafte Männlichkeit des Bienenkönigs samt seiner unerschütterlichen Souveränität und tugendhaften Milde (aufgrund seines seltenen Stacheleinsatzes) wurden über Jahrhunderte tradiert und in spätantiken Schriften der Kirchenväter durch religiöse Topoi ergänzt.

Erst zu Beginn der Frühen Neuzeit sollte die Analogie zwischen Bienen- und Menschenstaat nachhaltig erschüttert werden – nicht zuletzt durch neue Befunde über das Geschlechtsleben der Bienen. Einer der Ersten, der den Bienenkönig im Jahr 1586 als »weiblichen Eierleger« bezeichnete, war der Spanier Luys Méndez de Torres, der sich offenbar auf das praktische Wissen der spanischen Bienenzüchter bezog. (Méndez de Torres 1586/1983) Wenig später kam der englische Bienenzüchter Charles Butler in seiner »The Feminine Monarchie« 1609 zu der ähnlichen Conclusio, dass es sich bei den Bienen nicht um einen König (*rex*), sondern vielmehr um eine »Queene« handele. Die Bienenmonarchie sei im Grunde zutreffender als ein »Amazonenstaat« zu bezeichnen. (Butler 1609: bes. IV.21)

Diese Entdeckung kam jedoch nicht etwa zeitgenössischen Regentinnen wie Katharina von Medici, Anna von Spanien oder der Queen Elizabeth von England zugute, denn kaum war die Weiblichkeit des Bienenkönigs festgestellt, glaubte Butler auch schon, die Bienenstaatsmetapher nicht mehr problemlos auf die menschliche Gesellschaft übertragen zu können. Vor allem dürften nun keine falschen Schlüsse aus seiner Entdeckung gezogen oder gar eine Überlegenheit der Frau über den Mann abgeleitet werden. Von dieser Warnung unbeeindruckt, machten sich einige frühneuzeitliche Naturforscher daran, Butlers Erkenntnis weiter zu untermauern und damit den Niedergang des monarchischen Regierungsideals einzuläuten. Die Faszination, mit der sich Theologen bereits über Jahrhunderte der vermeintlichen Keuschheit und jungfräulichen Zeugung bei Bienen zugewandt hatten, ging nun über in einen neuen naturwissenschaftlich-systematischen Erforschungsfuror des insektischen Geschlechtslebens. (vgl. Johach 2011 und Daston 2004)

Während der englische Mediziner Joseph Warder nicht so schnell von der traditionellen Staatsanalogie lassen wollte, bezeichnete der holländische Biologe Jan Swammerdam die drei Bienenarten lediglich noch als »Männchen«, »Weibchen« und »Arbeitsbienen«. (Swammerdam 1669 und 1752: 159) Politische Vernunft vermochte er hier nicht mehr zu erkennen. Auch würde die Königin nicht wirklich ›regieren‹. Sie verzichte auf den Einsatz ihres

Stachels nicht aus herrschaftlicher Milde (*clementia*), sondern schlicht, weil die Natur die Art zu erhalten strebe. Wenn sie sich langsamer bewege als die anderen Bienen, sei das nun nicht mehr ihrem royalen Charakter zuzuschreiben, sondern darauf zurückzuführen, dass ihr Leib von befruchteten Eiern geschwollen sei. Aus der Königin wurde kurzerhand eine (Mega-) Mutter, die in einem Atemzug mit der Herausbildung des neuen bürgerlichen Frauenbildes in den privaten Bereich familiärer Reproduktion verwiesen wurde. Autoren wie Jean-Baptiste Simon priesen sogleich die mütterlichen Instinkte der Bienen, an denen sich alle Frauen Frankreichs ein Beispiel nehmen sollten. (vgl. Merrick 1988: 18f.; Simon 1740: XIV; Warder 1712 und dazu Johach 2007)

War nun schon die Souveränität des Bienenstocks dem schwachen Geschlecht anvertraut, so sorgte der nunmehr als männlich identifizierte Geschlechtscharakter der Drohnen für weiteren Unmut. Die Drohnen, die die Königin befruchteten, aber sich ansonsten nicht nützlich machten und zum Winter hin von den Arbeiterbienen verstoßen oder getötet wurden, hatten schon immer einen schlechten Ruf als träge und gefräßig genossen. (vgl. Purchas 1657: 33) Als man sie noch für Weibchen hielt, wurden sie von Hesiod mit faulen Frauen verglichen, die ihre Männer um deren mühsam erworbenes Gut brachten. Und Platon nutzte die Drohnen zur Veranschaulichung des sozialen »Parasitentums«, womit er die Missstände im Staat anzuprangern suchte. (vgl. Hesiod, »Theogonie«: 594–602 und Platon, »Politeia«: VIII.552c–573a)

In der Mitte des 17. Jahrhunderts beunruhigte jedoch vor allem die Frage, warum die Natur es so eingerichtet hatte, ausgerechnet die Männchen zu *Vasallen* der Arbeiterinnen zu machen. Zwar seien die Drohnen körperlich deutlich größer als die weiblichen Arbeiterinnen, dennoch »wenig besser als Eunuchen«, befand daher der einflussreiche englische Naturforscher Thomas Moffett im Jahr 1658. (Moffet 1658/1967, 2: 891; vgl. Purchas 1657: 33) Man könne sie höchstens mit Kindern oder alten Männern vergleichen. Auch der fehlende Stachel wurde als Schlag gegen das Ideal wehrhafter Männlichkeit empfunden. Das noblere Geschlecht sei dem anderen unterworfen, bemerkte Gilles-Augustin Bazin bitter – zumal sich Drohnen auch im Geschlechtsakt mit der aggressiven Königin selbst sehr »immodest« und »indecent« (in subordinierter Rolle) verhielten, wie Réaumur beobachtet haben wollte. Auch habe man von keiner anderen Kreatur je gelesen, dass dort die Männchen durch Weibchen regelrecht massakriert würden, sodass manche es vorzogen, weiterhin an der Weiblichkeit der Drohnen festzuhalten. (Bazin 1744, 1: 161; vgl. Merrick 1988: 19 und Levett 1634: 62)

Andere ließen sich von den niederschmetternden und geradezu widernatürlichen Forschungsresultaten faszinieren und begannen über matriarchale Anfänge der Menschheit zu sinnieren, wie der englische Bienenzüchter John Keys im Jahr 1780. (vgl. Keys 1780: 2) Diese Ansätze fortführend provozierte Johann Jakob Bachofen Mitte des 19. Jahrhunderts mit der These vom weiblichen Ursprung der Menschheit, wobei ihm nicht zuletzt das Bienenleben als Beleg der »Naturwahrheit« der »Gynaikokratie in ihrer klarsten und reinsten Gestalt« galt. An diese Perspektive schlossen Ende des 19. Jahrhunderts Entomologen wie William M. Wheeler an, welche sich wiederum auf die deutsche Matriarchatsforschung bezogen und ihre Weltuntergangsängste durch die Anrufung einer neuen Mütterlichkeit zu überwinden suchten. (vgl. Bachofen 1861/1954: 167; Dank an Eva Johach für diesen Hinweis)

Gegen diese Tendenz regte sich jedoch auch Widerstand von Vertretern der sich neu herausbildenden Männerbundtheorie, die auf der männlichen Konstitution des Staates nicht zuletzt mithilfe der Referenzen auf die Biene bestanden: diesmal jedoch, um sich von der Analogie zwischen Staats- und Familienmodell zu distanzieren. So faszinierte Hans Blüher zu Beginn des 20. Jahrhunderts vor allem die straffe, bündische Organisation des Bienenstocks, die zeige, dass die staatsbildende Eigenschaft des Menschen in einer »besonderen [bisexuellen] Sexualstruktur« begründet sei, die über traditionelle Familienbindungen hinausgehe, wie das sublimiert erotische Verhältnis der Arbeitsbienen untereinander zeige. (Blüher 1912: 70; vgl. ders. 1914: 241) Nach dem Ersten Weltkrieg avancierte jedoch die straffe hierarchische Ordnung der Bienen erneut zum Vorbild. Jetzt hieß es: »der ganze Bienenstaat ist darauf zugeschnitten, der Königin zu dienen«. Die drei Bienenarten bildeten separate »Stände«, die »kein Verständnis füreinander« hätten, sondern sich brutal gegeneinander verhielten. Die ungeliebte Figur der Drohne verkörperte in diesem Szenario die durch Kriegsniederlage und Frauenemanzipation angegriffene Männlichkeit: »Beim Hochzeitsflug der jungen Königin [... stürzt] der Ausersehene [...] nach dem Begattungsakt mit abgebrochenem Phallus in die Tiefe. Die übrigen Drohnen kehren zurück, werden aber dann von den Arbeiterinnen kurzerhand umgebracht. An dieser Drohnenschlacht findet kein Mensch etwas: das ist ganz in Ordnung. [...] So sieht der Staat aus.« Im Grunde gebe es nur noch »*ein* Problem der Menschheit: das der Herrschaft, welches bei den Insektenstaaten gelöst« sei, da es nur auf die »Oberen« ankomme. »Die andere [Art von Menschen, C.B.] könnte ruhig in einer Drohnenschlacht geopfert werden ...«. Wer nicht wie der Imker die Drohne von der Königin zu unterscheiden wisse, der gehöre einfach zur »niederen Rasse«. Die Analogie zwischen Mensch und Biene diente hier nicht mehr der Legitimation einer ständestaatlich-monarchischen als vielmehr einer rassistischen Ordnung. (ders. 1920: 122ff.)

Zeitgleich trat die Biene im Jahr 1912 einen literarischen Siegeszug an: Waldemar Bonsels' Kinderroman »Biene Maja« erschien. Auch hier wurden Fragen sozialer Ordnung im Bienenmodell verhandelt. Der dramatische Kampf zwischen Bienen und Hornissen lässt sich rückschauend durchaus als völkische Schlacht lesen. Das Kinderbuch wurde eines der größten Bestsellererfolge der NS-Zeit: »Ein produktives und edles Volk, die Bienen, wird ununterbrochen von artfremden, unproduktiven Schmarotzern, den Wespen, gleichsam den Juden, drangsaliert.« Andere Zeitgenossen vermochten in der Biene Maja und ihrer Anhängerschaft hingegen ein »friedfertiges und fleißiges Volk« zu erkennen, das vielmehr »von den schikanösen Gestapo-Wespen bedrängt und in Angst versetzt« wurde. Die spätere Verfilmung des Stoffes (1976) hat die Biene einem Millionenpublikum bekannt gemacht. Majas Freund Willie kam erst in der Filmfassung hinzu – dick, faul, gefräßig und feige wie alle Drohnen vor ihm, ist er dennoch sympathisch gezeichnet, was auf die sich verändernden Männlichkeitskonstruktionen der 1970er Jahre verweist, in denen soldatische Tugenden an Geltungskraft verloren. (vgl. Menasse 1995)

Es mag wie eine Ironie der Geschichte klingen, dass Bienen nicht nur symbolisch, sondern auch auf ganz reale Weise mit dem Raum des Politischen durch ihre Nutzung als Kriegswaffen verbunden waren. Bereits in antiken und mittelalterlichen Kriegen wurden Bienen militärisch eingesetzt und z.B. ganze Bienenkörbe auf die gegnerischen Truppen geschleudert. Seit 9/11 werden Bienen verstärkt im so genannten Anti-Terrorkampf der USA eingesetzt, um z.B. Waffen und giftige Kampfstoffe zu erkennen, weswegen einige Militärexperten auch von ›sechsfüßigen Soldaten‹ sprechen. Ihre Flugrouten, die der sozialen Kommunikation mit dem Bienenstock dienen, werden mithilfe von Infrarottechniken aufgezeichnet und daraus Karten erstellt, mit deren Hilfe Menschen z.B. die Verteilung von radioaktiven Stoffen oder anderen Kontaminierungen erkennen können. Die Grenzen zwischen Mensch,

Tier und Maschine werden neu verhandelt. Hier bildet das Politische tatsächlich eine Art »human-nonhuman working assemblage« (und geht über rein intentionale Agency hinaus), wie derzeit Jane Bennett in ihrem Buch »Vibrant Matter« vorschlägt.

Doch auch auf symbolischer Ebene ist die Biene weiterhin im politisch-militärischen Kampfeinsatz. Unbemannte bewaffnete Flugobjekte, die ›Drohnen‹ genannt werden, gelten seit neustem als die effektivste Waffe im Kampf gegen Al Qaeda. Der Befruchtungsakt und das Getötetwerden der tierischen Drohne werden in dem militärischen Invasions- und Zerstörungsakt symbolisch in eins gesetzt. Zugleich wird die militärische Drohne nicht wie das tierische Vorbild von weiblichen Arbeiterbienen drangsaliert, sondern zerstört in einem Akt der Fernsteuerung oder autonomer Programmierung zugleich sich und andere. Es handelt sich also um eine Verschiebung von dem Getötetwerden zu einem Akt der gezielten Tötung anderer, der zugleich ein Akt der Selbstzerstörung ist und der damit das terroristische Vorgehen gleichsam nachahmt und verdoppelt. Die Drohne ist nicht mehr wehr-, stachel- und symbolisch phalluslos, sondern zu einer äußerst effektiven Waffe mutiert, die vor allem bei moralisch oder juristisch fragwürdigen Akten gezielter Hinrichtung eingesetzt wird. Dass diese Art der Waffenführung für eine Verdoppelung der zivilen Opferzahlen 2009 verantwortlich ist, lässt den Wunsch nach einer Aneignung der Macht über das Töten erahnen, welcher wie ein Echo auf die von (früh)neuzeitlichen Naturforschern konstatierte Entmachtung der insektischen Drohne im ›Drohnenmassaker‹ klingen mag und ihre Remaskulinisierung avisiert. Die kindlich-harmlose und unbeholfene Männlichkeit des faulen, trägen, aber sympathischen Willie, der die Biene Maja seit den 1970er Jahren begleitet, begegnet hier gleichsam ihrem aggressiv-militärischen Doppelgänger.

Das Tier ist somit Teil eines diskursiven Terrains geworden, auf dem politische Ordnungsmodelle nicht nur symbolisch, sondern auch praktisch verhandelt werden, indem bestimmte Körper als zu tötende und andere als zu zelebrierende ausgemacht werden. Was es bedeutet, Mensch zu sein, ist ein Produkt der beweglichen Kartographie dessen, was es bedeutet, ein Tier zu sein. Oder, wie Thomas Macho es formulierte, »es ist nicht möglich, von Tieren zu sprechen ohne von Menschen zu reden (und umgekehrt)«. (vgl. Kosek 2010: 651–657 und 667ff.; Macho 2001: 13)

Fig. I.

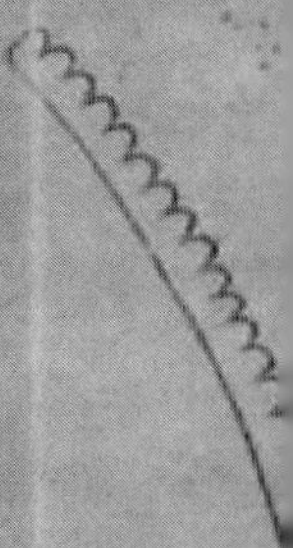

Fig. II.

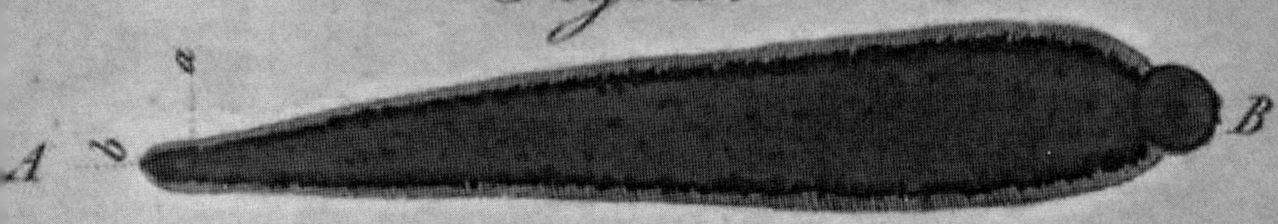

 Fig. III.

Fig. IIII.

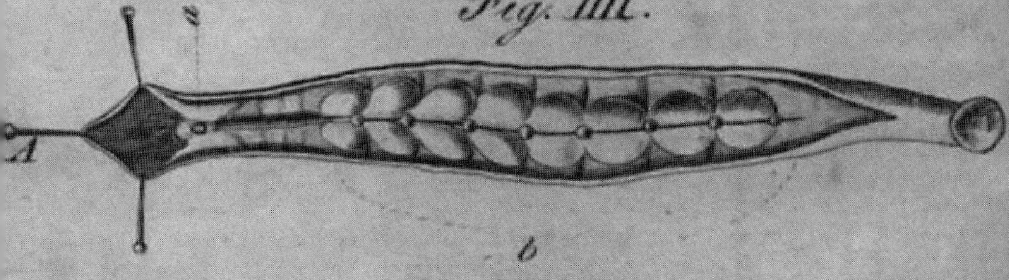

Fig. V.

Fig. VI.

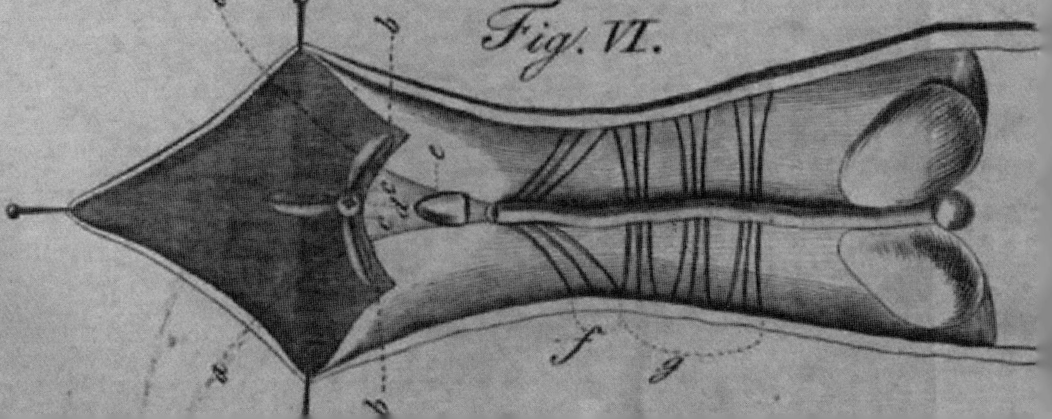

# BLUTEGEL, DER

(*Hirudo medicinalis* LINNAEUS, 1758; engl. *European medicinal leech;* frz. *sangsue médicinale*)

Christian Kassung

Schon lange ist der Blutegel kein wirkliches Tier mehr. Wer heute von Blutegeln spricht, der meint entweder eine alternative Arzneipraktik, die rezeptfrei von jeder Privatperson über eine Apotheke bezogen werden kann, oder die eigene Angst, von einem Vampir ausgesaugt zu werden. Immerhin speist sich ein Blutegel mit dem Fünffachen seines eigenen Körpergewichts, um dann bis zu einem Jahr fasten zu können. Entweder Arzneimittel oder Phantomangst: Einen Blutegel wird man nicht beim zufälligen Baden als natürlichen Teichbewohner antreffen.

Es gibt wohl kaum ein Tier – so der Blutegel doch ein solches ist – das sich so vehement einer Zuordnung zu Wissenschaft, Pharmazie, Medizin auf der einen Seite oder Magie, Schamanismus und alternativer Heilkunst auf der anderen Seite entzieht. Der Blutegel ist ein Zwitter, biologisch wie symbolisch. Versuchen wir, diesem Zwitter und seiner kulturellen Bedeutung wissenshistorisch ein wenig auf die Spur zu kommen.

Erstens: der groteske Körper. Blutegel werden seit der Antike zur Behandlung der unterschiedlichsten Beschwerden eingesetzt: Leberentzündung wie überhaupt jede Art von lokaler Entzündung, Geilsucht, Hüftschmerzen, Vollblütigkeit, verstopfte Schweißlöcher, Melancholie, Hypochondrie, Gelbsucht, aber auch gefährliche Kinderkrankheiten wie häutige Bräune, hitzige Gehirnwassersucht usf. Noch 1820 begründet der Wiener Arzt Johann Joseph Knolz in seiner »Naturhistorischen Abhandlung über die Blutegel, und ihren medicinischen Gebrauch« dieses nahezu unbegrenzte Anwendungsspektrum von einem Prinzip her: dem Blut als dem wahren Repräsentanten des Lebens überhaupt. Indem der Blutegel eine »örtliche Entleerung des local abnorm angesammelten Blutes« bewirkt, wird das notwendige Gleichgewicht wieder hergestellt. (Knolz 1820: 74)

<< Abb.: Anonym: Blutegel. In: Knolz 1820, Tafel I

Damit steht Knolz und die Medizin seiner Zeit noch ganz in der Tradition der antiken Humoralpathologie: Krankheit ist ein Ungleichgewicht der Körperflüssigkeiten. Ergo müssen überflüssige oder verdorbene Körpersäfte abgeleitet werden und zwar schlichtweg durch eine künstliche Öffnung des Körpers. Bis heute haben sich lediglich der Aderlass und die Akupunktur erhalten. Die verschiedenen mittelalterlichen Evakuationspraktiken würden wir eher als Foltermethoden bezeichnen. Und trotzdem wurde beispielsweise die Skarifikation, das Einschneiden der Haut als *morbus auxiliaris*, bis ins 19. Jahrhundert hinein angewendet.

Dieser uns heute so fremde, groteske Körper ist eine Fläche, auf der sich das Innere offenbart, indem es überall austreten und durchbrechen kann. Es gibt keinen wirklichen Unterschied zwischen den Körperöffnungen und den Hautporen. So heißt es noch in der ersten Hälfte des 18. Jahrhunderts in Zedlers »Universal-Lexikon«: »Sie hat auch grosse und kleine Löcher, als grosse in Munde, Nasen, Ohren u. s. w. allwo doch die Haut vielmehr nachgelassen, als durchlöchert, genennet werden kan, und kleine, insgemein Schweiß-Löcher, welche grösser und kleiner vor den Durchgang derer Haare, die Ausdünstung und der Schweiß sind.«

Die Haut ist eine poröse Oberfläche, die sich überall öffnen kann. Deshalb gibt es auch nicht das uns heute massiv umtreibende Ideal einer makellos glatten Haut, vielmehr wird diese aktiv zerstört, um zu heilen. Dass dabei Wunden und Narben zurückbleiben, ist ein vernachlässigbarer, in einigen Kulturen sogar gewollter Nebeneffekt. Der groteske Körper ist eine über seine Oberfläche direkt kommunizierende Einheit. Und der perfekte Bote ist der Blutegel, denn er vermag mithilfe seiner eigenen Körpersäfte den Kanal offen zu halten: Jeder Blutsauger, egal ob Vampir, Blutegel oder Stechmücke, muss dafür sorgen, dass ihm das Blut nicht im Schlund gerinnt.

Zweitens: das Hirudin. Warum genau der Blutegel es vermag, den menschlichen Körper über eine beträchtliche Zeit hinweg geöffnet zu halten, wurde über gut einhundert Jahre hinweg intensiv erforscht. Erstmals 1884 beschreibt der britische Physiologe John Berry Haycraft, dass ein Extrakt aus zerkleinerten Blutegelköpfen eine koagulationsverhindernde Wirkung besitzt: Reines Kaninchenblut gerinnt innerhalb weniger Minuten, aber zusammen mit dem geheimnisvollen Extrakt bleibt es bis zur Fäulnis flüssig: »Der Blutegel secernirt in seinem Munde eine Flüssigkeit, welche das Blutferment zerstört, ohne sonst irgend wahrnehmbare Veränderungen des Blutes zu veranlassen.« (Haycraft 1884: 217) Ohne eigentlich mehr über dieses Sekret zu wissen, gibt ihm der Göttinger Pharmakologe Carl Jacoby den Namen Herudin oder Hirudin und verwandelt den Blutegel damit in ein patentierbares Arzneimittel. Hergestellt wird mit seinem Verfahren ein bräunlich-gelbes bis weißes Pulver: »Die Ausbeute beträgt etwa 6 bis 9 mg pro Kopf.« (Jacoby 1902: 1) Der Blutegel ist auf seinen Kopf und dieser auf ein in Wasser lösliches Pulver reduziert worden. Das entsprechende Patent wurde beim Kaiserlichen Patentamt in Berlin am 15. April 1902 erteilt.

Erst in den 1950er Jahren gelingt es dem Erfurter Pharmakologen Fritz Markwardt, Hirudin zu isolieren, allerdings zunächst nur in sehr geringer und stark verunreinigter Menge. Sukzessive werden die Verfahren verbessert, bis es in den 1980er Jahren möglich ist, aus etwa 15.000 Blutegelköpfen gut ein halbes Gramm Hirudin zu gewinnen. Es ist also wenig verwunderlich, dass die beiden zwischenzeitlich entwickelten und sehr viel günstigeren Antikoagulantien Heparin und Cumarin den klinischen Alltag dominierten und im Nebeneffekt zur Folge hatten, dass sich die mittlerweile arg geschrumpften Blutegelpopulationen der heimischen Teiche langsam wieder erholten. Seit dem 1. Januar 1987 steht der Blutegel unter strengem bzw. besonderem Artenschutz. Heute können wir Hirudin synthetisch herstellen, und die Aminosäurensequenz ist vollständig beschrieben – also kein Ort mehr für magisches Wissen?

Drittens: der Vampir. Bereits im 19. Jahrhundert schlugen sich die Ärzte mit dem Problem herum, dass sich die Blutegel zum Teil äußerst eigenwillig verhielten: Obwohl offensichtlich ausgehungert, bissen sie einfach nicht zu. Man verwendete deshalb Appetitanreger sehr unterschiedlicher Art, vom Starkbier über Knoblauch bis zur sauren Sahne. Entweder wurden die Blutegel schlichtweg einige Zeit in der wohlschmeckenden Flüssigkeit eingelegt, oder aber es wurde eine Sahnespur auf den an- oder auszusaugenden Arm aufgebracht.

1824 wollte es der Apotheker J. L. Derheim aus St. Omer genauer wissen und führte eine ganze Reihe von Versuchen durch. Zehn Blutegel wurden in einem Glas mit etwas Knoblauch über drei Tage in einem luftigen Keller verwahrt. Drei Tage später öffnete er das Glas, und es waren »noch alle Blutegel am Leben, und hatten nicht das mindeste gelitten.« (Derheim 1824: 348) Exakt der gleiche Versuch wird jedoch im selben Jahr von Henry, Virey und

Heller wiederholt, diesmal mit entgegengesetztem Resultat: Nach drei Tagen wirken die Blutegel wie tot: »schlaff, unbeweglich, blutig; aber kaum in Wasser geworfen, erholten sie sich, und gaben Zeichen des Lebens von sich.« (Henry/Virey/Heller 1824: 360) Ist es schlichtweg einer wenig ausgereiften, historischen Experimentalpraxis zu verdanken, dass Blutegel einmal so und einmal anders auf Knoblauch reagieren?

Genau diese Frage stellten sich vor gut fünfzehn Jahren Anders Baerheim und Hogne Sandvik an der Universität Bergen und griffen die Knoblauch-Experimente wieder auf. Gemessen und tabellarisch aufgezeichnet wurde die Zeit zwischen dem Aufsetzen und dem Biss, es gibt eine Kontrollgruppe und eine zufallsbestimmte Reihenfolge – also eine streng naturwissenschaftliche Versuchsanordnung oder genauer ein Wilcoxon-Test. Insofern kann das Ergebnis dieses Experiments auch keinesfalls angezweifelt werden: »Ingested garlic has been reported to be lethal to some animals, but we believe this to be the first study showing garlic to be lethal by skin absorption.« (Baerheim/Sandvik 1994: 1689) Knoblauch wirkt auf Blutegel erst anziehend, dann tödlich, selbst wenn er nur über die Haut absorbiert wird. Und weil Knoblauch diesen Effekt auf jede Art von Blutsaugern hat, ist der Blutegel ein Vampir – und kein Tier.

# C

# CHARAKTERTIER, DAS

Ruth Tesmar

## Lucie

Auf einer Fußbank,
braun und klein,
spielt Lucie Geige,
hoch und rein.

Manchmal,
meist montags um halbneun,
hebt sie beim Spielen gar ein Bein.

Und singt voll Inbrunst
Seemannslieder.
Solch' Krokodil
sah ich nie wieder.

<< Abb.: Ruth Tesmar: Tieraden, 1963/2011, Aquarell auf Bütten © Ruth Tesmar

## Stachelige Liebesballade

Tief unten, wo das Wasser dunkelgrün
und bunte Fische sanfte Kreise ziehn,
da saß ein Kugelfisch auf einem Stein
und fühlte sich gar sehr allein.
Dicht unter seinem Stachelkleid
schlug dumpf das Herz voll Traurigkeit.

Er liebte eine süße Scholle
mit flammend roter Haaresrolle.
Und Augen, eines gelb, das andre grün.
Sie konnte tanzen fast so wie die Frau Delphin.

An einem Abend sah er jene Scholle,
die junge, zarte, wundervolle,
beim Meeresball, in grüner Seide
sich drehen auf der Algenweide.

Er bat sie um den nächsten Tanz
und schenkt' ihr einen Schneckenkranz.
Doch als er sie beim Walzer drückt
war Fräulein Scholle nicht entzückt.

Mit seinen Stacheln stach er sie am Kopf
und riß beim Drehen unbedacht an ihrem Zopf.
Doch als er sie gar küssen wollte,
das Fräulein Scholle ernsthaft grollte.

Sie stieß ihn fort und rief voll Wut:
›Wir zwei ein Paar, das geht nicht gut!
Sie sind zu dick, ich bin zu flach,
das gibt am Ende doch nur Krach.‹

Sie dreht die Augen und schwimmt ganz allein
vorbei an einem weißen Stein.
Auf dem der Fisch noch heute sitzt
und mit den Stacheln
Herzchen in den Meeresboden ritzt.

## Plat(t)itüde

Das graue, satte Fräulein Ratte
lag müßig in der Hängematte
und hörte ihre Lieblingsplatte.

Als die Geige herrlich schluchzte,
sie gerührt die Nase putzte.

Da geschah das Unglück, ach,
es gab einen Riesenkrach,
denn sie flog mitsamt der Matte
mitten auf die schöne Platte.

# CHIMÄRE, DIE

(altgr. *khimaira*: die Ziege; lat. *chimera*; engl. *chimera*)

Lorraine Daston

Die Chimäre trat erstmals in der »Ilias« (VI.179) in Erscheinung: Als das furchterregende Scheusal, das von dem auf Pegasus reitenden Belephoron im Auftrag von König Iobates von Lykien getötet wird. Aufgezogen wurde das Untier von Amisodarus, dem König des benachbarten Reiches Caria, um die anliegenden Gebiete zu verwüsten. (vgl. Homer, »Ilias«: XVI.328) Von »gespenstischem und widermenschlichem Ursprung« wird die Chimäre beschrieben, als Wesen mit dem Kopf und Körper eines Löwen, dem aus dem Nacken das Vorderteil einer Ziege und als Schwanz eine Feuer spuckende Schlange (oder ein Drachenkopf) gewachsen war. In der »Theogonie« legt Hesiod eine Genealogie des Ungeheuers vor: Die Chimäre ist demnach ein weiblicher Abkömmling von Echidna, halb Frau und halb Schlange, und von Typhon, Sohn der Gaia und des Tartaros, eines grässlichen menschlichen Riesen mit hunderten von Drachen- und Schlangenköpfen. (Unter ihren Halbschwestern und -brüdern befinden sich der Nemeische Löwe, die Sphinx, Hydra und Cerberus.) Wie Pegasus und Cerberus ist die Chimäre eine Einzelerscheinung und keine Gattung (im Gegensatz zu beispielsweise den Satyrn, Faunen, Sirenen und Centauren). (vgl. Hesiod, »Theogonie«: 319–339)

Die Chimäre ist eines der prototypischen Monster der griechischen Mythologie. Platon beschwört die Chimäre (gemeinsam mit Skylla und Cerberus) in seiner Analogie über die unterste der dreistufigen menschlichen Seele als ein Biest mit vielen Händen, wild und zahm zugleich. (vgl. Platon, »Politeia«: IX.588c) Hesiods Beschreibung der drei Köpfe der Chimäre, von denen jeder ein anderes Tier verkörpert (der wilde Löwe und die wilde Schlange, die zahme Ziege), legt den Grundstein einer erstaunlichen ikonographischen Tradition, die mindestens bis 680 v. Chr. zurückreicht. (vgl. Schmitt 1966) Im Gegensatz zu anderen hybriden Kreaturen der griechischen Mythologie wie dem Centaur, der Sphinx oder dem Pegasus gibt es eine merkwürdige Asymmetrie in

<< Abb.: Chimäre, rote Schale aus Apulien (Detail), ca. 350–340 v. Chr. Musée du Louvre, Paris

vielen Repräsentationen der Chimäre, weil jeder ihrer drei Köpfe aus einem anderen Teil ihres Körpers entspringt (siehe Abbildung). Hydra und Cerberus haben ebenfalls mehrere Köpfe, die jedoch alle aus dem Hals herauswachsen. Die Monstrosität der Chimäre ist in der Tat eine zweifache: Nicht nur ist sie eine Mischform dreier verschiedener Tierarten; die Art und Weise, wie die Teile von Löwe, Ziege und Schlange in diesem einen Körper vereint sind, ist darüber hinaus anatomisch in einer Weise anstößig, wie andere Fabelwesen es nicht sind (wie etwa Mensch und Pferd im Centaur oder Pferd und Vogel im Pegasus). Die Chimäre ist selbst unter Monstern ein Monster.

Dies mag ein Grund sein, warum spätere antike Autoren, wie Strabo (»Geographica«, XIV: 3.5) und Plinius der Ältere (»Naturalis historiae«, V: 28), mit leicht zu entlarvendem Effekt behaupteten, der Name *Chimäre* käme tatsächlich von einem Feuer speienden Berg oder einer Gase absondernden Schlucht in Lykien. Diese Art euphemisierender Etymologie erreichte ihren Höhepunkt mit Isidor von Sevillas »Etymologiae« aus dem 7. Jahrhundert, in welcher die Chimäre mit einem Feuer speienden Vulkan desselben Namens (nun lokalisiert in Cilicia anstatt in Lykien) verglichen wird. Darüber hinaus seien die Hänge des Berges von Ziegen, Löwen und Schlangen bevölkert gewesen, und dies hätte der Legende eines dreiteiligen, Feuer spuckenden Monsters Vorschub geleistet. Cicero sah es schon im 1. Jahrhundert v. Chr. für erwiesen an, dass niemand, nicht einmal »die einfältigste Frau glaubt, dass der Centaur oder die Chimäre jemals wirklich existierten«. (»De Natura deorum«: II.2)

Schon in der Antike wurden hybride Monster wie die Chimäre auf widernatürliche sexuelle Anziehungskräfte zurückgeführt. Man nahm an, dass gattungsübergreifende Paarungen bizarre mehrtierige Kreaturen hervorbrachten. Aristoteles war der Meinung, dass Libyen reich an Monstern sei, weil das Klima dort heiß und trocken war: Alle Tiere müssten sich daher an den wenigen Wasserlöchern tummeln, wo dann alle möglichen widernatürlichen Paarungen stattfänden – wie in einer schummrigen Bar für Singles. (vgl. Aristoteles, »De Animalium generatione«: 746b8) Wenn Ovid die Chimäre erwähnt, tut er dies im Kontext der von Verlangen verzehrten Irrungen der Byblis, die wegen ihrer inzestuösen (und daher unnatürlichen) Leidenschaft für ihren Bruder Kaunos dem Untergang geweiht war. (vgl. Ovid, »Metamorphosen«: IX.647ff.) Zwei unterschiedliche Pflanzen zu verpfropfen, um chimärische neue Produkte zu erzeugen wie die *bizzarria*, eine Kreuzung von Orange und Zitrone, wie sie von Pietro Nati 1674 beschrieben worden ist, war schon zu römischen Zeiten eine suspekte gärtnerische Praxis, weil sie Artengrenzen durchbrach und den Pflanzen bestialisches Treiben ermöglichte. (vgl. Nati 1674) Im »Wintermärchen« (IV.4.) lässt Shakespeare das Hirtenmädchen Perdita hochveredelte, aderige Nelken als »Bastarde der Natur« verurteilen. Auf metaphorischer Ebene vergleicht Horaz ein schlecht gemachtes Kunstwerk mit einer mehrtierigen Kreatur oder mit der Kreuzung von Schlangen mit Vögeln oder Lämmern mit Tigern. (vgl. Horaz, »Ars poetica«: 1–13) Diese Passage hallte in Kunst und Literaturkritik bis weit in die Aufklärung nach. Groteske Kunstwerke wurden als Ausgeburt von Artenmischung und der Züchtung von Monstern in der Einbildungskraft angesehen.

In der Renaissance war das Wort *Chimäre* zum Synonym für eine Illusion oder eine hartnäckige Phantasie der eigenen Einbildungskraft geworden. Einige, wie der elisabethanische Dichter Philip Sidney, lobten die Fruchtbarkeit der Einbildungskraft, die im Stande war, Formen zu schaffen, »die niemals in der Natur vorkommen, wie Helden, Halbgötter, Zyklopen, Chimären, Furien und dergleichen«. (Sidney 1595/1831: 13) Andere, wie der Aufklärer und französische Enzyklopädist Jean-François Marmontel, folgten Horaz' Gedanken, dass selbst die Dichtung keinen Platz für monströse »Mischungen benachbarter Arten« bieten sollte, wie sie hyperaktive Einbildungskräfte hervorbrachten. (Marmontel 1756: 680, Übers. L.D.) Weil die Fähigkeit zur Einbildung vom Mittelalter an und durch die Aufklärung hindurch als kombinatorische Betätigung gedacht wurde, wurde die in ihren Elementen so augenscheinlich zusammengesetzte Chimäre emblematisch für den imaginativen Amoklauf. Diese Bedeutung der Chimäre als Selbsttäuschung, d.h. als Einbildung, die den Verstand narrt, lebt in den modernen europäischen Sprachen weiter fort und unterstreicht die prägende Kraft der Chimäre als fabulösestes Wesen aller Fabelmonster.

In der jüngeren Vergangenheit hat die wissenschaftliche Genetik den Begriff *Chimäre* wieder auferstehen lassen, um einen Organismus zu kennzeichnen, der genetisches Material verschiedener Zygoten enthält. (vgl. Ohno/Gropp 1965) Die sensationellsten Fälle sind künstlich im Labor erzeugt worden, wie etwa die *Schiegen*, die aus der Fusion von Embryonen von Schaf und Ziege produziert wurden, oder die Einfügung pluripotenter menschlicher Zellen in nichtmenschliche Organismen, ein Verfahren, das bei der Züchtung von Stammzellen für die wissenschaftliche Forschung und deren mögliche medizinische Anwendung eingesetzt wird. Dennoch entstehen, wenn auch weniger spektakulär, Chimären innerhalb einer Gattung auch auf natürliche Weise: Etwa dann, wenn zweieiige Zwillinge in der Frühphase der embryonalen Entwicklung einen einzigen Fötus bilden, der dann zwei vollständige Chromosomenstränge von zwei Eizellen und zwei Spermien hat. Dies kann dazu führen, dass verschiedene Organe (wie Herz und Leber) im Körper der Chimäre über verschiedene Chromosomen verfügen. Mitunter gibt es sichtbare, phenotypische Zeichen dieses Phänomens, wie etwa Augen mit verschiedenen Farben oder, wenn die Zwillinge verschiedenen Geschlechts waren, uneindeutige Geschlechtsmerkmale oder (selten) Hermaphroditismus. In den allermeisten Fällen bleiben solche Chimären unentdeckt – außer DNA-Tests verschiedener Körperteile enthüllen die Anomalie.

Ob aber Chimären tatsächlich so anormal sind, wie wir meinen, fragen Forscher, die das Phänomen des Mikrochimärismus untersuchen: Die Präsenz fremder Zellen im Körper, die nicht vom Immunsystem unterdrückt werden. (vgl. Nikbin u.a. 2007) Die fremden Zellen können durch Organ- oder Knochenmarktransplantationen eingeführt werden; akzeptiert sie der Körper, gilt dies als gutes Zeichen für die Tolerierung des Transplantats. Es gibt auch Anzeichen dafür, dass der Fötus und die Mutter während der Schwangerschaft genetisches Material über die Plazenta austauschen. Jahre später können die chimärischen Zellen noch in den Körpern von Mutter und Kind nachgewiesen werden. Auf diese Weise könnte die Mutter genetisches Material ihres eigenen Kindes erben, wie auch andersherum. Auf der Mikroebene könnten wir demnach alle Chimären sein.

Wenn dem so ist, dann ist Woody Allens Parodie auf die Chimäre mehr als nur komisch: »Die große Roe ist eine mythologische Bestie mit dem Kopf eines Löwen und dem Körper eines Löwen, nur nicht desselben.« (Allen 1975: 95) Genetikern zufolge sind wir alle ein wenig wie die große Roe, unserem Äußeren nach völlig normal, im Inneren jedoch Chimären. Die Chimäre ist vom fürchterlichsten aller Fabelwesen zunächst zu einem Emblem zwischenartlicher Kreuzung, dann zu einer Metapher zügelloser Vorstellungskraft und schließlich zu einem äußerlich normalen aber genetisch bunt gemischten Organismus mutiert. Es ist vielleicht ein Zeichen dieser hyperindividualistischen Zeit, dass der Name der Chimäre, die ursprünglich die abscheulichste der mehrtierigen Kreaturen der mythologischen Bestiensammlung war, nun Anwendung findet zur Bezeichnung einer unsichtbaren Vermischung von Chromosomen in ein und derselben Person – nur, wie die große Roe, nicht denselben.

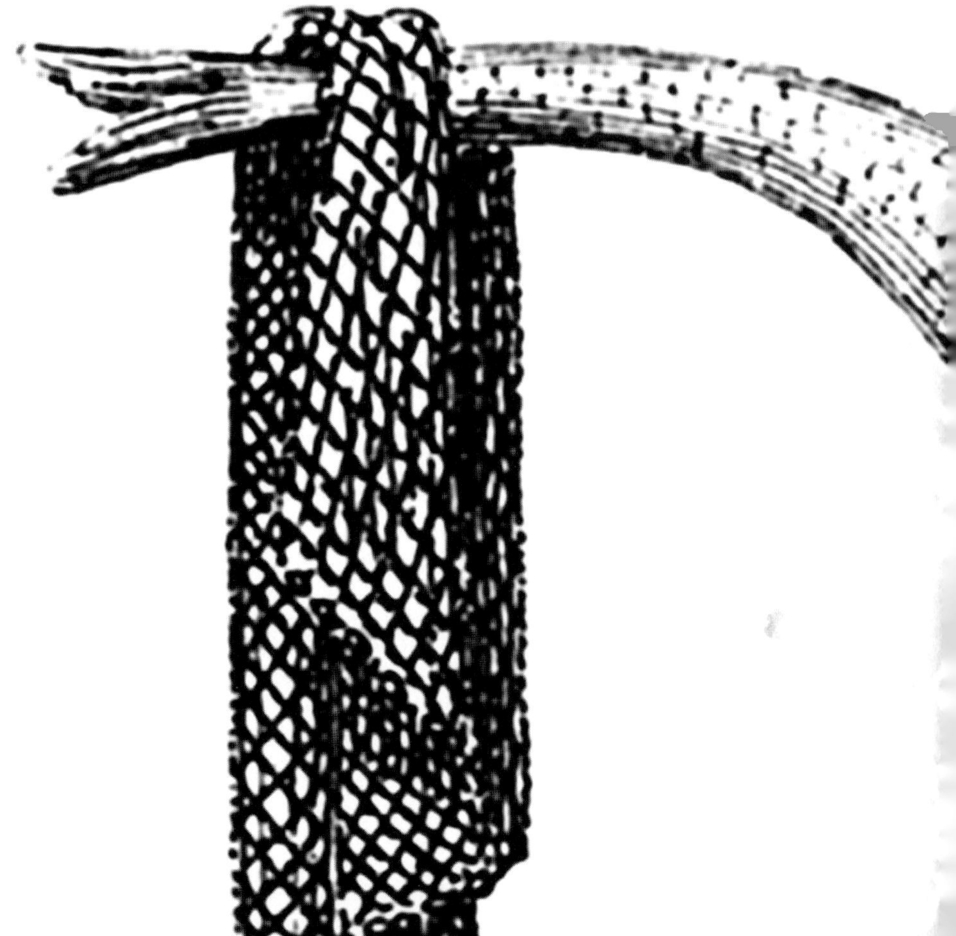

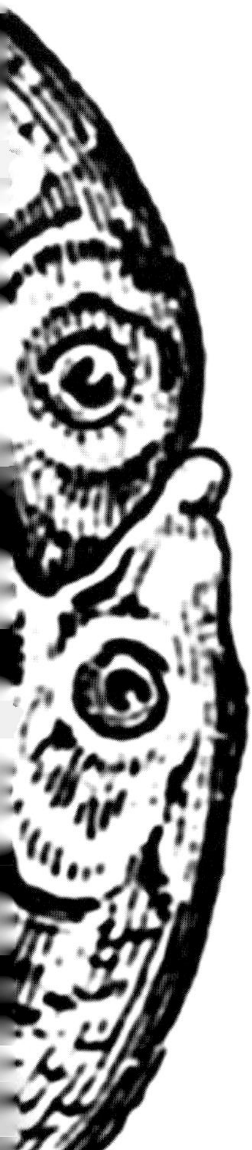

# D

# DELFIN, DER

(*Delphinidae* Gray, 1821; engl. *dolphin;* frz. *dauphin*)

Michael Lindner

Irgendwann im Jahre 1374 bestellte der römische Kaiser Karl IV. aus dem Hause Luxemburg, der als König auch in Böhmen, Burgund sowie Reichsitalien und seit kurzem als Markgraf in Brandenburg herrschte, in Hamburg eine Lieferung Delfine. Den kaiserlichen Boten, der das herrscherliche Schreiben nach Hamburg brachte, entlohnte die Stadt mit sechs Schillingen. Noch im selben Jahr kam Hamburg dem Wunsch des Imperators nach. Die Hafenstadt schickte ihm sechs Meeressäuger aus der Ordnung der Zahnwale, was dem städtischen Kämmerer für Nahrung, Betreuung und Transport der Delfine die Elbe aufwärts Richtung Prag noch einmal Aufwendungen in Höhe von elf Pfund Silber und acht Schillinge kostete. Was wollte der Luxemburger mit diesen Tieren? Hatte der Kaiser die Absicht, den Pragern in der Moldau ein Karls-Delfinarium einzurichten? Eine Karlsbrücke, eine Karlsuniversität, eine Karlstadt, die heutige Neustadt, ein Karlskloster hatte er den Pragern, zahlreiche Karlsburgen seinem Reich bereits beschert – darunter ganz in der Nähe der böhmischen Hauptstadt den legendären Karlstein. Wir können es nicht sagen, denn von den Tieren ist fernerhin nichts mehr zu hören. Vielleicht ließ Karls Nachfolger, sein Sohn Wenzel, die Delfine genauso verkommen wie das von seinem Vater ererbte Reich oder die kaiserliche Elbflotte, die nach Karls IV. Tod in Hamburg verrottete. Die Schiffe waren 1365 in Prag gebaut worden, um den Plänen des römisch-deutschen Imperators zum Ausbau der Elbe als Handelsstraße Nachdruck zu verleihen.

Einige Jahrzehnte zuvor erhielt Kaiser Karl IV. Besuch von einer ganz anderen Art von Delfinen. Zu Weihnachten des Jahres 1356 erschien der französische Thronfolger Charles begleitet von seinem Bruder Jean, dem späteren Herzog de Berry, in Metz, wo der kaiserliche Oheim am Weihnachtstag den zweiten Teil seines Königswahlgesetzes, der so genannten Goldenen Bulle, verabschiedete. Charles, bereits Herzog der Normandie, trug auch den Titel Dauphin von Vienne, den er 1349 gemeinsam mit der gleichnamigen Graf-

<< Abb.: Hyghalmen Schriftrolle: Der Dauphin und spätere französische König Ludwig XI. (Detail), um 1450. College of Arms, London. In: Koch u.a. 2000: 114

schaft in Burgund für 200.000 Gulden erworben hatte. Im deutschsprachigen Raum hieß er der Delfin von Vienne, denn Dauphin ist der aus mittellateinisch *Delphinus* über altprovenzalisch *Dalfin* ins Französische eingegangene Tiername Delfin. Schon eine Generation später wurde Dauphin zur gängigen Bezeichnung der französischen Kronprinzen. Kaiser Karl IV. führte mit dem Valois Charles, als König ab 1364 Charles V. von Frankreich, wichtige diplomatische Gespräche, die sich hauptsächlich um die Bewältigung der katastrophalen Lage der französischen Krone nach den Niederlagen im Hundertjährigen Krieg drehten. Die Situation zwischen den beiden hochadligen Verwandten war sehr angespannt: Der Imperator Karolus forderte dem Thronfolger Charles für die Dauphiné (Delfinat) den Lehnseid ab, da sie ein Fürstentum des Reiches war. Ob er danach zu Entspannung mit seinem königlichen Neffen und Delfin/Dauphin auch mal baden gegangen ist, wird leider nicht überliefert.

Bereits der 1142 in einer Fehde gegen den Grafen von Savoyen getötete Graf Guigues von Albon im Viennois führte in seinem Wappen einen Delfin und trug den Beinamen le Dauphin. Die mittelalterliche Hochschätzung der Delfine, die sie unter anderem zum Wappentier fürstlicher Familien machte, rührte aus der antiken Mythologie und Wissenschaft her. Sie waren die Lieblingsfische der Griechen, und beeindruckten mit ihrer Schnelligkeit und eleganten Beweglichkeit. In Poseidons Gefolge finden wir sie ebenso wie in den Diensten des Sonnengottes Apollon, der Muttergöttin Demeter und anderer Götter. Zum Dank dafür, dass er als Brautwerber des Meeresgottes zur jungfräulichen Nereide Amphitrite schwamm, sie fand und erfolgreich mit ihr auf dem Rücken zurückkehrte, wurde der Delfin von Poseidon, dem Bruder des Zeus, zum Sternbild erhoben. Am Himmel ist er als Sommersternbild in Form einer Raute nordwestlich der hellsten Sonne im Adler, des weißen Hauptreihenzwerges Altair, zu sehen. Auf der Rennbahn der Römer, dem Zirkus, kamen sieben Delfine als Rundenzähler zum Einsatz. Im legendären Wagenrennen des Filmklassikers »Ben Hur« kann man sie in dieser Funktion sehen.

Durch die Lektüre der »Naturgeschichte« Plinius' des Älteren und der »Weltwunder« des spätantiken Kompilators Solinus wussten auch mittelalterliche christliche Gelehrte einiges über das Verhalten und die körperliche Beschaffenheit der Tiere, über ihre Geselligkeit oder ihre Nähe und Zuneigung zum Menschen, die zur Errettung aus Seenot führen konnte.

Allerdings würden nur Menschen gerettet, die zuvor niemals Delfinfleisch gegessen hatten, schrieb der mittelalterliche Autor Konrad von Megenberg. Wie der Delfin feststellte, wer der Rettung würdig und wer zum Untergang bestimmt war, galt als unergründliches Geheimnis der Natur und gern ergriffene Gelegenheit zum Lobpreis Gottes. Andere hielten es nur für eine Folge des exzellenten Geruchssinnes der Delfine. Das freundschaftliche Verhältnis dieser Meeressäuger zu Jünglingen wurde häufig in Bildern von auf Delfinen reitenden Knaben dargestellt. Der große scholastische Philosoph Albertus Magnus berichtet von einer Symbiose zwischen italienischen Adriafischern und Tümmlern. Die Delfine halfen den Italienern beim Fang, die Fischer verzichteten dafür auf Jagd und Verzehr ihrer Helfer. Wenn dieses Beispiel im Prag Karls IV. bekannt war, dann entgingen seine *Delphini imperiales* vielleicht deshalb den Kochtöpfen der Hauptstädter. Die Nordseefischer hielten nichts von derartigen Geschichten und machten Jagd auf diese Lebewesen. Das antike Wissen hatte bei den *Barbaren* im Norden auch in diesen Fall nicht so tiefe Wurzeln wie am Mittelmeer geschlagen. Manche nutzten das Gebaren der Delfine auch zur Wettervorhersage – etwa nach der viel zu selten beachteten küstennahen Regel: Ist der Delfin glibberig und nass, füllt's den Fischern und Bauern Netz, Scheune und Fass. Als Sturmwarnung galt es den Seeleuten, wenn die Delfine große Sprünge machten.

In der Neuzeit begegnet uns das literarische Phänomen von Werken *ad usum Delphini*. Solche nur zum Gebrauch des Delfins/Dauphins bestimmten Texte wurden jedoch nicht für besonders intelligente, lesefähige Meeressäuger geschrieben. Es handelte sich vielmehr um zensierte, meist antike Texte, die ihres erotischen, frivolen und manchmal auch drastisch sexuellen Gehalts wegen entschärft wurden für die Unterrichtung der royalen Thronfolger (Delphini/Dauphins) am französischen Hofe. Bibelstellen aus dem Alten Testament unterlagen derartiger Zensur auf Anraten der Hauslehrer im absolutistischen Versailles ebenso. Doch von all dem dürften die richtigen Delfine nicht die geringste Ahnung gehabt haben.

# DRACHE, DER

(altgr. δράκων: Schlange; lat. *draco*; engl. *dragon*)

Judith Zadek (11 Jahre)

Einst, als noch der Himmelskönig über China herrschte, lebten dort vier Drachen. Deren Namen lauteten der Gelbe Drache, der Lange Drache, der Perlendrache und der Schwarze Drache. Es begab sich, dass der Himmelskönig vergaß Regen zu machen und die Erde immer trockener wurde. Die Drachen bemerkten es und flogen zum Himmelskönig. Dieser lauschte gerade lieblicher Musik und hatte kein Ohr für die Drachen. So beschlossen sie, die Sache selbst in die Hand zu nehmen. Also flogen die vier Drachen zum Ozean, nahmen Meereswasser ins Maul, stiegen in den Himmel auf und schütteten das Wasser auf die Erde aus. Doch der Meereskönig bemerkte dies und erzählte es dem Himmelskönig. Der war wütend, dass die Drachen eine seiner Aufgaben übernommen hatten. Als Strafe sperrte der Himmelskönig die Drachen in vier Berge ein. Die Drachen jedoch, die den Menschen unbedingt helfen wollten, verwandelten sich in Flussläufe und flossen aus den Bergen heraus und quer durch China als der Gelbe Fluss, der Schwarze Fluss, der Lange Fluss und als der Perlenfluss. So erzählt eine alte chinesische Legende den Ursprung von vier großen chinesischen Flüssen.

In fast jeder Kultur gab es Drachen, so habe ich es in meinen Drachenbüchern gelesen. Sie wurden aber in jeder Kultur anders gesehen. Doch ein paar Gemeinsamkeiten hatten sie alle, denn immer waren sie machtvoll. Schon die Antike glaubte von Drachen etwas zu wissen. Wahrscheinlich hat man Dinosaurierknochen gefunden und gedacht, dass es diese Kreaturen noch gibt, von denen die Knochen stammten. Und man war sich sicher, dass so große Tiere über magische Kräfte verfügen müssen. Man glaubte, dass Drachen in den Höhlen von Bergen lebten. Fliegen konnten sie mit riesigen Fledermausflügeln. Sie mochten kein Wasser, da es das Feuer eines Drachen löschen konnte.

In den alten Geschichten der europäischen Kultur sind Drachen immer bösartig. Man sah in ihnen Monster, die Dörfer, Wälder und Felder zerstörten.

<< Abb.: Paolo Uccello: Der Heilige Georg und der Drache (Detail), um 1439–1440. Musée Jacquemart-André. Paris. In: Borsi 1993: 257

Der *Draco occidentalis* konnte Seen, Teiche, Bäche und Flüsse vergiften. Es gab sogar Drachen, die Gift oder Feuer spieen. Manche von ihnen horteten gewaltige Schätze und hielten schöne Jungfrauen gefangen. Sie fraßen die Herden der Bauern und gelegentlich einen Menschen. Doch Menschen fraßen sie hauptsächlich nur, wenn sich etwa ein Bauer zum Schutz zwischen seine Herde von Schafen oder Kühen stellte, ein Ritter den Schatz stehlen oder die Jungfrau befreien wollte, den ein Drache bewachte, oder aber, weil der Drache schon alle Tiere eines Dorfes gefressen hatte. Man dichtete fantastische Geschichten über sie. Zum Beispiel die von der mehrköpfigen Hydra, die von Herakles erschlagen wurde. Oder jene von dem Drachen, den Siegfried tötete und in dessen Blut er badete. Und weil man im Mittelalter Drachen als Nachkommen des Teufels oder als Dämonen ansah, stieg der Drachentöter Georg sogar zum Heiligen auf. Seinen Drachenkampf kann man heute auf vielen Gemälden sehen. In manchen Bildern oder Plastiken sticht er ein furchterregendes Monster nieder, in anderen scheint er jedoch eher harmlose Rehpinscher zu überwältigen. Erst in den neueren Drachengeschichten gibt es nette europäische Drachen, wie etwa Fuchur aus Michael Endes »Die Unendliche Geschichte«, Tabaluga oder die guten Drachen aus Cornelia Funkes »Drachenreiter«.

In Asien hingegen wurden Drachen schon lange als gute Wesen gesehen, wie wir schon von der Erschaffung der großen chinesischen Flüsse wissen. Vom *Draco orientalis* gab es vier Arten: die Eisdrachen, die Wasserdrachen, die Feuerdrachen und die kaiserlichen Drachen. Die kaiserlichen Drachen waren oft auf den Gewändern der Kaiser abgebildet. Sie besaßen fünf Krallen. Die Krallenanzahl ist wichtig, denn die Drachen, die fünf Krallen hatten, besaßen auch die größte Macht. Nur Kaiser durften diese Drachen als Zeichen führen.

Aber auch die anderen Kontinente kannten Drachensagen. Zu ihnen gehören ohne Zweifel die aus Mittelamerika über den Amphitheren. Das war ein Mischwesen, das einer Schlange ähnelte, jedoch gefiederte Flügel und eine Federhalskrause besaß. Von diesem Wesen ließen sich die kriegerischen Azteken hinsichtlich des Aussehens ihres Gottes Quetzalcoatel beeinflussen, den sie als Schöpfergott verehrten. Doch Quetzalcoatel war ein brutaler Gott. Ihm zu Ehren wurden Menschen anderer Stämme eingefangen und getötet. Und er fraß diese Menschen – soweit man das auf den Bildern sehen kann – bei lebendigem Leibe. Diese Götterfigur gab es auch in anderen südamerikanischen Kulturen, wie etwa bei den Tolteken. Bei den Mayas gab es ihn unter dem Namen Kukulcan. Der Gedanke, dass Drachen Menschen fressen, finde ich sehr grausam. Ich finde die Idee schöner, dass Drachen sich in Flüsse verwandeln, um den Menschen zu helfen. Oder, dass man auf ihnen reiten und die Welt von oben betrachten kann, wie eben bei Fuchur.

# E

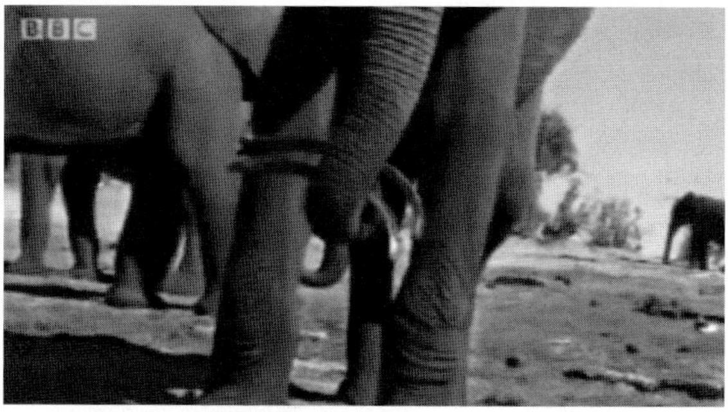
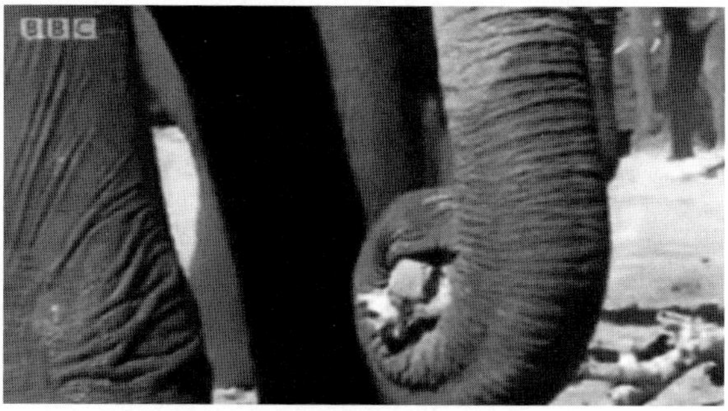

# ELEFANT, DER

(*Elephantidae* Gray, 1821; altgr. ἐλέφᾱς; engl. *elephant*)

Corina Caduff

In Afrika wird er von Touristen aus Distanz gefilmt, in Asien kann man ihn streicheln oder sich von ihm – wie einst Könige und militärische Befehlshaber – auf dem Rücken tragen lassen. Der afrikanische Elefant (*Laxodonta africana*) wird bis zu vier Meter groß und sieben Tonnen schwer. Der asiatische Elefant (*Elephas maximus*) ist dagegen etwas schmächtiger und leichter (bis zu dreieinhalb Meter und fünf Tonnen). Auch seine Ohren sind deutlich kleiner, außerdem tragen hier nur männliche Elefanten Stoßzähne. Einen weiteren anatomischen Unterschied manifestiert die Stirn: Diejenige des afrikanischen Elefanten ist eben und wirkt dadurch groß und flächig, während die Stirn des asiatischen Elefanten verschiedene Wölbungen aufweist und einen kunstvoll gestalteten Eindruck macht. Insgesamt wirkt der asiatische Elefant im Vergleich zu seinem afrikanischen Verwandten feingliedriger; zweifellos jedenfalls hat er den schöneren Hintern.

Der afrikanische Elefant gilt weitgehend als unzähmbar, der asiatische hingegen hat eine jahrtausendealte Geschichte verschiedener kultureller Indienstnahmen hinter sich: als Kriegselefant, als Arbeitstier, als Touristenattraktion, als Tempelwächter. Heute noch bilden geschmückte Elefanten den Höhepunkt von hinduistischen und buddhistischen Tempelfesten. Im asiatischen Kulturraum kommt dem Elefanten dementsprechend eine prominente Rolle in Religion und Mythos zu. Eine populäre Mythenvariante besagt, dass Shivas Gattin Parvati in Abwesenheit des Gemahls aus Lehm einen Buben geformt, ihn Ganesha genannt und zum Leben erweckt habe. Als Shiva zurückkam, versperrte Ganesha ihm den Weg in sein Haus, woraufhin Shiva ihm den Kopf abschlug. Nachdem er jedoch realisierte, dass er Parvatis Geschöpf getötet hatte, befahl er seinen Dienern, den Kopf des ersten Lebewesens zu bringen, das ihren Weg kreuzt, um diesen Ganesha aufzusetzen und ihn so wieder ins Leben zurückzubringen. Heute ist der dicke Ganesha mit dem Elefantenkopf eine der beliebtesten Schutzgottheiten des Hinduismus.

<< Abb.: Trauernde Elefanten. BBC Wildlife Documentary (Stills), 2008

Ein anderer bekannter Elefanten-Mythos betrifft die Empfängnis von Buddha: Dessen Mutter Mayadevi soll geträumt haben, dass sie ihr Kind von einem weißen Elefanten empfangen habe.

So wird der Elefant in Asien – trotz der umstrittenen Haltung als Arbeitstier bis zum Ende des 20. Jahrhunderts – hoch verehrt. Für Souvenir-Artikel stellt er ein außerordentlich beliebtes Sujet dar: Jeden Tag wird er tausendfach aufs Neue in Seide gewebt, in Marmor gehauen, in Holz geschnitzt. Bisweilen fehlt solchen Elefantenfiguren der rechte Stoßzahn, was manche Touristen zu Reklamationen veranlasst, so sie nicht wissen, dass es für diesen fehlenden Zahn verschiedene mythische Erklärungen gibt; eine prominente Überlieferung besagt, dass Ganesha ihn als Griffel benutzte, um das Mahabharata aufzuschreiben.

Der aktuelle Gesamtbestand des asiatischen Elefanten wird gegenwärtig auf ca. 50.000 geschätzt; in Afrika leben heute über 600.000 Elefanten. Die großangelegten Schutzprogramme der 1990er Jahre gegen Wilderei und Elfenbeinhandel in Afrika haben Wirkung gezeigt und mittlerweile zu einem neuen Problem des Überbestands geführt. In Asien stehen solche Programme noch am Anfang; der asiatische Elefant gilt als akut bedroht, da sein Lebensraum durch die wachsende asiatische Bevölkerung in den letzten Jahrzehnten drastisch beschnitten wurde.

*Die Elefanten und der Tod*

Die Vorstellung vom mysteriösen Elefantenfriedhof, in den sich alte oder kranke Tiere allein zurückziehen, um dort ungestört zu sterben, wird verschiedentlich dezidiert zurückgewiesen: »The idea of an elephant graveyard [...] is a myth«, heißt es bereits in »Grzimeks Tierleben« (1968), und auch Gröning/Saller verweisen sie in ihrer ausführlichen Darstellung des »Elefanten in Natur und Kulturgeschichte« (1998) unmissverständlich ins Reich der Fabel. Jedoch bezeugen Elefanten eine auffallende Zuwendung zu Knochen toter Artgenossen, was kürzlich erschienene neue Studien sowie auch Filmaufnahmen auf faszinierende Weise belegen.

So dokumentiert etwa eine BBC-Sendung, wie sich ein Dutzend Elefanten im kenianischen Nationalpark Amboseli auf einen Ort zubewegt, an dem der Schädelknochen eines Elefanten und etliche weitere Knochen liegen. Die Tiere verzögern angesichts der Gebeine zusehends ihre Schritte, schließlich bleiben sie stehen, und nach einer Weile gehen sie erneut langsam ein paar weitere Schritte auf die Knochen zu, nahezu geräuschlos, scheinbar bedachtsam und konzentriert, als wären sie in eine andere Zone eingetreten. Ihre gesamte Körpersprache ist gedämpft: Kein Tier schwenkt die Ohren, keines macht rasche Rüsselbewegungen, keines gibt Rufe von sich. Alles vollzieht sich still, fast lautlos, und wie in Zeitlupe. (Grzimek 2003, 15: 169; Gröning/Saller 1998: 107; BBC Wildlife 2008)

Bei den Knochen angekommen, setzt ein Schauspiel ein, gegen das der Mythos vom Elefantenfriedhof verblasst: Die Elefanten beginnen die Knochen langsam und vorsichtig mit ihren Rüsseln zu betasten; manche legen die Rüsselöffnung an einen Knochen und verharren einen Moment in solcher Stellung, andere stupsen die Knochen vorsichtig mit ihren Füßen an, wiederum andere nehmen kleinere Knochen behutsam mit dem Rüssel hoch, halten sie eine Weile lang fest, schwenken sie bedächtig hin und her und legen sie danach sanft wieder zurück. Schließlich legt einer vorsichtig seinen Rüssel an den Schädelknochen und dreht diesen langsam um.

Einige Tiere sind etwas abseits stehen geblieben und verharren dort in äußerster Ruhe, solange die anderen mit den Knochen befasst sind. Während dieser Szene läuft ein junges Kalb zwischen den Beinen der großen Tiere umher; das fällt besonders auf, weil es sich als einziges Tier in normalem Tempo bewegt und dadurch die andachtsvolle Atmosphäre ein wenig bricht. Es scheint, als wüsste das Jungtier noch nicht recht, dass hier ein anderes Gebaren angebracht ist – man denkt an kleine Kinder, die in der Kirche herumhüpfen. Tatsächlich neigt man als Betrachterin dazu, aus dem Verhalten der älteren Tiere eine andächtige Ehrfurcht abzulesen, tatsächlich hat man den Eindruck, als würden die Elefanten ihrer toten Artgenossen gedenken, ja als würden sie angesichts der Gebeine still trauernd und zugleich sehr aufmerksam verweilen. Das langsame behutsame Spiel mit den Knochen vermittelt den Eindruck, als wären die Tiere eingedenk. Als vollzögen sie einen Ritus, eine Kulturleistung. Unmittelbar denken wir dabei an unser eigenes Verhalten auf Friedhöfen. Ausschnitte aus weiteren Filmen, die ganz ähnliche Szenen von anderen, ebenfalls bei Knochen toter Artgenossen verweilenden Elefanten zeigen, machen deutlich, dass es sich hierbei um keinen Einzelfall handelt.

Die Elefanten befassen sich nicht nur auf solch aufsehenerregende Weise mit den Überresten ihrer Artgenossen, sondern sie kümmern sich auch intensiv um sterbende und kranke Mitglieder ihrer Herden und verbleiben nach deren Tod oft in der Nähe der toten Körper. Der Elefantenforscher Iain

Douglas-Hamilton hat in einer Studie nachgezeichnet, wie Mitglieder einer Herde nach dem Tod ihrer Leitkuh während Tagen immer wieder zu dem toten Tier zurückgekehrt sind und dieses mit dem Rüssel berührt haben. Manche haben dabei jeweils ein paar Minuten bei dem Körper verweilt, andere ein bis zwei Stunden. Und nicht nur verwandte Elefanten sind zu der toten Leitkuh gegangen und bei ihr stehen geblieben; insgesamt haben sie Mitglieder von fünf verschiedenen Elefanten-Familien aufgesucht. Wie könnte man anders, als hier von Abschiednehmen zu sprechen. Ein Grund für die hohe und ausagierte Aufmerksamkeit der Elefanten für die Überreste von Artgenossen liegt möglicherweise in der komplexen Sozialstruktur, in der Elefanten leben; je komplexer eine solche Struktur ist, umso spürbarer wird die Lücke, wenn ein Mitglied der Gemeinschaft stirbt. (Douglas-Hamilton u.a. 2006)

Auch Schimpansen und Delfine reagieren auf den Tod von Artgenossen mit Zuwendung und Anteilnahme. Doch neben den Elefanten gibt es keine weitere Tierart, von der bekannt wäre, dass sie sich mit den Knochen von toten Artgenossen beschäftigen würde. Die Zoologin Karen McComb hat diesbezüglich eine Art soziologisches Experiment mit verschiedenen Elefantengruppen durchgeführt, das deren Zuwendung zu den Überresten von Artgenossen untermauert: In einem Test hatten die Elefanten die Wahl zwischen dem Schädelknochen eines Elefanten, eines Nashorns und eines Büffels; sie beschäftigten sich am intensivsten und längsten mit dem Schädel ihres Artgenossen. In einem anderen Test wurde den Elefanten der Schädelknochen ihrer ehemaligen Leitkuh sowie derjenige eines unbekannten Elefanten vorgelegt; das Erkenntnisinteresse galt hier der Frage, ob Elefanten sich vorzugsweise mit Knochen von Verwandten befassen. Das Ergebnis zeigte, dass dem nicht so ist. McComb zog daraus den Schluss, dass Elefanten nicht in der Lage sind zu erkennen, ob die vorliegenden Knochen von Verwandten stammen oder nicht. In Übereinstimmung damit steht die von Iain Douglas-Hamilton dokumentierte Tatsache, dass Elefanten auch die Körper von nicht-verwandten verstorbenen Artgenossen aufsuchen, das heißt die entsprechende Aufmerksamkeit beschränkt sich nicht auf Familienmitglieder.

Ob Elefanten die Knochen ihrer verstorbenen Artgenossen gezielt aufsuchen, kann man kaum beantworten. Die Beobachtung aber, dass sie bei diesen verweilen und sie mit ihren Rüsseln still berühren und streicheln, lässt – so Iain Douglas-Hamilton – auf eine allgemeine »awareness and curiosity abouth death« schließen, auf ein spezifisches Interesse am Versterben von

Artgenossen, ja auf eine Emotion und *compassio* angesichts des Todes, die der unseren vergleichbar sei. (Douglas-Hamilton 2006: 85 und 101; vgl. McComb u.a. 2006)

Das genau macht die tiefe Rührung aus, die uns angesichts der Elefanten erfasst, welche die Knochen ihrer toter Artgenossen mit ihren Rüsseln sacht umspielen: eine geradezu archaisch anmutende, gattungsüberschreitende Ähnlichkeit zwischen Mensch und Tier im Trauern, in der wir die Vorstufe einer menschlichen Ausgestaltung von Todesvorstellungen (an)erkennen mögen.

# ENTE, DIE

(*Anatidae* VIGORS, 1825; engl. *duck*; span. *negrón*)

Thomas Becker

*1. Donaldismus, ein deutscher Sonderweg*

Als amerikanische GIs am Ende des Zweiten Weltkriegs in Italien landeten, wunderten sie sich über die seltsamen Pizzen der Italiener. Von einem anderen Beispiel für eine bis zur Geschichtsvergessenheit gehende Adaption weltweit erfolgreicher Kulturgüter berichtete mir eine Japanologin, die von einem Elfjährigen in Deutschland jüngst mit der Frage überrascht wurde, ob denn Japaner auch Manga kennen würden. Und die weltweite Beliebtheit von Mickey Mouse geht so weit, dass sie vor ein paar Jahren gar von der Hamas für ihre Propaganda eingesetzt wurde. Der nicht gerade proamerikanisch eingestimmten Hamas war wohl nicht bewusst, dass sie für die zweifelhafte Indoktrinierung von Kindern eine uramerikanische Erfindung einsetzte.

Im Parlament der anthropomorphen Comictierfiguren steht die Mickey Mouse weltweit auf Platz eins: Die Maus ist nun mal ein schnelles und gewitztes Tier. Donald Duck ist dagegen ein Versager, ein *fall guy*, der ständig anstößt und etwas falsch macht. Er eignet sich eher zum Lachen denn zur Identifikation. Die *lame duck* ist in der Tat nicht nur im Englischen der Ausdruck für Versager, der wie im Deutschen die sprichwörtlich lahme Ente bezeichnet. So nennen die Franzosen zwar den 2CV nicht Ente, aber der Kosename *deux chevaux* spielt auch bei ihnen auf die nicht gerade berauschende Geschwindigkeit dieses Autos an, welche wohl neben der Form auch zur Motivation für den Spitznamen in Deutschland beigetragen hat. Und Vaucansons berühmte mechanische Ente zielte wahrscheinlich auf den wackeligen Gang des Tieres, der sich mit einer durch Zahnräder angetriebenen Konstruktion leicht nachahmen ließ. Dass Vaucansons Wahl einer Ente kein Zufall war, sondern seinem Ehrgeiz einer perfekten Nachahmung der Natur geschuldet war, ist an der reichlich bekannten Tatsache abzulesen, dass im Inneren seiner Ente ein Chemielabor angebracht war, das den aus der

<< Abb.: InterDuck: Che Duckevara (Detail), 2009 © interDuck

Darmöffnung austretenden Stoffwechsel möglichst real und damit stinkend imitieren konnte.

Nur ein Land schert freilich in der Bewertung der Comicente aus: In Deutschland rangiert Donald Duck in der Beliebtheitsskala auf Platz eins weit vor Mickey Mouse. Es gibt gar einen eigenständigen Club der Donaldisten, der sich nur mit Angelegenheiten und Forschungen der berühmten Ente beschäftigt. Was mag wohl hinter dieser eigenständig deutschen Liebe zu einer amerikanischen Comicente stecken? Die Deutschen als lahme Ente etwa, als cholerische Versager?

### *2. Bringing up the Duck: Dem deutschen Ingeniör ist nix zu schwör*

Uncle Scrooge, wie Dagobert im amerikanischen Original heißt, geht eigentlich auf die gleichnamige Figur in Charles Dickens »A Christmas Carol« zurück. In der Tat zeigt sie bei Dickens zwar auch schon jene Merkmale, die Carl Barks, der Erfinder der gleichnamigen Comicfigur in den ersten Ausgaben von 1947 aufnahm: extremer, bis zu ausgeprägter Menschenfeindlichkeit gesteigerter Geiz, gepaart mit geschäftstüchtigem Wohlstand. Aber diese sehr negativ geschilderte Figur fand als Comicfigur zunächst auch in Amerika keinesfalls sonderlichen Zuspruch. Die Beliebtheit von Uncle Scrooge setzt erst mit der Ausgabe »Christmas on Bear Mountain« zu Beginn der 1950er Jahre ein und taucht dort in der Ikonographie auf, wie wir sie bis heute kennen: die in die Jahre gekommene Ente mit Zwickel, Backenbart und Zylinder. Es ist die gleichzeitig einsetzende positivere Schilderung als eher schrulliger denn cholerisch aggressiver Sonderling, die auch der gesamten Entenfamilie den weltweiten wie spezifisch deutschen Erfolg erbrachte. Ikonographisch ist jedenfalls die von Barks gezeichnete Comicfigur Uncle Scrooge eine Mischung der Vorlage von John Leechs Stichen aus Dickens 1843 zuerst erschienenen Ausgabe und der Verfilmung von »A Christmas Carol« durch Edwin L. Marin aus dem Jahr 1938 zu bezeichnen. Damit ist die reichste Comicente der Welt nicht nur eine typisch intermediale Kreuzung des 20. Jahrhunderts. Ihr Erfolg hat umgekehrt auch wieder alle folgenden Verfilmungen von »A Christmas Carol« beeinflusst. Insofern hat der amerikanische Comic die Ikonographie von Uncle Scrooge/Dagobert geprägt und für das 20. Jahrhundert jenseits der gedruckten Bildgeschichte gefestigt.

Meistens führen Erklärungen die spezifische Popularität der Comic-Entenfamilie in Deutschland – wie auch in Wikipedia nachzulesen – auf die Übersetzertätigkeit von Erika Fuchs zurück. Bekanntlich stammen aus ihrer Feder in der Tat Sprüche, die inzwischen in den allgemeinen Sprachgebrauch übergegangen sind, wie etwa: »Dem Ingeniör ist nichts zu schwör«. Zwar stammt die Zeile »Dem Ingenieur ist nichts zu schwere« aus dem »Ingenieurslied« Heinrich Seidels von 1871, aber die hohe Popularität dürfte zweifelsohne aus der alltagssprachlich gefärbten Übertragung durch Erika Fuchs stammen. Die promovierte Anglistin war eher für *high brow culture* qualifiziert. Daher erfreut sich der Donaldismus heutzutage gerade an ihrer Unerfahrenheit in Popkultur, die nachträglich recht postmodern klingt: Dagoberts Name soll von einem der letzten merowingischen Könige abgeschaut sein. Diese immer wieder in Comicanalysen kolportierte Erklärung für die Umbenennung im Deutschen gehört jedoch eher in den Bereich eines Mythos' wie auch die angebliche Erfindung des Lobliedes auf den Ingenieur. Es wirkt schon fast wie eine *pulp fiction* à la Tarantino, dass eine kauzige Comicente von einem Merowingerkönig abstammen soll. Der Hinweis auf den Merowinger Dagobert I. klingt jedenfalls eher nach kulturalistischer Schutzbehauptung einer promovierten Anglistin aus den 1950er Jahren, um ihren Beitrag zu einer Anreizung des ökonomischen Massenerfolgs von Kindercomics zu legitimieren.

Die einer Kenntnis der amerikanischen Kultur mächtige Erika Fuchs dürfte hier die europäischen Wurzeln des fiktiven Einwanderers Uncle Srooge verarbeitet haben, der ja schließlich in Disneys Zeichentrickfilm »Scrooge McDuck and Money« von 1967 die heranwachsenden Enten Tick, Trick und Track mit hartem rollenden ›R‹ über die Geschichte und Logiken des weltweiten Geldmarktes belehrt. McDuck war also schon ein *global player* bevor es McDonalds gab. Das rollende ›R‹ ist übrigens auch schon im Film von 1938 zu hören und taucht im englischen vor allem in der Gegend Northumberland an der Grenze zu Schottland auf. Schotten gelten nun jedoch sprichwörtlich als geizig und Uncle Scrooge McDuck muss daher ja auch wohl Schotte sein. Um die unangenehmen sprichwörtlichen Kanten des schottischen Geizes von Uncle Scrooge zu schleifen, suggeriert die Umbenennung bei Fuchs, dass der Name doch wohl eher von einem der vielen irischen Einwanderer stammen könnte: McDuck wird folglich zu Duck O'Bert. Zwar findet sich das Präfix ›Mc‹ auch in schottischen Namen, aber das ›O‹ ist ein eindeutiges rein irisches Kennzeichen. Vielleicht gehört auch Fuchs zu jener Generation, die noch in ihrer Kindheit den weltweit erfolgreichen, autobiographisch motivierten Comic »Bringing up Father« von McManus gelesen hat, in dem es um den Aufstieg eines irischen Einwanderers in die *high society* Amerikas ging. Es ist dann offensichtlich, dass also Dagobert wohl nicht mehr eine allein durch extremen Geiz charakterisierbare Ente darstellt. In der Tat setzt die ebenso weltweite wie in Deutschland besonders auftauchende Beliebtheit der Ducks aus Entenhausen erst mit dem von den härtesten Kanten des Geizes befreiten Entenmillionär ein.

### *3. Die Duckomenta oder der Riss im Einmachglas*

Der ebenso beliebte wie schrullige Dagobert, der täglich ein ausgiebiges Bad mit Kopfsprüngen in seinen Goldtalern nimmt, wird nicht mehr nur als kalter Kapitalist geschildert. Dagobert erzählt in Geschichten zu Beginn der 1950er Jahre, wie er sorgfältig und ehrlich jeden einzelnen Taler erworben hat. Zwar hat er nicht als Tellerwäscher, wohl aber als Schuhputzer begonnen, was nur eine andere Spielart vom Mythos des amerikanischen Traums darstellen dürfte: von der *lame duck* zur kapitalistischen Turboente. Aber hier trifft sich eben dieser amerikanische Mythos dann auch mit dem deutschen vom Wirtschaftswunder. Zwar sind die Deutschen in den 1950er Jahren immer noch nicht so recht beliebt, aber dafür doch wegen ihres Wirtschaftswachstums geachtet. Die zu diesem Zeitpunkt in Deutschland wenig reflektierte Ära des Nationalsozialismus beschert den Deutschen eine Ideologiemüdigkeit, die umgekehrt proportional zum von ihnen sorgsam gepflegten Mythos des disziplinierten Wirtschaftsriesen steht, um sich international Anerkennung durch eine Gegenidentifikation zur einstigen Nazivergangenheit zu verschaffen: Geld kann reinwaschen und ist somit keineswegs schmutzig, wie es der Nationalsozialismus predigte. Schließlich sind zwar auch die »Panzerknacker« (im Original: »Beagle Boys«) in das Geld verliebt, holen sich aber aufgrund ihrer kriminellen Einstellung zum Geld beim Baden in den geklauten Talern Dagoberts handfeste Schrammen und Beulen. Im Geld kann sich eben nur ohne Schaden waschen, wer es ehrlich und diszipliniert wie eine sparsame, kleinbürgerliche Normalfamilie verdient hat. Man konnte sich also mit der schnellen Integration in die ökonomische Hegemonie Amerikas identifizieren, weil es zugleich der alten Identität vom disziplinierten sparsamen Deutschen eine saubere, sprich: ideologiefreie Rahmung verlieh.

Gleichzeitig setzt sich am Ende der 1950er Jahre, als es die Figur Dagobert in Deutschland geschafft hatte, eine ganze Ausgabe zu bestreiten, auch noch ein weiterer typischer Trend durch, der die deutsche kleinbürgerliche Familie näher an die Entenfamilie rücken ließ: Wenn denn der geizige Dagobert überhaupt Geld ausgibt, dann für Reisen, auf denen die ganze Familie mitfährt. Die ordentlichen und reichen Deutschen der Bonner Republik gelten alsbald als schrullige Reiseweltmeister, die überall auftauchen, dabei aber ihre eigene Wurst und Eingemachtes ins Ausland mitnehmen. Vielleicht hat dann der amerikanische Zivilisationsschub durch die reichste Ente der Welt wohl die Deutschen über sich selbst lachen gelehrt, so dass sie sich schließlich von solchen Schrullen besser verabschieden konnten. Inzwischen gibt es nämlich die Künstlergruppe Interduck, die eine beträchtliche Sammlung an Duckdesign besitzt und als »Duckomenta« kursieren lässt: Che Guevara mit Kommunistenmütze, aber prächtigem Entenschnabel (s. Abb.), Mona Lisa oder Sissy nicht minder, Tutanchamun oder gar Dürers Mutter etc. etc. Der internationalen ›Verentung‹ von Kunst sind in Deutschland keine Grenzen gesetzt.

# EULE, DIE

(*Strigiformes* W*AGLER*, 1830; altgr. *κουκουβάγια* oder *γλαύκα*; engl. *owl*)

Renate Reschke

Für die europäische Kultur beginnt die Geschichte der Eule in Athen. Eulen zieren die berühmten Tetradrachmen der attischen Polis. Vorderseitig die helmbewehrte Athene, mit Ölzweig und Mond, auf der Rückseite die Eule, der Vogel der Göttin. Man sagt, seine häufige Anwesenheit in attischer Landschaft und der Blick aus großen Augen hätte den Ausschlag für seine Wahl zum Kulturvogel Nummer Eins gegeben. Erste Prägungen datieren auf 501 v. Chr., die Tetradrachme war die am meisten ausgebrachte Münze der hellenischen Welt. Die Römer haben sie später *nuctua* (Nachteule) genannt. Von der griechischen 1-€-Münze blickt uns die gleiche Eule an, die schon den antiken Münzen ihr Gesicht gegeben hat. Nur der Reichtum, den sie ehemals repräsentierte, ist im Laufe der Jahrtausende auf der Strecke geblieben.

Die Griechen nennen ihr Geld *glaukes* und Athene, die kopfgeborene Zeustochter ehrt man als *glaukopis* (Eulenäugige), ob ihrer Verdienste, klug und den Kriegern eine zum Sieg weisende Strategin zu sein. Auf wessen Seite sie ist, für den ist der Sieg nicht fern. Auf den Schilden der Göttin wehrt die Eule Waffen ab, im Streitwagen begleitet sie ihre Herrin oder sitzt auf ihrer Hand, ausruhend und wachsam. So werden Weitsicht und Weisheit als Attribute der Pallas Athene selbst zu göttlichen Attributen schlechthin. Und zu weiblichen dazu: Immer »obenauf saß ihr die heilige Eule« (Aristophanes). Und buchstäblich geraten die Schutzgöttin der Stadt und ihr großäugiger Vogel in die Hände der Athener, werden ihre Konterfeis zum Sinnbild des Reichtums. Aristophanes sieht der Eulen bestes Nest in den Geldtaschen der Bürger. In ihnen brüten sie laufend Junge aus: Fingerzeig auf die Prosperität und die Liaison von Gemeinwesen und Bürgersinn. ›Eulen nach Athen tragen…‹ – damals wie heute die neidvolle wie bewundernde sprichwörtliche Reaktion darauf, Geld zum Gelde zu tragen. In göttlicher Begleitung und pekuniär zu Ehren gekommen, tritt der Vogel wirtschaftlich und mythologisch abgesichert,

<< Abb.: Kanojuak Ashevak: The Enchanted Owl, 1960. McMichael Canadian Art Collection, Kleinburg, Ontario

seinen Siegeszug an, betritt die Bühne der Weltkulturgeschichte, stiftet zunächst hellenische, später europäische Identität(en). Der kluge Vogel lässt sich fortan in Kunst und Medien feiern. Von Athen aus fliegt er in die Welt, Waren und Kulturgüter aller Art, Ideen und ganze Weltbilder im luftigen Gepäck. Handel und Kulturtransfer finden im Zeichen der Eule statt.

Die alten Ägypter waren darin den Griechen einen Schritt voraus. Sie haben sich weit früher kraft der Eule ins kulturelle Gedächtnis geschrieben. Mit der Hieroglyphe ›M‹, ihres Zeichens eine Eule. In Kartuschen der Gottkönige ist sie eingemeißelt. Den Namen der Pharaonen in die Ewigkeit tragend und sich selber für alle Zeiten ein unverrückbares Symbol. Stets an prominenter Stelle und ins Auge fallend. In Tempeln und Gräbern, auf Obelisken und Gesetzestafeln. Herrschaftsfeier und Totenkult im Zeichen der Eule. Geist und Buchstabe in schriftlichem Bild, als Schrift. Eine Kulturenergie ohnegleichen, getragen vom Flügelschlag des ungewöhnlichen Vogels.

Der Zusammenhang kehrt wieder. Unter neuem Vorzeichen und in anderer Perspektive, aber nicht weniger kulturträchtig. Koloriert, vergoldet und artenreich gibt mittelalterliche Buchmalerei von Italien bis Irland den Eulen ein Domizil in herrschaftsbetontem kostbarem Schrifttum: Bestiarien, Jagdanleitungen, Evangeliaren, Bibeln, königliche Kalenderbücher. Als Initialverzierung oder solitäre Darstellung gehören sie zur Ikonographie machtvoller Schriftkultur. Göttlich und weltlich geprägt blicken Eulen hoheitsvoll den Leser an, im Wissen um die eigene Sinnbildlichkeit und Distanz herstellend zum zahllos anderen Getier, das sich um sie tummelt. Sie sind den Löwen, Greifen und Adlern ebenbürtig, geadelt durch das Geheimnisvolle, das sie umgibt. Der spätere Buchdruck gibt ihnen dann bis in heutige Internetzeiten eine weitere Heimat: als Verlagslogo, Exlibri, Titel-Vignetten behaupten sie sich im Universum der Schrifttypen und Wörter und neuerdings auch mit ganz eigenen Webseiten.

Dass von Eulenaugen zwingende Macht ausgeht, haben Priester aller Weltgegenden schnell erkannt. Eiszeitliche Schamanen zeichnen sie und tragen bei rituellen Handlungen Eulen-Masken, um böse Geister zu bannen. Hopi-Indianer tun es noch heute. In alemannischen Gegenden treibt man die Wintergeister mit der Eulen-Häs (Flickenkostüm als Eulengefieder) aus. Im venezianischen Karneval sind Eulen-Masken markanteste Gesichtsverhüllungen.

Präkolumbianische Moche-Priester sehen sich als Vermittler eulengestaltiger Gottheiten. Als Eulen gestaltet, schleppen sie ihre Opfer zum Altar und wetzen die Obsidianmesser. Sie alle waren und sind religiöse und kriegerische Weltherrscher, die verehrt werden wollen und ihre Macht nicht zufällig im Zeichen der Eule sehen.

Die Fürsprache aus Morgen- und Abendland für die Eule fällt weniger machtanfällig aus. Altorientalisch steht sie im Babylonischen dem dämonisch Weiblichen nahe. Als Dämonin der Nacht gefürchtet, ist Lilith, später die erste Frau, die Gott erschaffen und die sich Adam gleichgestellt hat und so der Verdammnis anheimgefallen ist. Sie war eine Nächtliche, eine Eulenartige. Seit dem Alten Testament als unreines Tier gezeichnet, gehört die Eule zu den nur geduldeten Geschöpfen. Ein Greuel seien Uhu, Kauz und Eule den Menschen und verboten, sie zu berühren und zu verzehren. Zwar erhält sie von Noah auf Geheiß Gottes einen Platz in der Arche, doch es ändert nichts an der Geringschätzung, den Vorurteilen und dem Aberglauben. Auch nicht, als mittelalterliche Steinmetze ihr in Sintflutdarstellungen prominente Fensterplätze im schwankenden Schiff geben. Dem Fluch des Unreinen und damit des Gefürchteten kann sie nicht entrinnen. Ihr Bild scheint festgelegt: Sie wird zum Todesboten und verantwortlich für Unglücksfälle aller Art. Das hängt ihr zwar nicht erst seitdem an, doch christlich geprägte Sicht auf die Eulen nimmt auf und verfestigt, was an Unbehagen und Angst bereits vorhanden war. Frühzeitig nämlich gilt sie schon als Sturm-Dämon, der mit Schnabel und Krallen Verderben austeilt. Die Tochter der Nacht schrumpft zur Eule, um ihr grausames Unwesen zu treiben. Das Rauschen ihrer Flügel sei todbringender Laut. Shakespeares Könige zittern bei Eulenschreien, wie wenn sie ihr Todesurteil verkündet bekommen. Eulen sind für den Briten ›Herolde der Nacht‹, ihr Heulen ein übles Zeichen. Selbst Lady Macbeth wirkt beklommen, wenn sie die schlimmen Wächter hört, deren Gebeine und Gefieder den Hexen notwendige Zutaten ihrer Zaubergetränke sind: Kauzenfedern würzen jeden Höllentrank. In Geheimrat Goethes Walpurgisnacht sind Hexen, mit Mephisto im Bunde, den Eulen besonders zugetan. Es sind ihre Vögel. Als Gefährtinnen gefährlicher Frauen bringen sie böse Nachrichten unter die Leute. In Hexenschulen lerne man als erstes, sich in eine Eule zu verwandeln. So nehme wechselseitig Gestalt an, was ohnehin eins ist. Wer sich mit ihnen abgibt, wird ihnen gleich: Bei Wölfen und Eulen lernt man das Heulen.

Stigmatisierungen durch die Eule. Frauen und Juden. Den Juden gibt man die Eule als Zeichen. Man hält sich fern, behält sich vor, von keiner Eule geboren zu sein, wehrt ab, was man nicht kennt, schlimmer: vernichtet aus Dummheit. Weil Eulen Unglück bedeuten, nagelt man sie kurzerhand lebend an Türen, um abzuwehren, was sie angeblich verkünden. Oder man verbrennt sie gleich. Um größerem Unheil vorzubeugen: Um die Stadt zu retten, steckt man die Scheune in Brand, in der eine harmlose Eule nistet. Die so zu Schaden gekommenen Bürger sehen sich in den Blessuren ihrer erfolglosen Kämpfe bestätigt: Der Vogel bringt Unglück. Nur das Äußerste, nur Feuer kann helfen: Es vertilgt die eingebildete Botschaft und die gefährliche Botin. So die Grimmsche Version einer Geschichte aus Peine. Die Stadt erinnert noch heute ihr lächerliches Trauma.

Narren und Philosophen wissen, warum sie der Eule verbunden sind. Wie die Franzosen, ganz ihrem *savoir vivre* entsprechend: Ein Eulenruf am Morgen verspricht Glück für den Tag. Das japanische Wort für Eule *fukuro* verheißt: ohne Sorge zu sein. Ihre sprichwörtliche Weisheit, in der die Dummheit der anderen spiegelverkehrt sich zeigt, macht sie zu Weggenossen von Till Eulenspiegel & Co. Eulenspiegelei und Narrenkappe, Spiegel und Eule. Listiges Verlachen, weil der scharfsichtige Vogel im Spiegel erblickt, was der Veränderung bedarf. So ist er stets auch philosophisch und plebejisch weise, besitzt soziale Phantasie. Es ist der Freiraum, den die Eule gewährt, unliebsame Wahrheiten auszusprechen, dem Glück eine Chance zu geben. – Hegel hat die Sache auf den Punkt gebracht. Er verhilft der Eule zum Einflug in die Philosophie. Der weise Vogel gesellt sich der Freundin der Weisheit. Er lässt die Eule der Minerva bei Einbruch der Dunkelheit ihren Flug beginnen. Der Eulenflug steht unter dem Vorzeichen philosophischer Reflexion von Welt und Geschichte. Eine Epoche im rückblickenden Überflug zu erkennen, zu wissen, wann sie den Zenit überschritten hat, um Räume zu öffnen für andere Perspektiven. Dämmerung ist Zwischenzeit. Hier spielt Geschichte, hier tanze. Hier denke, finde den Gedanken, der sie ausdrückt. Nur so werden keine Ungeheuer geboren. Verwandlung der Welt in erinnernde Reflexion. Nicht als Option für ein lähmendes *post festum*, sondern für neue Möglichkeiten im Wirklichen, die sich erst spät und nur dem lebendigen Geist erschließen. Der Philosoph beruhigt nicht, gibt keine Rechtfertigung. Als Raubvogel greift er an.

Nichts ist erledigt. Er ist nicht zu unterschätzen. Die Eule der Minerva ist ihm Gefährtin klugen Wachens.

Fast zeitgleich sind ihr geheimbündlerische Aktivitäten nachzusagen. Den Illuminaten stellt sie sich als Zeichen durchzusetzender Vernunft zur Verfügung. Später gerät sie deswegen in unangenehme Gesellschaft, wird zur philosophischen Nachtmahr erklärt, vor der zu warnen ist. Ihre Kopflastigkeit fällt ihr auf die Füße. Nicht jeder begegnet dem mit Ironie, wie Said, der deutsch-iranische Autor: »die eule leidet [...] an cartesianischer logik [...] sie fliegt nur in der dämmerung: tagsüber schläft sie, des nachts memoriert sie fichte. Ihr lieblingsplatz ist die abbruchkante der zeit; von hier aus betrachtet sie die schmerzenden Ordnungen des raumes [...] Sie spricht eine abart des lateinischen, hat aber keinen sprachkonflikt mit anderen tieren.« (Said 2003: 24)

In Märchen steht anderes zu lesen. Im orientalischen Märchen vom Prinzen Achmed hält ein Uhu als Philosoph Metaphysik-Vorlesungen und lehnt es ab, über die Liebe nachzudenken oder zu ihr zu verhelfen. Er verbringe seine Zeit mit sinnender Betrachtung, Archäologie und Geschichte: Gefühle seien dummes Zeug. Der Prinz bittet ausgerechnet ihn um Rat in Liebesdingen. Die Aussicht auf einen späteren Ministerposten lässt den Uhu einlenken. Mit dem zauberkundigen Raben und dem sinnenfreudigen Papagei verhilft er dem Prinzen zur Liebe, erkennt selbst die Macht der Sinnen- und Gefühlswelt. Die Eule und die Liebe. Märchenhaft, als Metapher für die Balance zwischen Gefühl und Geist, mit der die Philosophie ihrem Namen gerecht wird. Nachsichtig und hintersinnig, ganz so, wie der kluge Vogel den Kulturlandschaften, in denen er ansässig ist, mit seinem Flügelschlag und Eulenblick unverwechselbare geistige Topographien gibt und er selbst beständig dabei ist, deren Bilder für sich anzunehmen.

# F

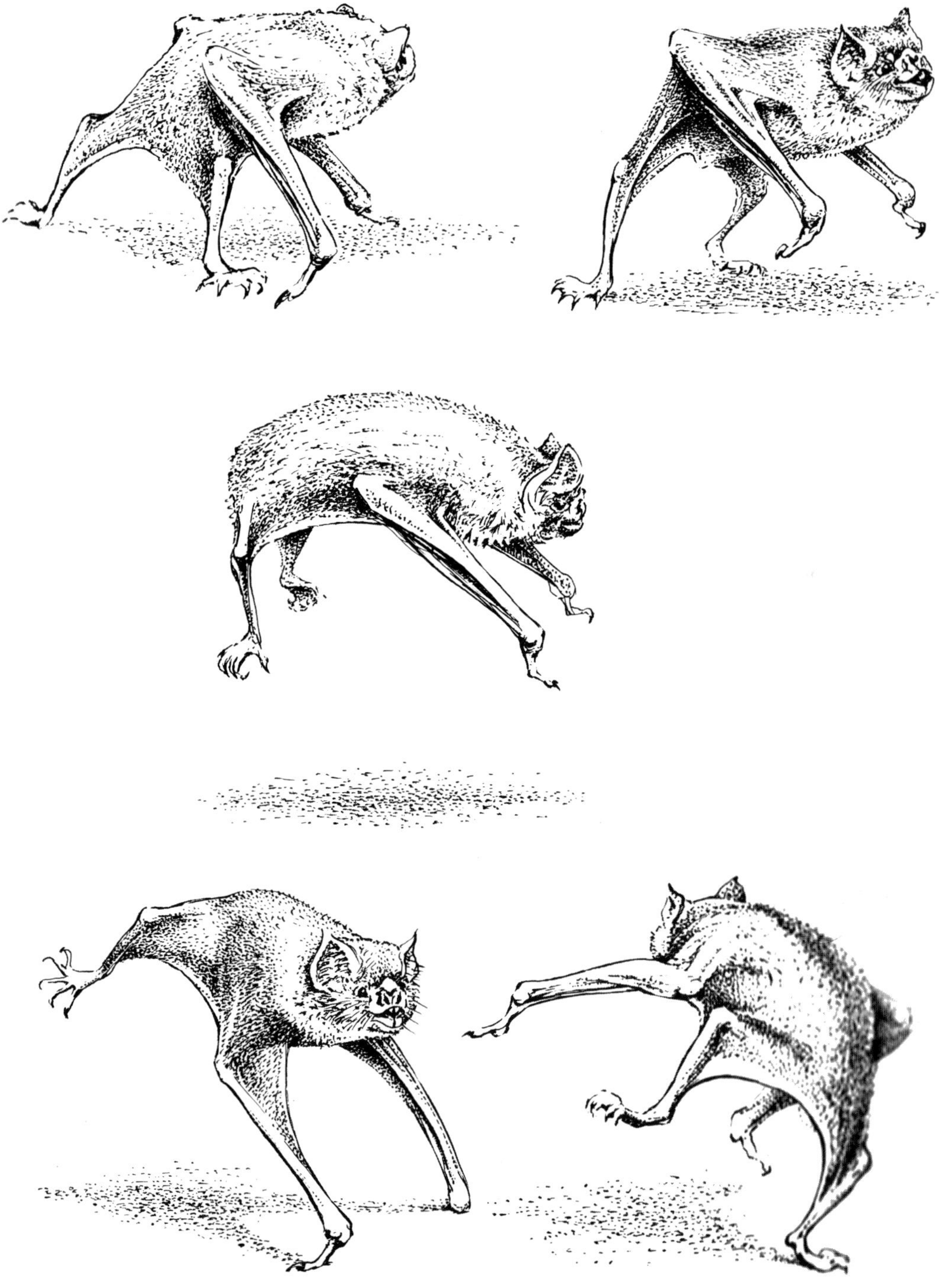

# FLEDERMAUS, DIE

(*Microchiroptera* DOBSON, 1875; engl. *bat*; ital. *pipistrello*)

Evke Rulffes

Vampire sind nur in finsterster Nacht unterwegs – sie meiden den Mond, denn ihre Beute ist bei Mondschein zu aktiv, um sich unbemerkt beißen zu lassen. Über die Frage, wie genau sie ihre Opfer beißen können, ohne sie zu wecken, kursierten verschiedene Theorien. Dass sie Tiere wie Menschen dazu hypnotisieren, war lange Zeit eine gängige These, wie in diesem Reisebericht aus Brasilien von 1857: »My brother was frequently bitten by them; and his opinion was that the bat applied one of its long teeth to the part, and then flew round and round on that as a centre, till the tooth, acting as an awl, bored a small hole, – the wing of the bat serving at the same time to fan the patient into a deeper slumber.« (Kidder/Fletcher 1857: 505) Tatsächlich ist es nicht ganz so kompliziert: Die Vampirfledermaus beißt ein Stückchen Haut mit ihren spitzen Vorderzähnen ab und lässt das Blut dann über eine Rinne in ihrer Zunge laufen.

Blutleckende Fledermäuse gibt es in Mittel- und Südamerika über den ganzen Kontinent verteilt. Die ersten Berichte aus der Neuen Welt ließen eine weltweite Verbreitung vermuten, und so benennt Linné 1765 einen Flughund aus Asien *Vespertilio vampyrus*, der »den Sclaven, wenn sie schlafen, das Blut aus[saugt], desgleichen den Kämmen der Hühner, und die Feuchtigkeit des Palmenbaums.« (Linné 1773: 152) Der Begriff *Vampyri* wird in den 1730er Jahren in Westeuropa bekannt, als Berichte von Graböffnungen und Vampirjagden in Südosteuropa in der Presse auftauchten. So deutlich wie in der zoologischen Literatur wird die Verbindung des Vampirs mit der Fledermaus in der Belletristik allerdings erst 1897 in Stokers »Dracula« gezogen. Linnés voreilige Charakterisierung des unschuldigen asiatischen Flughunds als Blutsauger wurde zwar schon kurze Zeit später richtig gestellt, das verhinderte aber weitere falsche Benennungen nicht: Der »groteske Anblick« der Australischen Gespenstfledermaus (*Macroderma gigas*) habe dazu beigetragen,

<< Abb.: Nur die Vampire unter den Fledertieren können vorwärts, seitwärts und rückwärts springen. Zeichnung: Michael Lißmann. In: Schober 1996: 132f.

»dass sie für viele Illustrationen und in Horrorfilmen das Vorbild der Vampire abgeben mussten. Aus diesem Grunde hat die Familie in der amerikanischen Literatur den Namen Falsche Vampire erhalten.« (Schober 1996: 70) Auch der Große Vampir (*Vampyrus spectrum*) gehört nicht zu den blutleckenden Fledermäusen; der Naturforscher Henry Walter Bates macht auch hier seine Hässlichkeit für die Verwechslung verantwortlich: »Nothing in animal physiognomy can be more hideous than the countenance of this creature when viewed from the front; the large, leathery ears standing out from the sides and top of the head, the erect spear-shaped appendage on the tip of the nose, the grin and the glistening black eye all combining to make up a figure that reminds one of some mocking imp of fable. No wonder that imaginative people have inferred diabolical instincts on the part of so ugly an animal. The vampire, however, is the most harmless of all bats, and its inoffensive character is well known to residents on the banks of the Amazons.« (Bates 1863: 332)

Nur die *Desmodontidae* sind Echte Vampire. Ihre Nahrungsspezialisation hat dazu geführt, dass sie die einzigen Parasiten unter den Säugetieren sind. Die Vampirfledermäuse rücken in den 1930er Jahren ins Zentrum wissenschaftlichen Interesses, nachdem in Trinidad eine durch sie übertragene Tollwutseuche Rinder und Menschen das Leben gekostet hat. Verschiedene Versuche mit Sprengstoff, DDT und anderen Giftstoffen dezimieren hauptsächlich andere Fledermausarten; schließlich wird ein Impfstoff für die Rinder entwickelt, der Antikoagulans enthält. Die Vampire gehen an inneren Blutungen zugrunde. Vorher gab es in Trinidad ein komplizierteres Verfahren, um den Verursacher der Bisswunden zu bekämpfen. Dieser galt als Geist in Gestalt einer alten Frau, mit dem Namen *Soucouyant*. Diese Frau streift nachts ihre Haut ab und verwandelt sich in einen fliegenden Feuerball, dringt so durch das Schlüsselloch in Häuser ein und trinkt das Blut der Bewohner. Hier hilft weder Antikoalgen noch Knoblauch, sondern Chili, mit dem man die abgezogene Haut bestreut – wenn der Geist die Haut wieder überstreift, verbrennt er. Eine andere Methode besteht darin, Reis um das Haus der alten Frau zu streuen, den sie erst zählen muss, bevor sie zurück zu ihrer Haut kann. Während sie mit Zählen beschäftigt ist, kann sie gefangen, in ein mit Nägeln gespicktes Teerfass gesteckt und im Meer versenkt werden. (vgl. Schmidt 1978: 34)

Die Fledermaus war immer schon ein sehr ambivalentes Tier. Sie wurde lange Zeit als Vogel angesehen, beispielsweise in der Bibel, wo sie sich unter den Speiseverboten zwischen dem Adler und der Rohrdommel wiederfindet. (vgl. Lev 11,19) Ihre nicht-vogelartigen Merkmale sorgten allerdings für Verwirrung, und diese unentschiedene Position wird in verschiedenen Erzählungen thematisiert. Ein orientalisches Märchen erzählt die Ursprungsgeschichte der Fledermaus als gescheiterte Hominisation. Einige Vögel, denen ihr eigenes Aussehen missfiel, wollten sich in Menschen verwandeln, die Metamorphose blieb jedoch auf halbem Wege stecken, so dass sie Haare und Zähne bekamen, ansonsten aber Vögel blieben. Daraufhin schämten sie sich so sehr vor den Vögeln, dass sie sich nur noch nachts heraustrauten. Bei Aesop hingegen ist die Fledermaus ein Opportunist und Feigling, der je nach Situation behauptet, ein Vogel oder eine Maus zu sein, so dass kein Tier mehr etwas mit ihm zu tun haben will und er zum nächtlichen Außenseiter wird.

Hierin besteht die größte Gemeinsamkeit mit dem Rächer, der sich die Fledermaus zum Symbol erkoren hat – *Batman* ist die ambivalenteste Figur der Superhelden, der einzige, der keine übernatürlichen Superkräfte besitzt, verletzbar ist und altert; ein Outlaw, der von der Polizei gejagt wird und seine guten Taten nur im Dunkeln verüben kann. So war die Figur ursprünglich von Bob Kane angelegt, Frank Miller hat das 1986 wieder aufgegriffen und auch Christopher Nolan lässt »The Dark Knight« (2008) so enden; Kane hatte eher Zorro als Dracula als Vorbild im Kopf. Im 1948 erschienenen Comic »The Origin of Batman« (Batman #47) wählt Batman die Fledermaus gerade wegen ihrer schlechten Reputation als Erscheinungsform, die geeignet ist, seine Gegner einzuschüchtern: »Criminals are a superstitious, cowardly lot, so I must wear a disguise that will strike terror into their hearts! I must become a creature of the night, like a ... a ... A Bat!« (zit. nach Reynolds 1992: 67) Die immer wieder verhandelten Themen der doppelten Identität und der gespaltenen Persönlichkeit in den Superheldencomics machen die Wahl der Fledermaus auch in dieser Hinsicht plausibel.

Ihre zoologische Einordnung gestaltete sich der verwirrenden Mischung der Eigenschaften entsprechend schwierig. Im 16. Jahrhundert wurde die Fledermaus als Säugetier erkannt, aber noch 1635 mussten Zweifel daran aus dem Weg geräumt werden: »It is a creature between a bird and a beast, for it hath a mouth, teeth, members of generation like a beast, bringeth forth young ones alive, laying no eggs, &c. Onely it flies in the night, and hath wings like a bird. It is therefore called by some a *Flittermouse*, and is no bird but a winged mouse; for she creeps with her wings, is without feathers, and flyeth with a kinde of skin, as bees and flies do; excepting that the Bat wing hath a farre thicker and stronger skin. And this creature thus mungrell-like, cannot (as you know) look very lovely.« (Swan 1635: 404) Trotz der deutlichen Aussage, dass die Fledermaus kein Vogel, sondern eine geflügelte Maus ist, wird sie hier unter den Vögeln, zwischen Eule und Kuckuck eingeordnet. Linné änderte mehrfach die Zuordnung, 30 Jahre nach der Erstbeschreibung wies er sie dem Verwandtschaftskreis der Affen zu: *homo* (Mensch), *simia* (Tieraffe), *lemur* (Halbaffe) und *vespertilio* (Fledermaus) – so nah sind uns die Fledermäuse später nur noch in der Gestalt von Dracula gekommen. Das erklärt vielleicht auch, warum nicht Mücken oder Blutegel als dessen Begleiter imaginiert werden. Der deutsche Name Fledermaus ist eigentlich ein sehr sympathischer, in Mexiko werden die Tiere ›fliegende Ratten‹ genannt. Der wissenschaftliche Name lautet *Chiroptera*, was Handflügler bedeutet und die größeren Flughunde mit einbezieht. In der Fledermaus hat sich für das Säugetier der Traum vom Fliegen verwirklicht: Vor mehr als 50 Millionen Jahren wuchsen sich an den vorderen Extremitäten der Unterarm, die Mittelhandknochen und der zweite bis fünfte Finger zu einem Flugorgan aus, während der Daumen klein geblieben ist und eine nach oben gerichtete Kralle besitzt, mit der sich das Tier zum Schlafen aufhängen und, im Falle der Vampirfledermäuse, an Beutetieren festhalten kann.

Nicht nur ihr Aussehen und ihre nächtlichen Aktivitäten machten die Fledermaus zu einem als unheimlich empfundenen Wesen, auch die Tatsache, dass sie sich so schnell und mühelos in der Dunkelheit bewegen kann, trug dazu bei. Die Ultraschallorientierung stellte die Forscher lange vor ein Rätsel. Ende des 18. Jahrhunderts unternahm der Priester und Naturforscher Lazzaro Spallanzani verschiedene Versuche mit Fledermäusen. Nachdem die Tiere auch bei völliger Dunkelheit den kreuz und quer durch sein Studierzimmer gespannten Fäden ohne Probleme auswichen, zog er ihnen Hauben aus undurchsichtigem Material über den Kopf, woraufhin sie gegen die Wände flogen und herunterfielen. Anschließend blendete er einige Tiere, ließ sie frei und fand ein paar Tage später Insekten in ihrem Magen. Der Schweizer Zoologe Louis Jurine setze das Experiment fort und verstopfte Fledermäusen die Ohren, was zur Folge hatte, dass sie sich nicht mehr orientieren konnten. Seiner Theorie, dass Fledermäuse ihr Gehör brauchen, um sich im Dunkeln zurecht und ihre Beute zu finden, wurde lange Zeit kein Glauben geschenkt; erst 1940 wurde sie endgültig bestätigt. Die Tiere stoßen die für Menschen nicht wahrnehmbaren Laute durch das geöffnete Maul aus, manche Exemplare, beispielsweise die Hufeisennasen, auch durch die Nase. Die Orientierung funktioniert dabei durch die Wahrnehmung von Gegenständen mittels des zurückkommenden Echos. Nicht jede Art sendet übrigens auf der gleichen Frequenz. Bevor die Ultraschallortung bekannt wurde, glaubte man, mit dem Blut der Fledermäuse auch deren Fähigkeiten auf den Menschen übertragen zu können. Bei Albertus Magnus heißt es: »Wenn sie etwas in tiefer Nacht sehen möchten und nichts mehr als am Tage vor ihnen verborgen bleiben soll; wenn sie in dunkler Nacht Bücher lesen möchten, dann salben sie ihr Gesicht mit dem Blut einer Fledermaus, und alles wird sich so ereignen, wie ich es gesagt habe.« (zit. nach Schober 1996: 11) Die Behörden von New York verboten den Verkauf von Fledermausblut erst in den 1960er Jahren.

Einzig in China hatte die Fledermaus immer schon eine positive Reputation. Das Wort für Fledermaus, *fu*, ist auch ein Ausdruck für Glück, und der ›Talisman der fünf Fledermäuse‹ – *wu fu* – »symbolisiert die für jeden Menschen größten Freuden: Zufriedenheit, Glück, Wohlstand, Gesundheit und ein langes Leben.« (Schober 1996: 13)

# FLIEGE, DIE

(*Brachycera* SCHINER, 1862; engl. *fly;* span. *mosca*)

Hartmut Böhme

»Das Fliegenpapier« von Robert Musil, nach Lukians »Myías enkómion« und Albertis »Musca«, ist *das* Fliegen-Enkomion der Moderne. Musil beschreibt, wie Fliegen, festklebend am Fliegenpapier *Tanglefoot*, langsam sterben. In Rom 1913 notiert Musil unter dem Titel »Das Fliegenpapier Tanglefoot« große Teile der Miniatur, die 1914 publiziert wurde. (Musil 1976, 1: 945f. und 2: 169, 714f.) Öfters nachgedruckt, wurde er 1936 in den »Nachlaß zu Lebzeiten« aufgenommen. (Musil 1978, 7: 473–562) Im Umkreis des Grigia-Stoffes, während des Krieges Juli 1915, notiert Musil: »Eine Fliege stirbt: Weltkrieg«. Es heißt weiter: »Von einem der vielen langen Fliegenpapiere, die von der Decke herabhängen, ist eine Fliege heruntergefallen. Sie liegt am Rücken. In einem Lichtfleck am Wachstuch. Neben einem hohen Glas mit kleinen Rosen. Sie macht Anstrengungen sich aufzurichten. Ihre sechs Beinchen legen sich manchmal spitz zusammengefaltet in die Höhe. Sie wird schwächer. Stirbt ganz einsam. Eine andere Fliege läuft hin und wieder weg.« (Musil 1976, 1: 310) In Worten flüchtig hingeworfen, entspricht der Text einem Stillleben. In der Novelle »Grigia« schreibt Musil von »einem Friedhof von Stille«, der den Tod der Fliege umgibt: Musil bemerkte offenbar, dass er eine *nature morte* in Worten geschaffen hat. (Musil 1978, 6: 244f.)

1918 plant Musil ein Tierbuch, das aber nie erschien. (Musil 1976, 1: 309; 340) Besonders das »Fliegenpapier« und die »Affeninsel« nennt er im Vorwort des »Nachlaß zu Lebzeiten« einen »Vorausblick«, der jedermann gelingen kann, »der an kleinen Zügen, wo es sich unachtsam darbietet, das menschliche Leben beobachtet und sich den ›wartenden‹ Gefühlen überlässt«. Musil liest also seine frühen Geschichten als Allegorien der Zukunft. Es sind »Weissagungen«, geschöpft aus Beobachtungen des Unscheinbaren, die man »leicht für erfundene Umschreibungen späterer Zustände halten könnte«. (Musil 1978, 7: 474) Die Tiererzählungen gehören damit zur politischen Zoologie.

<< Abb.: Nando Hiller: Fliege (Detail), 2010 © Nando Hiller

Merkwürdig ist, dass Musil in der publizierten Fassung den Markennamen *Tanglefoot* stehen lässt. Der in die USA ausgewanderte Chemiker William (Wilhelm) Thum hatte 1880 mit der Entwicklung von Fliegenpapieren begonnen. Die Version von 1887 wurde patentiert und fortan als *Tanglefoot* weltweit exportiert. Da zu Musils Zeiten Fliegen eine Plage waren, ist der Einsatz von Tanglefoot in Rom oder in Südtirol (Grigia-Novelle) wahrscheinlich.

Der Blick auf den Todeskampf der Fliegen ist zwiespältig: zum einen herrscht ein experimenteller Blick, die eine Versuchsanordnung protokolliert. Das Fliegenpapier wird vermessen, die Phasen des Sterbens vom ersten Festkleben bis zum *Zusammenbruch* werden physiologisch verfolgt. Am Ende muss es gar ein Vergrößerungsglas sein, um ein »ganz kleines, flimmerndes Organ« zu »bezeichnen«, »das lebt noch lange«, auch wenn die Fliege schon tot zu sein scheint. Man erinnere, dass schon Robert Hooke in seiner »Micrographia« (1665) Fliegen unters Mikroskop gelegt hatte: So begann die experimentelle Tier-Physiologie. Diese wissenschaftliche Haltung entspricht dem Naturwissenschaftler Musil und seinem Selbstentwurf als *monsieur le vivisecteur*, der die Phänomene des Lebendigen anatomisiert: So beginnt Musil 1899 sein Tagebuch. Kühle Distanz, eine Perspektive, »die nur der kennt, der 100 m Eis über sein Auge gelegt hat«. (Musil 1976, 1:1) Dabei fällt ihm eine in einem Bergkristall eingeschlossene Mücke ein. Derart werden das detektierende Ich und das detektierte Objekt angeähnelt: isoliert, eingeschlossen, erkältet, fremd. Das ist *nature morte*, die der Schriftsteller als Vivisecteur herstellt.

Die andere Seite des Fliegenpapier-Textes operiert poetisch: so mäandert die Sprache um ihr Objekt, um immer neue Fassungen der *Fliege* zu gewinnen. Es wird kein definitives *Bild* hergestellt wie im Stillleben oder bei der im Kristall eingeschlossenen Mücke. Stattdessen wuchern Vergleiche, Metaphern oder Amplifikationen. Das Bild der Fliege wird ständig überblendet mit Bildern aus der Sphäre des Menschlichen. Dadurch entsteht eine fast kinematografische Bildfolge. »Tabiker«, »klapprige alte Militärs«, ein von Kraft verlassener »Kletterer«, ein im Schnee »Verirrter« oder ein »Verfolgter« werden als Vergleiche aufgerufen. Die Gebärden der Fliegen sind »tragischer als Arbeiter« und »wahrer [...] als Laokoon«. Als die »mächtigen Dauergefühle des Daseins« von einer Sekunde der Schwäche überwältigt werden und die Fliegen noch tiefer in die giftige Leimmasse einsinken – »in diesem Augenblick« sind sie »ganz menschlich«. In ihrem Todeskampf durchlaufen die Fliegen eine Hominisation. Kämpfend mit dem passiven Feind, verkleben sich die Fliegen, je mehr sie kämpfen, mit dem Fliegenpapier und sinken jedes Mal »ein wenig tiefer in ihren Tod«. »Wenn der letzte innere Zusammenbruch über sie kommt«, liegen sie da »wie gestürzte Aeroplane«, »oder wie krepierte Pferde«, um sogleich die Vermenschlichung wieder fortzuführen: »oder mit unendlichen Gebärden der Verzweiflung«, »oder wie Schläfer«. Am Ende bemerkt der Erzähler ein »ganz kleines, flimmerndes Organ«. »Es geht auf und zu, man kann es ohne Vergrößerungsglas nicht bezeichnen, es sieht wie ein winziges Menschenauge aus, das sich unaufhörlich öffnet und schließt.« Hatte Robert Hooke im Mikroskop die Monstrosität der Fliege offenbart, so offenbart das Vergrößerungsglas des Musilschen Erzählers das Umgekehrte: Die qualvoll zu Tode gebrachte Kreatur zeigt im Tode dasjenige, was unser Proprium ist: das Menschenauge. In der Hominisation der Fliege erkennen wir die Allegorie des Menschen, welcher der Übermacht der Institutionen erliegt, ein verklebtes, intoxiniertes Subjekt. Die posthumane Phase der Geschichte hat begonnen.

Dies ist unheimlich. Gleich anfangs schildert Musil das Gefühl des Festklebens als eine »befremdliche Empfindung«, »wie wenn wir im Dunkel gingen und mit nackten Sohlen auf etwas träten, das noch nichts ist als ein warmer, weicher, unübersichtlicher Widerstand und schon etwas, in das allmählich das grauenhaft Menschliche hineinflutet, das Erkanntwerden als eine Hand, die da irgendwie liegt und uns mit fünf immer deutlicher werdenden Fingern festhält«. Das ist Horror – nicht vor dem Monströsen, sondern gerade davor, dass sich aus dem Dunkel ein Menschliches herausschält. So wird die Fliege zum Emblem des Unheimlichen zwischen Menschen und *irgendeinem Etwas*, das nicht Natur ist aber auch kein Mensch; und das ist die Gesellschaft, die als tödlicher Leim metaphorisiert wird. Für die Fliegen bleibt der Leim »ein Nichts, ein Es«. Die Beobachtung von Fliege und Leim aber wird zu einem »Vorausblick«: In der Fliege findet eine Selbstbegegnung des Menschen statt und zwar mit dem ‚Schicksal', das er in der kommenden Gesellschaft erleiden wird. Das Unheimliche macht die Tiergeschichte zur Allegorie des Menschen.

Das hatte Musil nicht erst 1936 erkannt, als er angesichts des Faschismus seine Fliegen- und Affengeschichte von 1913 als Kryptowahrnehmungen der Zukunft bezeichnet hatte. Sondern Musil hatte schon im ersten Band (1930) des »Mann ohne Eigenschaften« die Fliegenpapier-Metaphorik erneut aufgenommen. (Musil 1978, 1: 128–133) Es ist das Kapitel, wo Ulrich sich wünscht,

»ein Mann ohne Eigenschaften zu sein« Warum? Angesichts der Festigkeit und Bestimmtheit der Einrichtungen – Max Weber würde vom »stahlharten Gehäuse«, Arnold Gehlen von der »Kristallisation« der Institutionen sprechen – fühlt sich Ulrich wie »ein überflüssiger Nebel«, »ein ausgestoßener kleiner Atemzug«. »Wir sind eine Masse, die jede Form annimmt, in die sie auf die eine oder die andere Weise hineingerät!« (ebd.: 413) Diese Einsicht in das Kontingente und Formbare der menschlichen Substanz – ebenso fähig der Menschenfresserei wie der Kritik der reinen Vernunft (ebd.: 130; 361; 414) – löst eine Reflexion aus über die Sozialisation unter den Bedingungen einer institutionell mächtigen Gesellschaft. Das Leben wird zunehmend dichter, undurchdringlicher, lähmender. All die erworbenen Eigenschaften, Verdienste, Eigentümlichkeiten hängen mit den vorgefertigten Mustern des Sozialen mehr zusammen als mit der Person, die sie ihr eigen nennt. »Es ist etwas mit ihnen umgegangen wie ein Fliegenpapier mit einer Fliege, es hat sie da an einem Härchen, dort in ihrer Bewegung festgehalten und hat sie allmählich eingewickelt, bis sie in einem dicken Überzug begraben liegen, der ihrer ursprünglichen Form nur ganz entfernt entspricht. Diese andere Kraft zerrt und schwirrt, sie will nirgends bleiben und löst einen Sturm von ziellosen Fluchtbewegungen aus. [...] Wie übersetzt man das? Eine Lebensgebärde? Eine Form, in die das innere strömt wie das Gas in einen Glasballon? Einen Ausdruck des Indrucks? Eine Technik des Seins? [...] Man braucht es sich ja bloß vorzustellen: wenn außen eine schwere Welt auf Zunge, Händen und Augen liegt, der erkaltete Mond aus Erde, Häusern, Sitten, Bildern und Büchern, – und innen nichts wie ein haltlos beweglicher Nebel ...« (ebd.: 131f.)

»Das Fliegenpapier« erzählt mehr vom Menschen als von der Fliege: Ihre Hominisation im Sterben ist die Umkehrung der De-Hominisation, die uns im Leben widerfährt. Das Sterben der Fliege ist die Allegorie des Menschenlebens. Der »Herr der Fliegen«, wenn aus Ba'al Zebul, Baal, der Fürst, wortspielerisch Ba'al Zevuv, Baal der Fliegen wird, ist ein böser Gott, gerade weil er gar kein Gott ist, sondern die Klebrigkeit der gesellschaftlichen Einrichtungen. Nicht der benigne oder maligne Gott ist das Problem, sondern die Prägekraft des Sozialen. Dies musste Musil so sehen, weil er dem Menschen keine Substanz, keine Ressource des Widerstands zutraute. Sondern gemäß dem »Theorem der menschlichen Gestaltlosigkeit« (Musil 1978, 8: 1368–1375) ist jeder Mensch immer nur das Serienprodukt der sozialen Formen. Der »Mann ohne Eigenschaften« ist eine einzige Entfaltung der Fliegenpapier-Geschichte, aber auch der Versuch, der Gefangenschaft zu entkommen, als die der Fliege die Welt erscheinen muss.

Hierfür aber müsste Musil die Metaphorik wechseln, vom Fliegenpapier zum Fliegenglas, wie es Ludwig Wittgenstein getan hat: »Was ist dein Ziel in der Philosophie? – Der Fliege den Ausweg aus dem Fliegenglas zeigen.« (Witt-genstein, »Philosophische Untersuchungen«: §309) Das Fliegenglas ist eine Falle, welche die Ausflucht unmöglich macht. So ertrinken die Fliegen im Limonadenwasser, das sie in die Falle gelockt hat. Vorher aber prallen sie, ohne je den Ausschlupf im Boden des Glases zu entdecken, immer wieder gegen die Glaswände, welche Durchsicht, aber kein Durchkommen erlauben. Das sei die Situation des Menschen nach der Kantschen Philosophie. Kant hatte im Inneren des Glases mit der Analytik der Erkenntnisvermögen sichere Ordnung geschaffen, doch um den Preis der Ausschließung der Welt *draußen*, also der Dinge an sich. Man hat von der Welt draußen zwar Wahrnehmungen, aber man reicht an die Dinge nicht heran. Das ist die Lage der Fliege im Fliegenglas – ein Gefangensein im Gehäuse der Erkenntnis.

So jedenfalls sieht es Hans Blumenberg, der den Aphorismus Wittgensteins zum Ausgang des Kapitels »Im Fliegenglas« genommen hat. (Blumenberg 1988: 752–792) Das Fliegenglas variiere die Platonsche Höhle. Wittgenstein sei an dem Langzeitprojekt der Philosophie beteiligt, aus einer Situation des Eingeschlossenen herauszuführen zum Licht von Freiheit und Erkenntnis, während man *in* der Höhle den gaukelnden Bildern ohne Referenz verfällt. Diesen Gedanken hat Christoph Leitgeb aufgenommen und gleich ein Kapitel über den »ironischen Tod österreichischer Fliegen« beigesteuert. (Leitgeb 2008: 118–145)

Um die Differenz zwischen Musils Fliegenpapier und dem philosophischen Fliegenglas zu skizzieren, sei erneut an Wittgenstein erinnert: »Wir haben eben ein Gleichnis gebraucht, und nun tyrannisiert uns das Gleichnis. In der Sprache dieses Gleichnisses kann ich mich nicht außerhalb des Gleichnisses bewegen.« (aus einem Brief Wittgensteins an G.E. Moore, etwa Oktober 1936 zit. nach Blumenberg 1988: 755) Die Fliegenglas-Metapher *tyrannisiert* einen völlig anderen Diskurs als das Fliegenpapier-Gleichnis. Mit letzterem ruft Musil die Vorstellung einer ebenso passiven wie unwiderstehlichen Kraft auf, die das Subjekt in dem Maße, wie dieses sich wehrt, überwältigt und tötet. Es ist das Gleichnis einer notwendig negativ verlaufenden Enkulturation. Sozialisation ist ein entropischer Prozess der Erstarrung in entfremdeter

Form, oder anders gesagt: Subjektivierung fällt mit Objektivierung (Verdinglichung) zusammen.

Fliegenglas und Fliegenpapier haben nur einen gemeinsamen Punkt: beide sind Lockfallen, die der Sinnlichkeit gestellt sind, um Macht über Fliegen/Menschen zu gewinnen. Beim Fliegenglas aber gibt es, wie in der Platonschen Höhle, einen Ausgang: er enthält, gegenüber dem Zustand erregter, aber orientierungsloser Bewegung, das Versprechen von Freiheit. Philosophie will die Navigation sein, um der sinnlich aufgeregten Subjektivität zum *Ausweg* zu verhelfen. Kants Aufsatz »Was heißt: sich im Denken orientieren« bezeichnet das Geschäft philosophischer Navigation gegenüber sinn- und ziellosem Geschwirre, das den Kurs zur Freiheit nicht findet. Dieser *Ausweg* ist unwahrscheinlich: ein mit erhöhtem Rand versehenes Loch im Boden. Aber der Ausweg ist *wirklich*. Darum ist Freiheit *objektiv möglich*. Wenn auch *zufällig*, wie Musil in einem verwandten Gleichnis ausführt: »Denn dann begreift man bei einiger Beobachtungsgabe ganz genau, dass es einem mitten in der höchsten Erregung seiner selbst nicht anders geht wie einer Biene am Fenster oder einem Infusorium in vergiftetem Wasser: man erleidet einen Bewegungssturm, man fährt blind nach allen Seiten, man schlägt hundertmal gegen das Undurchdringliche und einmal, wenn man Glück hat, durch eine Pforte ins Freie, was man sich natürlich hinterdrein, in erstarrtem Bewußtseinszustand, als planvolle Handlung auslegt.« (Musil 1978, 1: 473)

Dieser dem Fliegenglas-Gleichnis ähnlich gebaute Text sagt: Freiheit ist ein im Nachhinein als Intention in Anspruch genommener Zufall (Glück). Wittgensteins und Blumenbergs Auslegungen des Fliegenglases empfehlen dagegen die philosophische Besonnenheit als jenen Ausweg aus dem »Bewegungssturm«, der zielgerichtet aus der Gefangenschaft zur Freiheit führt. Philosophie ist Direktion der Freiheit auf der Basis besonnener Erkenntnis, ob nun als Aufstieg aus der Höhle oder als Flucht aus dem Fliegenglas. Musils Fliegenpapier-Gleichnis hingegen *tyrannisiert* seinen Diskurs in anderer Weise. Es fatalisiert den Lebenszyklus als progrediente Erstarrung des Lebendigen in den Formen der Gesellschaft.

Panische Fluchtbewegungen gibt es in beiden Gleichnissen. Beim Fliegenglas ist es die Panik wegen des Ausgeschlossenseins von der wirklichen Welt; beim Fliegenpapier ist es die Panik, dass eben diese wirkliche Welt die eigene Lebendigkeit erstickt. Das Fliegenpapier lehrt, dass es gerade die panischen Befreiungsversuche sind, die das Subjekt verkleben und erstarren lassen.

Das Fliegenglas dagegen enthält die Befreiung als objektive Möglichkeit, die in eine subjektive verwandelt werden kann durch den philosophischen Weg.

Für den Philosophen ist das Eingeschlossensein nur Schein. Für Musil ist eben dieser Satz Schein. Denn die Festgelegtheit durch das Fliegenpapier-Gleichnis *muss* dazu führen, dass der philosophische Ausweg entwertet wird: Philosophie ist der Schein, sich selbst als »planvolle Handlung« zuzuschreiben, was bloße Kontingenz ist. Das ist eine Argumentation *ex post*: d.h. in jenem Zustand, wo man in der Schein-Freiheit schon weitgehend dem Fliegenpapier auf den Leim gegangen ist. Philosophie gehört selbst zu dem Leim, der dem »Bewegungssturm« ein Ende setzt und die Menschen »in einem dicken Überzug begraben« sein lässt. Da die Philosophie für die Subjekte letztlich keinen Ausweg, wie Wittgenstein hoffte, bietet, sondern vielmehr selbst ein Fliegenpapier ist, so verbleibt für den Aussteiger Ulrich, den Mann ohne Eigenschaften, nur noch eine »Pforte ins Freie«: und das ist der »andre Zustand«. Hier findet sich keinerlei Fliegenmetapher. Es müsste die *musca mystica* noch erfunden werden. Doch dies scheint unnötig. Denn da auch der »andre Zustand« keine Lösung darstellt, behält das Fliegenpapier-Gleichnis die definitive, wenn auch unannehmbare Deutungshoheit über das, was es heißt, Mensch in Gesellschaft zu sein.

# G

# GECKO, DER

(*Gekko* LAURENTI, 1768; engl. *gekko;* span. *gekko*)

Marie-Luise Angerer

Wir kennen alle die Geschichte der Zecke und ihrer Umwelt, die von Uexküll aus den Weg in die Philosophie, Kultur- und Mediengeschichte findet, um dort die Relativität von Zeit und Raum nach Kants *a priori*-Setzungen zu belegen. Manche kennen auch die Erzählung von Gilles Deleuze und Félix Guattari über den australischen Vogel *Scenopoeetes dentirostris*, der in einer Art Morgenritual Blätter von Bäumen abtrennt, sie dann am Boden so drapiert, dass die helle Innenseite mit dem Boden kontrastiert und dadurch eine »Szene«, ein »Ready-made« entsteht, wie es Deleuze und Guattari in »Was ist Philosophie« interpretiert haben. Doch nun ist ein weiteres Tier gerade dabei, die Kultur- und Medientheorie zu erobern – der Gecko. Mit der Entdeckung seiner unglaublichen Behaarung an den Füßen, die ihn an den Wänden und Decken halten und ihn in einer unglaublichen Geschwindigkeit sich bewegen lassen, steht er für eine »unmittelbare Bewegung« bzw. für »Auto-Affektion«. (Seefeldt 2005) Festkleben und Loslassen in einer Bewegung ohne Transport des Reizes ins Gehirn und von dort als Reaktion in die verschiedenen Peripherien des Körpers: Unmittelbarkeit ohne Verlust auch nur einer 1/100 Sekunde, wie Audi seinen Quattro im Jahr 2011 mit dem Gecko bewirbt. (vgl. http://www.liga01.de/CMSFiles/AUDI_GECKO/Audi_Gecko_01.jpg)

*Vom Verlust der Zeit ...*

Mitte der 70er Jahre entdeckte Herta Sturm in ihren medienpädagogischen Untersuchungen die »fehlende Halbsekunde«. Die von ihr untersuchten Kinder reagierten auf die TV-Filme, die man ihnen zeigte, verzögert und irgendwie *falsch*. Das Forscherteam von Sturm konnte dabei eine ›leere Zeitspanne‹ anhand von Puls- und Herzfrequenz messen, die die affektive Reaktion der Kinder in der ersten halben Sekunde in die falsche Richtung laufen ließ. Zwanzig Jahre später wird Brian Massumi diese fehlende Halbsekunde zur

<< Abb.: Rolf Walz: ›Yogi-Gecko‹, 2011 © Rolf Walz

Zone des Affekts erklären. Er wird sie als Zeitspanne »in-between time after before but before after« charakterisieren. (Massumi 1996: 29)

Doch diese fehlende Zeitspanne hat eine lange Vorgeschichte, die mit Hermann von Helmholtz in der Mitte des 19. Jahrhunderts beginnt, als dieser nämlich bei seinen Froschexperimenten eine messbare Zeit zwischen elektrischer Reizung und Reaktion im Wadennerv entdeckt. Jimena Canales hat die Geschichte der Erforschung bzw. der Suche nach dieser fehlenden Zeitspanne nachgezeichnet und dabei in der Experimentalpsychologie, Astronomie, Physik sowie der Messtechnik ein enormes Interesse an ihr festgestellt. Auch Sigmund Freud war von der fehlenden Zeit angetan, ebenso Wilhelm Wundt in seinem Leipziger Psychologie-Institut. Frances Galton sah in der Erforschung der fehlenden Zeitspanne seine Schädelmessungen auf anderer Ebene fortgeführt: Wer langsam reagiert, ist eine sensible Persönlichkeit, wer schnell reagiert, eine aggressive, intelligentere. Das Interesse an der Messung der Zeitreaktion oder des *personal equating* bzw. des *personal error* – der individuellen Zeitdauer – kann auch in den Künsten festgestellt werden: von Marey und seiner Chronofotografie bis zur Kinematographie von Muybridge sollte die Zeit der Bewegung bzw. die Bewegung der Zeit gemessen und dargestellt werden. (vgl. Schmidgen 2009; Canales 2009)

Heute wird die fehlende Halbsekunde innerhalb der Reihen neokybernetischer Medientheoretiker wieder mit großer Begeisterung aufgegriffen, um sie jedoch im Sinne des Gecko-Effekts zum Verschwinden zu bringen: Wahrnehmung und Reaktion implodieren im Tastsinn, wie Derrick de Kerckhove, Schüler von McLuhan und dessen Nachfolger am McLuhan-Institut in Toronto schreibt. Ihm zufolge lösen die mit Lichtgeschwindigkeit arbeitenden Technologien die räumlichen Distanzen auf und leiten damit eine Welt von Pico- und Nanosekunden ein, die für die menschliche Wahrnehmung zu schnell ist. Mit Rekurs auf Herta Sturms Arbeiten zur fehlenden halben Sekunde beim Fernsehen interpretiert de Kerckhove den Kollaps der Zeitspanne als positives Moment unserer Zeit, weil er die Wiederentdeckung des Tastsinns eingeleitet hat. Ab nun werde die Welt mehr gefühlt als verstanden!

*... und ihrer Wiedergewinnung im Überfluss*

»The skin is faster than the word« hatte auch Massumi mit Blick auf die Affektzone geschrieben und damit unbeabsichtigt eine Brücke zwischen dem *Audi-Gecko* und dem *Yogi-Gecko* gespannt. Heute ist die *temps perdu* als

Affektzone zum festen Repertoire von Medien- und Bildwissenschaften geworden, die sich hierfür bei Deleuze, der Neuroforschung, Bergson und Spinoza bedienen. Die fehlende Halbsekunde ist gleichzeitig Überfluss – zuviel ereignet sich in ihr – und Stillstand, weder kann das Ereignis wahrgenommen noch ausgeführt werden. Wie Deleuze schon mit Bergson formuliert hat: jede Wahrnehmung ist Bewegung, der Affekt füllt das Intervall dieser Bewegung nicht aus, und im Moment ihres Noch-nicht-Vollzugs stoppt sie als Bewegung. Es ist jener Augenblick, in dem Körper nur Körper ist und die Zeit als verkörperte regiert.

Brian Massumi hat dies am Beispiel von Ronald Reagans Autobiographie »Where is the rest of me?« (1965) demonstriert. Reagan, der im Film »Kings Row« (Sam Wood, 1942) eine tragische Rolle spielt, hat aus diesem Film den für ihn signifikantesten Satz als Titel für seine Lebensgeschichte gewählt. »Where is the rest of me?« stammelt er, als er nach einem Autounfall aus der Bewusstlosigkeit erwacht und feststellt, dass ihm beide Beine fehlen, die ihm aus Rache für sein Liebesverhältnis mit der Tochter des Chirurgen amputiert worden sind. So die filmische Narration. Massumi hat für sein Anliegen ein anderes Moment in den Vordergrund gerückt. Nicht die rachsüchtige Amputation, sondern er betont jenes Umkippen als zentrales Moment, als Reagan, der Schauspieler, seinen Satz stottert und dieser Satz plötzlich – für den Bruchteil eines Augenblicks – real wird: Seine Beine sind nicht mehr da, die Hälfte seines Körpers fehlt: »Where is the rest of me?« Was Reagan hier erfährt und zu beschreiben versucht, ist ein Augenblick, eine Zeitspanne, die sich nicht benennen lässt, jedoch einen Raum markiert, der die Unmöglichkeit des Subjekts *zeigt*, sich in Bewegung zu sehen: »He is in the space of duration of an ungraspable event.« (Massumi 1996: 29)

Mit Whitehead lässt sich dieses Ereignis nun als das subjektive Moment beschreiben, das im quasi-technischen Fehlen der halben Sekunde liegt, oder wie es bei ihm heißt: »Das Empfinden ist subjektiv in der Unmittelbarkeit des gegenwärtigen Ereignisses verwurzelt: Es ist das, was das Ereignis für sich selbst empfindet, indem es seinen Ursprung in der Vergangenheit hat und mit der Zukunft verschmilzt.« Die fehlende Halbsekunde ist also jenes Moment, wo sich Subjektivität (ohne Subjekt) ereignet, die Zone der verlorenen und gleichzeitig übervollen Zeit erweist sich als »das Leben [...] in den Zwischenräumen jeder lebenden Zelle und in den Zwischenräumen des Gehirns.« (Whitehead 1987: 206 und 304)

Steht die Zecke von Uexküll für eine Biologie der subjektiven Zeit und des subjektiven Raumes, lässt sich mit dem Gecko das medientechnische Paradigma einer verkörperten Zeit als und im Affekt demonstrieren: Geckos verlieren nicht nur kein hundertstel ihrer Zeit – sie führen vielmehr vor, dass sie alle Zeit des Lebens haben.

# GLÜHWÜRMCHEN, DAS

(*Lampyris noctiluca* LINNAEUS, 1767 ; engl. *firefly;* frz. *ver luisant*; ital. *lucciola*)

Jasmin Mersmann

Plinius beschreibt das Auftreten der Glühwürmchen im Sommer als Mittel »irdischer Zeitmessung«: Die gütige Natur habe sie den Bauern gegeben, damit sie nicht frühmorgens aufstehen müssten, um den Plejadenaufgang zu beobachten, welcher im Mittelmeerraum die Ernte- und Saatzeiten anzeigte. (vgl. Macho 2002b: 202 und Plinius, »Naturalis historiae«, XVIII: 250ff.) Ihr Erscheinen um die Zeit der Mittsommernachtswende, christlich besetzt durch den Namenstag von Johannes dem Täufer am 24. Juni, hat den Käfern den Namen ›Johanniswürmchen‹ eingebracht. Wird dagegen ihre leuchtende Schwanzspitze zum Namensgeber, heißen sie *lampyris, lucciola, ver luisant, glow worm* oder *firefly.*

Glühwürmchen sind Grenzgänger nicht nur zwischen Winter und Sommer, sondern auch zwischen Himmel und Erde. Einem Mythos der Jicarilla Apachen zufolge waren es Glühwürmchen, die das Himmelsfeuer entfachten, das ein Fuchs schließlich in die Welt brachte. (vgl. Frazer 1930: 140f.) Auf den Philippinen erzählte man die Ursprungsgeschichte der Glühwürmchen als Sternengeburt: Laut einer Prophezeiung vermag die Tochter des Prinzen der Nacht und der Sternentochter Bituin nur zu überleben, wenn sie einen Sterblichen heiratet. Als sie am Vorabend ihrer Zwangshochzeit flieht, wird die Prinzessin von Sternenstrahlen durchstochen und in ein leuchtendes Pulver verwandelt, aus dem die Leuchtkäfer entstehen. (vgl. Le Quellec 1996: 155) Schon in einer arabischen Tierkunde des 9. Jahrhunderts und in Johannes von Kubas »Hortus sanitatis« von 1485 werden Glühwürmchen mit Sternen verglichen; der berühmte Entomologe Jean-Henri Fabre wird später von »Funken des Vollmondes« sprechen. (Fabre 1913: 223 und 236) Umgekehrt nennt John Keats den Abendstern in seiner »Ode to Psyche« »amorous glow-worm of the sky« und in einer der »Tierskizzen« Hellmut von Cubes betrachten zwei Liebende ein Glühwürmchen »so wie vorher die Sterne am Himmel, und es war kein Unterschied zwischen den fernen Welten

<< Abb.: Gregory Crewdson: Untitled (61–35), 1996 © Gregory Crewdson. Mit freundlicher Genehmigung der Gagosian Gallery, New York

und dem winzigen Tier, denn Himmel und Erde sind eins ...« (Cube 1936: 58) Was Cube naturromantisch verklärt, fasst Josef Guggenmoos zwinkernd in den Vers: »Um mich glimmernde Sternchen: Glühwürmchen spielen Weltall am Waldrand«. Und tatsächlich jagt seit 2002 in der US-Fernsehserie »Firefly« ein Raumschiff mit beleuchtetem Heckantrieb durch das Universum. Trotzdem hat das Glühwürmchen seine poetische Kraft nicht verloren: In Isao Takahatas Antikriegs-Anime »Die letzten Glühwürmchen« von 1988 werden die Leuchtkäfer, welche ein wichtiges Motiv der japanischen Haiku-Dichtung ausmachen, zu irdischen Sternen, die als Sinnbilder der Humanität eine positive Inversion der Feuerbomben am Himmel bilden.

Von den Sternen ist es nicht weit zu den Stars: Robert Boyle meditiert schon 1665 über einen Glühwurm, dem sein attraktives Licht zum Verhängnis wird. Boyle selbst hatte ihn gefangen und in ein »gläsernes Gefängnis« gesperrt, in dem er zwar »die Ehre hat, von vielen Augen betrachtet zu werden«, aber – »wie alle großen Geister« – auf Kosten seiner Freiheit. Gefangen sei allerdings nur der Wurm, sein Licht dringe durch das Glas wie »gewisse Wahrheiten, die in sich so viel natürliches Licht« besitzen, dass es die zufälligen Umstände überstrahlt. (Boyle 1665: 155f.)

In Europa wird das Glühwürmchen jedoch keineswegs im Himmel geboren, sondern im Staub der Erde: Hesychios von Alexandria glaubt, die Käfer entstünden (wie leuchtendes Holz) in moderndem Dickicht – eine These, die Thomas Bartholin zurückweist, da etwas so Edles wie Licht wohl kaum aus Verwesung entstehen könne. Tatsächlich würde durch die Putrefaktion nur das allen Lebewesen inhärente Licht freigesetzt. (vgl. Harvey 1957/2005: 118) Damit sind zwei der meistdiskutierten Motive im Zusammenhang mit Glühwürmchen bereits angesprochen: Die Frage nach Zweck und Zustandekommen des Leuchtens und der Konnex von Licht und Leben. Denn ein Grenzgänger ist das Glühwürmchen nicht nur zwischen den Welten, sondern auch zwischen Leben und Tod. Im Badischen verweist ein Leuchtkäfer unter der Krippe auf den bevorstehenden Tod; in Norddeutschland befragt man ihn bezüglich der verbleibenden Lebenszeit; in Vicenza heißen Glühwürmchen *ciari-morti*; in Montona hält man sie für arme Seelen aus dem Fegefeuer. (vgl. Bächtold-Stäubli 1927–1942, 4: 763f.) Bei Dante müssen Betrüger büßen, indem sie wie »Glühwürmchen« im achten Höllengraben brennen. (Dante, »Commedia«: XXVI. 29–33) Verwandt sind sie den ›Irrlichtern‹, die vor allem in moorigen Gegenden gesichtet und für verdammte Seelen von Bösewichten, Ertrunkenen oder ungetauft verstorbenen Kindern gehalten wurden. (vgl. Bächtold-Stäubli 1927–1942, 4: 782) Zugleich aber machte die aus dem Licht strahlende Lebenskraft Glühwürmchen zu einem beliebten Heilmittel: Hildegard von Bingen empfiehlt Glühwürmchenwickel bei Schwindsucht und Erschöpfung. (vgl. Hildegard von Bingen, »Physica«, 2: VI.69, 324)

Während es in der antiken Literatur merkwürdig still um die Leuchtkäfer ist, erregen sie – besonders seit der Entdeckung des phosphoreszierenden Steins von Bologna im Jahr 1602 – reges wissenschaftliches Interesse. Warum leuchtet das Glühwürmchen? Ulisse Aldrovandi und Robert Waller halten das Licht für eine Art Laterne zwecks Orientierung und Beutefang, Athanasius Kircher für ein Mittel sozialer Ostentation: Glühwürmchen würden vor allem in Gesellschaft leuchten – »als gingen sie herum, um gesehen zu werden.« (Kircher 1646: 22) Das Paarungsverhalten der Glühwürmchen hatte schon Joseph Justus Scaliger beobachtet, Vintimilla beschrieb das Licht dann explizit als Mittel sexueller Attraktion. (vgl. Harvey 1957/2005: 75 und 541) Sein Balzverhalten und die Nachtaktivität banden das Glühwürmchen schon früh an die Welt des Halbseidenen. Nicht nur im Italienischen bezeichnet *lucciola* die Prostituierte; bereits Athenaios von Naukratis nennt diese »lampyris«. (vgl. Bartholin 1647: I,9) Folgerichtig empfiehlt Albertus Magnus Johanniswürmchen auch als Aphrodisiakum – während man im Baltikum von ihrem Verzehr gerade Impotenz befürchtete. (vgl. Bächtold-Stäubli 1927–1942, 1: 530) In Paul Linckes Operette »Lysistrata«, deren »Glühwürmchen-Idyll« 1902 zum Gassenhauer wurde, weist das Leuchten der Käfer Liebenden den Weg in eine glückliche Zukunft. In Rudolf Frimls, 1912 am Broadway uraufgeführter Operette »Firefly« steht das Tier dagegen für die Flüchtigkeit der Liebe: »Love is like a firefly that glimmers by, and dies while it is gleaming«.

Mit dem Zweck des Leuchtens ist jedoch noch nicht sein Zustandekommen erklärt. Schon Albertus Magnus hatte beobachtet, dass ein Glühwürmchen heller wird, wenn man darauf bläst. (vgl. Albertus Magnus, »De Animalibus«, 2: 1584) Den Zusammenhang mit Sauerstoff wies jedoch erst Robert Boyle nach, der 1667 bei Vakuumexperimenten beobachtete, dass Luftentzug zur Reduktion der »flamma vitalis« führte. (vgl. Harvey 1957/2005: 542ff.) 1885 entdeckte Raphael Dubois die Existenz der thermostabilen Substanz Luziferin, die bei Zugabe des Katalysator-Enzyms Luciferase mit ATP und Sauerstoff reagiert. Die dabei freigesetzte Energie wird hauptsächlich in Form von Licht und zu einem geringen Anteil als Wärme abgegeben. Trotzdem entspricht die von einem Glühwürmchen produzierte Lichtmenge nur etwa einem Tausendstel des Lichts einer Kerze.

Als Maß der Helligkeit galt stets die Möglichkeit, mithilfe von Glühwürmchen zu lesen oder zu schreiben: der Topos findet sich in der chinesischen Literatur ebenso wie in der europäischen und in Berichten früher Amerikareisender. Fabre präzisiert: man könne »die Buchstaben einen nach dem anderen entziffern, und sogar ganze Worte« – allerdings nur, wenn sie nicht zu lang seien. (Fabre 1913: 236) Tatsächlich ließ sich nicht nur *im* Licht der Glühwürmchen schreiben, sondern angeblich auch *mit* ihm: Albertus Magnus, Paracelsus, Giacomo della Porta, Cardanus, Aldrovandi, Mouffet und Malpighi beschreiben einen *liquor lucidus*, aus dem sich eine Art Geheimtinte herstellen lasse. Scaliger, Browne und Boyle hingegen sind kritisch: »Als könnte man das himmlische Licht in Materie sperren wie einen Sträfling in eine Galeere!«, polemisiert Scaliger. (Scaliger 1582: 628, ex. 194) »Nugae nugarum« – »Blödsinn über Blödsinn!«, spottet Kircher. (Kircher 1646: 24) Doch der Mythos hält sich hartnäckig: 2008 überraschte die Restauratorin Roberta Lapucci mit dem Fund von Spuren photosensibler, angeblich aus Glühwürmchen gewonnener Substanzen auf Caravaggios Leinwänden, die es dem Maler erlaubt hätten, im Dunkeln zu malen. (vgl. Mattioli 2008)

Schon in der ersten Hälfte des 19. Jahrhunderts hatte Julius Schnauss Glühwürmchenlicht mittels photosensibler Platten aufzuzeichnen versucht; Fabre versuchte es ebenfalls, doch auf der Platte zeigten sich nur »weiße, unförmige Flecken«. (Fabre 1913: 237) Denis Roche schreibt 1982 unter dem Titel »La Disparition des Lucioles« eine Theorie »des photographischen Akts«. (vgl. Roche 1982) Als geradezu paradigmatisches Motiv der Fotografie hat der amerikanische Künstler Gregory Crewdson das Glühwürmchen erkannt. In seiner Serie »Fireflies« fängt er die leuchtenden Lichtpunkte auf dem Film und schafft so nicht nur geisterhafte Bilder, sondern auch Kommentare über die Fotografie als Kunst der Lichtaufzeichnung.

Das Einfangen des Lichts auf der ›Galeere‹ der Filmrolle macht Glühwürmchen auch zu Totemtieren des Kinos. – Immerhin heißt nicht nur die Prostituierte, sondern auch die mit einer Taschenlampe ausgestattete Platzanweiserin im Italienischen *lucciola*. In einem berühmten Pamphlet von 1975 verwendete Pasolini »Das Verschwinden der Glühwürmchen« als Sinnbild des Verlusts voller, lustvoller Menschlichkeit in der zweiten, totalitaristischen Phase des Faschismus. (vgl. Pasolini 1979) Ein Beispiel des unter Mussolini noch möglichen Widerstands bietet die 1941, in einem Brief an Franc Farolfi beschriebene Szene bei Pieve del Pino, wo euphorische Jugendliche nachts mit den Glühwürmchen tanzen, bis sie von zwei Scheinwerfern vertrieben werden. 34 Jahre später, neun Monate vor Pasolinis Ermordung, ist die tänzerische Alternative zum Faschismus verschwunden; Politikshows, Fußballstadien und Fernsehbildschirme überstrahlen ihr Leuchten. George Didi-Huberman, der beide Szenen vergleicht, will das behauptete Verschwinden der Glühwürmchen nicht akzeptieren und schließt mit einem leidenschaftlichen Plädoyer für ein »devenir-luciole«: »Wir müssen also Glühwürmchen werden – in dem Riss zwischen Vergangenheit und Zukunft – und eine Gemeinschaft des Begehrens reformieren, eine Gemeinschaft der ausgesandten Lichter, der Tänze trotz allem, der übermittelten Gedanken; Ja sagen.« (Didi-Huberman 2009: 135) Dabei sind die Glühwürmchen selbst sanfte Mörder: Fabre beschreibt die karnivoren Insekten als Erfinder der Anästhesie, mittels derer sie ihre Beute – vornehmlich Schnecken – betäuben und schließlich aussaugen: Auch Sterne haben eine dunkle Seite.

# GODZILLA, DER

(jap. ゴジラ; engl. *Godzilla;* frz. *Godzilla*)

Joseph Vogl (im Gespräch mit Alexander Kluge)

**A.K.:** Aus dem Marianengraben, aus dem Japangraben, aus dieser vulkanischen Gegend im pazifischen Ozean, aus der die großen Tsunamis kommen, stammt auch ein besonderes Ungeheuer, das schon 88 Filme belebt und mit vielen anderen Monstren gekämpft hat, nämlich Godzilla. Das oder der taucht auf wie ein unerklärtes Geschöpf, wie eine Pranke der Natur, wie ein Tannenbaum behangen mit einem Tand von Mythen, die gar keine wirklichen sind, eher Restmythen, eine Schleppe von erfundenen Mythen. Wäre das nicht auch ein Stoff für das Monströse im 21. Jahrhundert, auf der Suche nach einem Monster-Roman, wie Melvilles »Moby Dick« ein Monster-Roman des 19. Jahrhunderts gewesen war?

**J.V.:** Die Frage wäre ja: Was kann an Wesen dieser Art wie Godzilla faszinieren? Und ich würde mit Bezug zu Moby Dick einerseits, Godzilla andererseits sagen, dass es im Grunde zwei völlig verschiedene Formen oder Produktionsweisen des Ungeheuerlichen gibt. Das eine wäre der Weiße Wal bei Melville als Chiffre des großen Unbekannten. Wesentlich für dieses Unbekannte des Wals ist sein Albino-Dasein und seine Weiße: ein spezifisches Grauen, das mit der Farbe Weiß verbunden ist. Es gibt zwei Aspekte von Weiß schlechthin, die das Grauen dieses Tiers und das Grauen dieser Farbe auszeichnen. Zunächst einmal, dass Weiß etwas ist, was eigentlich Merkmale subtrahiert. Ein vertrauter Gegenstand ist einer, der Merkmale akkumuliert. Der hat Kanten, der hat Formen und Farben, der hat bestimmte Eigenschaften etc. Und Weiß kann sich nun als Subtraktion aller Merkmale darstellen: das Weiße Rauschen, der Nebel, die Totenfarbe überhaupt, die blinden Augen von weißen antiken Statuen oder das Leichentuch, die Leichenblässe. Das heißt also: Im Weiß bleicht etwas aus, wird vage und unbestimmt. Und was im Weiß ausbleicht, ist letztlich das Fassliche der Weltdinge: der Dinge, die mit vertrauten Eigenschaften benannt, beschrieben, umschrieben, erkannt

<< Abb.: Ishirō Honda: »Godzilla« (Still). Japan 1954

und begriffen werden können. Also eine erste, ganz erschreckende, horrende Eigenschaft des Weißen oder der weißen Dinge.

Ein zweites Merkmal kommt dazu, nämlich das Schwinden der Differenz von Grund und Form. Wenn wir wahrnehmen, nehmen wir immer ein Verhältnis von Grund und Form wahr. Etwas, das sich vom Grund oder Hintergrund abzeichnet. Was sich im Weiß gewissermaßen vollzieht, ist ein langsames Vergehen der Formen und das Aufsaugen des Gestalteten, des Geformten, der Zeichnung durch den Grund oder durch den Ungrund, durch den Abgrund. Weiß ist eine abgründige Farbe. Das wäre also die eine Manifestation des Ungeheuerlichen oder Monströsen, das sich dadurch auszeichnet, dass Merkmale verschwinden, dass es ausbleicht, dass Form und Grund ineinander übergehen, und dass der Schrecken dieses Ungeheuers in der Ununterscheidbarkeit, im Verblassen besteht. Man lässt also gewissermaßen die Determinationen oder Bestimmungen vergehen, den Ungrund aufsteigen, und die Welt wird desorientiert.

**A.K.:** Nichts hat mich getötet, nichts hat mich überwältigt, ich heiße Niemand – das ist ungefähr der Vorgang …

**J.V.:** … ja, die Anonymisierung, die Depersonalisierung, aber vor allem auch die Demarkierung eines bestimmten Wesens, so dass aus einem spezifischen Wesen eben ein merkmalsloses Unwesen geworden ist. Der Weiße Wal hat die Eigenschaft eines gestaltlosen Dings. Wir können uns das nur vorstellen, wenn wir von den Gegenständen und Wesen alle möglichen Eigenschaften, Attribute, Kenntlichkeiten abziehen. Dann bleibt ein Unding oder Unwesen zurück, eine Grenze der Welt, wie es bei Melville einmal heißt. Dieses Unwesen, diese unbestimmte Tierheit wird mit dem Weißen Wal vorgeführt. Und es gibt eine ganz andere Form des Monströsen, und dafür steht Godzilla, der sich durch die Überdeterminierung bestimmter Merkmale auszeichnet. Wie etwa King Kong durch die Übertreibung, Vergrößerung und Überdimensionierung aller möglichen äffischen Merkmale produziert wird …

**A.K.:** … so ist Godzilla vor allem ein Haufen, eine Akkumulation monströser Embleme: ein Drache, ein Meeresdrache, 50 bis 100 Meter groß, mit einer Art Kreissäge im Bauch, ein atomarer Mutant, eine Mischung aus Tyrannosaurus, Affe und Wal.

**J.V.:** Ja, wie ja auch sein Eigenname aus jap. *gorira* für Gorilla und jap. *kuijra* für Wal zusammengesetzt ist. Ein katastrophales Wesen, aus atomaren Katastrophen hervorgegangen und für das Anrichten von Katastrophen vorgesehen. Das ist ein Wesen, an dem jedes einzelne Detail eine Überdeterminierung des Monströsen vorführt. Also nicht ein Schwinden von Merkmalen, sondern eine Akkumulation von Merkmalen. Dieses Wesen – und das wäre wichtig für seine Erscheinungsform in der trivialen Phantasie – diese monströse Gestalt und ihre Variationen, diese Vervielfältigung schrecklicher Eigenschaften: ein Atem wie ein Flammenwerfer, ein Maul mit Drachenzähnen, rote Unheilsaugen, mörderische Pranken oder Krallen, ein Koloss, eine riesenhafte Gestalt, Reptilienschwanz, ein Bausatz des Furchterregenden und Ekelhaften, hergestellt durch hyperbolische Mischungen, nicht ein Weniger, sondern ein Mehr an Körperlichkeit, voller animalischer Protuberanzen – dieses überdeterminierte Wesen also ist zwar eines, das Schrecken einflößt, es ist aber letztlich auch immer ein Ungeheuer, das besiegt werden kann.

Ungeheuer, die besiegt werden können, zeichnen sich dadurch aus, dass …

**A.K.:** … meine Kraft wächst, indem ich es ansehe.

**J.V.:** Und dass seine Gegenständlichkeit nicht schwindet, sondern dass seine Gegenständlichkeit bestenfalls vielfältig wird, mannigfaltig wird, gewissermaßen eine Kreuzung von Kreuzungen darstellt. Wird er größer, werde ich auch größer. Dieses Ungeheuer fordert den Verstand heraus, die instrumentelle Vernunft, es zeigt sich als Versammlung von Bedrohlichkeiten, die allesamt bekämpft werden können. So sehr dieses Monster ein schier unvorstellbares Alter hat und aus der Urgeschichte hervorbricht, so sehr es sich – in den verschiedenen Filmen – als ökologische oder Menschheitskatastrophe präsentiert, so sehr lässt es sich doch als Bastelarbeit identifizieren: als ein Produkt von *special effects*, die aus den Filmstudios oder der Evolutionsgeschichte oder aus unserer Einbildungskraft herkommen. All das kann man beschreiben, erzählen, einkreisen, erkennen, sortieren, klassifizieren. Hier haben sich spektakuläre Gestaltungsideen verdichtet. Etwas ist aus der Art geschlagen.

**A.K.:** Was wäre dann, herkommend von Godzilla, am Roman des 21. Jahrhunderts besonders, im Unterschied zu »Moby Dick«?

**J.V.:** Mit Godzilla und seinen Varianten kommen die Epen alter Drachentöter unter modernsten Bedingungen zurück. Darin liegt, glaube ich, ein wesentlicher Aspekt der Monsterbildungen und ihrer Erzählweisen im 21. Jahrhundert. Was früher ein Ringen, ein Zweikampf zwischen außerordentlichen Exemplaren gewesen war, hat sich verwandelt. Nun treffen Katastrophen einerseits (also etwas, das die Erde schüttelt oder womit sich die Erde selbst schüttelt) mit dem zusammen, was man andererseits Unfallsbürokratien nennen könnte. Das ist ein Management, ein administratives Vorgehen, Versicherungstechnik, Restrisikoverwaltung, verbunden mit militärischen, polizeilichen, paramilitärischen Einsatztruppen, die ganz genau wissen, was zu tun ist, wenn etwas passiert. Dieser Kampf gegen die Gewalt des Katastrophischen zeugt von der Aufmarschbereitschaft, von der Mobilisierungskraft, vom Potenzial bürokratischer Einheiten. Hier zeigt sich, was unsere Gesellschaften und Kulturen aufbieten können. So wird ja auch Godzilla immer wieder erlegt, mit Kampfjets oder Wunderwaffen aller Art.

Man müsste also in der Gestaltung des Monströsen tatsächlich zwei Fluchtlinien erkennen. Auf der einen Seite eben den Weg der Indeterminierung, des Merkmalsschwunds, etwas, das nie besiegt werden kann, weil es uns aus der Position des Beobachtens, des Handelns, des Subjekts vertreibt und uns ans Unidentifizierbare bannt, das Grauen schlechthin. Und auf der anderen Seite ein Schreckenswesen und ein Monster, das uns mit seinen Gewaltsamkeiten und mit seinem Merkmalsregen überfällt und irritiert, aber auch alle Gegenkräfte und Adaptationsfähigkeiten herausfordert. Beide haben nichts miteinander zu tun. Der phantastische Merkmalsüberschuss ist immer auch etwas dürftig oder bezähmbar. Gilles Deleuze hat einmal gesagt: Es ist ein dürftiges Konzept zur Herstellung eines Monsters (sei es King Kong oder Godzilla), verschiedenartige Bestimmungen anzuhäufen oder das Tier überzudeterminieren. Besser lässt man den Ungrund aufsteigen und die Form schwinden.

(Auszüge aus: Alexander Kluge/Joseph Vogl, Moby Dick & Godzilla, News & Stories, gesendet auf SAT 1, 20.11.2011; für den Abdruck korrigiert und überarbeitet)

DES·HEILIGE·RÖMISCH
KONIGR: WAPPEN

# GREIF, DER

(altgr. γρῦψ; lat. *gryphus*; engl. *griffin*)

Anna Echterhölter

Der Lebensmittelpunkt der Greifen verlagert sich im Mittelalter von den Rändern der bekannten Welt in die grafischen Nischen der Heraldik. Die geflügelten altorientalischen Mischwesen aus Löwe und Adler verlassen die chimärische Region des Hörensagens für das noch immer ubiquitäre Signalsystem der Heraldik. Als Silhouetten werden sie Bestandteil der neu entwickelten Kommunikationsform des Wappens, welche zwischen den ersten beiden Kreuzzügen entsteht und sich aus militärischen Feldzeichen, der moralischen Zoologie der Bestiarien und den Verwaltungsmarkierungen der Siegelkunst entwickelt. Heraldische Greifen bewachen den Schild des Heiligen Römischen Reiches und von 1815–1918 das mittlere gemeinsame Wappen Österreich-Ungarns. Als so genannte Schildhalter und an der Helmzier sind unwahrscheinliche Figuren wie Greifen, wilde Männer und Einhörner auffällig häufig. Das Mischwesen zählt aber auch zu den »gemeinen Figuren«, die bereits früh auch auf dem eigentlichen Schild belegt sind. Es figuriert 1214 auf einem Siegel, das Herzog Bogislaw II. als Ritter mit seinem Wappen abbildet. In Abschrift ist ein Greifensiegel bezeugt, das bereits 1194 von den Brüdern Bogislaw II. und Kasimir II. sowie ihrer Mutter Anastasia geführt wurde – Mitgliedern des aufstrebenden und 1637 aussterbenden Greifengeschlechts, das nach seinen Wappenfiguren so benannt wurde. (Biewer 2010: 121) Geographisch bleibt die Figur den Anrainern der Ostsee zugeordnet – ein Umstand, dem sich die Aufnahme des Greifen in das 1991 neu gestaltete Landeswappen Mecklenburg-Vorpommerns verdanken dürfte. Nimmt man die imaginäre Heraldik hinzu, so gewinnen heraldische Greifen nochmals an Ancienntität – nach Johann Siebmachers Wappenbuch von 1655 war Alexander der Große der erste, der dieses Tier wählte, und dessen Erkennungszeichen kurz nach Noahs und Adams unter den ersten Wappen der Welt aufgeführt ist.

<< Abb.: Ulrich von Richenthal (Zeichnung) / Virgil Solis (Stich): Wappen des Heiligen Römischen Reiches. In: Solis 1555: 5 © Universitätsbibliothek Heidelberg

*Eine Bestie im Schilde führen*

Die semantische Belegung vieler heraldischer Tiere ist problematisch: Die Eule steht für einen faulen Plünderer, der Leopard gilt als Bastard, da er für eine Kreuzung aus Löwin und Panther gehalten wurde, seltene Fische hingegen bleiben symbolisch stumm und ergeben erst in Verbindung mit dem Namen des Wappenträgers einen Sinn. Auch die Greifen wirken wenig geeignet für die personenbezogene Ostentation. Nach mittelalterlichem Kenntnisstand in Bestiarien und Enzyklopädien sind sie von unermesslicher Grausamkeit und ungeheurer Kraft. Sie sind Feinde der Pferde und Hüter des Goldes, was sie mit der Todsünde der *avaritia* in Verbindung bringt. Abgebildet werden Sie fast immer mit gerissener Beute – nicht selten hängen Menschen oder gar Ritter in ihren bluttriefenden Klauen. John Martin Robinson (Maltravers Herald of Arms Extraordinary) und Thomas Woodcock (amtierender Garter Principal King of Arms) plädieren deshalb gegen eine zu weitgehende symbolische Ausdeutung der Wappentiere, wie sie gerade in der wissenschaftlichen Heraldik zur Obsession wurde. Naheliegender ist es, die Gründe für ihre Wahl außerhalb der moralisch-symbolischen Literatur zu suchen und den Halblöwen Greif mit dem Aufstieg des Löwen als neuem Modetier in Verbindung zu bringen. Wie sich aus Wappenrollen (also grafisch gestalteten Anwesenheitslisten bei Schlachten und Versammlungen), heraldischen Traktaten und Sigeln rückschließen lässt, figuriert der Löwe in der Heraldik als bevorzugtes Motiv. Fünfzehn Prozent der mittelalterlichen Wappen haben den Löwen zum Gegenstand, gefolgt erst von der *fasce*, einem Querstreifen, die auf nur sechs Prozent der Schilde vorkommt. Der Greif ist unter den ersten 15 Tieren, die auf den Wappen bis 1200 Verwendung finden und im ersten überlieferten englischen Traktat, »De Heraudie«, führt er sogar die Liste an: Greif, Löwe, Leopard, Adler… (Pastoureau 1993: 136f.; Scheibelreiter 2007: 13)

Auffällig ist, dass die Liste der bevorzugten Tiere orientalisch ausfällt und in der frühen Zeit kaum mitteleuropäisches Jagdwild wie Wölfe, Hirsche, Eber und Bären vertreten sind, obwohl diese als Herrschaftszeichen vordem durchaus zum Einsatz kamen. Für Georg Scheibelreiter liegt dies darin begründet, dass der Löwe im Zuge der Christianisierung eine neue religiöse Zuschreibung erhielt – als fromme und mondäne Alternative gegenüber den heidnisch konnotierten Hunden, Schlangen und Bären. Die neuen Wappenzeichen stehen für das kosmopolitische, fernreisende Rittertum der

Kreuzzüge, das mit exotischen Welten, unbekannten Tieren und antiken Monumenten in Verbindung gebracht wurde. Michel Pastoureau weist diesen Aufstieg des Löwen zum wichtigsten politischen Herrschaftstier nicht nur in der Heraldik, sondern auch anhand der Menagerien der Fürstenhäuser nach, in denen der Marktwert der Bären zur gleichen Zeit stetig fiel. Er führt noch ein weiteres Argument aus dem ökonomischen Bereich an, das die Präferenz für den Löwen aber auch den Greifen plausibilisiert: Verbreitung fanden diese Tiere ihm zufolge auch durch den Fernhandel mit kostbaren Stoffen und verzierten Alltagsgegenständen, die aus dem Orient importiert wurden. (Pastoureau 2007: 199 und 1993: 156) Höfische Kultur und Luxusimporte umgeben die Greifen mit Bedeutungen, die ihre moralisch-theologische Ausdeutung in der literarischen Tradition der Bestiarien überlagern, worin sich ein eigenes Kommunikationssystem der Heraldik ankündigt. Auf symbolischer Ebene bleibt nicht viel mehr als eine Minimalbedeutung: Greifen stehen für schiere Kraft – die Physiologie fällt mehr ins Gewicht als die überlieferten Erzählungen der »Physiologus«-Literatur.

*Grafische Reduktion und Proliferation*

Der rudimentären symbolischen Bedeutung entspricht eine grafische Reduktion der Tiere auf ihre Silhouette und die Zweidimensionalität. Denn es ist auffällig, dass die gemeinen Figuren (im Gegensatz zu den Schildhaltern und Helmzieren) stilisiert und flächig dargestellt werden. Weiter reduziert wird der Greif in der Neuzeit durch die Anähnelung aller Wappentiere untereinander. Die Kopfhaltung ist generell im Nacken überdehnt und die Brust auf überzeichnete Art vorgeschoben, wodurch Drachen, Fabelwesen und Quadrupeden auf das Profil eines Schwans festgelegt werden. Den Greifen gibt es nur mehr in wenigen Haltungen: vorwiegend *rampant* (aufgebäumt, was einzig bei Greifen auch *segreant* genannt werden kann) oder seltener *passant* (vorbeigehend mit erhobenem Vorderlauf), wie es die altfranzösisch dominierte Beschreibungssprache der Herolde und Heraldiker formuliert. Unter dem Regime der grafischen Nutztierhaltung erfahren die Mischwesen jedoch nicht in jeder Hinsicht Reduktionen: Die nachmittelalterliche Heraldik generiert durch Distinktionsinteressen und freie grafische Fläche eine bemerkenswerte Fülle neuer Fabelwesen, oder doch zumindest Variationen bekannter Formen. Dies ist insofern bemerkenswert, als bereits Jorge Luis Borges im Vorwort seiner Geschichte imaginierter Tiere

(1967) darauf hinwies, dass die Zoologie der Träume dem Vergleich mit der Morphologie der lebenden Wesen nicht standhalte und das Reich der Fabelwesen geradezu arm an neuen Formen genannt werden müsse. Dies lässt sich von den heraldischen Tieren nicht sagen: Häufig gelten die geflügelten Greifen als weiblich, die männlichen tragen Lichtstrahlen, die aus der Schulter hervorbrechen. In anderen Traditionen wird der Greif ohne Flügel zum Keythong (oder Alce). Greifen ohne Ohren und mit vier Löwenpfoten werden als eigenständige heraldische Wesen geführt und heißen in der britischen Heraldik Opinicus. Die Familie von Puttkammer führt den Fischgreif, der statt des Löwenkörpers in einen Stör ausläuft. Verwendung fanden zudem der neu generierte Krebslöwe, der Straußenlöwe und der Drachenlöwe; erweitert man das Feld, so begegnet man dem Theow (ein paarhufiger Wolf), dem Satyral (Löwenkörper, Kopf eines Greisen gehörnt wie eine Antilope), dem Fischhasen der Familie Graf aus Basel und, last but not least, einem Löwenkörper mit dem Kopf einer afrikanischen Frau. Zuzuschreiben ist diese Proliferation der Fabelwesen in erster Linie dem Selektionsdruck der grafischen Habitate und ihrer ins Zahllose gehenden kulturellen Einsatzorte.

*Von Silhouetten zu Kollektivkörpern*

Die Signal- und die Identifikationsfunktionen des Krieges werden im System der Heraldik bewahrt, auch wenn die volle Ritterrüstung mit geschlossenem Visier, die eine Kennzeichnung durch Wappen angeblich notwendig machte, bereits kurze Zeit nach ihrem Auftreten als militärische Technik überholt war. Doch auch die von den Waffen abgelösten Wappen entwickeln, nach Walter Seitter, eine höchst spezifische Eigenkörperlichkeit. Sie verdoppeln ihre Träger, sind von größerer Dauer als diese, allgegenwärtig, aber niemals autonom, denn sie müssen stets an etwas angeheftet werden oder zu etwas zugeordnet sein. So stehen auch die Greifen niemals für sich oder für Einzelpersonen, sondern gehen stets eine Verbindung mit Gruppen, Familien oder politischen Einheiten ein. Betont wird dies durch die Erblichkeit dieser Erkennungszeichen, die es auch mit sich bringt, dass Frauen Wappen führen – kürzlich ist sogar das erste belegte Wappen einer Frau zugeschrieben worden. Obwohl selbst im Mittelalter nur die Hälfte der bekannten Wappen überhaupt aristokratischen Kollektiven zugeordnet werden kann, erweist sich ihre Verknüpfung mit Verteidigungskontexten als zäh. Bürger, freie Handwerker, Bauern sowie juristische Personen entlehnen mit ihren Wappen eine Dignität, die sich bemerkenswerter Weise noch immer durch eine Restreferenz auf Schlachtfelder, Gewalthoheit sowie Selbst- und Fremdopfer generieren lässt. Beispielsweise führen so sanfte Zünfte wie die *Barbours Guild of London* und die *Zunft der Buchdrucker* den Greifen in einer kriegerischen Helmzier, vermutlich ohne jemals einen einzigen Gedanken an dergestalt realisierte Schutzmaßnahmen für die Köpfe der Bezeichneten verschwendet zu haben. Seine Verbannung in die Zweidimensionalität der theoretisch bleibenden Kämpfe bedeutet für den Greifen Schicksal und Chance zugleich. Die Vielzahl seiner heraldischen Einsatzorte liegt im Dreieck von ästhetisch markierter Identität, politischer Zughörigkeit und juristischer Beglaubigung. Den Hausmarken vergleichbar, können Wappen den Besitz von privaten Gegenständen signalisieren, vom Werkzeug über Geschirr, Teppiche, Möbel bis hin zur Architektur. An Rathausdecken oder -fassaden, Schlosstürmen, Stadttoren und Grenzpfosten markieren sie jedoch mehr als materielles Eigentum. Sie behaupten die politische Hoheit über ein Territorium, hierin den etwa zeitgleich eingeführten Toponymen in den Namenszusätzen vergleichbar. Eine weitere Dimension der Wappen zeigt sich im juristisch-rituellen Kontext. Wappen werden bei Festen und Umzügen vorweg getragen oder auf ephemerer Architektur abgebildet. Sie finden sich geschändet auf dem Pranger, zerbrochen über dem Grab und eingeprägt in Siegel, wo sie mit der Signatur konkurrieren. Für Hans Belting ist das Wappen eine Darstellung der Person, die in ihrem Zeichen- und Körperbezug in Konkurrenz zum Portrait zu sehen ist. Er diagnostiziert eine grundsätzliche Verschiebung in der Auffassung und Darstellung der Person durch das in der Frühen Neuzeit entwickelte Körperbild. Dieses sei im Gegensatz zum Wappen mimetisch organisiert und betone durch die Verdoppelung das bloße Dasein der Person, denn sie ist *in vivo* dargestellt und damit zugleich von der Endlichkeit bedroht. Die heraldische Repräsentation ist demgegenüber kein Körperbild, sondern ein Körperzeichen, das nicht das Individuum aufruft, sondern seine Einbindung in Funktionszusammenhänge, wie etwa die soziale Hierarchie, die dynastisch gedachte Familie, ein Territorium, eine berufliche Zugehörigkeit. Das »mediale Gesicht« des Wappens verbürgt Qualität. Es zeigt aber auch Eingebundenheit in juristische, dynastische und politische Strukturen an. Demgegenüber wertet Belting die natürliche Repräsentation des Portraits, wie es im Humanismus aufkommt, als »Widerstand gegen eine Hierarchie der sozialen Körper«. (Belting 2011: 134) Die Bindungskräfte der heraldischen Kennzeichnung betont auch Walter Seitter, jedoch als Vorstufe polizeilicher Identifizierungstechniken. Ausgehend von der Markierung des Schildes beschreibt er das System der Wappen als eine Umzingelung: »Die Heraldik produziert also juristische Personen dadurch, daß sie jede von ihr ergriffene physische Person mit Zweitkörpern umstellt, die diese auf andere physische Personen beziehen«. (Seitter 1985: 15) Die Identifikation produziere keinen Individualismus, sondern Grenzfälle der »Selbstdarstellung und der Zugehörigkeits-Darstellung«, die ein Spektrum zwischen physischer und juristischer Person eröffnen. Das Signalsystem der Heraldik verweist also allerorten auf unterschiedliche Kollektivkörper und behauptete Gemeinschaft. Die ökologische Nische der Greifen ist damit endgültig benannt: Zwar verlangt die grafische Reduktion auf die Silhouette einige Opfer. Im Gegenzug gewinnen die altorientalischen Chimären mit den ungezählten kollektiven Strukturen einen in der Neuzeit nicht gut sichtbaren und insofern ausreichend getarnten kulturellen Lebensraum.

# GRÜFFELO, DER

(*Gruffalo* DONALDSON, 1999; engl. *gruffalo;* russ. *Грýффало*)

Britta Lange

Er hat schreckliche Hauer und schreckliche Klauen
und schreckliche Zähne, um Tiere zu kauen.

Der Grüffelo gehört zu den Ungeheuern, die Kinderbücher seit jeher bevölkern: groß, zottelig, mit einem dunkelbraunen oder schwarzen Fell, einem Bären oder einem Menschenaffen ähnlich. Allein durch seine Größe hat das monsterartige Tier etwas Bedrohliches. Seine mächtige Erscheinung ist sowohl den Gegenspieler/innen im Buch als auch den Leser/innen überlegen. Oft wirkt das Ungetüm nicht nur gefährlich, sondern sieht auch hässlich aus. Meistens ist es ein Er.

Er hat knotige Knie, eine grässliche Tatze
und vorn im Gesicht eine giftige Warze.

Das Ungeheuer jedoch besitzt meist auch die Fähigkeit, auf zwei Beinen zu gehen und in verständlicher Sprache zu sprechen. Diese Eigenschaften rücken es vom Tierreich weg in unsere Nähe, als ein Gegenbild oder eine Art verzerrtes Ebenbild von Menschen. »Der Grüffelo«, englisch Gruffalo, ist eine Schöpfung der britischen Autorin Julia Donaldson und des deutschen Illustrators Axel Scheffler aus dem Jahr 1999. Ebenso wie viele andere bär- oder menschenaffenähnliche Fabelwesen hat er zahlreiche körperliche Merkmale und Eigenschaften, die Kindern Angst einjagen können.

Er hat feurige Augen, eine Zunge sooo lang
und Stacheln am Rücken, da wird's einem bang.

Trotz all dieser Attribute wirkt der Grüffelo in Schefflers Bildern nicht so böse, wie er im Text geschildert wird. Die Zeichnungen zeigen ein Wesen, das trotz aller Parameter des Unheimlichen – Größe, Fell, Maul, Pranken, Stacheln – eigentlich nett aussieht. Beim Spaziergang durch den Wald dargestellt, erinnert der Grüffelo eher an ein liebes Fabelwesen, wie es etwa in der bekannten Fernsehsendung »Sesamstraße« vorkommt: In Samson, einem tollpatschigen großen Braunbären mit tiefer Stimme steckt ein Mensch, der sich didaktisch-

<< Abb.: Axel Scheffler: Der Grüffelo, Titelbild (Detail), 1999 © Verlagsgruppe Beltz

freundlich mit Kindern beschäftigt. Solche Bilder des netten Fabelwesens, das ein wenig zum Teddy tendiert, bedient auch die unglaublich populär gewordene Grüffelo-Geschichte: Seit dem Erscheinen des Buches sind bis Mitte 2011 bereits mehr als zwei Millionen Exemplare in 26 Sprachen verkauft worden, es gibt ein Grüffelolied, einen Grüffeloclub, einen Grüffeloshop und seit 2009 einen englisch- wie deutschsprachigen Grüffelo-Zeichentrickfilm. Kinder lieben das Wesen, das zwar »schreckliche Hauer« und »schreckliche Klauen« hat, aber im Buch niemandem etwas tut. Im Gegenteil: Am Ende rennt es vor einem Mäuschen weg – dem kleinsten und wehrlosesten Tier überhaupt.

Im Text aber steht etwas anderes. Der Grüffelo ist gar nicht so nett und harmlos, wie es die Bilder suggerieren. Die Geschichte beginnt damit, dass eine Maus im Wald umherspaziert und plötzlich, der Reihe nach, auf drei ihrer natürlichen Feinde trifft: einen Fuchs, eine Eule und eine Schlange. Jeder Fressfeind möchte sie in seine Behausung locken. Die Gefahr witternd, lehnt die Maus ab mit der Ausrede, sie sei bereits mit dem Grüffelo verabredet. Da die anderen Tiere den Grüffelo nicht kennen, beschreibt sie seine gefährlichen Merkmale und behauptet, seine Lieblingsspeise sei Fuchsspieß, Eule mit Zuckerguss oder Schlangenpüree. Daraufhin nehmen ihre Feinde Reißaus. Die Maus kommentiert die Flucht von Fuchs, Eule und schließlich Schlange mit diebischer Freude:

> Wie dumm von der Schlange, sie fürchtet sich so,
> dabei gibt's ihn doch gar nicht, den Grüffelo!

Offensichtlich erfindet die Maus den Grüffelo oder zitiert eine Legende, von der sie selbst gehört hat. Als sie aber mit dem Schauermärchen alle in die Flucht geschlagen hat, taucht aus dem Wald ein Wesen auf, das genauso aussieht, wie sie es beschrieben hat.

> Oh Schreck, o Graus, ich fürcht mich so,
> es gibt ihn doch, den Grüffelo!

Die Maus steht plötzlich ihrer eigenen, wahr gewordenen Fantasie gegenüber, hat den Grüffelo gleichsam als Spezies herbeibeschrieben. Und anders als in anderen Kindergeschichten aus den letzten Jahrzehnten ist diese Wirklichkeit nicht harmloser als ihre Einbildung, sondern sie stellt sich als weit schlimmer heraus. Als der Grüffelo die Maus erblickt, kündigt er an:

> Mein Lieblingsschmaus
> ist Butterbrot mit kleiner Maus.

Mit der Androhung des Grüffelo, die Maus als Sandwichbelag zu verspeisen, ist die Geschichte auf dem Höhepunkt der Spannung angekommen: Die Protagonistin ist in Todesgefahr, das Ende des Buches scheint nahe. Der Grüffelo ist nach dem Fuchs, der Eule und der Schlange der vierte Fressfeind, dem die Maus begegnet, und wird – als größter und schrecklichster, gegen den nicht einmal mehr die Erzählung von einem noch schrecklicheren Tier helfen kann – nun Ernst machen.

In diesem Moment entspricht der Grüffelo dem uralten Muster der Kinderschreckfigur, wobei die Maus für das Kind steht. Schreckgestalten wurden in den vergangenen Jahrhunderten – etwa in Grimms Märchen – nicht nur erfunden, um Gruselgeschichten zu beleben. Sie dienten auch dazu, Kindern vor bestimmten verbotenen Orten oder Handlungen Angst einzujagen. Die Mär vom großen, bösen Wolf zum Beispiel sollte Kinder davon abhalten, allein in den Wald zu gehen, die Geschichte vom »Struwwelpeter« sollte sie am Daumenlutschen hindern. Oft vermischten sich die Abschreckungserzählungen auch mit alten Legenden von Fabelwesen, Kobolden, Trollen, Geistern, Gespenstern, Hexen und Teufeln, die selbst Erwachsene fürchteten. Seit den 1950er Jahren haben viele Kinderbuchautor/innen solche Schreckgestalten aufgegriffen und in liebe Wesen umgedeutet, Angstmachgeschichten in Mutmachgeschichten verwandelt. Berühmt geworden sind die Bücher von Otfried Preußler »Die kleine Hexe« (1957) und »Das kleine Gespenst« (1966), die Erzählung »Wo die wilden Kerle wohnen« von Maurice Sendak (1963) und die Buchreihe »Der kleine Vampir« von Angela Sommer-Bodenburg (ab 1979).

Beispielhaft für die Auflösung eines unheimlichen Vorstellungsbildes steht Preußlers 1981 veröffentlichtes Buch über »Hörbe mit dem großen Hut«. Der Hutzelmann Hörbe und seine Artgenossen haben Angst vor dem Ungeheuer Plampatsch, halb Wolf, halb Drache, das in den Worlitzer Wäldern hausen und Hutzelmänner fressen soll, jedoch noch nie von ihnen erblickt wurde. Als Hörbe eines Tages mit seinem Boot unglücklicherweise in die Worlitzer Wälder abtreibt und fast in einem Wasserfall ertrinkt, rettet ihn ein dunkel behaartes Wesen mit einem langen Schwanz, das einem Menschenaffen ähnelt, jedoch auf zwei Beinen geht, Hörbes Körpergröße hat und seine Sprache spricht. Während Hörbe glaubt, dass es der gefürchtete Plampatsch ist, glaubt das Wesen, das sich Zwottel Zottelschratz nennt, dass der Plampatsch bei den Hutzelmännern wohnt. Nachdem sich das Ungeheuer für beide als kollektive Angstfantasie herausgestellt hat, werden sie Freunde und erleben von da an gemeinsam Abenteuer. Die Geschichte nimmt eine klassische Bewältigungsstrategie aus der Psychotherapie auf: Wird die Konfrontation mit einem Angst einflößenden Vorstellungsbild, einem Monster gesucht, so stellt sich dieses meist als kleines und harmloses Wesen mit dem Wunsch nach einem Gespräch heraus, das sogar zum Verbündeten werden kann.

Der Grüffelo jedoch wird nicht als Trugbild enttarnt und auch nicht zum lieben Monster gemacht. Seiner Androhung, die Maus zu fressen, kann diese nur eine weitere List entgegensetzen. Sie erklärt,

> Kann gar nicht sein,
> ich bin gefürchtet waldaus waldein.
> Geh hinter mir her, dann zeig ich's dir:
> Alle Tiere im Wald haben Angst vor mir.

Um den Grüffelo wie die anderen drei Fressfeinde in die Flucht zu schlagen, versucht die Maus, das körperlich weit überlegene Ungeheuer ebenfalls in Schrecken zu versetzen. Sie benutzt dazu die Angst, die sie Fuchs/Eule/Schlange mit dem Märchen vom Grüffelo eingejagt hat. Während die Maus und das Monster friedlich nebeneinander durch den Wald gehen, treffen sie der Reihe nach auf die anderen Feinde. Alle drei fliehen mit den Worten »Leb wohl, kleine Maus!« beim Anblick des winzigen Tiers, das mit dem Grüffelo befreundet scheint. Für sie löst sich die Vision vom Schreckgespenst Grüffelo ebenso ein wie für die Maus selbst: Das gefährliche Wesen existiert in Fleisch und Blut, wie sie selbst sehen. Der Grüffelo (der keinen Versuch macht, die Tiere aufzufressen) nimmt die Situation jedoch umgekehrt wahr: Er muss glauben, dass Fuchs/Eule/Schlange nicht vor ihm, sondern vor der Maus davonlaufen. Um dies zu bestätigen, trumpft die Maus noch einmal auf:

> ›Tja‹, sprach das Mäuschen, ›was sagte ich dir?
> Alle Tiere im Wald haben Angst vor mir.
> Und jetzt hab ich Hunger, mir knurrt schon der Magen.
> Grüffelogrütze könnt ich heut gut vertragen!‹

Die kleinste Bewohnerin des Waldes kündigt nun ihrerseits an, den größten verspeisen zu wollen. Ein großartiger Bluff, für den die Maus die Angst von Fuchs/Eule/Schlange zum zweiten Mal benutzt: Nicht nur schlägt sie sie erneut in die Flucht, sie nutzt den Effekt zugleich, um den vierten Feind zu vertreiben.

›Grüffelogrütze!‹ Der Grüffelo
schaute das Mäuschen an und floh.

Die Maus ist am Ziel, sie hat die Fantasie, die sie in Fuchs/Eule/Schlange geweckt hat, gegen diese Fantasie selbst – den Grüffelo – gewendet und ihr Leben gerettet. Der Grüffelo ist deswegen, zumindest in der Texterzählung, aber nicht zum netten Fabelwesen geworden und auch nicht zum Freund der Maus. Er bleibt das böse Monster, das nur deshalb die Sympathie von Leser/innen gewinnt, weil er sich hinters Licht führen lässt und durch diese Tölpelhaftigkeit weniger gefährlich erscheint. Neben der Maus als Heldin wird er vom Übeltäter zum Opfer. Und die Moral aus der Geschicht': Am Ende gewinnt die Fiktion, Fantasie ist die Waffe der Wehrlosen. Auf dem letzten Bild ist nur noch die Maus zu sehen, allein auf einer Waldlichtung. Der Grüffelo ist verschwunden. Als Leser/in ist man bei dem friedlichen Anblick nicht ganz sicher, ob sich die Geschichte im Wald wirklich zugetragen hat oder insgesamt eine Fantasie der Maus gewesen ist …

Im Wald, da hörte man niemand mehr.
Die Maus knackte Nüsse und freute sich sehr.

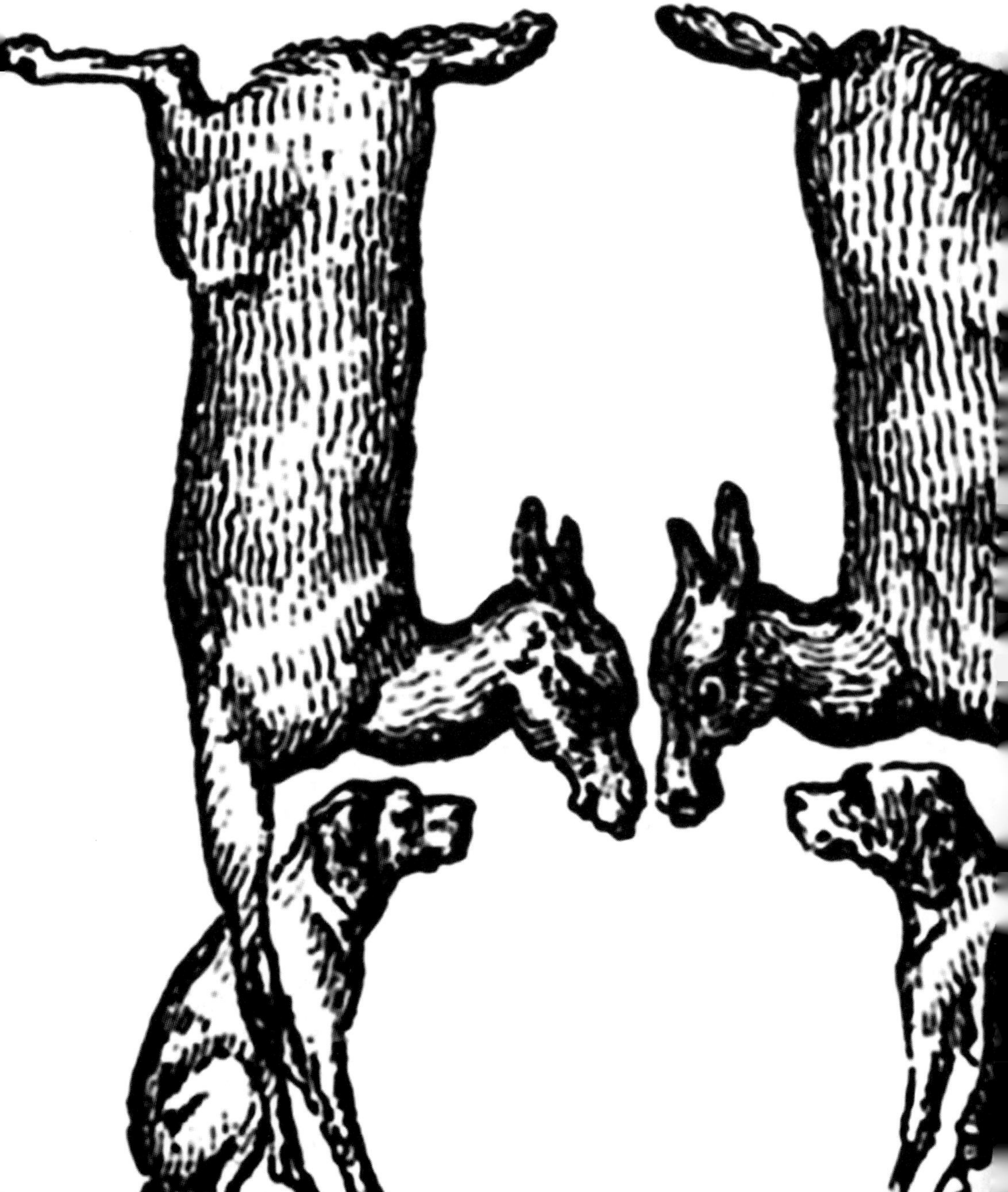

# H

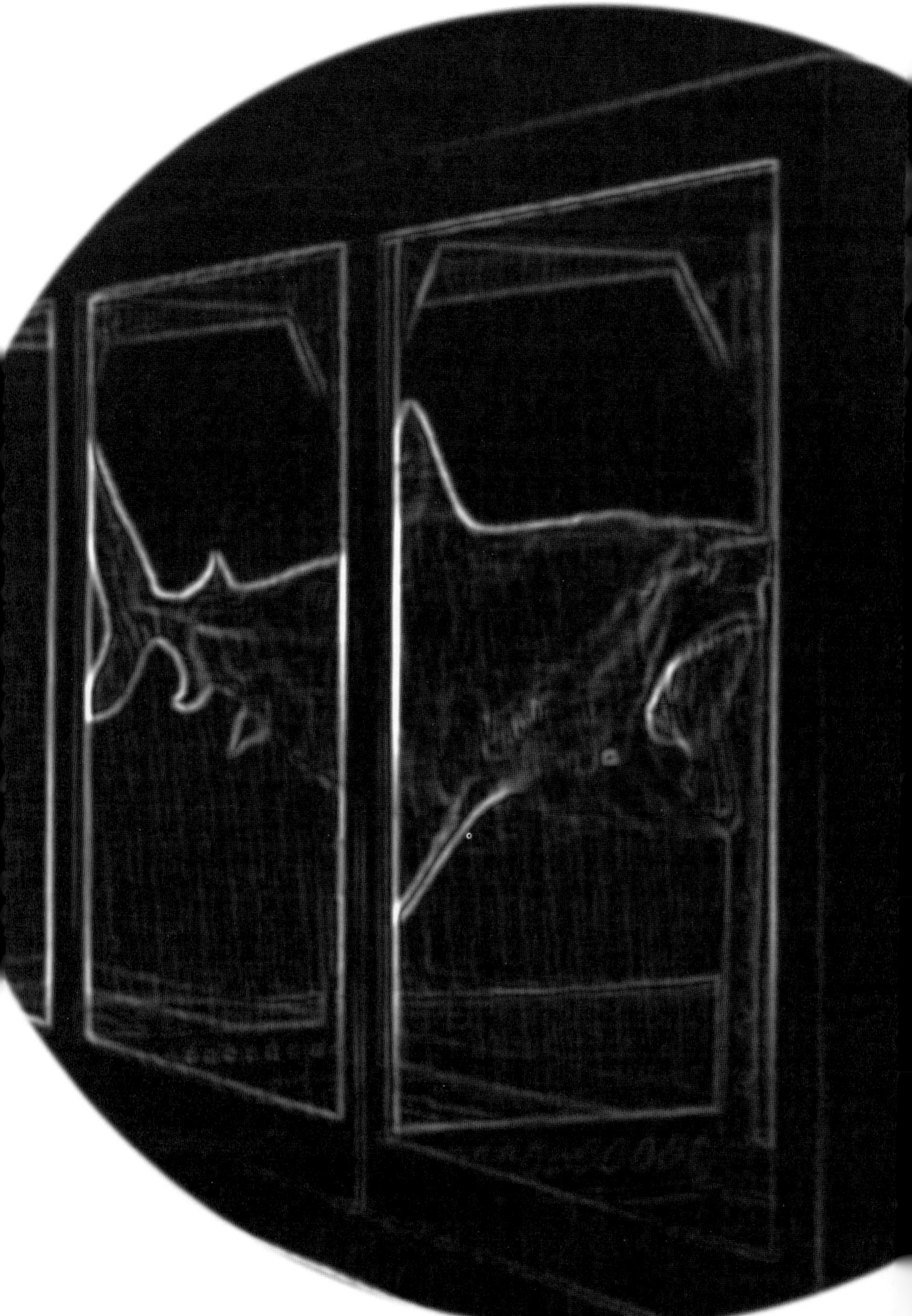

# HAI, DER

(*Selachii*; engl. *shark*; frz. *requin*; isländ. *hai*: ›Haken‹)

Kristin Marek

»Und der Haifisch, der hat Zähne
Und die trägt er im Gesicht
Und Macheath, der hat ein Messer
Doch das Messer sieht man nicht

Und es sind des Haifisch Flossen
Rot, wenn dieser Blut vergiesst
Mackie Messer trägt 'nen Handschuh
Drauf man keine Untat liest«
(Bertold Brecht 1928)

Will man etwas über den Hai, seine Geschichte und Wahrnehmung erfahren, bietet sich neben Brechts berühmten Liedzeilen aus der »Dreigroschenoper«, deren Melodie man sofort im Ohr hat, auch der Blick auf Damien Hirsts aufsehenerregendes Haifischpräparat an, eine Arbeit aus den 1990er Jahren mit dem mehr als unhandlichen Titel »The Physical Impossibility of Death in the Mind of Someone Living«. Ein Satz, der kaum erschließen lässt, was der Künstler damit eigentlich sagen will; aber vielleicht ist ja genau das die Botschaft. Er lautet ins Deutsche übersetzt: »Die materielle Unmöglichkeit des Todes in der Vorstellung eines Lebenden«. Doch ist im Gegensatz zu dieser Aussage das Vorstellbare am Tod gerade seine Materialität. Das, was bleibt, ist der Leichnam. Mehr, als ihn zu beobachten, ist über den Tod nicht zu erfahren. Diese Erfahrungslücke hat die Lebenden seit je her beschäftigt – darauf hat Thomas Macho immer wieder hingewiesen – und zu vielen ihrer wichtigsten Erfindungen animiert, darunter zu nichts Geringerem als den Religionen, aber auch zahllosen Riten, Festen und Mythen. Dabei scheint gerade die Tatsache zu irritieren, dass Lebewesen nach ihrem Tod nicht sofort verschwinden, sondern immer noch da sind und als Leichen eine merkwürdige

<< Abb.: Gregor Kasper: Hi! Hai! Hirst!, 2012 © Gregor Kasper

Präsenz behaupten, die in ihrem Hier-Sein – dem schwerfälligen Beharren auf ihrem Ort, wie Maurice Blanchot es einmal beschrieb – der tatsächlichen Abwesenheit von Lebendigkeit diametral entgegenstehen.

Auch in Hirsts Werk ist der tote Hai noch da. Er schwebt, gleich einem quicklebendigen Fisch im Wasser, scheinbar schwerelos in blauem Nass, und hält das Maul, wie man es vom Hai erwartet, zum Biss bereit geöffnet, die ersten Reihen der tödlichen Zähne fletschend. Der Hai ist kein Kuscheltier, auch wenn er als Namensgeber und Emblem von Käpt'n Sharky, dem Gegenspieler von Prinzessin Lillifee auf dem umkämpften Markt der Kinderwünsche, die Welt kleiner Buben vom Malstift über den Schulranzen bis zum Laufrad in kaum zu entkommender Penetranz bevölkert. Käpt'n Sharky ist Seeräuber, ein Abenteurer, stark und mutig, aber nicht gefährlich und keinesfalls brutal. Später, in der Welt der Erwachsenen, steht der Hai immer noch für Stärke, dann allerdings, wie bei kaum einem anderen Tier, gepaart mit brutalem Jagdinstinkt, absoluter Gefahr und dem Schrecken des plötzlichen, gewaltsamen und nicht zu entkommenden Todes. Die Zurschaustellung, die offensive Sichtbarkeit seiner Gefährlichkeit, die Brecht der Unsichtbarkeit Mackie Messers gegenüberstellt, bestimmt sein Bild seit langem. Darum kann auch Bruce, der große Weißhai in Disneys populärem Animationsfilm »Finding Nemo« aus dem Jahr 2003, der in langen Gruppentherapiesitzungen einer Selbsthilfegruppe tapfer versucht, Vegetarier zu werden, beim Kampf gegen sein Wesen nur scheitern. Am Ende siegt die Lust aufs Jagen, vor der auch die Freunde des kleinen Anemonenfischs Nemo nicht sicher sind.

In Hirsts Installation scheint der Hai eingefroren, stillgestellt und harmloser noch als der friedfertigste Goldfisch im Wasserglas. Nichts als eine leblose Mumie, zum endlosen Schwebezustand in einem Aquarium verdammt, das kaum größer als er selber ist. Was für ein Ende für eines der ältesten Tiere auf Erden. In zoologischen Kategorien zählt es zur Klasse der Knorpelfische, deren Artenvielfalt noch nicht annähernd bekannt ist, so dass mit zahlreichen Entdeckungen zu rechnen ist. Seine Existenz wird bereits für das Zeitalter des Ordoviziums vermutet, also vor etwa 455 Millionen Jahren. Da Knorpel verwest, sind keine Skelette, sondern lediglich Zähne dieser ältesten Erdbewohner konserviert, aus denen sich das Aussehen ihrer Ahnen kaum rekonstruieren lässt. Vom Hai ist auch aus naturwissenschaftlicher Perspektive tatsächlich weniger sichtbar als unsichtbar, denn nicht allein, dass permanent neue Arten entdeckt werden, entsprechen die meisten von ihnen keineswegs dem gängigen Bild vom Hai, der sich als Gattung durch eine besondere Vielfalt innerhalb der bislang bekannten um die 500 Arten auszeichnet in Bezug auf Aussehen, Größe (vom Zwerghai mit etwa 25 cm Länge bis zum etwa 14 m großen Walhai), Lebensraum (in Salz-, aber auch Brack- oder Süßwasser und von den oberen Wasserregionen in bis zu 2.250 m Tiefe), Nahrung (von Zooplankton bis zu marinen Säugetieren), Lebenserwartung (25 bis über 100 Jahre), Geschlechtsreife (im Alter von 5 bis 45 Jahre), Schwangerschaftsdauer (3 bis 22 Monate) und Anzahl der Jungtiere pro Wurf (2 bis über 100). *Den* Hai gibt es nicht. Vielmehr gibt es eine Vielzahl und immense Vielfalt an Tieren innerhalb der Klasse der Knorpelfische, zu denen neben den Haien auch die Rochen und Chimären zählen.

Hirsts mumifizierter Tigerhai ist darum eine sehr konventionelle Wahl, welche die gängigen Vorstellungen über dieses Tier aufruft und bestätigt, anstatt sie aufzubrechen und zu differenzieren. Obwohl einer anderen zoologischen Ordnung angehörend, sind Tigerhai und Weißer Hai sich äußerlich sehr ähnlich: Torpedoförmiger Körper, kegelförmige Schnauze mit breitem Maul und die dreieckige Rückenflosse neben den spitzen Seitenflossen bestimmen das markante Erscheinungsbild.

Das Bild seines Charakters ist heute hingegen nachhaltig durch Steven Spielbergs gleichnamigen Film aus dem Jahr 1975 geprägt, in dem die Jagd auf ein lüsternes menschenmordendes Ungeheuer in den flachen Ufergewässern vor den Stränden New Englands gemacht wird. Der mit eiskaltem Jagdinstinkt mordende Killer wurde eindrücklich durch die Unterwasseraufnahmen aus der Haiperspektive inszeniert und verstärkt, die das Genre des Tierhorrorfilms nachhaltig prägten. Nicht-domestizierbar, steht der Hai für einen Blick, der dem Menschen jede Subjektivität aberkennt. Die Vereinzelung des Hais, die seiner tatsächlichen Lebensweise entspricht – Haie betreiben nicht einmal Brutpflege –, symbolisiert zudem eine der Selbstbeschreibungen des postmodernen Menschen als Einzelgänger, ewigem Jäger und ewig Gejagtem. Auch James Bond hatte schließlich immer wieder mit Haien zu kämpfen, deren eiskalter Blick auf ihr als Beute anvisiertes Opfer das perfekte Pendant zur Coolness des Superagenten bildete. In der Tat zeichnet auch den Tigerhai innerhalb der Gattung Hai eine extrem spezialisierte Ernährungsweise aus, nämlich die Konzentration auf marine Säugetiere. Im Jungtieralter noch tigerhaft gemustert, verliert sich diese namensgebende Tarnung der Kinderstube mit zunehmendem Alter, und sein Aussehen gleicht sich dem des Weißen

Hais an, der in unmittelbarem Vergleich allerdings von korpulenterer Statur ist. Für den Laien sind diese Unterschiede kaum auszumachen, so dass Hirsts Tigerhai als Prototyp wahrgenommen wird und all die mit dem Hai verbundenen Vorstellungen und Klischees aufruft.

Hirsts Installation hält den Hai in einem von einem weiß lackierten Stahlskelett umfassten Glaskörper gefangen. Seine Ästhetik changiert zwischen einem überdimensionierten, naturkundlichen Präparatglas und einem den Hai nur knapp umschließenden Aquarium, dessen Enge die Nähe zum Käfig und damit die Gefangenschaft betont. Zwar ist die konservierende Lösung aus Formaldehyd von einem strahlenden Blau, das die schönsten Badewasserträume evoziert, doch kommt kein Gedanke an artgerechte Haltung auf, die lange die Inszenierungen von Tierpräparaten prägte, deren Lebensräume in naturkundlichen Museen mit größtem bühnenbildnerischen Können nachgebildet wurden. Die weiße Lackierung der Stahlskelettkonstruktion bewirkt hingegen Gegenteiliges, nämlich die Betonung der Nähe zum Rahmen und damit die von Aquarium und Tafelbild. Denn gleich dem Rahmen des Tafelbildes, der mit Georg Simmel die »inselhafte Stellung« des Kunstwerks nicht nur erzeugt, sondern auch verstärkt und damit jene Distanz zum Raum der Betrachter schafft, die ästhetische Erfahrung ermöglicht, präsentieren sich die lackierten Stahlträger als von Betrachterraum und Haifischbecken unterschiedenes Drittes. Ihre Rahmung betont den Bildcharakter des Exponats. Als Körperbild und Bildkörper zugleich exponiert es auf allgemeiner Ebene einerseits die Bildlichkeit der Wahrnehmung von Körpern wie andererseits die Körperlichkeit des Bildes. Letztere findet sich durch Doppelung besonders pointiert. Der Körperlichkeit des Tierkörpers entspricht die Körperlichkeit des Aquariums, das sich zudem als Behälter, als kubischer Raum und Kleinarchitektur wiederum in Beziehung setzt zur Großarchitektur des Ausstellungsraums und schließlich zu ästhetischen Konzepten der Minimal Art.

Die Steigerungen von materieller Körperlichkeit und damit Präsenz steht dabei dem Thema der Absenz entgegen. Wie kaum ein anderes Artefakt repräsentiert das Ganzkörperpräparat die im Leichnam verkörperte Absenz von Leben, für eine nur scheinbare Stillstellung im Tod, nämlich für den konstitutiv unsicheren Status zwischen Auflösung und Konservierung, der gerade Hirsts Arbeit so existentiell betraf, dass der Haikörper 2006 ausgetauscht werden musste. Inszeniert das gelungene Präparat den Künstler in der Figur des erfolgreichen Trophäenjägers als mutigen Helden und in den Figuren des Anatomen und Präparators als erfolgreichen Wissenschaftler, ruft die ungewollte Verwesung, die ungeplante Bewegung des Stillgestellten hingegen Bilder der Ohnmacht, Unbeherrschbarkeit, Endlichkeit und schließlich der künstlerischen Tradition des *memento mori* auf. Die Verharmlosung des Stillgestellten schlägt zurück und wird zur Bedrohung der Endlichkeit, während der coole Held und Wissenschaftler sich zur lebenden Leiche verwandelt.

# HERMELIN, DAS

(*Mustela erminea* Linnaeus, 1758; engl. *stoat;* frz. *hermine*)

Corinna A. Pohl

In nur unter Schmerzen zu imitierender, artifizieller Pose steht er da, prächtig gekleidet, würdevoll, selbstgefällig – König Ludwig XIV. von Frankreich, der Sonnenkönig. Der Porträtmaler Hyacinthe Rigaud präsentiert dem Betrachter auf dem fast 3 x 2 Meter messenden, 1701 geschaffenen Gemälde eine hochherrschaftliche Ganzfigur mit allen Insignien, die den Dargestellten als französischen Monarchen ausweisen. Doch Krone, Zepter und Schwert nehmen erstaunlich wenig Raum ein im Vergleich zu dem überaus üppig drapierten, royalblauen Mantel mit *fleur-de-lis* Motiv. Doch noch auffälliger als das Royalblau des Krönungsmantels ist sein Futter aus feinem weißen Fell mit den charakteristischen schwarzen Tupfen, das einem eher unscheinbaren Tier eigen ist: dem Hermelin.

Kaum ein Herrscher, ob weltlichen oder geistlichen Standes, konnte oder wollte über Jahrhunderte auf dieses Herrschaftssymbol verzichten. Hermelinfelle waren begehrte Standesabzeichen: Könige und Kaiser trugen sie in ihren Krönungsmänteln, Päpste und Erzbischöfe liebten es, wenn die weißen Felle ihre Würde unterstrichen; und so ganz nebenbei auch ihre Schultern oder Köpfe wärmten. Auch an hohen Amtstrachten waren sie nicht wegzudenken, Ordensmeister, Rektoren, Richter und Notare, Stadtoberhäupter, wie die Gonfalonieri von Florenz oder auch die Dogen von Venedig zeigten Hermelin im Staatskleid. Noch Königin Elisabeth II. trug zu ihrer Krönung 1953 einen mit 500 Hermelinfellen verbrämten und mit 650 Hermelinschwänzen besetzten Mantel.

Dabei handelt es sich bei dem Winterfell des Hermelins keinesfalls um den wertvollsten Pelz – Zobel z.B. rangiert weit höher; seine Farbe ist es, die das Hermelinfell zum Herrschaftszeichen macht. Aufgrund der weißen Farbe als Symbol der Keuschheit, des unbefleckten Gewissens und moralischer Reinheit wurde das Hermelinfell schon im 12. Jahrhundert zum Adelsprivileg erhoben. Doch nicht nur Herrscher, sondern auch Marienstatuen wurden in

<< Abb.: Hyacinthe Rigaud: Ludwig XIV., 1701. Musée du Louvre, Paris

diesen Pelz gehüllt. Einer bretonischen Legende zufolge wolle ein Hermelin lieber sterben, als sein weißes Winterfell im Schlamm zu beschmutzen. Aus ähnlich legendärer Quelle spross dann der Wahlspruch des 1464 gegründeten neapolitanischen Hermelinordens: *malo mori quam foedari* – »Lieber will ich sterben, als besudelt zu werden«.

Das auch im übertragenen Sinne *reine Weiß* des Hermelinfells, das durch Jahrhunderte hindurch seinen Symbolcharakter entfaltete, tragen diese Raubtiere, die auch großes Wiesel oder Kurzschwanzwiesel genannt werden, nicht immer und überall. Das bis auf die schwarze Schwanzspitze vollständig weiße Fell hüllt die Tiere nur im Winter ein, und das auch nicht im gesamten Verbreitungsgebiet, denn im Sommer und prinzipiell in warmen Gegenden behält das Hermelin ganzjährig sein braunes Fell. Dass Cecilia Gallerani, die Geliebte des Mailänder Fürsten Ludovico Sforza, besser bekannt als Leonardo da Vincis »Dame mit dem Hermelin« wirklich ein weißes Tier in den Armen hielt, ist daher höchst unwahrscheinlich. In Italien ist es schlicht zu warm, und so ist das Weiß hier wohl wiederum ein Hinweis auf die Tugenden der jungen Edelfrau.

Da europäische Hermelinfelle mit Ausnahme derer, die aus Nordschweden und Nordfinnland stammen, weniger weiß und gröber im Haar sind, richtete sich die Aufmerksamkeit der Hermelinfellliebhaber über Jahrhunderte auf die Ursprungsgegend der besten Felle: Sibirien. Doch nicht nur der Zar ist weit in Sibirien, sondern auch das Land ist groß und so unterteilte man als Handelsstandard der Hermelinfelle die Landfläche in achtzehn Regionen. Bis heute gelten die sibirischen Felle aus den Gebieten um die Städte Ischim, Barabinsk, Beresow oder Petropawlowsk als die besten. Die Felle von dort sind groß und zeichnen sich durch silbrig-weißes, seidiges Haar aus. Die weiter nördlich gewonnenen Felle sind hingegen weniger seidig, da sie noch größerer Kälte trotzen müssen. In Jakutien, wo es mit Oimjakon und seinen mitunter knapp über siebzig Grad Minus den Kältepol der bewohnten Gebiete der Erde gibt – schulfrei gibt es übrigens erst unterhalb von minus fünfzig Grad –, werden die Felle teilweise gelblich. Für die Produktion qualitativ besonders hochwertiger, weißer, seidiger Felle bevorzugt das Hermelin anscheinend Temperaturen um durchschnittlich *nur* minus zwanzig Grad, wie etwa im Gebiet von Petschora. Auch in Nordamerika gibt es Gegenden der Hermelinfellgewinnung; dort liefert Alaska die hochwertigsten Felle, doch längst nicht in jenem legendären Ausmaß wie Sibirien.

Doch nicht allein das Weiß – rein weiße Felle gibt es viele, wie z.B. weißen Fuchs oder Nerz –, sondern ihr schwarzer Tupfen macht Hermelinfelle unverwechselbar. Dabei handelt es sich um die schwarzen Schwanzspitzen der Tiere, die in einem besonderen Nähverfahren herausgearbeitet oder aufgenäht werden. Doch nicht jedem Träger standen jederzeit die gleiche Anzahl Tupfen zu, je nach Rang des Trägers konnte der breite Hermelinkragen eine genau bestimmte Reihe dieser Tupfen aufweisen. In der englischen Tradition haben lediglich die Monarchen das Recht auf eine unbestimmte Anzahl von Tupfen. Die Kragen von Prinzen und Prinzessinnen hingegen sowie von Dukes und Duchesses weisen vier Reihen von Tupfen auf. Die Marquesses, Earls und Viscounts haben das Recht auf dreieinhalb Reihen von Tupfen, wohingegen Barone, Lords und Ladys nur zweieinhalb Reihen beanspruchen dürfen.

Bis zum Beginn des 20. Jahrhunderts war die Hermelinverarbeitung sehr aufwändig, besonders was die Tupfen betraf. Gewöhnlich wurde die Kleidung aus Hermelinfell *geschwänzt*, indem man die natürlichen Schweife verwendete. Weil die Schweife jedoch oft zu gelb sind, wurden künstliche Schweife hergestellt. Die beste Imitation konnte man erreichen, indem man die obere Hälfte aus dem Fell schnitt und die schwarze Spitze aus Fehschweif, also Eichhörnchen, oder Iltisschweif verwendete. Auch die Pinselohren der Eichhörnchenfelle wurden zu diesem Zweck schwarz eingefärbt. Neben dem Schwänzen des Hermelins ist zuletzt auch das Tupfen in mittelalterlicher Manier weiter mit Erfolg angewendet worden. Als Tupfen hatte man schon damals kleine Stückchen andersfarbigen flachen Pelzwerks verwendet. In getupfter Verarbeitung hieß Hermelin gewöhnlich *Minniver* von dem altfranzösischen *Menu-vair*, die Bezeichnung für die verschiedenen Formen der Eichhörnchenbäuche, der so genannten Fehwammen im Mittelalter.

Über Jahrhunderte blieb das Tragen von hermelinverbrämten Mänteln und Umhängen einer stabilen Symbolsprache verpflichtet. Erst mit der Moderne kam es zu einer Profanisierung des weißen Winterfells des Hermelins, gar zu einer Umkehrung der Wertschätzung. Um 1900 verlor das Fell sein Adelsprivileg und wurde nun größeren Bevölkerungsschichten zugänglich. Je nach Mode schwankte der Hermelinpreis gravierend, in den 1910er Jahren konnten Frauen Hermelinfell in Hüten, Muffs oder Shawls zeigen. Während englische Peers zeitweise lieber zu gefärbtem Kaninchenfell griffen.

Doch gänzlich hat das Hermelinfell seinen herrschaftlichen Charakter nie verloren. Noch die Kostümbildner der Defa, der volkseigenen Produktionsstätte für Filme der DDR, wussten, dass auch (Märchen-)Könige ohne Hermelin kaum auskommen. So trägt denn Manfred Krug als »König Drosselbart« (1965, Regie: Walter Beck) einen Hermelinkragen, als er um die Prinzessin Roswitha freit. Dessen Echtheit ist allerdings anzuzweifeln.

Dass die Symbolik des Hermelinfells gegenwärtig nicht auf die Kinoleinwand beschränkt ist, zeigt hingegen die mit Hermelin verbrämte Samtmozetta, die Papst Benedikt XVI. regelmäßig zur Osteroktav trägt. Im Dezember 2005 verblüffte der Papst bei großer Kälte gar mit einer hermelinbesetzten und gefütterten, warmen roten Mütze, dem traditionellen, inzwischen aber ungewohnten Camauro, den wir heute eigentlich nur von Bildnissen der Päpste der Renaissance kennen. Als echter Trendsetter bewirkt der Papst mit seinem Bekenntnis zum Hermelin möglicherweise eine erneute Welle der Begeisterung für dieses Fell.

4
4
5
5
5
6
7
8
14
14
17
13
15
16
19
19
20
20
21

# HUHN, DAS

(*Gallus gallus domesticus* LINNAEUS, 1758; engl. *chicken;* dän. *Høns*)

Petra Lutz

Vom *Homo sapiens* aus betrachtet, war das Huhn schon immer da. Vielleicht wird deswegen die Frage, ob das Ei oder das daraus schlüpfende Tier am Anfang stand, stets exklusiv am Huhn verhandelt. Vielleicht auch, weil bei keinem anderen Tier die Sorge so nahe liegt, jemand könnte genau dieses erste Ei gegessen und damit eine zentrale Beziehungsgeschichte im Leben der Menschen lange vor ihrem Beginn gleich wieder beendet haben. Schon im Eozän, vor etwa 60–50 Jahrmillionen, gab es Hühnervögel. Und sie waren nicht nur lange vor den Menschen da, sie waren auch überall. Als »Weltbürger«, die fast die ganze Erde »in Besitz genommen« haben, beschrieb »Brehms Tierleben« die Hühner 1911. (Brehm 1882, 6: II.3, 5)

Den Menschen blieb die Namensgebung – für Mohren-Guan und Harlekin-Zahnwachtel, Tränenwachtel, Kragenhuhn, Blutfasan, Felsenhühnchen, Bergheidefrankolin, Prälatfasan, Kräuselfeder-Ohrfasan, Thermometerhuhn, Hammerhuhn und all die vielen anderen. Dazu gehörte ihre Beobachtung und Erforschung und auch die Verehrung ihres Gesangs. »Unvergeßlich« war für Bernhard Grzimek etwa »der volle Morgenchor der Braunflügelguans«, während die Anhörung des Rotschwanzguans ergab, dass dieser eigentlich nicht sang, sondern vielmehr »mit vollem Mund ›tschtschlaca‹ sagen zu wollen« schien. Zur Ordnung der Hühnervögel (*Galliformes*) gehören fünf Familien, etwa 70 Gattungen und über 250 Arten. »Uns Menschen« allerdings, da war sich Grzimek sicher, steht das Haushuhn mit seinen engeren Verwandten »besonders nahe«, das »auf unserem Speisezettel [...] seit Alters her einen bevorzugten Platz« einnimmt. »Es gibt keine andere Vogelgruppe, deren Angehörige der Mensch so oft umgesiedelt und neu eingebürgert hat« – und »als ausgesprochene Standvögel« haben die Hühner dies auch alles mitgemacht. (Grzimek 1968, 7: 437f. und 425)

Irgendwann zwischen dem sechsten und dem dritten vorchristlichen Jahrtausend wurde es aus einem südostasiatischen Wildhuhn gezüchtet. Das

<< Abb.: Anonym: Hühner (Detail), 1890. In: »Meyers Konversations-Lexikon«, 8: 775

Haushuhn (*Gallus gallus domesticus*) gehört zur Familie der Fasanenartigen und bevölkert die Welt inzwischen milliardenfach – etwa in Form von Masthühnern, wie Ross 308 oder Cobb 500, oder als eierlegende Lohmann LSL-Classic 2. Letztere beschreibt ein Empfehlungskatalog für Geflügelhalter als »unerreicht in der Legeleistung, robust und bewährt«, der Katalog ihres Produzenten verzeichnet die entsprechenden »Leistungsdaten«. (http://www.ltz.de/produkte/Legehennen/LOHMANN-LSL-CLASSIC)

Das Interesse am Huhn stand von Anfang an im Zeichen des Interesses am Ei. Schon die alten Ägypter, auch das wusste Grzimek, bauten Brutöfen für Hühnereier, denn Hühner, die brüten, legen nicht. Familiäre Bindungen würden also die Eiproduktion hemmen, daher gilt auch heute, dass Sex »unter den gegenwärtigen praxisüblichen Bedingungen« für Hühner so selten eine Rolle spielt wie etwa das »Mutter-Kind-Verhalten«. (Sambraus 1978: 256)

Über die Bedingungen der Möglichkeit glücklicher Hühner wissen Menschen inzwischen einiges. »Kein anderes Tier der Erde« ist so gründlich erforscht. (Stadler 2010) Als erstes Vogel-Genom überhaupt entzifferte 2004 das International Chicken Genome Sequencing Consortium aus 170 Wissenschaftlern und 49 Institutionen mit Unterstützung des US-Landwirtschaftsministeriums das Genom des Haushuhns bzw. seines Vorläufers, des Bankiva-Huhns. (vgl. Hillerier 2004) Verhaltensforscher fragen nach Sinnesleistungen und »Komfortverhalten«, nach den vom Huhn erwünschten Gruppengrößen oder auch nach den Praktiken, mit denen Hühner unter den unterschiedlichsten Umständen versuchen, ihre Rangordnungen festzulegen. (Sambraus: 247–274)

Vielleicht ist das Huhn den Menschen dann am nächsten, wenn es im Alltag eher fern ist. Jedenfalls baut es seinen Status als festes Accessoire ländlicher Idyllen weiter aus, von Öl bis Playmobil. Auch wenn allenfalls Kinder glauben, dass Hühner so leben: Das (glückliche) Huhn bleibt Garant einer intakten Weltordnung. Gegacker im Hintergrund bedeutet Frieden, denn Hühner regen sich schnell auf. Und so ist das Verlangen nach glücklichen Hühnern vielleicht immer schon eins nach menschlichem Glück. Gerät erst einmal aufgeregtes Geschnatter in den Soundtrack, wird es anstrengend. Die Rolle der Hühner ist also durch ihre Tonlage vorgegeben. Sie fügen sich gackernd oder machen Menschen durch Geschrei nervös. Die Chancen auf Aufmerksamkeit stehen schlecht. Wie frühe Revolutionärinnen ohne Megaphon sind sie immer entweder zu still oder zu aufgeregt.

Das Haushuhn unterliegt einem strikten Nutzungsregime. Die Eier, der Braten, die Federn – so wird die Interessenlage Witwe Boltes am Federvieh in »Max und Moritz« umrissen. Das Huhn ist nicht zuletzt ein Fall für Kinderreime, und auch die stellen die Fragen, die Menschen von jeher am Huhn interessiert haben, nämlich was es frisst und was es legt:

Ein Huhn das fraß, man glaubt es kaum,
ein Blatt von einem Gummibaum.
Dann ging es in den Hühnerstall
und legte einen Gummiball.

Ihr Fleisch bietet die Möglichkeit, seinen Geschmack zum Verschwinden zu bringen, sein Status ist offen für Religiöses. Die Römer sollen Hühner für Kult- und Bestattungsrituale genutzt, die kampfbereiten Hähne ihrem Kriegsgott Mars geweiht haben, nicht nur im Voodoo werden sie geopfert. Dass die Tiere reichlich Fläche für kulturell geprägte Projektionen boten, setzten auch koreanische Krankenschwestern voraus, die in den 1960er Jahren nach Deutschland kamen und, wie sie in einer Berliner Beratungsstelle zu Protokoll gaben, sehr bedauerten, in Deutschland kein Huhn essen zu können. Ihnen schien schon die Frage unzulässig, ob man die – warum, wenn nicht aus religiöser Verehrung? – auf Kirchtürmen installierten Tiere kochen dürfe.

Wobei sich die Frage stellt, ob Hahn und Huhn nicht eigentlich getrennt behandelt werden müssten. Ihr unterschiedliches Erscheinen und Verhalten führte im Lauf der Zeit nicht nur zu unterschiedlichen Zubereitungsweisen, sondern auch zu unterschiedlichen Erzählungen. Aber sie gehören untrennbar zusammen.

Literarisch war das Huhn lange ein Fall fürs Leichte. Weil Menschen mit Hühnern Angenehmes verbinden (Land, Ruhe, Eier), vermuten sie dieses Behagen auch auf der Seite des Huhns, wie in Willi Fritschs 1936 uraufgeführtem, sofort mehrfach gecoverten und bis heute geläufigen Schlager »Ich wollt ich wär' ein Huhn«. Nicht das Essen, sondern das Legen von ein bis zwei Eiern am Tag begründet die Utopie.

Warum sind Hühner komisch? Ihre mangelnde Fähigkeit, sich Überblick zu verschaffen, führt zu potenzieller Alarmbereitschaft und Überreaktion – kein Stoff, aus dem Helden sind. Das schon fast heldenhaft Antiheroische des Huhns hat niemand deutlicher gesehen, als die Monty Pythons, in deren »Flying Circus« der Dreitausendmeterlauf der Männer, die sich für Hühner halten, so wenig fehlt, wie ein Ritter in prekärer Arbeitssituation, der statt eines Schwertes mit einem gerupften Huhn agiert.

Aus dem dezidiert antiheroischen Gestus des Haushuhns (und natürlich aus seinen Existenzbedingungen) bezieht ein ganzes Genre seine Spannung: das der Hühner-Ausbruchsgeschichte. Wer aus- und aufbricht, ist ein Held. Doch schon in George Orwells »Animal Farm« sind die Hühner zwar Teil der Revolution, beharren aber auf dem Privateigentum an ihren Eiern und werden so ohne große Umstände von der Geschichte überrollt.

Als wahre Helden taugen allenfalls Hähne. Die sind immerhin, wie der Haushahn der Bremer Stadtmusikanten, in der Lage, ihren Protest aus vollem Hals hinauszuschreien, häufig richtet er sich gegen ein bevorstehendes Gegessenwerden. Als Musikant entgeht dieser Hahn dem Kochtopf, ein Weg, der Hühnern verstellt ist. Andere Hähne fliehen, indem sie auf die eine oder andere, biologisch nicht immer ganz korrekte Art davonfliegen, wie der Bilderbuch-Hahn Caruso, der seine Hühner und den Bauernhof des alten Pettersson verlässt, weil man ihn am Singen hindert. Im Trickfilm »Chicken Run« schaffen es beide Hähne, Rocky wie sein Konkurrent Fowler (immerhin Mitglied der Royal Air Force), aus dem wie ein Konzentrationslager gestalteten Hühnerleben zu entkommen, wenn auch nicht ohne Technik. Hühner sind für dieselbe Flucht auf Hähne angewiesen. Oder sie riskieren ein trauriges Ende wie das Huhn »Kartoffelsalat, Dachlatte die 16te« in Helge Schneiders »Huhnlied«, das nach erfolgreicher Flucht unter dem Frosch ohne Namen einfach zerplatzt.

Auch die Erfolgsgeschichte des berühmtesten Huhns der Schweiz beginnt mit einem Ausbruch. Das schauspielerische ›Ausnahmetalent‹ Chocolate ist Protagonistin zweier von Jung von Matt realisierter Werbefilme der Migros aus den Jahren 2009 und 2010 und reüssierte mit seiner Tiertrainerin auch schon als Talkgast. In ihrem ersten, längst Kult gewordenen Spot verlässt sie ihren Stall und durchquert souverän Land und Stadt, um schließlich bei der Migros einzubiegen und ihr Ei so präzise wie selbstbestimmt im Eierkarton zu platzieren. Im Folgespot flaniert sie mit Kuh Muffin unter anderem durch den Zürcher Hauptbahnhof, bevor beide bei der Migros zur tiergerecht, mit Piktogrammen ausgeschilderten Melkstation einbiegen. Man könnte eine Verwandtschaft zu dem Tier sehen, das sich in Douglas Adams' »Restaurant am Ende des Universums« den Gästen selbst zum Essen anbietet, und hier liegt der Übergang zu einem dritten, ganz aktuellen Genre, in dem Hühner eine tragende Rolle spielen: in Dokumentationen, die sich mit ihren Lebensbedingungen befassen. Auch hier gibt es Ausbruchsgeschichten, und wenn einzelne Legehennen aus ihren Massenkäfigen befreit werden, gehört dazu auch die Schilderung der anschließenden Entwicklung – das Huhn wird zur Protagonistin eines Bildungs- und Entwicklungsromans. Wie Hühner leben, das wird in Werken von Autoren wie Jonathan Safran Foer oder Karen Duve zum literarischen Sujet. Ihre Umgebung wird zum Inbegriff einer so entfremdeten wie befremdenden Welt, wenn etwa Duve ein Gebäude beschreibt, in dem massenhaft Hühner gehalten werden: »In seiner abweisenden, finsteren Größe hat es etwas von einer religiösen Kultstätte, in der grausame Rituale zelebriert werden. So ganz falsch ist das nicht.« (Duve 2011: 226)

Die Autorin Hilal Sezgin beschreibt die Kescher-Jagd auf Hühner, die vom jährlichen ›Ausräumen‹ übrig geblieben waren: »Der Schrei, den sie ausstießen, ähnelte nichts, was ich seither je aus ihrem Schnabel gehört habe; es waren gellende Schreie, wahre Todesschreie, die mich noch tagelang verfolgten.« (zit. nach Hammelehle 2011) Der Autor Georg Klein beschreibt gespenstische Szenen bei der Massentötung von Hühnern im Zuge der Ausbreitung der Vogelgrippe und imaginiert weitere, noch nicht eingetretene oder medial vorenthaltene Bilder. Unter den gegenwärtigen Bedingungen seiner Existenz werden dem Huhn sogar seinesgleichen fremd. Kleine übersichtliche Gruppen sind ihm am liebsten, ab einem Zusammenleben von 40 Tieren kommt es zu Verwechslungen und »einem Anstieg sozialer Auseinandersetzungen«. In großen Käfigen ist das Huhn für immer »hoffnungslos allein unter lauter fremden Hühnern«. (Klein 2006; Sambraus 1978: 253; Duve 2011: 299)

Das fabrikmäßig gehaltene Huhn ist zur Leidensfigur geworden. In einer nächtlichen Welt, die nur aus braunen Hühnern zu bestehen scheint, entdeckt Duve »plötzlich ein surreales Geschöpf, das auf dem Boden gesessen hat und auf mich zuläuft. Es ist natürlich ein Huhn, hier gibt es nur Hühner, aber es sieht aus wie etwas, das man als Kind aus Kastanien und Streichhölzern gebastelt hat. Ein normaler Hühnerkopf balanciert auf einem Strich von einem Hals, der wiederum in einem völlig zerrupften Körper endet. Der Hals ist völlig nackt, wie bei einem Geier. Auch auf dem Rücken fehlen fast alle Federn, sodass man von oben ein aus dem Topf gesprungenes Suppenhuhn zu sehen meint.« (Duve 2011: 229)

Um das Huhn ist ein Kulturkampf entbrannt. In Frage steht, ob sein industrialisiertes Schicksal für die Gesellschaften, zu denen es gehört, ein

Haupt- oder ein Nebenwiderspruch ist. Einer der Anfangspunkte ist durch ein Versprechen des republikanischen Präsidentschaftskandidaten Herbert Hoover 1928 markiert: »Ein Huhn in jedem Topf und ein Auto in jeder Garage.« Schon vorher war die Haltung des Huhns auf seinen Verbrauch ausgerichtet. Aber nun gelangte es aus dem Hinterhof von Bäuerinnen in Labors und Fabriken. 1960 schlachteten die Menschen sechs Milliarden Hühner, 2010 waren es 45 Milliarden, und diese Erfolgsgeschichte ist, wie etwa der 1967 gegründete Zentralverband der Deutschen Geflügelwirtschaft feststellt, trotz »pauschaler Dämonisierung« der Nutztier- und vor allem der Geflügelhaltung noch lange nicht abgeschlossen. (Stadler 2010)

Angesichts dessen haben Geschichten einzelner *befreiter* Hühner immer schon den falschen Maßstab. Aus der industriell produzierten, geformten und genormten Ware Huhn wird auf dem Weg seiner kriminellen oder legalen Befreiung aus der Batterie ein Tier mit individuellem Schicksal, Namen, hohem Pflegebedarf und immensen Arztrechnungen. Dass der Warenstrom so nicht zu stoppen ist, wissen außer den Hühnern alle Beteiligten. Aber auch die Geschichte zwischen Hühnern und Menschen jenseits von Verwertungszusammenhängen hat längst begonnen. Das zeigt nicht zuletzt Christian Morgensterns 1905 in den »Galgenliedern« erschienenes Gedicht »Das Huhn«:

In der Bahnhofshalle, nicht für es gebaut,
geht ein Huhn
hin und her ...
Wo, wo ist der Herr Stationsvorsteh'r?
Wird dem Huhn
man nichts tun?
Hoffen wir es! Sagen wir es laut:
daß ihm unsre Sympathie gehört,
selbst an dieser Stätte, wo es – ›stört‹!

„LAIKA“

# HUND, DER

(*Canidae G. Fischer de Waldheim*, 1817; engl. *dog;* span. *can;* russ. *собáка*)

Wolfgang Pircher

*7. November 1940.* An diesem Tag, zwischen 10 und 11 Uhr vormittags, hockte der schwarze Cockerspaniel mit dem Namen Tubby auf dem Rücksitz des Autos seines Herrn Leonard Coalsworth. Als dieser die Tacoma Narrows Bridge überqueren wollte, setzte diese merkwürdige Konstruktion zu ihrem letzten Galopp an. Auf Grund der bemerkenswerten Schwingungen der Fahrbahn dieser Hängebrücke über den Narrows im Staate Washington selbst bei nicht sehr starkem Wind nannte man sie ›Galopping Gertie‹. An diesem Tag waren die Schwingungen so stark, dass Coalsworth sein Auto stoppen musste und fluchtartig die Brücke verließ. Der zurückgelassene Tubby konnte nicht folgen, er hatte nur drei Beine und war überdies gelähmt. Einen Rettungsversuch des hundeliebenden Professors Frederick B. Farquharson, der aus beruflichem Interesse die schwingende Brücke beobachtete, machte Tubby durch einen Biss in die rettende Hand zunichte. So kam, was kommen musste, die Fahrbahn der Brücke stürzte in den Fluss und mit ihr Auto und Hund. Aber: »the dog fell into fame«, wie es auf der Tubby gewidmeten Internetseite heißt. Von Robespierre wissen wir, dass der Tod die Voraussetzung der Unsterblichkeit ist. Und so lange es uns vergönnt ist, YouTube Videoclips zu sehen, so lange werden wir den Kollaps dieser Brücke sehen können und den Fall in den ewigen Ruhm. Man hat die (im Netz verfügbare) Filmsequenz vom Einsturz darum mit dem Amateurfilm verglichen, der den Mord an J.F. Kennedy festhält. Auf der Seite »Tacoma Narrows Bridge Tubby Trivia« wird auch die bange Frage gestellt, wo nun Tubbys Gebeine ruhen – »The mystery of Tubby's Bones« ... (Dieser Satz ist Hanna Schimek gewidmet.)

Der Hund Tubby war das einzige Opfer des spektakulären Brückeneinsturzes. Als treuer, wenn vielleicht auch unfreiwilliger Begleiter seines Herrn, erwies er dem technischen Fortschritt seine Referenz, denn diese Brücke war eine gewagte Konstruktion eines damals berühmten amerikanischen

<< Abb.: Gustav Deutsch: Laika, 1989. Mit freundlicher Genehmigung von Gustav Deutsch, der Zeitungszitate und Abbildung im Rahmen einer Ausstellung der Künstlergruppe »Der blaue Kompressor. Floating & Stomping Company« präsentierte. (vgl. Deutsch 1989: 12)

Brückenbauers, der seine Konstruktion wiederum auf die Theorie eines Wiener Professors stützte: Der Konstrukteur war Leon Moisseiff, der Wiener Professor war Joseph Melan, die Theorie hieß Deflektionstheorie.

Es soll nicht unerwähnt bleiben, dass man als Cockerspaniel noch andere Möglichkeiten hatte, berühmt zu werden. Hundert Jahre vor dem Tod von Tubby wurde Flush geboren. Seine Biographie verfasste Virginia Woolf, wenn auch als Parodie auf Lytton Strachey's »Eminent Victorians«. Flush seinerseits war der treue Begleiter von Elizabeth Barring Browning, und abgesehen davon, dass er dreimal von Hundedieben gekidnappt wurde, lebte er wohl ein stillvergnügtes Dichterhundeleben als Gentlemen zu Ende. Abseits des technischen Fortschritts lebt es sich für Hunde manchmal bequemer.

*3. November 1957.* An diesem Sonntag um 5:30 Uhr Moskauer Zeit stieg eine R-7 Rakete vom Kosmodrom Baykonur in den Himmel. Stürzte Tubby in den Ruhm, so war es nun 17 Jahre später genau umgekehrt: Modernste Technik beförderte die Hündin Laika nicht nur in den Himmel, sondern gleichzeitig in die Walhalla für Hunde. Natürlich war wieder die notwendige Voraussetzung dafür der Tod.

Bevorzugten die amerikanischen Raketenbauer Affen (Astronauten) als Versuchstiere, so waren die russischen den Hunden (Kosmonauten) verpflichtet. Dutzende Hunde waren nicht Begleiter, sondern eher eine Vorhut des Menschen für die Reise ins Weltall. 15 Jahre lang, vom ersten Flug am 15. August 1951 bis zum letzten 22-tägigen Rekordflug 1966, bahnten Hunde den Weg. Der erste Hundeflug von Tsygan und Dezik endete glücklich für die Hunde, es wird berichtet, dass sie nach der Landung eifrig wedelnd ihre Raketenkapsel umrundeten und das Gesicht der sie empfangenden Menschen ableckten. Die ersten Hunde, die von einem tatsächlichen Raumflug erfolgreich zurückkehrten, waren Belka und Strelka, die am 19. August 1960 gestartet waren. Nach ihnen flog dann am 12. April 1961 Yuri Gagarin als erster Mensch in den Weltraum.

Die Hunde wurden zumeist auf den Moskauer Straßen eingefangen, so auch Laika, die eigentlich Kudryavka (Kleine Locke) hieß. Laika ist ja eher ein abschätziger Name, Beller, oder vielleicht Kläffer. Aber mit den Hundenamen ist es ja seit Ovid so eine Sache. Jedenfalls – sie mochten heißen wie sie wollten – wurden die eingefangenen Hunde einem Trainingsprogramm unterworfen, das wiederum mehr mit dem Circus (»Vladimir Durov's Tiertheater«) als mit einem physiologischen Labor zu tun hatte. Man war nicht so sehr an der Physiologie als am Charakter der Hunde interessiert, an ihrer Persönlichkeit. Jedem Hund wurde eine Identitätskarte zugeordnet, mit Foto und ausführlicher Beschreibung (Gewicht, Größe, Temperament, etc.). Sie wurden dann gemäß ihrer späteren Bestimmung, nämlich als ›Raketenhunde‹ oder als ›Satellitenhunde‹, trainiert, wobei die letzteren, zu denen auch Laika gehörte, ein intensiveres Training durchmachten. Hierbei mussten sie u.a. lernen, mit der sanitären Gummiausrüstung zu Rande zu kommen, womit sie sich schwer, auch bei Einsatz von Abführmitteln, abfinden konnten.

Der Flug von Laika im Sputnik 2 scheiterte für sie schließlich nicht an sanitären Problemen, sondern an der Überhitzung der Raumkapsel. Die Sensoren meldeten aufgeregtes Bellen zur Erde, aber das half ihr nichts. Sie musste unsterblich werden. Auf der Erde wurde ihre Reise aufmerksam verfolgt. So schrieb »Die Presse« am 5.11.1957: »›Hund im Mond‹ täglich über Wien«. Gleich darauf aber die Frage: »Kehrt ›Laika‹ wieder zurück?« Zur Beantwortung rückten wie immer Experten an: »Der aus Russland stammende Physiker Alexander Ananow, der in Paris lebt, erklärte: ›Ich wäre äußerst überrascht, wenn die Sowjets nicht eine Möglichkeit entwickelt hätten, den Hund wieder auf die Erde zu holen. Das Problem dabei ist nur, die Flugbahn so zu berechnen, daß der Hund dann nicht im Ozean landet.‹« (»Die Presse«, 5.11.1957) Drei Tage später ist man in journalistischen Kreisen schon misstrauischer: »Die letzten Andeutungen der offiziellen sowjetischen Berichte lassen allerdings eher darauf schließen, daß die Polarhündin, wie angekündigt, ›ein Opfer der Wissenschaft‹ werden wird. In westlichen Kreisen weist man allerdings auch darauf hin, dass die Rückkehr Laikas den Höhepunkt der Feiern zum 40. Jahrestag der Oktoberrevolution bilden könnte.« (»Neues Österreich«, 8.11.1957) Das wäre schön gewesen: Laika am Roten Platz die Militärparade verbellend.

Man kann schließlich noch eine kurze Erinnerung an eine andere Art von irgendwie technisch infizierten Hunden hinzufügen, gemeint sind Kriegshunde. In dem eigenartigen Roman »Kaputt« des noch eigenartigeren Curzio Malaparte erzählt dieser von einem deutschen Panzerangriff 1941, der von russischen Panzerhunden massiv gestört wurde, die hungrig unter deutschen Panzern nach Futter suchten und dabei eine auf den Rücken geschnallte Sprengladung zur Explosion brachten. Gemäß anderen Quellen kann man

Zweifel an der Zuverlässigkeit dieser unfreiwilligen Waffe haben, suchten doch die Hunde angeblich vorzugsweise unter russischen Panzern nach Futter, weil diese für sie vertraut rochen.

Vielleicht sollte es der fortschrittskritische Hund mit jenem von Gary Larson gezeichneten halten, der einem anderen die an die Wand genagelte Trophäe mit den Worten erklärt: »Das ist die Hand, die mich fütterte.«

# HYÄNE, DIE

(*Hyaenidae* Gray, 1821; altgr. *αινα;* engl. *hyaena;* span. *hiena*)

Bernhard Siegert

Die Hyäne könnte das Wappentier einer kulturgeschichtlichen Zoologie abgeben, die *physis* und *episteme* nicht trennt und das kulturelle Wissen der Natur der Tiere nicht nachordnet, sondern die das eine als konstitutiv für das andere denkt. Mehr als jedes andere Tier scheint die Hyäne gewoben zu sein aus dem Text der Hyäne, aus signifikanten Operationen, die ebensoviel vom Charakter des Hyänischen besitzen wie umgekehrt die Tierheit der Hyäne vom Charakter des Signifikanten gebildet ist. So führt der Versuch einer kulturwissenschaftlichen Lektüre der Hyäne direkt zu Fragen der Lesbarkeit und der Erkennbarkeit der Hyäne selbst. Sie führt zur Frage nach der hyänischen *physis* des Signifikanten.

Wie der berühmt-berüchtigte Eintrag zur »Hiäne« in »Brehms Tierleben« unmissverständlich deutlich macht, ist die Hyäne gemacht aus Andichtungen: »Mordlust, Raubgier, Grausamkeit, Blutdurst, Hinterlist und Tücke ist gewöhnlich das geringste, was der Mann ihnen, den Hiänen, zuschreibt; er lehrt sie regelmäßig auch noch als Leichenschänder und Todtenausgräber kennen und erweckt sicherlich ein gerechtes Entsetzen in den Gemüthern aller naturunkundigen Zuschauer.« (Brehm 1883, 2: I.2, 1) Aber die Naturkundigkeit Brehms erweist sich als von der unterstellten Naturunkundigkeit von Schaustellern und ihrer Zuschauer fundiert. Es gibt kein Sein der Hyäne jenseits der Andichtungen. Das zeigt sich bereits in den Umschreibungen, die Brehm selbst vornimmt. Eine Liste der Attribute, die er den Hyänen gibt, zeigt, dass eine Menge von ihnen mit der Vorsilbe un- anfangen: unschön, unedel, unheimlich, unstet, unangenehm, ungeschlacht und unzüchtig (mal abgesehen von gierig, gefräßig, erbärmlich feig, boshaft, dumm, wollüstig). Die Hyäne ist das Un-Tier schlechthin. Aber nicht nur moralisch, sondern auch ästhetisch ist sie höchst fragwürdig. Nicht nur unschön ist sie und abstoßend, sondern auch »ungeschlacht«. Die Hyäne ist die Missgestalt schlechthin unter allen Raubtieren: »Auch wir müssen dieser Hiäne den Preis der Häßlichkeit

<< Abb.: Nicolas Milhe: Ohne Titel (ausgestopfte Hyäne, Goldzähne), 2009 © Stéphane Bellanger (Fotografie). Collection Antoine de Galbert, Paris. Mit freundlicher Genehmigung von Le lieu unique de Nantes

zugestehen. Unter sämmtlichen Raubthieren ist sie unzweifelhaft die mißgestaltetste, garstigste Erscheinung.« (ebd.: I.2, 9) Doch ist die Hyäne nicht bloß von hässlichem Aussehen; ihre Hässlichkeit kommt von einem Mangel an Gestalthaftigkeit selbst. »Alle Hiänen sind häßlich, weil sie bloß Andeutungen von einer Gestalt sind.« (ebd.: I.2, 8) Deshalb gehören sie auch nicht wirklich einer Familie an, sondern parasitieren bloß an einer – und zwar an der Hundefamilie. »Sie ähneln den Hunden und unterscheiden sich gleichwohl in jedem Stücke von ihnen; sie reihen sich an jene Familie an und stehen vereinzelt für sich da.« (ebd.) Die Hyäne ist das eingeschlossene Ausgeschlossene der Hundefamilie. Kein Zufall ist es daher, dass die Frage der Identifikation ihre Natur- und Kulturgeschichte bestimmt. Insbesondere was Mensch und Hund angeht. Auf diese kulturgeschichtliche Allianz hat sie es besonders abgesehen. »Man behauptete, daß die Hunde Stimme und Sinne verlören, sobald sie der Schatten einer Hiäne träfe.« (ebd.: I.2, 3) Diese Behauptung findet sich schon in den um 220 n. Chr. entstandenen »Tiergeschichten« des Claudius Aelianus. (vgl. Aelianus 1985: 89) Dem Hund, dem ältesten Haustier (vgl. Hahn 1896: 52–75), raubt die Hyäne das Vermögen, den Menschen zu erkennen (die Fähigkeit der *anagnorisis*, die den Hund seit Odysseus Hund Argos auszeichnet; vgl. »Odyssee«, 17. Gesang, V. 290–304) und ihm zu antworten, wenn er ihn ruft. Die Hyäne stört den Kommunikationskanal zwischen Mensch und Hund; sie zerschneidet die Liebes- und Treuebande zwischen ihnen, die den emblematischen Gehalt des Hundes ausmachen, diesem Sinnbild der Treue; sie ist der diabolische Gegenspieler der identifikatorischen Beziehungen auf Erden. (vgl. Allert 2002 und Neumann 1996: 100–105)

Die Hyäne stört nicht nur die Kommunikation zwischen Mensch und Hund, indem sie dem Hund Geruchssinn und Stimme raubt, sondern als Wesen, dessen Teile zu keiner Gestaltidentität konvergieren, lockt sie auch den Menschen in die Falle seines eigenen Imaginären, indem ihre Stimme die Stimme des Menschen nachahmt. Laut Konrad Geßner, den Brehm zitiert, »kann er [i. e. die Hyäne] mit seiner Stimm nachuolgen vnd sich vergleychen der stimm der menschen.« (Brehm 1883, 2: I.2, 4) Plinius d. Ä. zufolge ahmt die Hyäne zwischen den Ställen der Hirten die Rede der Menschen nach (»sermonem humanum [...] adsimulare«), um ihn, so herausgelockt, zu zerreißen. (vgl. Plinius, »Naturalis historiae«, VIII: 106) Im »Tierbuch« des Konrad von Megenberg (um 1350) heißt es: »Aristoteles und Jacobus sagen, daß es in die Pferdeställe geht und die Namen und die Stimme der Menschen lernt, und zwar zu dem Zweck, den Menschen durch regelrechte Täuschung bei seinem Namen zu sich zu rufen und ihn dann zu töten.« (Megenberg 1989: 78)

Dass es die Hyäne auf die Verbote abgesehen hat, die den Identitäten und Differenzen zugrundeliegen, die die christlich-jüdische Kultur organisieren, geht besonders aus dem »Physiologus« hervor, einem auf griechisch geschriebenen Volksbuch, das um 200 n. Chr. entstanden ist, und das die allegorische und moralische Bedeutung von 47 Tieren enthält. Die erste moralische Lehre, die der »Physiologus« aus der Hyäne zieht, betrifft ein Essenstabu: »Das Gesetz spricht: Iß nicht die Hyäne, noch was ihr gleicht.« (»Physiologus«: 37) Offenbar ist hier das 5. Buch Mose 14, 8 gemeint. Dort aber steht – in der griechischen Fassung – nicht *hýaina*, sondern *hýs*, das Schwein. Auf dem Gebiet der Signifikantenoperationen ist dementsprechend wohl die Übersetzung der Bibel ins Griechische verantwortlich für die Entstehung der Hyäne, denn griechisch *hyenos* war von *hýs*, Schwein, abgeleitet. Bettine Menke hat sehr plausibel machen können, dass die Verschiebung des Speisetabus vom Schwein auf die Hyäne im »Physiologus« auf den Barnabasbrief (ca. 70–132 n. Chr.) zurückgeht und in der Hybridität der Hyäne wurzelt. (vgl. Menke 2010: 97) Ein unreines Tier ist die Hyäne nämlich nicht nur, weil sie mittels einer Signifikantenoperation aus dem Schwein hervorgegangen ist, sondern weil sie ihr Geschlecht zu wechseln vermag, was als ihre schrecklichste Eigenschaft gilt. »Der Physiologus hat von ihr gesagt, sie sei mannweiblich, nämlich zu Zeiten männlich, zu Zeiten weiblich. Sie ist ein beflecktes Tier wegen dieses Wechsels ihrer Art.« (»Physiologus«: 37f.) Geschlechtswechsel ist nun aber etwas, das in der Natur zumindest bei Säugetieren nicht vorkommt, aber mit Leichtigkeit in der Welt des Symbolischen. Dem Wunder des Geschlechterwechsel liegt vermutlich die Tatsache zugrunde, dass die Klitoris der Hyänenfrau die Größe des Penis des Hyänenmannes erreichen kann. (vgl. Schmidt 2010: 105f.) – Welche Verwechslungen und Fehlschaltungen diese Konkurrenz auf dem Felde des Unbewussten des *homo sapiens*, etwa des Ödipus- oder des Kastrationskomplexes, auslösen kann, kann sich jeder leicht selbst zusammenreimen. Das Geschlecht der Hyäne ebenso wie ihre Ungenießbarkeit ist von der Art des Signifikanten. Die Signifikanten sind ihre Familie und das, was meckernd heraus lacht aus dieser Familie, das ist der ausgestrichene Große Andere: das, was den Mangel im Großen Anderen bezeichnet. Nicht zufällig schreibt eine Geschichte von Brehms arabischem Diener der Hyäne die Fähigkeit zu, diese Eigenschaft der Geschlechtsumwandlung auch auf den

Mann zu übertragen: »Ich kenne einen jungen Mann, der eine Hiäne tödtete. Er fühlte sich am anderen Tage schon vollkommen entmannt: er war zu einem Weibe gewandelt worden.« (Brehm, 2: I.2, 9) Einmal mehr zeigt sich, was schon in ihrer Lache anklang: dass die Hyäne eine wandelnde Kastrationsdrohung ist. Was der Hyäne zugeschrieben wird, das findet sich auch auf Seiten der Zuschreibung wieder: als ihr eigenes Prinzip. Gattungs- und Geschlechterwandel haben sich als Effekte des Signifikanten auf das Tier (das Signifikat) übertragen.

Das zweite Verbot des »Physiologus«, von dem der Barnabasbrief auch das auf die Hyäne übertragene Speiseverbot der Hyäne ableitet, zielt ganz klar auf sexuelle Praktiken, die mit der Unterlaufung der christlich sanktionierten Geschlechterordnung zu tun haben: »Drum mach auch du dich nicht gleich der Hyäne; denn solcher Art Leute tadelnd hat der göttliche Apostel gesagt: Männer haben an Männern ihrer Unnatur gefrönt.« (»Physiologus«, 38) Mit dem göttlichen Apostel ist natürlich Paulus gemeint. Seltsamerweise aber ist auch dem »Physiologus« selbst eben die Geschlechtsumwandlung unterlaufen, die er der Hyäne nachsagt. Die äthiopische Übersetzung des »Physiologus«, die die älteste sein soll und die die ursprüngliche griechische Fassung am genauesten wiedergeben soll, zitiert nicht Röm. 1, 27, sondern den vorhergehenden Vers 26, wo von der Homosexualität der heidnischen Frauen die Rede ist: »Darum hat sie Gott dahingegeben in schändliche Leidenschaften; denn ihre Frauen haben den natürlichen Verkehr vertauscht mit dem widernatürlichen.« (vgl. ebd.: 111, Anm. 110) Wenn im Laufe der Übersetzungsgeschichte des »Physiologus« aus Frauen Männer werden, dann ist die Übersetzung selbst hyänischer Art.

Die Hyäne ist eine Allegorie des Signifikanten im Tierreich. In ihren Übersetzungen wechselt die Hyäne Gestalt, Geschlecht und Gattung. So wie kein Würfelwurf je den Zufall abschaffen wird, so wird keine Lektüre der Hyäne das Hyänische je aus der Funktionsweise der Zeichen vertreiben können.

# K

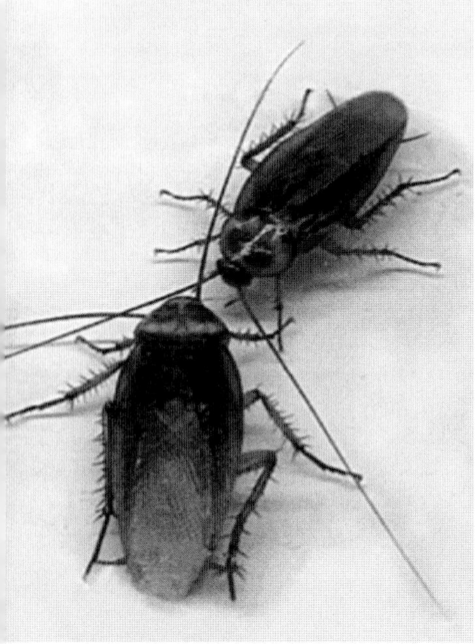

# KAKERLAKE, DIE

(*Blatta orientalis* Linnaeus, 1758; engl. *cockroach;* span. *cucaracha*)

Stefan Rieger

»So setze man z.B. statt Einer Ameise, die ihrer Kleinheit wegen das Gedächtnis wenig excitirt, lieber eine Menge derselben, die an einem Baum hinauf und hinunter steigen; statt Eines Flohes allein, lieber einen Freund, der an dem Schenkel eines Frauenzimmers den floh hascht.«
(Johann C. Freiherr von Aretin 1810)

Eine altertümlich anmutende Erzählung von Kurd Lasswitz, dem Gothaer Gymnasiallehrer und Wissenschaftspopularisator, skizziert unter dem Titel »Aus dem Tagebuch einer Ameise« nicht nur eine Utopie veränderter Kommunikationsmöglichkeiten, sondern mit ihr eine neue, biologische Form der Datenspeicherung. Bevor die Ameisen allerdings selbst zu Wort kommen, berichtet der Erzähler in einer launig gehaltenen Vorbemerkung vom technisch-biologischen Apriori dieser entomologischen Rarität, die sich den Bemühungen des berühmten Insektenforschers Antenna um das Sprach- und Schriftvermögen der Tiere verdankt. Vor allem die Keulenkäfer aus der Gattung *Claviger*, die als Ameisengäste mit ihren Gastgebern ein weit über die bloße Duldung hinausgehendes Verhältnis der Symphilie pflegen, werden aus der Dienstbarkeit der Nahrungslieferung gelöst und einem rigorosen Diktat der Kommunikation unterstellt.

Bekanntlich leben in den Gemeinden dieser hochorganisierten Tiere nicht bloß Männchen, Weibchen, geschlechtslose Arbeiter und so genannte Krieger oder Führer mit größeren Köpfen, sondern auch Haustiere, insbesondere ein kleiner Käfer (Claviger), von welchem man nicht wusste, welche Bedeutung er für die Ameisen vorstellt. Die Sinneswahrnehmungen der Ameisen beruhen auf Ätherwellen von 800 bis 2.000 Billionen Schwingungen in der Sekunde,

<< Abb.: Anonym: Mikroroboter und Kakerlaken, 2005. In: Caprari u.a. 2005: 59

> deren Geschwindigkeit somit jenseits derjenigen liegt, welche für unser Auge als Licht wahrnehmbar sind. Antenna ermöglichte es, durch ein Fluoreszenz-Mikroskop jene Ätherschwingungen so zu verlangsamen, dass sie für unsere Sinneswerkzeuge bemerkbar werden. Dadurch zeigte er, dass die Ameisen gegenseitig in einer Fühlersprache verkehren, die er Chemisieren oder Übertasten nennt, und dass sie dieselbe, ähnlich wie wir Schallwellen auf den Phonographen, auf die Keulenkäferchen übertragen, welche sie ihrerseits jederzeit reproduzieren können. Die Ameisen haben den Menschen in der Kultur insoweit überflügelt, dass ihre Haustiere nicht nur zur mechanischen, sondern auch zur intellektuellen Arbeit abgerichtet werden. (Lasswitz 1979: 188f.)

Eine solche Biologisierung des Gedächtnisses, situiert an der Schnittstelle unterschiedlicher Kultur- und Medientechniken und organisiert durch eine eigenwillige Symbiose unterschiedlicher Gattungen, braucht weder auf die Literatur vormaliger Science-Fiction-Autoren wie Lasswitz noch auf die abenteuerlichen Versuche zur technischen Tierinterzeption beschränkt zu bleiben – wie sie etwa anlässlich der Termiten unternommen wurden. (vgl. dazu etwa Emerson/Simpson 1929) Einem Tiermedienwechsel von der Ameise zum Helden dieses Eintrags, der Kakerlake oder gemeinen Küchenschabe, ist das literarische Projekt auf eigentümliche Weise Wirklichkeit geworden. Die Rede ist von den so genannten *Cockroach Libraries* des amerikanischen Virtual Reality-Apologeten Jaron Lanier. Dessen Traum von einer postsymbolischen Kommunikation setzt ebenfalls Tiere in Szene – Kopffüßler und Tintenfische etwa, in deren Gebaren Lanier nicht weniger als den Ausdruck animalischer Denkarbeit verortet. Der Digital-Visionär ist dabei den technischen Möglichkeiten des Netzes gegenüber durchaus kritisch eingestellt und lässt vor allem den Boom der im Moment allerorts umschwärmten Schwarmintelligenz kaum gelten. In ihrem Übertrag auf Systeme wie Wikipedia wittert er gar einen Computermaoismus und als dessen Konsequenz die Verflachung der Intelligenz zur totalen Durchschnittlichkeit.

Die Cockroach Libraries stellen dagegen den Versuch eines lebendigen Archivs dar, dessen technische Grundlage die Transgenetik bildet. Der Informatikprofessor Philippe Codognet skizziert dieses Projekt einer Gedächtnisarbeit, die, durch technische Speichermedien vorangetrieben, an einen Punkt gelangt, der nach Alternativen sucht: »Lebendige organische Speicherung«, so seine Einschätzung, »könnte schnell wesentlich handlicher und nützlicher werden als digitale Archive und die Plastikunterstützung von CD, DVD oder Sonys Memory Stick«. (Codognet 2003: 224) Um den Paradigmenwechsel von der Physik zur Biologie nachzuvollziehen und die Konjunktur der Biologie in der zeitgenössischen Kunst der allergegenwärtigsten Gegenwart zu verorten, taucht er in die Geschichte der altehrwürdigen Gedächtniswissenschaft. Doch während die Tradition der Mnemotechnik auf die Tiere lediglich in symbolischer Vermittlung durchgreift und sie etwa als Ordnungsschema für die Locierung der *imagines* oder für deren verlebendigende Animalisierung einsetzt, zielt das Projekt der Kakerlakenarchive darauf ab, sich der Tiere direkt, unmittelbar und im Zuge einer radikalen ›Verdinglichung‹ zu bedienen. Ausgelöst wurden Laniers Pläne für einen biologischen Speicher durch Überlegungen anlässlich der Millenniums-Feiern, die unter dem Titel »New York Times Capsule« auf eine Überlieferung des Ist-Zustandes zur Jahrtausendwende abzielten. Von den Initiatoren, der »York Times« und dem Museum of Natural History abgelehnt, besticht Laniers Projekt durch ein konsequentes Beim-Wort-Nehmen einer kulturellen Semantik, die der Genetik ihren Weg ins Bewusstsein der Öffentlichkeit bahnte – allen voran Formulierungen wie die vom »Buch des Lebens«, nach dessen Autorschaft etwa Lily E. Kay in ihrer einflussreichen Monographie und unter eben diesem Titel fahndete. (vgl. Kay 2002) Grundlage bildet die Redundanz der DNS, angelegt in den so genannten Intronen, die einen Groß-teil der DNS ausmachen und deren Information ohne ersichtlichen Zweck intergenerationell weitergegeben werden. Lanier beschreibt den Vorgang wie folgt: »Ist einmal ein Archiv ausgewählt, wird es in eine Computerdatei geschrieben und in ein DNS-Basenpaar kodiert. Die Sequenzen werden dann durch konventionelle Protokolle synthetisiert. Dann wird die Archiv-DNS durch Injektion in die Eier in die Kakerlaken-Intron-DNS eingeschleust.« (Lanier zit. nach Codognet 2003: 228) Aber wie steht es um die Kapazitäten? Welche Mengen könnten derart überhaupt zur Verarbeitung gelangen? Wie Lanier nicht müde wird zu betonen, ist es um die Kapazität der Tiere bestens bestellt. Rechenspiele der Codierung führen vor, welche Menge an Information man pro Kakerlake programmieren könnte und welche Kosten das verursachen würde. »Die Kakerlake hat locker über eine Million Basenpaare in ihren Introns, die die Kapazität haben, über 250 Millionen Buchstaben zu repräsentieren.« (ebd.) Ausgestattet mit dem Effekt der Selbstreproduktion, hätte man ein kostengünstiges kulturelles Gedächtnis, das sich um seinen Fortbestand ebenso wenig Gedanken machen muss wie sein Medium über mögliche Inhalte. Wie die Käferchen in Lasswitz' Erzählung sind die Tiere von der Information abgeschnitten und operieren willfährig als unbewusste Agenten eines ihnen selbst unzugänglichen Archivs. Die Rede vom Buch des Lebens ist Fleisch oder Chitin geworden – in einer Form kultureller Inkarnation. Frappierend ist dabei eine zeitliche Koinzidenz zu den Millenniumsplänen, gilt doch das Jahr 2002 als das Stichjahr, in dem die analoge Speicherung von der digitalen eingeholt respektive überholt wurde. Neue Standards etwa für die Erzeugung immer weiterer Internetadressen machen das Problem deutlich, als dessen Lösung die Kakerlaken zumindest von Lanier ins Rennen geschickt werden. Engpässe soll es dank neuer Formate nicht mehr geben, wie der Verband der deutschen Internetwirtschaft *eco* anlässlich eines eintägigen Testlaufs des neuen Standards IPv6 vorrechnete: »Das neue Format stellt 340 Sextillionen Adressen bereit – das sind 600 Billiarden Adressen auf jeden Quadratmillimeter der Erdoberfläche.« (»Focus« 07.06.2011)

Aber noch andere Faktoren zeichnen die Kakerlaken aus. Ob ihrer hohen Strahlenresistenz wären mit ihnen postapokalyptische Speicher auf den Weg gebracht, die Naturkatastrophen und auch nukleare Szenarien zu überleben in der Lage sind. Von dieser Eigenschaft der ansonsten doch sehr unbeliebten Vorratsschädlinge wird jedenfalls anlässlich amerikanischer Atombombentests auf dem Bikini-Atoll berichtet und so ist kaum verwunderlich, dass die Kakerlake, dieses lichtscheue und sich extrem schnell bewegende Insekt, die Begehrlichkeiten unterschiedlicher Interessen weckt. Als Cyborg-Käfer verbaut, figurieren sie längst als leibhaftige Schnittstelle zwischen Organ und Technik, zwischen Roboter und Lebewesen. (vgl. Singer 2009) Aber es geht nicht nur um technisch aufgerüstete Käfer, die ferngesteuert aus welchen Gründen menschlicher Sachdienlichkeit auch immer alle möglichen Aufgaben für ihre Dienstherren übernehmen, um etwa ausgestattet mit Strahlenmessgeräten kontaminiertes Gelände zu untersuchen. (vgl. Wright 2010) Während an unterschiedlichen Orten über die Steuerbarkeit der Tiere verhandelt wird – von der ersten japanischen Küchenschabe bis zu einem Stimulatorgerät, mit dem chinesische Forscher dem Tier auf die ferngesteuerten Sprünge helfen –, gerät anderenorts die Interaktion und die Kommunikation mit den Tieren in den Blick. (vgl. Song u.a. 2006) Im Zuge der Biorobotik soll das Sozialverhalten der Schaben erforscht werden, wozu streichholzschachtelgroße Roboter (*insbots*) eingesetzt werden, die das Sozialverhalten der Tiere sowohl imitieren als auch stimulieren. Dazu werden die *insbots* in die Lage versetzt, sowohl Kakerlaken, als auch andere Roboter, deren Umwelt und Schutzvorrichtungen zu unterscheiden. Wie die Verfasser der Studie schreiben, ist die Zielsetzung hoch und besteht darin, das Verhalten der Kakerlaken zu stimulieren, »in order to establish a social interaction with them.« (Asadpour u.a. 2006: 93) Ist die Rede von der sozialen Interaktion hier noch verhalten und sind die Versuche auf ein experimentelles Setting eingegrenzt, so ziehen andere Forscher weitreichendere Konsequenzen für die Sozialordnung zwischen Organismus und Technik. Unter dem Titel »Animal and Robot. Mixed Societies. Building Cooperation Between Microrobots and Cockroaches« zeichnen sie ein Bild, das sich das Europäische Forschungsprojekt LEURRE auf seine Fahnen geschrieben hat. Dabei steht der Entwurf einer neuen Ökologie auf der Grundlage von Mischgesellschaften auf der Agenda. Die Ziele sind ehrgeizig und umfassen neben der Beschäftigung mit Verhaltensmodellen derartiger Sozialverbände auch deren globale Kontrolle und schlussendlich »a general for performing such a control on mixed«. (Caprari u.a. 2005: 58)

Aber nicht nur in Experimenten bilden Tiere und Roboter neue Gemeinschaften, neue Verhaltensweisen und neue Denkformen aus. (zur Gestaltung von Intelligenz vgl. De Shutter u.a. 2001) Das Tierwerden der Medien und das Medienwerden der Tiere hat nach poststrukturalistischen Konjunkturen längst auch die theoretischen Bemühungen einer biologisch aufgeklärten Medienwissenschaft erreicht. (vgl. etwa Kuhn 2005) Das Wissen der Tiere, wie es Lasswitz in seinem Tagebuch aus dem Leben der Insekten so launig wie gemütlich erzählt, ist damit selbst mutiert: zu einem Amalgam zwischen Tier und Technologie, das Anlass für eine neue Archäologie bietet. Bücher mit Titeln wie »Insect Media« haben sich dem verschrieben. (vgl. Parikka 2010)

WJ

# KATZE, DIE

(*Felis silvestris catus* LINNAEUS, 1758; engl. *cat;* ital. *gatto*)

Claus Leggewie

»Kein Tier eignet sich so zum
Gefährten des Menschen in seiner
Großstadteinsamkeit wie die Edelkatze.«
(Führer durch die Edelkatzenausstellung 1952)

Dem Katzenbesitzer sagt man nach, er sei ein einsamer Mensch, der sich bei Katzen ›Gesellschaft‹ holt, was Katzenhalter in der Tat als erstes Motiv für die Auswahl ihres Haustieres angeben. Die Katze eignet sich hervorragend als Beobachtungsobjekt, einer Katze ungeniert zuschauen zu können, gelingt, weil sie das nicht gleich, wie an ihrer Stelle ein Hund, als Aufforderung oder Zurechtweisung nehmen würde; und wenn sie eventuell doch angelaufen kommt, entscheidet sie selbst, wann sie wieder verschwindet, um ihren Schlaf oder ihre Streifzüge fortzusetzen.

In Mode kam das Haustier als *companion animal*, als treuer Gefährte und Seelenfreund des Menschen in den frühen 1950er Jahren. In Österreich, schon immer Avantgarde im Kleinen, gab es damals schon doppelt so viele Katzen wie Hunde, eine Tendenz, die sich auch andernorts durchgesetzt hat und die Katze zum ›Haustier des 21. Jahrhunderts‹ erhebt. Die Reise war lang – von der Domestizierung in Vorderasien vor 6.000 Jahren über ihr Götterdasein im alten Ägypten und den Zwitterstatus als Nutztier und Teufelssymbol in den Agrargesellschaften bis zu ihrer wohlwollenden Aufnahme in die Patchwork-Familien der Nachkriegszeit.

Alleinstehende bevorzugen Hunde, Familienmenschen legen sich Katzen für eine kommode Arrondierung des Haushalts zu (sofern keine Katzenhaaraller-gie vorliegt). Die Katze stört nicht groß, kommt aber nach einem langen Arbeitstag oder einer längeren Reise maunzend und scharwenzelnd zur Begrüßung.

<< Abb.: Manú Hophan: Katze, 2002. Mit freundlicher Genehmigung der Künstlerin

Sie pflegt sich selbst gründlich und muss auch nicht stundenlang durch strömenden Regen Gassi geführt werden, damit sie ihr Geschäft verrichtet. Sie ist das perfekte Übergangsobjekt im Alltag, nicht zuletzt, weil sie einen modernen Menschen alsbald ans nächste, nämlich digitale Objekt wechseln lässt, den Computer. Die Katze ist das unabhängige und diskrete Kind, von dem jeder Vater und jede Mutter träumt, nur ein bisschen zickig, wenn man sie beleidigt hat, aber das geht vorbei. Meine Katze war einmal tagelang weg, bis sie des Nachts laut rufend vor der Tür stand, um hernach ohne weitere Vorkommnisse ihren geruhsamen häuslichen Rhythmus wieder aufzunehmen.

Katzen stehen erst neuerdings in gutem Ruf. »Brehms Tierleben« von 1883 verkündete die Wende: »Sie ist ein kleiner, netter Löwe, ein Tiger in verjüngtem Maßstab«, nicht mehr das »falsche und unzuverlässige Biest«, als die sie Comte de Buffon vor 250 Jahren stigmatisieren wollte. (Brehm 1883, 1: I.1, 468) An der Katze bestach nun die »Vollendung der Natur, aber auch die Kultiviertheit in Form von menschlichen – genauer gesagt: bürgerlichen Tugenden – wie Reinlichkeit, Mütterlichkeit, Tapferkeit, Selbstbeherrschung und Sinn für Höheres«, beobachtet die Psychologin. (Gebhardt 2007: 240f.) In diese Richtung weisen alle Ratgeber, nur die aufrechte Kinderliteratur (z.B. Isabel Abedi, »Lola Löwenherz«) zeigt, wie man um Katzen kämpfen muss. Psychologinnen und Therapeuten sehen in Katzen heute die mütterliche *und* die kindliche Seite in uns aufgerufen, ein deutlicher Beleg für Thomas Machos Generalthese, dass, wer vom Tier redet, vom Menschen nicht schweigen soll (und umgekehrt).

Allerdings: Eine nahe Verwandte von Löwe oder Tiger bleibt sie eben doch, sie ist nicht nur *die Katze*, sondern auch *le chat*, diese Doppelnatur, die sich sowohl in seinem Jagdverhalten wie in ihrem Geschlechtsleben unglaubliche Exzesse erlaubt, die Katzenhalter oftmals erschreckt und befremdet. Angesichts dieser Wildheit erahnen sie die tragische Naturgeschichte der Katzen, die als Fleischfresser tagelang einsam unterwegs sind, bis sie ihren Hunger stillen können, und womöglich noch *sadistisch* mit der Beute spielen, bevor sie ihr den tödlichen Biss verpassen. »Well-meaning human vegetarians notwithstanding, cats must eat animal protein or they slowly decline and eventually starve. Not for them the comfortable middle ground, eating meat one day and berries the next, and no carrion either. Fresh meat killed by themselves or by their mothers is virtually the only item on the feline menu. The cats have chosen the edge«, schreibt die Katzenforscherin Elizabeth Marshal Thomas. (1994: 20)

Das macht Katzen ›unheimlich‹ im Sinne des Katzen- und Seelenforschers Sigmund Freud, der damit ja nicht das Unbekannte meinte, sondern den *thrill* am Bekannten, Heim(at)lichen, das sich auf einmal in schrecklicher Fratze darbietet und Abgründe eröffnet, die unter einer dünnen Zivilisationsdecke verborgen sind. Kay Kirchmann hat auf den damit verbundenen Aspekt narzisstischer Selbstbestätigung hingewiesen – die erfolgreiche Bändigung animalischer Triebsteuerung, also die Domestizierung der Katzen »zu unseren putzigen kleinen Schmusepartnern, bei denen allenfalls noch der Geruch ihrer Ausscheidungen an dunklere Abgründe ihrer Abstammung gemahnt«. (Kirchmann 2007: 225f.)

Ein Kulturtheoretiker weiß natürlich um diese Ambivalenz von Angstlust. Überhaupt ist die Katze sehr attraktiv für feldforschende Geistesmenschen. Wie die lange Ahnenreihe hingebungsvoller Katzenhalter unter Schriftstellern und Intellektuellen beweist, ist die Katze mithin ein ergiebiges Studiensubjekt. (vgl. Hophan/Parin 2002) Sie ist *die* Grenzgängerin im Übergang von Mensch und Tier, und an ihren Kratzspuren kann man nachhalten, dass diese Transition nicht *konstruiert* ist, sondern eine markante Spur zeichnet.

Die Katze, die bei unseresgleichen untergekommen ist, kann immerhin sicher sein, nicht geschlachtet und gefressen zu werden, wie es an vielen anderen Orten gang und gäbe ist, wo Katze und Kater noch nicht in ein post-adoleszentes Paradies eintreten durften und ihr wohlschmeckendes weißes Fleisch zu den gehobenen Grundnahrungsmitteln zählt. Die Katze antizipiert in unseren Breiten und Kreisen also einen Zustand, in dem man Tiere nicht mehr massenhaft tötet, wobei wir aus interkultureller Perspektive so seltsam wirken dürften, wie Kulturen mit Tötungsverboten und Verzehrhemmnissen bei anderen Tierarten uns erscheinen. Gegen das Verbot, Tiere zu quälen, wird auch bei uns dauernd verstoßen – man betrachte nur die teils dokumentarisch, teils animatorisch und spaßig gemeinten Webseiten zu *cat cruelty* oder nehme den untröstlichen Schmerz eines Kindes zur Kenntnis, dessen Katze der Schwanz abgeschnitten oder Nägel in die Augen gerammt worden sind.

Was die Katze dem Kulturwissenschaftler zusammenfassend in großer Gelassenheit und Souveränität vorführt, ist die Fragwürdigkeit des menschenzentrierten Blicks auf die Natur, der diese auch bei freundlichster Betrachtung zum Objekt degradiert. Und dies machen muss, weil uns schlicht nichts anderes einfällt, woran auch das politisch korrekte Reden und Forschen der *Animal Studies* noch nicht allzu viel geändert hat. *Wir* mögen längst Vegetarier geworden sein, *sie* töten Tiere. Katzen bleiben unbequeme Partner unserer Kontemplation: Geschmeidigst fügen sie sich in unsere Lebensabläufe und Familienaufstellung ein, evolutions- und kulturgeschichtlich haben wir sie gleichwohl brutalst ihrer Freiheit beraubt, zu jagen und umherzuschweifen. So schauen sie zurück.

# KOHLWEISSLING, DER

(Großer Kohlweißling: *Pieris brassicae* LINNAEUS, 1758; engl. *large cabbage white;* Kleiner Kohlweißling: *Pieris rapae* LINNAEUS, 1758; frz. *piéride de la rave*)

Katja Kynast

Die zwei Arten des Kohlweißlings aus der Familie der Weißlinge gehören zu den leicht zu erkennenden und bekanntesten Tagfaltern. Sie sind nahezu überall dort anzutreffen, wo ihre Futterpflanzen verbreitet sind. Einzelne Individuen des Wanderfalters gelangen bis in die vegetationslosen Lagen der Hochgebirge, während die Raupen, insbesondere die Herden des *pieris brassicae,* vornehmlich als Masse Rekorde aufstellen. Der Kohlweißling ist nach der Flügelfarbe seiner Imagines, eben jenem helleren, bisweilen ins Gelbliche gehenden, mit dunklen Färbungen versehenen Weiß benannt, sowie danach, was er im Raupenstadium bevorzugt verzehrt, nämlich sämtliche Kohlarten.

»Vénérable chou«, ehrwürdiger Kohl, nennt der Insektenforscher Jean-Henri Fabre die Kulturpflanze und beklagt, dass wir über die Geschichte des Kohls und seiner Arten weniger Details zu berichten wissen als über die Schlachten, die auf dessen Feldern stattgefunden haben. In Anbetracht dessen, dass der Kohl in seiner Vielfältigkeit und Ergiebigkeit ein Schatz sei, der uns so viele interessante Dinge lehren könnte, wenn wir ihn nur beachten würden, sei dies eine Ungehörigkeit, die Fabre als Indiz für die »sottise humaine«, die menschliche Torheit, gilt. Zweifach werde dieser Schatz ausgebeutet: Zunächst durch den Menschen und zweitens durch die Raupen des Kohlweißlings. (vgl. Fabre 1913: 243) Dabei sei die Kohlweißlingsraupe in der Bestimmung der Kreuzblütler – wozu sämtliche Kohlsorten, aber auch andere Futterpflanzen der Raupen gehören – selbst einem seit über einem halben Jahrhundert tätigen, passionierten Pflanzenkundler wie ihm weit überlegen. (vgl. ebd.: 246) Auf die sichere Bestimmung folgt die ausbeuterische Tätigkeit der Raupen, die sie, so Fabre weiter, in der selbstherrlichen Glückseligkeit eines Tiers vollziehen, das fast auf seinen Verdauungstrakt reduziert ist. (vgl. ebd.: 251)

<< Abb.: Jakob von Uexküll: Stroboskopisch-stereoskopische Aufnahme der Flügelbewegung des Kohlweißlings, 1923. In: Ders. 1924: 261, Abb. 1

Beispiele für die Zerstörungskraft dieser nimmersatten Tiere präsentieren einige einschlägige Werke. Ein besonders originelles findet sich bei Alfred Brehm, welcher ein Reiseerlebnis des Entomologen Dohrn wiedergibt. Im Jahr 1854 befindet dieser sich auf einer Bahnfahrt von Brünn (dem heutigen Brno) nach Prag, als der Zug nach einer Tunnelfahrt verlangsamt und schließlich ganz zum Stehen kommt, ohne dass ein Halt vorgesehen wäre. Die neugierigen Fahrgäste sehen aus den Fenstern oder steigen sogar aus und können so die Bahnangestellten dabei beobachten, wie sie eine klebrige Substanz von den Rädern entfernen, durch die diese vollständig zum Stillstand gebracht wurden. Bei dieser Masse handelt es sich, wie Dohrn unschwer erkennt, um die Überreste einer Raupenherde des Großen Kohlweißlings, die eben im Begriff war, über die Schienen von einem Kohlfeld zum nächsten zu wandern. Nach Reinigung der Räder kann die Fahrt ohne weitere Unterbrechungen fortgesetzt werden. (vgl. Brehm 1884, 9: IV.1, 351f.)

Brehms Beschreibung des Kohlweißlings als *Imago* nimmt sich demgegenüber weitaus idyllischer (und städtischer) aus. Er charakterisiert den Kohlweißling hier nicht nur als Schädling, sondern – als erwachsenes Insekt – auch als Überträger von Blütenstaub. Hiermit wechselt die Perspektive auf den Kohlweißling vom *Kohl* zum *Weiß*. »Gleich weißen Papierschnitzeln, welche der Wind hin und her weht, beleben sie selbst, besonders im August, das laute Menschengetümmel auf den Straßen und freien Plätzen der Städte, vorausgesetzt, daß es in der Nähe nicht an Blumenfenstern und Gärten fehlt, wo sie Nahrung und Brutplätze finden; ja, man sieht sie bisweilen die längste Zeit vor einem geschlossenen Fenster hin- und herflattern, hinter welchem bunte Blumen ihr Verlangen nach Honig erweckt haben.« (ebd.: IV.1, 350f.)

Im Jahr 1923 macht sich der Zoologe Jakob von Uexküll daran, das Flugverhalten dieser »weißen Papierschnitzel« genauer zu studieren. (Uexküll 1924) Hierzu sollen die Bewegungen der Kohlweißlinge mittels Chronofotografie auf fest stehender Platte, also der Technik, die Uexküll ein Vierteljahrhundert zuvor bei Étienne-Jules Marey erlernte, registriert werden. (vgl. Uexküll 1964: 39) Mit der Technik der Chronofotografie zeichnete Uexküll bereits 1905 die Bewegungen der Schlangensterne auf, um die natürlichen Bewegungen des gesamten Organismus zu studieren. (vgl. Uexküll 1905a) Indem er diese Methode in den Dienst der Erforschung der Planmäßigkeit der Organismen stellt, hat sie nicht unwesentlich Anteil an der Entwicklung seiner Umweltlehre. Bei der chronofotografischen Aufzeichnung auf fest stehender Platte, die er »Amplitudenschreibung« nennt, registriert er das Tier jedoch nicht freibeweglich, sondern fixiert es; dabei versucht er, die natürlichen Bewegungen so wenig wie möglich einzuschränken. (vgl. ebd.: 6) Eben aus diesem Grund ist, wie Uexküll in »Die Flügelbewegungen des Kohlweißlings« notiert, »auf die Fesselung das Hauptgewicht zu legen«. (Uexküll 1924: 260) Der Aufbau ist wie folgt: Der Tagfalter wird mit einem Faden, der zwischen Kopf und Thorax angreift, an ein Stück Holz geklebt. Auf diese Weise fixiert, wird der Kohlweißling dem Mittagslicht ausgesetzt, das in Verbindung mit einem Planspiegel ausreichende Lichtverhältnisse bereitstellt. Dermaßen exponiert, muss der Schmetterling nun für die Aufnahme zu Bewegungen animiert werden, was erreicht wird, indem dieser mit einer unter den Körper gehaltenen Zigarette gereizt wird. Uexküll kommentiert selbst, dass so nicht die natürlichen Bewegungen des Tiers in seiner Umgebung aufgezeichnet werden, was ja der wesentliche Grund für das Verwenden dieser Aufzeichnungsmethode war, sondern dass sich Phänomene wie das Durchbiegen der Flügel als Effekt der Fesselung einstellen. (vgl. ebd.: 261) Der Kohlweißling in der Amplitudenschreibung fliegt eben nicht, er schlägt nur mit den Flügeln. Dennoch werden am Kohlweißling, so Uexküll, bislang unbeobachtete Bewegungsarten entdeckt, auch da auf ihn eine Erweiterung der Methode angewendet wird, die »stroboskopisch-stereoskopische Photographie auf feststehender Platte«. (ebd.: 264) Diese Methode hatte Uexküll bereits fast zwanzig Jahre zuvor prognostiziert. Die Zukunft des wissenschaftlichen Films sah er damals in einer Synthese aus Chronofotografie und Stereoskopie, die »lebensnahe Aufzeichnungen« ermöglichen sollte. (Uexküll 1905b: 80) Ein solcher Apparat ist aber bis 1923 nicht entwickelt worden und wäre es auch sicher nicht, wenn Uexküll sich nicht persönlich mit dem entsprechenden Auftrag an die Firma Zeiss in Jena gewandt hätte.

Was qualifizierte den Kohlweißling, an dem Uexküll seine strenge Regie führt, für diese Art der Aufnahme? Zum einen war es, wie schon beim Schlangenstern, die Häufigkeit, mit der er anzutreffen ist. Gerade die Empfindlichkeit der Kohlweißlinge an heißen Tagen, die sie während der Experimente schnell absterben ließen, machte leicht zu beschaffenden Nachschub nötig. Von Bedeutung ist zweitens womöglich auch, dass der Kohlweißling mit neun Schlägen in der Sekunde zu den Insekten mit der geringsten Flügelschlagzahl gehört. Und drittens verlangten die Aufnahmen auf fest stehender

Platte einen lichtschwachen Hintergrund bei möglichst hellem Objekt. So wurde der nicht vom Industriemelanismus heimgesuchte weiße Tagfalter zum Chronofotografentier, das im engeren Sinn hier gerade kein *Film*-Tier ist. Das Weiß der Kohlweißlinge eignet sich insbesondere für Aufnahmen, die ein helles Objekt brauchen, weil es sich in einer Kombination aus pigmentären wie strukturellen Mechanismen in seiner Hellwirkung verstärkt. Die Flügelfarbstoffe weisen eine Granulatstruktur auf, die die Reflektionskraft der Flügelschuppen deutlich erhöht. (vgl. Morehouse u.a. 2007: 359; mit Dank für den Hinweis an Peri Mason) Dies macht sie zum idealen Tier für diese Art der »photographischen Zeitschreibung«.

Im selben Jahr, als der Kohlweißling wegen seiner Weiße von Uexküll chronofotografiert wird, beginnen Clemens Schöpf und Heinrich Wieland in München mit ihrer Erforschung der Flügelfarbstoffe von Kohlweißling und Zitronenfalter. (vgl. Rüchardt 2007: 211) Da die Ausbeute an Pigmenten aus Schmetterlingsflügeln mit 18 mg Pigment aus 100.000 Weißlingen nicht eben groß ist, bat Wieland das bayrische Kulturministerium um Hilfe. Von nun an sammelten bayrische Schüler einige Jahre lang fleißig Tagfalter, bis Anfang der 30er Jahre die Zusammenarbeit beendet wurde. Anlass war insbesondere, dass keine Zitronenfalter mehr geliefert werden sollten, die im Unterschied zu den Kohlweißlingen nicht als Schädlinge galten. Wieland wandte sich daraufhin an die Ministerien anderer Länder, was ihm kaum mehr einbrachte, als dass seine Forschungen in die Diskussionen um das nationalsozialistische Reichstierschutzgesetz von 1933 gerieten. (vgl. Vaupel 2008: 370) 1936 wurde die Stoffgruppe der Pterine mit den Vitaminen in Verbindung gebracht – zu einer Zeit, als neue Erkenntnisse aus der Vitaminforschung in den Dienst der nationalsozialistischen Propaganda gestellt wurden. (vgl. Werner 1997: 146) Auf diese Weise wurde auch der Wielandschen Forschung wieder erhöhte Aufmerksamkeit zuteil. Die Bezeichnung der Pteridine und ihrer Derivate, der Pterine – wozu die Pigmente in Schmetterlingsflügeln gehören, aber auch Vitamine wie die Folsäure, die im Kohl zu finden ist –, leitete er vom griechischen Wort für Flügel – *pteron* – ab.

# KRÄHE, DIE

(*Corvus* LINNAEUS, 1758; engl. *crow;* ir. *préachán*)

Jochen Brüning

Auch wer von der Krähe und ihren engeren Verwandten nicht viel Detailliertes weiß, hat doch zumeist eine gewisse Vorstellung von ihren typischen Eigenschaften, vom *Krähenhaften* also, die sich aus übernommenen Meinungen und aus gelegentlichen eigenen Beobachtungen zusammensetzt. Dazu zählt beispielsweise die Überzeugung, dass man Krähenfleisch nicht essen kann, was sich aber nur insoweit bewahrheitet, dass man Krähenfleisch tatsächlich nicht isst – außer in Zeiten drückender Nahrungsknappheit. Eine Ursache könnte in der verächtlichen, aber seinerzeit zutreffenden Charakterisierung der Krähe als Galgenvogel liegen, denn Krähen, oder doch die Angehörigen der uns am besten vertrauten, kulturfolgenden Art der Aaskrähe (*Corvus corone*) sind Aasfresser, aber nicht ausschließlich: Die meisten Krähenarten sind Allesfresser und damit dem Menschen in einem wichtigen Punkt sehr ähnlich, ohne ihm, wie die Menschenaffen, auch in der Gestalt nahe zu sein.

Zum Krähenhaften zählt also auch Beunruhigendes, wie etwa der Eindruck eines großen Krähenschwarms, der sich auf ein Feld oder eine Abfallhalde niederlässt, oder gar der Umgang solcher Schwärme mit fremden Eindringlingen (›er lebt wie die Eule unter Krähen‹). Aber schon eine einzelne Krähe kann verunsichern, auch wenn der Volksmund versichert, dass eine Krähe noch keinen Winter macht. Sie lässt Böses ahnen und erweckt zugleich Hoffnungen – wie es Wotans Rabe verkörpert, oder wie Schuberts Winterreisender es in seinem verzweifelten Krähenlied ausdrückt; beide Wirkungen hat Alfred Hitchcock in seinen zu Recht berühmten »Vögeln« zu nutzen gewusst. Wirklich beunruhigend ist aber seit je der Umstand, dass die verschiedenen Eigenschaften der Gattung Rabenvögel (*Corvus*) sich nicht auf einen Nenner bringen lassen, dass der diffuse Charakter des Krähenhaften auch darin wurzelt, dass wir nicht wissen, was es mit den Krähen wirklich auf sich hat.

<< Abb.: Gregor Kasper: Die Krähe, 2012 © Gregor Kasper

Im wohlgeordneten System der rund 9.000 Vogelarten auf unserer Erde hat die Familie der Rabenvögel natürlich einen genau bestimmten Platz, der ebenfalls zur Verwunderung oder zum Nachdenken Anlass geben kann: Sie gehört innerhalb der Ordnung Sperlingsvögel zur Unterordnung der Singvögel (welche Vorstellung von Gesang liegt dem zugrunde?), und zu ihren nächsten Verwandten zählen sowohl die Unglückshäher wie die Paradiesvögel. Innerhalb der Familie unterscheidet man 42 Arten, zu denen der Kolkrabe, die Dohle und die Saatkrähe gehören, die alle leicht von der Aaskrähe aufgrund der Färbung, der Größe oder der Flugform zu unterscheiden sind. Aber diese Merkmale taugen nicht zur Unterscheidung im Sinne der Taxonomie, das Krähenhafte liegt tiefer. Das scheint auch Bestandteil der kulturellen Erfahrung zu sein, denn in den meisten indogermanischen Sprachen entstammen *Rabe* und *Krähe* derselben Wurzel, und weit verbreitet war auch die Vorstellung, dass die Krähe (besser: die Krähin) die Frau des Raben sei. Das hervorstechendste gemeinsame Merkmal der Rabenvögel ist unzweifelhaft ihre Stimmqualität, ihre ursprünglichen Namen sind in fast allen Sprachen lautmalerisch. Das *Krähen* des Hühnerhahns wird – ausweislich seines Klanges – als Imitation der Krähe gewertet, und umgekehrt wird der Krähe die stolze Selbstdarstellung zur Last gelegt, die man beim Hahn zu erkennen glaubt. Andererseits fasst der deutsche Volksmund die Lautäußerung der Rabenvögel durchaus als Gesang auf; das Grimmsche Wörterbuch liefert die hübschen Belege »Wenn die kray singt, verkündt sy ein ungwitter« sowie »Auf einem schaf, da ritt ein kro, sie sang und war von herzen froh«. Vielleicht deshalb hat Oskar Sala, der Pionier der elektronischen Musik, in den schon erwähnten »Vögeln« der Krähe von seinem Trautonium erzeugte Laute unterlegt, die beiden Aspekten, dem beunruhigenden Geräusch wie dem Gesanghaften, gerecht werden.

Tatsächlich zeigt die kulturelle Rezeption der Krähe vielfach Anzeichen dafür, dass das *Krähenhafte* in mancher Hinsicht als das *Vogelhafte* angesehen wird, indem es Ordnungskriterien für die Vogelwelt erkennen lässt. Das zeigt sich an der Ausstrahlung der typischen Stimmcharakteristik und der typischen schwarzen Färbung, die zu Namensgebungen wie Krickente, Spechtkrähe (für den Schwarzspecht) oder Nusskrähe (für den Kleiber) geführt haben, es zeigt sich in Japan daran, dass die recht komplexen Zeichen für Vogel und für Krähe sich nur in einem Strich unterscheiden. Die schwarze Farbe mag auch an sich zur Verwunderung Anlass gegeben haben, weil sie nicht durch Reflexion, als optische Täuschung entsteht und sich nicht einmal abwaschen lässt: »swer die krah tweht (wäscht), des meret sich ir schwarzer glanz.«

Um den unstreitig positiven Aspekten näher zu kommen, lohnt sich ein Blick auf das Gruppenverhalten der Rabenvögel, das unseren Vorfahren sicher vertrauter war als uns Heutigen. In ihrer Partnerwahl zeigen sie eine unverbrüchliche Einehe, wie sie auch im Vogelreich selten ist, sowie eine ebenso unverbrüchliche Reviertreue – so wird die Krähe eben auch ein Symbol der Treue! Das soziale System ist streng hierarchisch und weit differenziert, seine Einheiten sind Familienverbände mit engem Kooperationsverhalten. Doch auch größere Schwärme zeigen eine intensive (und noch kaum erforschte) Kommunikation, die eng mit ihrem ausgeprägten Spielverhalten zusammenzuhängen scheint. Ihre Spiele sind vielfältig und überraschend, sie reichen vom Flug auf dem Rücken bis zur Zerstörung ganzer Bahnhofsdächer, wie es gerade in Berlin geschieht: Dort entfernt ein Krähenschwarm spielerisch die etwas nachlässig angebrachten Silikondichtungen des Glasdaches am Hauptbahnhof, weil es sie freut – einen erkennbaren Zweck verfolgen sie nicht. Der bekannteste Aspekt dieses Spieltriebes ist natürlich eine besondere Vorliebe für glänzende Gegenstände, die sie häufig in ihrem Nest horten; damit sind die Rabenvögel, genauer: die Elstern, sogar opernfähig geworden.

Schließlich sagt man den Rabenvögeln seit alters eine besondere Intelligenz nach, wofür wieder der Wotansrabe als Beleg dienen mag. Ein englischer Bericht des frühen 19. Jahrhunderts schildert, wie ein Landadliger eine Krähe beseitigen wollte, die es sich in seinem Turm bequem gemacht hatte. Da die Krähe stets floh, wenn jemand den Turm betrat, und erst zurückkam, wenn der Eindringling den Turm wieder verlassen hatte, verlegte sich der Besitzer auf eine List: Zwei Diener gingen in den Turm, aber nur einer kam heraus – doch die Krähe blieb fern, bis auch der zweite gegangen war. Nun steigerte der entnervte (und erstaunte) Baron systematisch die Anzahl der Krähenjäger, doch die Krähe unterlag erst, als ihrer sechs sich im Turm versteckt hatten – diese Krähe konnte also bis fünf zählen!

Ihre Intelligenz macht die Rabenvögel heute zu einem begehrten Studienobjekt der Kognitions- und Verhaltensforscher, die eine besondere Vorliebe für die Kaledonienkrähe entwickelt haben. Diese erstaunlichen Tiere lieferten den ersten zweifelsfreien Nachweis für Werkzeuggebrauch außerhalb der Primaten. Sie stellen geeignete Werkzeuge selbst her, zum Beispiel können sie einen geraden Draht zu einer Angel biegen, um an sonst unerreichbare Nahrung zu gelangen. Bewährte Werkzeuge werden transportiert und wiederverwendet, und dieses Verhalten verbreitet sich durch Nachahmung in der Gruppe und beim Nachwuchs. Eine sehr moderne Form des Werkzeuggebrauchs führen kanadische Raben vor, die gelernt haben, sich hartschalige Nüsse von Autos (durch Überfahren) an einer Ampel knacken zu lassen, die sie dann während der Rotphase entspannt verzehren. Auch Anzeichen von unerwarteter Intelligenz, zumal bei Tieren, wirken allerdings im Allgemeinen eher beunruhigend.

Auch im allfälligen transkulturellen Vergleich setzt sich der Befund der menschlichen Verunsicherung durch das Krähenhafte fort. Diese Feststellung ist insofern repräsentativ, weil die Rabenvögel auf allen Kontinenten heimisch sind, mit der einzigen Ausnahme Südamerikas, und obwohl sich Einschätzungen finden lassen, in denen das Positive oder das Negative überwiegt; eine genauere Untersuchung dürfte aber auch in diesen Fällen Ambivalenzen aufdecken. Die Extreme bezeichnen zum einen nordamerikanische Indianer, die die Krähe zum Tierkreiszeichen erhoben haben und sie besonders als Symbol sozialer Integrationskraft schätzen, zum andern die Mehrzahl der Stämme Westafrikas, denen sie als gemeiner Diener böser Mächte gilt.

Kurzum, die Krähe ist wirklich ein wunderliches Tier. Wer sie beobachtet, dem gibt sie zu denken, über aggressives Gruppenverhalten und individuelle Treue, über soziale und individuelle Intelligenz, über die Stellung des Menschen in der Welt – und ob die Krähe wirklich ein Vogel ist …

8
PORTIONEN
La Vache qui rit
Die Lachende Kuh®
140 g
So zart, so gut
Cremig!
8
PORTIONEN
bel

# KUH, DIE

(*Bos primigenius taurus* LINNAEUS, 1758; engl. *cow;* frz. *vache*)

Peter Bexte

»Alle guten Dinge haben etwas Lässiges
und liegen wie Kühe auf der Wiese.«
(Friedrich Nietzsche 1879)

Kurz vor dem Ende des 1. Weltkriegs hat ein Wortspiel eine Kuh geboren. Dies trug sich unter französischen Soldaten zu, genauer gesagt: bei der Abteilung Logistik und Nachschub. Im Übrigen war es die reinste *vacherie,* und zwar im idiomatischen Sinne des Wortes: als eines üblen Scherzes. Eben dieser Scherz sollte sich als kreativ erweisen: Er hat ein Sprachmonster zur Welt gebracht. Man ist es nie mehr los geworden.

Wir rühren damit gleich zu Anfang an eine innige Verschränkung von Sprache und scheinbar natürlichem Tier, wie sie an der Kulturgeschichte des Rindes so deutlich sich bemerken lässt. Seine Domestizierung zählt zweifellos zu den grundlegenden Taten der Menschheitsgeschichte. Nicht von ungefähr sprach Victor Hehn vom Rind als jenem Urtier der aus der Wildheit sich erhebenden Menschen. Kaum denkbar, dass die Verwandlung von Jägern und Sammlern in Ackerbauern ohne Beistand dieses Tieres hätte geschehen können. Im Kuhdunst ist die Menschheit groß geworden! Von diesem Ursprungsmythos künden alle kuhgehörnten Götterbilder in unseren Museen, seien sie ägyptisch, vor- und frühgeschichtlich, indisch oder griechisch etc. pp.

Auf Kriegsschauplätzen aber genießen Kühe normalerweise kein großes Ansehen. Im Vergleich mit Pferden gelten sie als träge und eignen sich nicht recht zu staatlicher Emblematik (in den Niederlanden des 17. Jahrhunderts hat man sich daran versucht: mit niederschmetternden Ergebnissen! Entsetzt stand die Prinzessin Amalie von Solms-Braunfels vor Paulus Potters Gemälde einer sich erleichternden Kuh). Genau betrachtet gibt es nur eine negative Dromologie der Kuh: Sie beschleunigt nicht, sondern verlangsamt. In ihrem

<< Abb.: ›La vache qui rit®‹. Französischer Schmelzkäse der Firma Fromageries Bel (seit 1921)

Dunste regredieren die Soldaten, und das bedeutet: Kühe stören den Krieg. Darum wurde 1621 in der französischen Armee verboten, den so genannten *Ranz des Vaches*, den *Kuhreigen* zu singen, zu spielen oder sonstwie zu Gehör zu bringen. Es hatte sich nämlich gezeigt, dass Schweizer Söldner seltsam wurden, sobald das Lied erklang. Die Erinnerung an die heimische Alm mit ihren Kühen und Kuhliedern hat sie heimwehkrank gemacht. Dann haben viele nicht mehr kämpfen mögen, sind fortgelaufen und also Deserteure geworden. Das Desertieren von Schweizer Buben muss derart um sich gegriffen haben, dass ihr Kuhlied von den Offizieren als Problem erkannt wurde. Da hat man es verboten. Wer von Kühen singt, wird verhaftet!

Andererseits jedoch haben die Armeen sich jahrhundertelang auf Kühe verlassen müssen, ja: Sie waren dringend auf sie angewiesen. Die Salpetersäure zur Herstellung von Schwarzpulver wurde nämlich aus dem Urin der Rinder gewonnen. Man schoss sich sozusagen mit Kuhpisse tot.

Die Versprachlichung der Kuh in Ritus, Mythos, Lied und chemischer Formel hat je verschiedene Effekte gezeitigt. Kultur hat sich dem Tier auf alle Weise eingeschrieben, selbst in dem direkten Sinne, dass man auf geschabte Kuhhaut schrieb, will sagen: auf Pergament. Ihr Auftauchen im Witz jedoch hat um 1917 weitere Folgen gehabt. Und das kam so:

Im 1. Weltkrieg entstand unter französischen Soldaten ein Bonmot zur Verspottung der Gegenseite. Die Deutschen galten insgesamt als Wagnerianer, wobei die Walküren im Zentrum des Spottes standen: Walküren, oder wie es auf Französisch heißt: *Walkyries*. Dieser Spitzname für die Deutschen kursierte unter französischen Soldaten. Er machte intensiv die Runde, durchlief verschiedene Wiederholungsschleifen und wurde gleichsam wiedergekäut.

Das Wiederkäuen nämlich ist ein Urbild des Wiederholens. Es rückt die Kuh ins Zentrum jenes Jahrhundertdiskurses um den Begriff der Wiederholung. Jede Kuh holt Nahrung aus dem Vormagen zum erneuten Kauen hoch: Es handelt sich um ein *Feedback* im wahrsten Sinne des Wortes. Friedrich Nietzsche hat dies klar erkannt, als er um Sils-Maria, Oberengadin einsamen Spaziergängen nachging. Dabei fand er auf Bergwiesen in träger Lässigkeit die Kühe liegen. Ihr Wiederkäuen hat ihn entzückt: Er sah darin ein Gegenbild zu dem modernen Menschen, der ständig nach dem Neuen giert. Die Kuh jedoch ist kein moderner Mensch! – und eben darum ist sie zweierlei: erstens Vorbild aller Nietzsche-Leser und zweitens Nachbild antiker Gedächtniskunst. Schon in Quintilians »Institutio Oratoria« (XI:2, § 41) nämlich wird dem Redner, der sein Gedächtnis üben will, das wiederholte Lesen als ein Wiederkäuen anempfohlen. Dieser Textbezug scheint nicht allen klar zu sein, die von Nietzsches Kühen sprechen. Die von Derrida thematisierte Rhetorizität von Nietzsches Texten zeigt sich eindrucksvoll an eben dieser Stelle. Nietzsches Kühe sind Textmonster und dem Quintilian entsprungen! So hat sich auf den Almen rings um Sils-Maria ein Nachleben der Antike ereignet, das (zu Adornos Entsetzen!) noch in den Kuhglocken des 2. Satzes von Gustav Mahlers 7. Sinfonie nachklingen sollte.

Der metaphorische Möglichkeitsraum der wiederkäuenden Kuh basiert auf einer physiologischen Eigenschaft: dass sie ein Vormagen-Verdauer ist. Nietzsche und Quintilian konnten nicht ahnen, dass unter dieser Kategorie eine Vielzahl weiterer Tiere beschrieben werden sollten. Auch Flusspferde, Faultiere und Kängurus sind mittlerweile als potenzielle Wiederkäuer erkannt; sie haben demnach nicht das Zeug zum modernen Menschen. Mehr noch: Im Frühjahr 2011 hat der Züricher Biologe Marcus Clauss erstmals einen Nasenaffen beim Wiederkäuen beobachtet. Jedoch hat sich die Kuh als Semaphor gegen alle wissenschaftlich generierte Vermehrung möglicher Bildträger behaupten können. Lässig auf der Wiese liegend dominiert sie das semantische Feld. Anders gesagt: Wo immer es um Feedbackschleifen und Wiederholungsstrukturen geht, da ist eine Kuh nicht fern.

Der soeben skizzierte Grundsatz lässt sich exemplarisch in der Pop-Art bemerken. Das serielle Wiederholen sollte in Andy Warhols Factory zum Prinzip erhoben werden, und zwar nicht nur in Gestalt der Siebdruckreihen sondern auch als Tapete. Die Tapete annulliert den Unterschied von Bild und Wand und tritt als Rolle in Erscheinung, mithin als potenziell endlose Wiederholung ihrer Muster. Zur Erprobung dieser Parameter tapezierte Andy Warhol 1966 die New Yorker Galerie Castelli. Und nach allem bisher Gesagten sollte niemand von dem Motiv überrascht sein, das er für seine Tapetenrollen wählte. Andy Warhol tapezierte bei Castelli mit dem *Cow-Wallpaper.* (Nebenbei: Warhols Kühe taten Wirkung in die Ferne – sie unterwanderten das Cover der Pink-Floyd-LP »Atom Heart Mother«.)

Nach dieser kleinen Zwischenreflexion kehren wir zum wiederholten Mal (*sic*!) zum Nachschubbataillon der französischen Armee zurück. (Das Wörtchen *Nachschub* könnte seinerseits nachdenklich stimmen. In der Tat werden wir darauf zurückkommen müssen!) Bei den besagten Truppen also kursierte der Ausdruck *Walkyries* als Spitzname für die Deutschen.

Dabei sollte der fast sechzigjährige Soldat Benjamin Rabier eine gewisse Rolle spielen. Als Siebenjähriger hatte er die preußische Belagerung der Stadt Paris im Krieg von 1870/71 erlebt. Damit war seine Einstellung zu Deutschland grundlegend vorgeprägt worden. 1897 hatte er ein illustriertes Kinderbuch namens »Tintin Lutin« herausgebracht; wegen seines Titels halten manche es für einen Vorläufer von Hergés »Tintin«. In der Tat gilt Rabier als Pionier der *Bandes dessinés*, der französischen Form des Comic-strip. Bis heute ist die 1923 von ihm entworfene Gans *Gédéon* in Frankreich mindestens so populär wie anderswo Donald Duck. Und dieser Mann geriet nun an das Spottwort für die Deutschen: *Walkyries*.

Was dann geschah, ist nicht gut dokumentiert, jedoch scheint es nicht lange gedauert zu haben, bis das Wort sich verwandelte. Die Wiederholung wiederholt eben nicht nur (wie schon Kierkegaard bei seinen Verlobungsversuchen bemerken musste), sie verwandelt auch. Als die Walküren ins Spiel kamen, ins Wortspiel nämlich, kam eine Kuh dabei heraus. Auf verschlungenen Wegen der Wortspielerei driftete der Sinn des Ausgangswortes entlang der Reihe *Walkyries, Wachkyrie, Vacherie* – und landete bei *Vache qui rit*. Wir haben hier also den klassischen Fall einer Verschiebung, wie Sigmund Freud ihn in seiner Schrift über den Witz behandelt hat. Verdichtung, Verschiebung, Ersatzbildung sind nach Freud die Mechanismen, welche Witz und Traum gemeinsam haben. Damit aber kommen wir zurück zum Ausdruck *Nachschub*. Die Verschiebung von Walküren auf Kühe kam nämlich an einem sinnigen Ort zur Erscheinung: Der Ausdruck *la vache qui rit* wurde an die Nachschubwagen der französischen Armee gepinselt. Dort aber war der Zeichner Benjamin Rabier nicht lange untätig und hat ein Bild dazu gemalt. Vergleichbar der kuhäugigen Hera über dem Schlachtfeld von Troja fuhr diese lachende Kuh über die Schlachtfelder des 1. Weltkriegs – gleichsam in einem *gelos asbestos*: jenem unauslöschlichen Göttergelächter, wie Homer es beschrieb.

So also kam jene Kuh zu ihrer ersten Erscheinung, die später auf einem Bilderfahrzeug namens Käseschachtel in alle Welt hinausfahren sollte. Theoretisch betrachtet, ist es ein bedeutsamer Vorgang, den diese Kuh mit vielen Erscheinungen zeitgenössischer Kunst teilt. Die Entstehung des Bildes aus dem Sprachspiel ist ein spezifisches Faszinosum in den Künsten des 20. Jahrhunderts. Es hat im Dadaismus eine wichtige Rolle gespielt, insbesondere für die *Puns* von Marcel Duchamp, auch im Surrealismus und nicht zuletzt bei Karl Valentin. Hier liegt ein wesentlicher Grund dafür, dass Benjamin Rabiers lachende Kuh sich als derart anschlussfähig an die französische Pop-Art des 20. Jahrhunderts erwies: weil sie ein Sprachmonster ist.

Im Verhältnis von Tier und Sprache ist eine Verwerfungslinie angelegt, von der die Kulturgeschichte nicht loskommt. Der Tierbedarf in den Kulturwissenschaften bestätigt die ersten Verse von Ovids »Metamorphosen«: Es ist ein *carmen perpetuum.*

# L

:s: luce euan
atio
Ætern
nem
at pro
nobis
qs do
minic
sanct
s euangelista
nonficatio
risuo corpe
minis dono
Iheronym⁹
strium viro
Prima
s medicus a
tiensis ut
icant grec

ad timotheu: Lucas e
mecum solus: Aliud q̃
edidit volumen egre-
gium qd titulo aposto-
licarum actionum pre-
notatur: cuius hysto-
ria usq; ad biennium
rome commorante pau-
lo peruenit: id ẽ usq; ad
quartum neronis annũ
Ex quo intelligimus
in eadẽ urbe librum e-
positum. L: iii:
Gitur de laudi-
bus pauli & tecle & totam
baptizati leonis fabu-
lam inter scripturas a-
pocriphas cõputemus.
Quale enim ẽ ut indiui-
du⁹ comes apli inter ce

# LIBELLE, DIE

(*Odonata* Fabricius, 1793; engl. *dragonfly; ital. libellula*)

Helga Lutz

»Weil ja jedes Land, ja fast jede Stadt
diesem Insect einen anderen Namen giebt
werde ich, um dem Leser nicht beschwerlich zu fallen,
bey dem Namen *Libella* bleiben.«
(Johann Leonard Frisch 1730)

»Que de noms pour un seul insecte en toutes espèces de langues!« (Rolland 1911: 82) Und doch ist es nicht die schiere Anzahl der Bezeichnungen, die verblüfft, sondern die Art der Assoziationen, die die Libelle auslöst und die in den ganz unterschiedlichen Namen zum Ausdruck kommt. Während man sie in Japan ehrt und als Kinderfreund abbildet, überwiegen im europäischen Sprachraum die Verwünschungs-, Fluch- und Schadensnamen. Kaum Gutes schreibt man ihr zu. Auch wenn die Libelle nicht stechen kann, wird sie als ›Stechnadel‹, ›Öhrleinschießer‹, ›Adernstecher‹, ›Schneidernadel‹, ›Schnipselschneider‹, ›Nähmaschinchen‹, ›Kuhbiss‹, ›Roßstecher‹ und Ähnliches bezeichnet. Und noch viel mehr haben die überdimensionierten, starren und gleich einem Konvexspiegel nach außen gewölbten Facettenaugen seit je her Ängste geschürt. In einigen Gegenden hat man sich bemüht, ihnen die Bedrohlichkeit zu nehmen, indem man auf die formale Ähnlichkeit zu der seit dem 15. Jahrhundert in den Niederlanden und in Deutschland gebräuchlichen Kopfbedeckung, der so genannten Hörnerhaube, verwiesen hat. Die Bezeichnung ›Jungfer‹ oder ›Demoiselles‹, die sich davon ableitet, stellt jedoch nur eine putzige Ausnahme dar in der überwältigenden Flut von Namen, die in diesen Augen eine gefährliche, wenn nicht gar tödliche Kraft für die eigenen *und* für die Augen anderer erkennen will, wie aus den Bezeichnungen ›Augenschiesser‹, ›Augenzerschneider‹, ›Augenbrenner‹, ›Augenpisser‹ (aufgrund des vermeintlich giftigen Urins) oder ›Stechnatter‹ hervorgeht. Selbst die Geräuschlosigkeit, Geschwindigkeit und Geschicktheit ihrer Flugmanöver

<< Abb.: Grimani-Brevier. Biblioteca Nazionale Marciana, Venedig. MS. lat. I, 99, fol. 781v. In: Marrow 2005: 16, Abb. 33

stößt auf keinerlei Bewunderung: Der Umstand, dass die an der Brust angewachsenen Flügel variabel bewegt werden können (Vorderflügel nach unten und Hinterflügel gleichzeitig nach oben) und die Libelle somit vom langsamen Suchflug, nahtlos in den Rüttelflug aber auch in den Blitzflug übergehen kann – ja, auch diese Besonderheit ist mit Misstrauen bedacht worden und hat ihr die Namen Spion, Polizist und Melder eingebracht. (Wissmann 1965: 7)

Dass die seltsam längliche Körperform zum Vergleich mit spitzen Gegenständen anregt ist nachvollziehbar (›Nadel‹, ›Spitze‹, ›Vogelschnabel‹), dass aber zugleich die fein geäderten, durchsichtigen Flügel zu keinerlei ästhetischen Überlegungen verführt haben, erstaunt. Zwar finden sich zahlreiche Bezüge zum Glas, die Bezeichnungen Glasschneider und Glassäger verweisen jedoch wohl eher auf die Bewegung, mit der die Eier legende Libelle die glasartige Wasseroberfläche anritzt. Womit auch hier erfolgreich ein zerstörerisches Moment gefunden wäre.

Dass die Libelle den geballten Unwillen des Volksglaubens auf diese Weise auf sich zieht und wo es nur geht mit dem Teufel, der Hurerei, den Hexen und dem Tod in Verbindung gebracht wird, hat im Gegenzug dazu zwangsläufig auch ein Sammelsurium versöhnlicher und diplomatischer Tabunamen hervorgebracht, denn: »wer ein Tier verwünscht und beschimpft, der ist seines Lebens nicht sicher und sollte alle Schliche und Listen anwenden [...] um gnädig zu stimmen und zu übertölpeln.« So findet man die Libelle folglich bisweilen dem göttlichen Personal zugehörig beschrieben, als dem ›Lieben Gott sein Hottepferd‹, als ›Himmelspferdchen‹ oder ›Muttergotteslämmchen‹. (ebd.: 16)

Man möchte wissen, welche Gestaltungen ein Tier, das als Signifikant des Niederträchtigen und Bösen durch die Welt der Volkskunde, des Aberglaubens, und der etymologischen Lexika geistert, im Bereich der Bilder erfahren hat. Dabei stellt man zunächst fest: Die Libelle taucht, historisch gesehen, recht spät auf. In den Miniaturen der mittelalterlichen Bestiarien, wie dem umfangreichen »Book of beast« (MS Bodley 764), das ca. 1250 entstanden ist und bereits zahlreiche Abbildungen heimischer Tiere enthält, sucht man sie vergeblich. Vielleicht, weil diese Zeit noch kein *concept of insects* erkennen lässt, aber natürlich vor allem, weil sie in den biblischen Texten und antiken Quellen, auf die darin zurückgegriffen wird, ebenfalls keine Rolle spielt.

Wäre es nun andererseits so, wie das »Lexikon der Tiere als Sinnbilder in der Malerei des 14. bis 17 Jahrhunderts« uns glauben machen will, dann wäre die Bilder-Geschichte der Libelle einfach und rasch erzählt: Dann würde sie nämlich überhaupt erst in der deutschen und niederländischen Tafelmalerei des 15. und 16. Jahrhunderts auftauchen und zwar im Rahmen einer Ikonographie, die sich problemlos mit den zuvor skizzierten Zuschreibungen in Zusammenhang bringen lässt. Dann fände man die Libelle ausschließlich und von Anfang an als Symbol für die verdammte und auf Erlösung hoffende Seele (im Zusammenhang mit Adam), vor allem aber als ein Insekt, das mit anderem niederen Getier (Kröten, Schlangen, Fliegen, Schmetterlingen) als Vorbote des Todes oder als Zeichen der Lasterhaftigkeit eingesetzt ist: Wie beispielsweise auf einem Ulmer Tafelbild aus dem späten 15. Jahrhundert, wo auf der als *memento mori* fungierenden Rückseite eines Brautbildes ein stehendes Totenpaar steht, das von Schlangen, Kröten und Fliegen besiedelt und durchbohrt ist. Teil des erschreckenden *memento mori* ist es, dass sich sowohl auf dem Unterarm des Mannes wie auch auf dem Fuß der Frau riesige Libellen niedergelassen haben. Zu einer mindestens so eindrücklichen Bildlösung hat Cornelisz von Haarlem in seiner Darstellung vom Sturz der Giganten gefunden. Als unmissverständlicher Hinweis auf die Lasterhaftigkeit der ehemals Göttlichen, die aus dem Himmel verstoßen zu Dämonen wurden, hat sich Getier auf den Gefallenen niedergelassen. Ein besonders direkter Fingerzeig auf die Vergehen ist neben den gigantischen Faltern die überdimensionierte Libelle, die sich als Gestalt gewordene Kastrationsdrohung explizit auf das Geschlecht des links stehenden Mannes gesetzt hat.

Aber so einfach ist die Geschichte nicht. Denn die Libelle taucht in einem anderen Medium, nämlich im Buch, nicht nur sehr viel früher, sondern auch unter anderen Vorzeichen bereits auf. Für eine der ersten Libellen im »Belleville Brevier« (ca. 1323–1326), das dem in Paris arbeitenden Illuminator Jean Pucelle zugeschrieben wird und eine fliegende Libelle mit Schnecken, Schmetterlingen, Affen und einem Vogel auf der Bordüre zeigt, hat Panofsky eine einleuchtende Erklärung geliefert. Ihr Ehrenplatz auf der Seite erklärt sich seiner Ansicht daraus, dass *pucelle* im Umgangsfranzösisch des 14. Jahrhunderts *Libelle* bedeutet und sie somit an dieser Stelle als Markenzeichen oder Signatur fungiert, was zu dem eher zeichenhaften Charakter ihrer Darstellung auch durchaus passt. Der Abstand zu einem noch etwas früheren Exemplar, das vermutlich zwischen 1314 und 1324 in Genua entstanden ist, könnte kaum größer sein. Mit diesem nur in Fragmenten erhaltenen Manuskript der Familie Cocharelli beginnt eine andere Geschichte der Libelle, eine Geschichte, in der sie zum Exponenten einer exzessiven Mimesis wird, einer

Geschichte, in deren Verlauf sie aus dem Imaginären der Kunst heraustreten und auf die Seite des Realen wechseln wird.

Bei dem genannten Buch handelt es sich um ein auf lateinisch verfasstes Traktat über die Tugenden und Laster, das mit Anekdoten aus dem Leben des Vorfahren Pelegrino Cocharelli illustriert ist und den Kindern der Genueser Familie als Anschauungs- und Lehrmaterial gedient hat. Die Qualität der darin versammelten Tierdarstellungen (und nicht zuletzt der mühelos als *libella fulva* zu identifizierenden Libelle) ist von einem so überwältigenden Naturalismus, dass Otto Pächt darin zuzustimmen ist, dass es sich um erste Beispiele von Naturstudien handeln muss: »Their novelty can only be explained by assuming [...] that they have been produced by immediate transfer into pictorial form [...] a kind of optical off-set from nature.« (Pächt 1950: 16f.)

Mindestens so interessant wie dieser Umstand ist noch eine sich daran anschließende Beobachtung: Während sich der Künstler bei der Darstellung von menschlichen Figuren und exotischen Tieren nämlich durchaus mit stereotypen, formelhaften Darstellungen begnügt, sind es *gerade* die Schmetterlinge, Motten, Krustentiere, Muscheln, Käfer und Libellen, denen er sich mit so unglaublicher Akribie, wissenschaftlicher Genauigkeit und Hingabe widmet, gerade so, als wäre die Erstellung eines entomologischen Handbuchs Ziel seiner Unternehmung gewesen. Pächt schreibt: »The man must have had the mind [...] of a specialist who spent endless time in observing these tiny creatures. And perhaps there is good reason why this strange little world was among the first of nature's phenomena to be portrayed in the spirit of descriptive naturalism. It had the still life quality which facilitates close and ardent observation. A world that could be brought very close to the eye in a purely physical sense and which at the same time lay sufficiently on the fringe of the medieval cosmos to be free from symbolical ties.« (ebd.: 21)

Im »stilled life rather than life« nimmt die Darstellung der Libelle also ihren Ausgang. (ebd.: 17) Und vermag darin zu zeigen, was unter ihrem schlechten Ruf verdeckt bleibt: Die Farbigkeit und dekorative Beweglichkeit ihres langen Leibs, seine fast ornamentale Zeichnung und die Semi-Transparenz der großen filigranen Flügel. Dass dieses Bild der Libelle im Raum des Buches nicht nur sistiert, sondern auch fortgeschrieben wird, daran lässt ihr zweihundert Jahre später anzusiedelndes Erscheinen im »Grimani Brevier« keinen Zweifel. (s. Abb.) Unübersehbar, riesengroß und prächtig hat sie sich auf der Buchseite niedergelassen, angelockt und verführt von der scheinbaren Echtheit der

Streublumen, ein *trompe-l'œil*, das von einem anderen *trompe-l'œil* verführt worden ist und den Betrachter gleichermaßen verführen will.

Von dort aus wird sie aufbrechen, um die Trajektorie des *trompe-l'œil*, seine Fluchtlinie sozusagen, zu vollenden: Denn in Joris Hofnagels »Animalia Rationalia et Insecta« von 1575–1580 kehrt diese Libelle nicht nur als ein hyperrealistisch dargestelltes Insekten-Specimen wieder, dasselbe Buch enthält noch eine weitere Tafel mit Libellen, eine Tafel, in der die Kunst der realistischen Darstellung die Grenze zum Realen überschreitet. Bei diesen Exemplaren sind nur die Körper der Libellen gemalt, die Flügel hingegen sind echte Libellenflügel. Die Libelle hat sich am Ende aus dem *trompe-l'œil* heraus im Realen materialisiert. Auf diese Weise ins Auge stechend, bekommt der volkstümliche Name der ›Augenstecherin‹ eine dramatisch andere, nämlich medientheoretisch brisante Bedeutung: Als Augenstecherin überschreitet sie zuallererst die Bordüren und Borders der Ästhetik.

# M

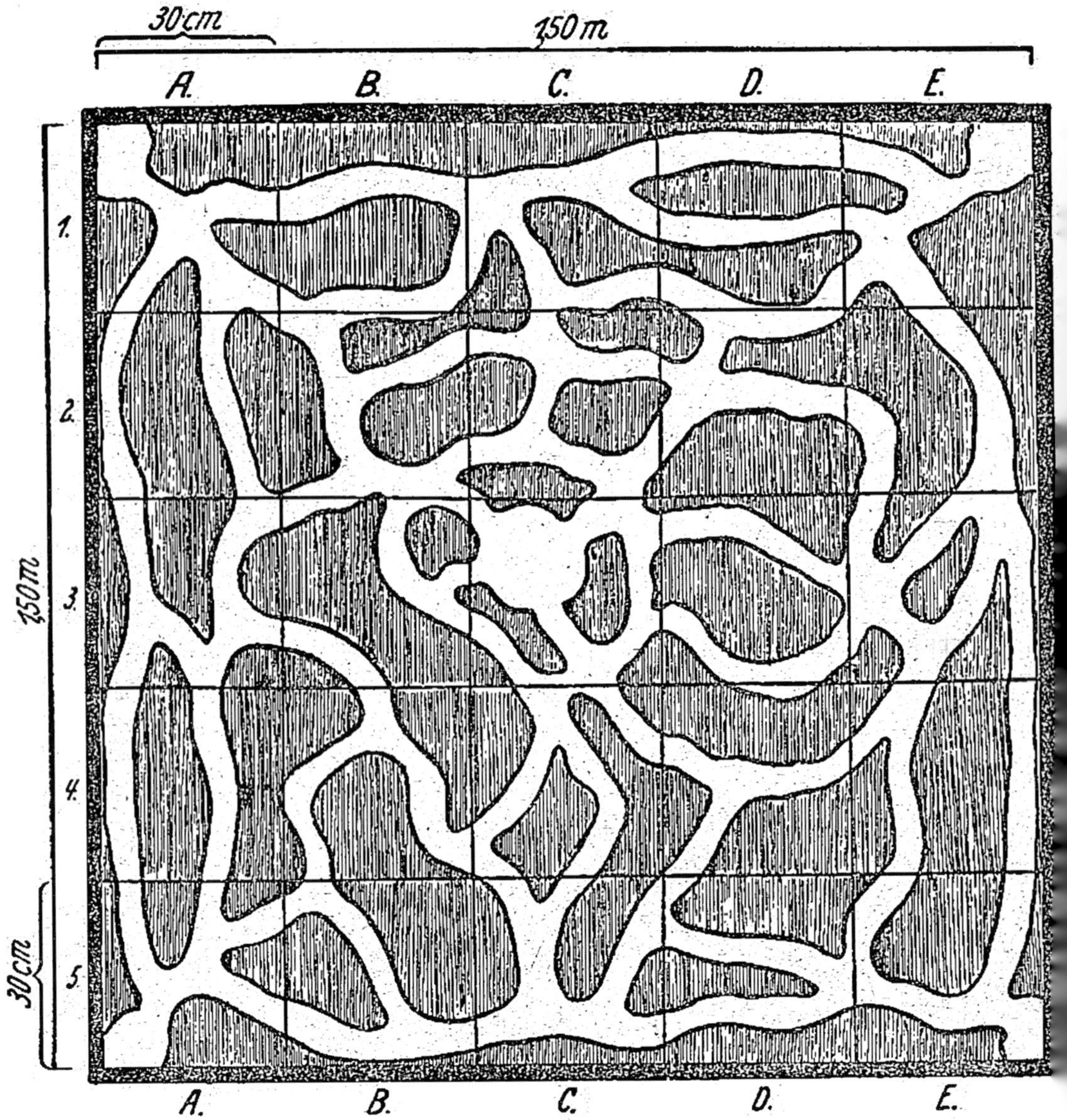
30 cm
150 m
A.
B.
C.
D.
E.
1.
2.
3.
4.
5.
150 m
30 cm
A.
B.
C.
D.
E.

# MAULWURF, DER

(*Talpa europaea* Linnaeus, 1758; engl. *mole*; ital. *talpa*)

Horst Bredekamp

In den »Weltgeschichtlichen Betrachtungen« hat Jacob Burckhardt seine Überzeugung vertreten, dass von »Kultur« nur zu sprechen sei, wenn sie als ein Medium der unaufhörlichen Kritik aller »stabilen Lebenseinrichtungen« aufträte; sie ist »die Uhr, welche die Stunde verrät«. Zu dieser Metapher des Anschlagens der Stunde kam das Symbol einer Tätigkeit: »Aber der Geist ist ein Wühler und arbeitet weiter«. (Burckhardt 1985: 23 und 66) Die erste Metapher ist angesichts der Unbestechlichkeit der Zeit selbstevident, und auch die zweite scheint keine weitere Erläuterung zu benötigen. Aber das *Wühlen* stellt in seiner so nahsichtigen wie emsigen Tätigkeit einen so starken Gegensatz zur demonstrativen Klarheit des Stundenschlages dar, dass mit ihm ein anderer Typus von Kultur gemeint sein muss. Die zweite Metapher entspringt der Symbolik des Maulwurfs, für deren Deutung diese Überlegungen nicht viel mehr sind als ein blinder Stollentrieb durch den Humus bereits vollzogener glänzender Abhandlungen. (vgl. Heydenreich 2007; Krell 1981 und bsd. Stierle 1982)

Bis in die Renaissance galt der Maulwurf als Symbol des Geizes, weil er – was nicht zutrifft – blind sei und in seiner Selbstbezogenheit den Nächsten, aber auch sich selbst verrate. Zwar ist der Maulwurf keineswegs vollständig blind, aber die negative Zuschreibung eines in der Finsternis und in Höhlen lebenden Wesens hat sein negatives Bild bestimmt. Andererseits konnte der Maulwurf an Sympathie gewinnen, gerade weil er ein vorgeblich blindes Tier des Untergrundes ist. Er wurde zum Beispiel der Überwindung des Nicht-Sehens und damit ein Bild des Philosophen, der in die »Hallen der Wahrheit« zu blicken vermag, wie Giordano Bruno es im »Aschermittwochsmahl« ausgedrückt hat. (vgl. Stierle 1982: 103f.; Blöcker 1993: 138; Saerberg 2011: 356f. und Bruno 1969: 92)

Seine zweite Eigenschaft, unermüdlich unterirdisch zu wühlen, gehört seit Shakespeares »Hamlet« zum festen Repertoire der Tiermetaphorik. Im ersten

<< Abb.: Schnitt durch die Gänge eines Maulwurfs. In: Uexküll/Kriszat 1934: 69

Akt erscheint der Geist von Hamlets Vater, um diesen mit dem Bericht über die Umstände seines Todes zur Rache aufzufordern. Für Hamlet bedeutet diese Botschaft eine Erschütterung, wenn nicht Auslöschung seines bisherigen Weltbildes, woraufhin er schwört, sein gesamtes Gedächtnis allein mehr auf den Geist des Vaters und dessen Gebot auszurichten. Als dieser in die Erde zurückfährt, ruft ihm Hamlet zu: »Well said, old mole. Canst work i' th' earth so fast? / A worthy pioner!« (Shakespeare 2005: 165f. und 690)

Die Identifizierung des Geistes von Hamlets Vater mit dem Maulwurf geht mit dessen in der Tat überraschender Wühlgeschwindigkeit einher. In seiner untergründigen Geschwindigkeit wird er zum Spiegel der Bewegungen in Hamlets Kopf, in dem alle Erinnerungen an Ereignisse, die dem soeben offenbarten Drama und dessen Konsequenzen nicht standhalten, ausgelöscht werden. Der Maulwurf wird zum Metapherntier der Unterhöhlung aller gewohnten und gesicherten Erfahrungen; er unterminiert das Gedächtnis. (vgl. Heydenreich 2007: 177) Die Übersetzung von August Wilhelm von Schlegel hat daher das »A worthy pioner« mit »O trefflicher Minierer« übersetzt, um damit sowohl auf sich vorgrabende Tiere wie auch die Schanzgräber frühneuzeitlicher Armeen anzuspielen. Diese trieben Stollen bis zu gegnerischen Festungsmauern, um diese mit Sprengstoff zum Einsturz zu bringen. (Shakespeare 1920: 40, Z. 14f.) Die Übersetzung trifft den Umstand, dass Shakespeares Maulwurf zum Bild einer Subversion wird, die mächtiger ist als selbst Wehrbauten. (Heydenreich 2007: 180)

In Shakespeares Sinnbefrachtung des *mole* steckt auch eine poetologische Selbstreflexion, welche die Dichtkunst als eine kritische Wühlarbeit, dem Maulwurf gleich, definiert hat. Von Jean Paul über Georg Büchner und Franz Kafka bis zu Günter Eich reicht die Linie der Autoren, die sich oder ihre Werke mit dem Maulwurf identifiziert haben: »Was ich schreibe, sind Maulwürfe, weiße Krallen nach außen gekehrt, rosa Zehnballen, von vielen Feinden gern als Delikatesse genossen, das dicke Fell geschätzt.« (Eich 2006: 7) Hierin liegt eine eigene, hoch komplexe Tradition, in die auch Friedrich Nietzsches Selbstcharakterisierung als Maulwurf gehört. Im Folgenden soll aber jene politische und philosophische Wendung verfolgt werden, die mit Shakespeares Tiermetapher zu verbinden ist. (vgl. Heydenreich 2007: 187–192; Stierle 1982: 133; Saerberg 2011: 357ff. und Braun 2007: 139–144)

Unter Bezug auf Shakespeare hat Georg Wilhelm Friedrich Hegel zum Ende seiner »Vorlesungen über die Geschichte der Philosophie« zu einem ähnlich mächtigen Sprachbild gegriffen, das seine Geltung bis heute durch immer neue Ereignisse bewahrheitet. Der Drang des absoluten Geistes, sich mit der Wirklichkeit zu versöhnen und sowohl in wie auch aus ihr heraus zu sich selbst zu finden, identifiziert Hegel den Geist von Hamlets Vater als Maulwurf: »fast scheint er sich vergessen, verloren zu haben; aber innerlich sich entgegengesetzt, ist er innerliches Fortarbeiten – wie Hamlet vom Geiste seines Vaters sagt, ›Braf gearbeitet, wackrer Maulwurf‹«. (Hegel 1993: 456)

Dieses »Fortarbeiten« geht weiter, »bis er, in sich erstarkt, jetzt die Erdrinde, die ihn von seiner Sonne, seinem Begriffe, schied, aufstößt, daß sie zusammenfällt.« Hegel hat Shakespeares subversive Bestimmung der Maulwurfs-Metapher präzise erfasst, insofern er mit dem Maulwurf auch dessen überraschende Geschwindigkeit aufnimmt: »In solcher Zeit hat er die Siebenmeilenstiefel angelegt, wo sie, ein seelenloses, morschgewordenes Gebäude, zusammenfällt und er in neuer Jugend sich gestaltet zeigt.« Und mit dem Bruch der Erdkruste wird deutlich, dass Hegel den Maulwurf nicht als Einzelwesen, sondern in seiner Pluralität begreift. Obzwar ohne Kenntnis der Artgenossen, agiert er dennoch mit diesen gemeinsam, um nicht nur auf einen Punkt, sondern auf eine Fläche vom Ausmaß eines Gebäudes zerstörerisch einzuwirken. Im Untergrund, dies ist der stärkste Zug von Hegels gewaltigem Bild, wirkt ein wahres ›Geisterreich‹. Es ist im Bild des Maulwurfs gefasst, dem als ›Geist der Zeit‹ zu folgen ist: »Auf sein Drängen – wenn der Maulwurf im Innern fortwühlt – haben wir zu hören und ihm Wirklichkeit zu verschaffen; sie sind ein schlechthin notwendiger Fortgang, der nichts als die Natur des Geistes selbst ausspricht und in uns allen lebt.« Der Maulwurf *ist* der Zeitgeist, indem er in Mehrzahl unterirdisch wühlt, gleichzeitig an unterschiedlichen Orten hervorbricht und die Erdkruste zum Einsturz bringt. (ebd.: 456 und 462)

In der ersten Ausgabe von Hegels »Philosophie der Geschichte« hat Hegel den Maulwurf mit dem sich erhebenden »Prinzip der Freiheit« verglichen und unmittelbar auf die Franzosen bezogen, bei denen er sich »sous terre« herumtreibe. (Hegel 1837: 73) Hieran könnte sich Karl Marx orientiert haben, als er in seiner visionären Schrift »Der achtzehnte Brumaire des Louis Bonaparte« die Revolution damit triumphal enden sieht, dass »ganz Europa von seinem Sitz aufspringen« und mit den Worten Shakespeares »jubeln« wird: »›Brav gewühlt, alter Maulwurf!‹« (Marx 1946: 102; vgl. Stierle 1982: 114–120; Heydenreich 2007: 181ff.; Saerberg 2011: 358 und Ritter 1957)

Es spricht nicht weniger Hochachtung über dieses Wühltier, wenn Jakob von Uexküll und Georg Kriszat die außerordentliche Fähigkeit dieses Tieres hervorheben, das nach einem spinnennetzartigen Plan seine Stollen gräbt. (s. Abb.) Als ein Beispiel für die Autonomie der motorischen Intelligenz sprechen die Autoren von den Gängen des Maulwurfs als einem »Wirkraum«, der sich durch die Summe der Körperbewegungen ergibt. Der Grundriss der Stollen erweist sich als Produkt einer Planung, die sich aus den Körperbewegungen und deren Effekten ergibt. Das Spinnennetz der Mauwurfsgänge gibt als Beispiel eines gerade in seiner Blindheit selbstbewusst-unbeirrbaren Geistes den vielleicht treffendsten Bezug zu Burckhardts Kulturbegriff des »Wühlers«. (vgl. Uexküll/Kriszat 1934: 70)

In einem Interview zu einem Sammelband, der im Jahr 2005 dem gemeinsamen Werk von Alexander Kluge und Oskar Negt gewidmet war, hat Negt schließlich das methodische Charakteristikum des Werkes »Geschichte und Eigensinn« mit der Arbeit des Maulwurfs verglichen: »In ›Geschichte und Eigensinn‹ suchen wir immer die verdeckte Seite, das, was unter der Oberfläche wühlt, weshalb unser Lieblingstier eben der Maulwurf ist, der *sous terre* arbeitet, wie Hegel sagt.« (Negt/Kluge 2005: 12; vgl. dies. 1993) Negt bezieht sich bewusst auf Hegels politisierte Fassung der Maulwurfs-Metapher, in der dieser Wühler zum Agenten einer unsichtbaren und umso effektiveren Subversionskraft wird, ohne die keine Lockerung, Umwälzung oder Revolution der Lebensverhältnisse zu denken ist. Wenn Negt seine Äußerung auf Ereignisse wie den Fall der Mauer bezieht, so trifft dies den Kern der Metapher insofern, als niemand den Sturz des sowjetischen Imperiums vorherzusagen wusste. (vgl. Negt/Kluge 2005: 12)

Unter der Oberfläche agiert der Zeitgeist nicht als sichtbarer *mainstream*, sondern als Gemeinschaft der einander nicht bekannten, gleichwohl aber zusammenwirkenden Wühler. Die Blitzartigkeit, mit der in der ersten Hälfte des Jahres 2011 der gesamte Raum des südlichen und östlichen Mittelmeeres ohne jede Vorwarnung zum Feld einer Subversion wurde, die von niemandem vorherzusehen war, bedeutete ein neues Zeichen für die Gültigkeit von Hegels Definition des Zeitgeistes. Sie hat den Eindruck erweckt, dass die heißen Länder der Wüste für einen Moment den Maulwurf beheimatet haben: als wühlender Zeitgeist. »Der Geist ist ein Wühler«: dieses Diktum Jacob Burckhardts hat fraglos den Maulwurf im Blick. Er ist unscheinbar, und damit erfüllt er das Gebot der Bescheidenheit, er ist durch seine Hügel ein

Spurenleger, ohne sich selbst zu verraten oder angreifbar zu machen, er lebt in einem System von Gängen, die er nicht erworben, sondern für sich produziert hat, aber in dieser Autonomie bewirkt er einen kollateralen Nutzen, indem er den Boden auflockert und festes Terrain zu transformieren vermag. Und, vor allem, er kann gefährlich sein, indem sein unsichtbares Wirken den Boden zum Einsturz bringt. Der Maulwurf ist mit all seiner Wühlarbeit »die Uhr, welche die Stunde verrät«.

# MAUS, DIE

(*Mus* LINNAEUS, 1758; engl. *mouse*; ndl. *muis*)

Astrid Deuber-Mankowsky

In Pasolinis 1969 gedrehtem Film »Medea« mit Maria Callas in der Hauptrolle spielen tote Mäuse eine nicht unwichtige Nebenrolle. Ihre zwei Auftritte finden im ersten Teil des Filmes statt, in dem uns Pasolini in das antike Kolchis, die Heimat von Medea einführt, die er für den Film im zentralanatolischen Kappadokien rekonstruierte. Die toten Mäuse hängen beide Male kopfüber an ihren Schwänzen, einmal als Teil eines Opferfetischs, der im Rahmen eines Auferstehungsrituals in einem Umzug mitgeführt wird. Man sieht weder, wie die Mäuse geopfert werden, noch was im Verlauf des Rituals mit ihnen geschieht. Sie sind nur das Nebenopfer, das Zeichen des Opfers, das selbst in einer berühmten Szene von einem schönen, jungen, fast nackten, am ganzen Körper bemalten Mann gespielt wird. Das Menschenopfer steht im Kontext der Evolution der Landwirtschaft und im Kontext der Entdeckung, dass die Samen ihre Form verlieren, wenn sie in die Erde fallen und in neuer Form wieder erstehen. Der tote Körper wird zerhackt, das Blut und die einzelnen Fleischstücke werden aufs Feld und aufs Land getragen, wo das Blut auf die Bäume, die Pflanzen und Ähren verteilt und die Fleischstücke vergraben werden. Die Körperreste werden in einem Feuer verbrannt, dessen Rauch ebenfalls auf die Felder verteilt wird. Erst jetzt spricht Maria Callas als Medea den ersten Satz: »Gib Leben den Samen und werde wiedergeboren mit den Samen.« Pasolini reinszeniert in dichter Weise die performative Verknüpfung der Techniken des Ackerbaus und des Opfers zur Konstituierung einer Welt mit Sinn, mit einer wiederkehrenden Ordnung und Bedeutung – was die Techniken des Ackerbaus und des Opfers rückwirkend als *Kultur*techniken erkennbar macht.

In der zweiten Szene hängen die Mäuse wie Früchte neben Krügen kopfüber an einem Baum – Pasolini spielt hier offensichtlich auf ein Ritual an, das im Zusammenhang mit dem phrygischen Kybele-Kult steht, also weit hinter die Zeit zurückreicht, als Paulus so erfolgreich in Kappadokien missionierte.

<< Abb.: Pier Paolo Pasolini: »Medea« (Still). Italien 1969

Der Kybele-Kult galt der Verehrung der Großen Göttin und war ein Fruchtbarkeitskult, in dessen Zentrum die Zweigeschlechtlichkeit und hybride Formen der Reproduktion stehen. Er wurde nicht nur in Kleinasien, sondern auch in Griechenland und Rom bis in die Spätantike als Mysterienkult gefeiert. Kybele stammt dem Mythos nach von dem zweigeschlechtlichen Adgistis ab, der wegen seines furchterregenden Wesens von den Göttern kastriert wurde. Von Adgistis heißt es, dass er aus dem auf einen Felsen gefallenen Samen von Zeus entstanden sei. Der entmannte Adgistis verwandelte sich – zumindest in einigen Versionen der Geschichte – in Kybele, aus seinen abgetrennten, vergrabenen Genitalien wuchs ein Mandelbaum, aus dessen Früchten eine Nymphe einen über alles schönen Sohn, Attis, zeugte. Kybele verfiel in eine unbedingte Liebe zu Attis. Als Attis eine andere Frau heiratet, wird er von Kybele mitsamt der Heiratsgesellschaft mit Wahnsinn geschlagen. Attis geht unter eine Pinie, entmannt sich und stirbt, woraufhin Kybele ihrerseits in untröstliche Trauer verfällt. Sie richtete als Erinnerung an Attis und ihre Trauer um ihn den Kult ein, der jedes Frühjahr im März gefeiert wurde, den Frühling einläutete und in der Spätantike eine regelrechte Renaissance erfuhr.

Mäuse sind, wie aus Pasolinis religionsgeschichtlich inspirierter Rekonstruktion der Welt von Medea hervorgeht, assoziiert mit Fruchtbarkeit, mit Getreide und Feldanbau, mit Samen, mit dem Mysterium der Fortpflanzung, mit, so könnte man es zusammenfassen, dem Mysterium des phylogenetischen und ontogenetischen Überlebens. Hält man sich vor Augen, dass Kultur zeitgleich mit den Techniken des Ackerbaus und der Viehzucht begann, so wird zugleich ersichtlich, wie präzis Pasolini die toten Mäuse als Fetische an der Nahtstelle zwischen Kultur und Natur platzierte. Biologisch gehören Mäuse, ebenso wie Ratten, zur Gattung der Altweltmäuse (*Murinae*), von denen sich viele Arten als Kulturfolger einen Namen gemacht haben. Kulturfolger sind Tiere und Pflanzen, die den menschlichen Kulturbereich als Lebensraum bevorzugen. Mäuse leben auf dem Feld oder im Haus. Sie sind klein, verborgen, oft unsichtbar, gefährdet, immer auf der Flucht. Dennoch gestalten sie den Kulturbereich auf wesentliche Weise und in vielen Hinsichten mit. Kulturwissenschaftlich kann man von den Mäusen als Kulturmitgestaltern sprechen. Denken wir nur an die in den Mauern von Walliser Saalhäusern gebauten Steinplatten, die Mäuse und Ratten von den Vorratskammern abhalten sollten und den Häusern ihr charakteristisches Aussehen verliehen. Mäuse und Ratten gelten als eine Plage und zugleich ist es ein schlimmes Zeichen, wenn sie den menschlichen Kulturbereich, wie etwa die Ratten das Schiff, verlassen. Der materielle Anteil, den Mäuse an der Formung und Gestaltung des Kulturbereichs haben, spiegelt sich in der Dichte, in der Mäuse den medialen Geschichtenkosmos bevölkern und die kulturelle Imagination prägen.

Die vielzähligen Mäusegeschichten des 20. Jahrhunderts zeigen vor allem zwei Tendenzen in der Darstellung ihrer Protagonisten: Sie sind schlau, wie Mickey Mouse, die erste Helden-Comicfigur des Tonfilms oder schlau wie Kafkas »Volk der Mäuse«, das einen harten Existenzkampf führt, von Feinden umgeben und gehetzt ist von der eigenen Fruchtbarkeit und der Schnelllebigkeit der Zeit. Die anthropomorphisierten Mäuse stehen dank ihrer Schläue obenauf wie Mickey Mouse oder sie haben trotz ihrer Schlauheit keine Chance und sind Opfer ohne Ausweg, wie es Kafka in seiner im Wortsinn »Kleinen Fabel« beschreibt: »›Ach‹, sagte die Maus, ›die Welt wird enger mit jedem Tag. Zuerst war sie so breit, daß ich Angst hatte, ich lief weiter und war glücklich, daß ich endlich rechts und links in der Ferne Mauern sah, aber diese langen Mauern eilen so schnell aufeinander zu, daß ich schon im letzten Zimmer bin, und dort im Winkel steht die Falle, in die ich laufe.‹ – ›Du mußt nur die Laufrichtung ändern‹, sagte die Katze und fraß sie.«
Die Maus ist nicht mehr Nebenopfer, sondern sie ist ins Zentrum gerückt. Zugleich jedoch ist das Opfer selbst sinnlos geworden, es hat nicht mehr die performative Kraft, um beizutragen zu einer Welt mit Sinn, Ordnung und Bedeutung. Die Welt ist geometrisch geworden und abstrakt, sie lässt nicht mehr mit sich sprechen. Der Status des Nebenopfers ist zum Status der Menschen geworden. Wie aber, wenn einige daraus den Schluss ziehen, sich den Status von Katzen zu geben? Oder jenen von Wölfen? Die Absurdität solcher Aufteilungen der Menschen hat Art Spiegelman in seiner mehrfach ausgezeichneten Graphic Novel »Maus: A Surviver's Tale« eindrücklich gezeigt. Die von ihm benutzten Tiermetaphern – die verfolgten Juden werden als Mäuse dargestellt, die nazistischen Deutschen als Katzen, die Amerikaner als Hunde, die Polen als Schweine – sollen, wie er sagt, den Rassismus dekonstruieren, der ihnen eingeschrieben ist. Die Maus aber ist, betrachtet man es genau, im Prozess ihrer medialen Metaphorisierung noch einmal mehr an den Rand gerutscht.

Aus dieser Perspektive scheint es folgerichtig, wenn die Feministin und Wissenschaftshistorikerin Donna Haraway die Maus in ihrem 1997 erschienenen Buch »Modest_Witness@Second Millenium_.FemaleMan

©_Meets_OncoMouse. Feminism and Technoscience« am Ende des 20. Jahrhunderts aufs Neue ins Zentrum rückt. Haraway geht dazu von einem Bild der Künstlerin Lynn M. Randolph aus dem Jahr 1994 aus. Man sieht darauf eine Maus mit Beinen und Armen und kleinen Brüsten einer menschlichen Frau in einem schwarzen, kubischen Raum sitzen. Sie schaut uns aus dem Bild an und wird zugleich aus schmalen Sehschlitzen, die in den Wänden angebracht sind, von vielen Augenpaaren wie in einer Peep Show angestarrt. Sie trägt, wie der geopferte Christus, eine Dornenkrone auf ihrem Mauskopf. Der Titel des Bildes lautet: »The Laboratory or the Passion of OncoMouse«. Die Differenz zwischen Kultur- und Naturraum ist im Wissensraum des Labors aufgehoben, die OncoMouse das künstliche Produkt der Verknüpfung von Zucht und Gentechnologie. Sie ist ein Model, ein Medium und Werkzeug zur Rekonfiguration des biologischen Wissens. Sie wurde Ende der 1980er Jahre patentiert, was möglich war, da die OncoMouse nicht nur das Produkt von Züchtungsprozessen ist, sondern ein transgenetisches Lebewesen, in dessen Stammzellen mithilfe der Gentechnologie ein Brustkrebsgen eingeschleust wurde. Das Bild ist auf dem Rücken, auf der 2. Seite und ganzseitig auf S. 46 in Haraways Buch abgebildet. Die abgebildete OncoMouse ist, so führt Haraway aus, eine Christusfigur, sie zeigt die OncoMouse als Figur des heilig-säkularen Dramas der technowissenschaftlichen Erlösungsgeschichte am Ende des 20. Jahrhunderts. Doch was passiert, wenn wir die OncoMouse, wie Haraway vorschlägt, als unser Geschwister anerkennen? Macht dies die dargestellte Opferlogik besser? Wird sie durch eine Erweiterung und Neubestimmung der Verwandtschaftsbeziehungen überwunden oder gar überflüssig? Ändert es etwas an der längst obsoleten Opferlogik, wenn die OncoMouse als meine Schwester für mich und alle diejenigen stirbt, die dank neuer Medikamente länger leben können? In ihrem elf Jahre später erschienenen Buch »When Species meet« kommt Haraway erneut auf die OncoMouse zu sprechen. Die Frage und die Haltung zu den Labormäusen hat sich verändert. Die Frage lautet jetzt: Wie kann man in einer Welt, die geprägt ist von einer kontingenten Geschichtlichkeit des Lebens Verantwortung übernehmen für das Leiden von Labor- und anderen Tieren? Wenn das Leiden geteilt wird, muss es, so schreibt Haraway jetzt, ein nonmimetisches Mitleiden sein, es muss einer Haltung entsprechen, in der die Labormaus weder als Werkzeug noch als Opfer, sondern als mitarbeitendes Subjekt-Objekt betrachtet wird. Verantwortliches Handeln setzt das Wissen darum voraus, dass der Tod nicht und für niemanden überwindbar ist und bricht darum auch mit der Kulturtechnik des Opfers. Ganz im Sinne von Walter Benjamin, der schon mit dem 20. Jahrhundert das Ende jener Zeit hat kommen sehen, in der das Menschenopfer die technische Großtat darstellte, in der es um die nie wiedergutzumachende Verfehlung oder den ewig stellvertretenden Opfertod ging. Die Zeit der »zweiten Technik«, wie er die neue Zeit nannte, liege dagegen auf der »Linie der fernlenkbaren Flugzeuge, die keine Bemannung« brauchen. Sie hat es mit dem Experiment und einer unermüdlichen Variierung der Versuchsanordnung zu tun. Labormäuse können darin als Co-Worker angesprochen werden und wären als solche weder Christusse noch Fetische, weder ultimative Haupt- noch Nebenopfer.

# MEDUSA, DIE GORGO

(altgr. *Γοργώ Μέδουσα* < *γοργός*: ›schrecklich für Blick und Anblick‹; engl. *Medusa*; frz. *Méduse*)

Ulrike Brunotte

Ein Pferd war gewünscht. Doch anstelle eines feurigen Rosses brachte Perseus dem König Polydektes das schreckerregende Haupt der Medusa. Zugleich rächte sich der Heros damit an dem Seriphierkönig Polydektes, der seine Mutter Danaë gefangen hielt. Sollte doch dieser mitsamt seiner Festgäste durch den tötenden Blick der Gorgo in Stein verwandelt werden. Dass die Gorgo ein hybrides Ungeheuer ist, in dem sich Menschliches mit Tierischem und Göttlichem mischt, ist bekannt. Ovid hat in den »Metamorphosen« deutlich darauf hingewiesen, dass bereits kurz nach ihrer Enthauptung allein durch »blutige Tropfen von ihrem Haupt, welche die Erde« aufnahm, dort »mancherlei Schlangen« und eine »Brut feindseliger Würmer« hervorgebracht wurden. (Ovid, »Metamorphosen«: IV.618ff.) Wie aber kann die Gorgo Medusa an die Stelle eines Pferdes treten? Und darüber hinaus sogar »das großartigste aller Pferde« sein? (Heinrich 1995: 20) In der Tat ist die Gorgo in ihrer archaischen Gestalt keine schöne Frau mit wallend schwarzer ›Mähne‹, sondern ein Hadesdämon, der nicht allein mit Schlangen, Löwen und allerlei geflügelten Todesgeistern wie den körperfressenden Harpyien, verwandt ist. Mit dem Pferd, dessen wild fliegende Mähne in homerischen Kriegsdarstellungen immer wieder die schreckliche *gorgòs*, die Wildheit, des Kriegers spiegelt, steht sie freilich in derart komplexen bildnerischen Verbindungen, dass Jean Pierre Vernant sogar »von einem Überfluss an Sinn« im Vergleich zur Sage spricht. (Vernant 1988: 31) Nimmt man die Tatsache, dass bestimmte Tiere wie Schlangen, Vögel und Raubtiere für die Gorgo symbolischen Charakter haben, ernst, dann steht neben der löwengesichtigen Gorgomaske das Pferd in intimster Verbindung zu ihr. Es tritt bald, wie beim Kentaur, als Teil ihrer selbst, »als ihre Erweiterung oder Emanation« auf, »bald als das Junge, das sie nährt und schützt, bald als Nachkommenschaft, die sie zur Welt bringt, bald als Reitpferd, das sie reitet ...« (ebd.) Aber auch die Mythen berichten davon, dass sie sich in Pferdegestalt mit dem Meeresgott Poseidon, dem, wie es in

<< Abb.: Gorgoneion. Rotfigurige Hydria, 490 v. Chr. British Museum, London © The Trustees of the British Museum

Hesiods »Theogonie« heißt, »mit dem blauschwarzen Haar«, gepaart habe. (Hesiod, »Theogonie«: 278) Und nachdem Perseus ihr den Maskenkopf vom Rumpf getrennt hat, gebiert sie aus ihrem blutigen Rumpf nicht allein den Ritter Chrysaor in voller Rüstung, sondern auch das geflügelte Pferd Pegasos. Bildliche Darstellungen, wie die auf der Metope des *Selinunter Tempel C*, zeigen sie freilich sogar als (noch lebendige) Mutter, die ein Pferdebaby auf dem Arm trägt.

Dennoch verschwindet die Pferdeähnlichkeit schnell hinter der Fülle anderer Darstellungen, die sich auf ihr Haupt beschränken. Wohl keine andere dämonische Figur der antiken Mythologie verkörpert das mit dem äußersten Tabu der Berührung versehene radikal *Andere* des griechischen Kosmos besser, als die maskengesichtige Gorgo Medusa. Ihr schlangenumzüngeltes Haupt tötet nicht erst, wenn es durch die Hand berührt wird oder wenn wir ihren Atem einatmen, sondern es tötet bereits durch den Blick seiner Augen. Einer eher seltenen Erwähnung der Medusa in der Literatur steht eine überwältigende Häufigkeit bildlicher Darstellungen gegenüber. Als apotropäisches *Gorgoneion* führte das Maskenhaupt der Medusa, lange vor ihrer mythischen Erwähnung, ein körperloses Eigenleben auf unendlich vielen Alltagsgegenständen, aber auch auf Tempelgiebeln, Münzen und Grabbauten. Darstellungen des archaischen *Gorgoneions* aus dem 7. und 6. Jahrhundert vor Chr. sind in der Tat körperlose, meist apotropäisch verwendete Abbildungen, die einen Hadesdämon als Mischwesen aus menschlichen und tierischen Anteilen zeigen. Das nach der Einteilung des Archäologen Adolf Furtwängler auch »Löwentypus« genannte frühe *Gorgoneion* präsentiert sich meist als ein sehr breites frontal gezeigtes Gesicht, das zudem von einem Kreisrund umgeben ist: Mund- und Augenpartie sind deutlich voneinander abgegrenzt, wobei der Mund eher einem breit gezogenen, oft auch gebleckten und mit Reißzähnen bestücktem Löwenmaul ähnelt. Um den gefährlichen Raubtierausdruck noch zu verstärken, ist die Zunge aggressiv aus dem Maul/Mund gestreckt. Die Haare des Dämons sind meist mähnenähnlich um das ganze Gesicht fallende Locken oder gekräuselte Schlangen. Manchmal unterstreicht Ohrschmuck das weibliche Geschlecht des Antlitzes, manchmal verwischen Barthaare jede geschlechtliche Zuordnung. Nach Josef Floren sind auch zwei Punkte auf der Stirn der Masken als Hinweis auf die tierische Gestalt zu verstehen, weil sie die »Brauenschwarzen des Löwenkopfes«

andeuten. (Floren 1977: 34) Da die obere Gesichtshälfte häufig viel schmaler ist, wird das bedrohliche Löwenmaul stark hervorgehoben.

Die archäologisch gebildete Gräzistin Jane Ellen Harrison, die sich in ihrer bahnbrechenden Studie »Prolegomena to the Study of Greek Religion« 1903 als erste Forscherin der dämonischen, dunklen Seite der griechischen Mythen und Kulte näherte, verortet das Gorgoneion in das Maskenspiel früher Toten- und Abwehrrituale. (vgl. ebd.) Als primitivste Bedeutungsschicht ihres tötenden Blicks weist die Forscherin allerdings auf den namenlosen Schrecken hin, von einem wilden Raubtier als Beute angestarrt, gejagt und gefressen zu werden. Gegen diese archaische Angst stehe, so Harrison, das apotropäische *Gorgoneion.* Zuerst sei es vielleicht selbst nur der Tierschädel eines erlegten Raubtieres unter anderen gewesen, denn:

> In this connection it is instructive to note that, though the human Medusa-head on the whole obtained, the head of any beast is good as a protective charm. [...] the Gorgoneion on the aegis of Athena is but the head of the slain beast whose skin was the raiment of the primitive goddess; the head is worn on the breast, and serves to protect the wearer and to frighten his foe; it is a primitive half-magical shield. The Natural head is later tricked out into an artificial bogey. (Harrison 1903: 192)

Bekanntlich konzentriert sich auch der Gräzist Walter Burkert in seinen Ritualanalysen auf *survivals* der Jägerzeit in agrarischen Opferkulten: Bereits in »Homo Necans« (1972), aber besonders in seinem Buch »Kulte des Altertums. Biologische Grundlagen der Religion« von 1998 geht es um den Zusammenhang von Soziobiologie und Religion. Dabei knüpft der Schweizer Forscher bei seiner Analyse von Abwehrritualen, den *apotropaia,* in vielfacher Weise an Jane Harrison an. In den körperfressenden Dämonen und Monstren, die oft wie die Gorgo Medusa mit weit aufgerissenem Maul dargestellt werden, verbinde sich Naturgeschichte und Humangeschichte, denn auch Tiere, von einem Raubtier verfolgt, opfern oft einen Teil ihres Körpers, geben also ein *pars-pro-toto*-Opfer, um ihr Leben zu retten. Viele apotropäische Rituale, in denen den Todesdämonen ein Teil geopfert wird, so Burkert, spielen zudem mit *survivals* realer Tötungs- und Schreckenserfahrungen aus der Jägerzeit. Darin liege auch ein Grund für die Häufigkeit von Raubtiermasken in Ritualen. Drohende Gefahr nehme im symbolischen Spiel vieler Kulte und Rituale immer wieder die imaginäre Gestalt des »Verfolgers und Fressers an«. (Burkert 1998: 60 und 59)

Harrison verknüpft nun die These von den Reminiszenzen an Jagdszenen in Opferritualen mit einem deutlichen Hinweis auf die *Faszination* der Augen. Burkert vermeint freilich nicht nur in der Angst vor dem starrenden (Raubtier-) Auge, die von Tieren und Menschen geteilt werde, eine gemeinsame Erbschaft zu erkennen, sondern auch in der apotropäischen Augensymbolisierung der Gorgomaske: »Schmetterlinge imitieren auf ihren Flügeln das starrende Auge, um Verfolger zu verwirren, der Pfau schlägt Rad mit einem vieläugigen Schwanz, um Aufmerksamkeit zu erregen.« (ebd.) Für Harrison ist die Gorgo Medusa zuerst »a sort of incarnate Evil Eye«, aber, so fährt sie fort, sie kann auch töten, weil der Blick dieser Augen fasziniert: »The monster was tricked out with cruel tusks and snakes, but it slew by the eye, it *fascinated*.« (Harrison 1903: 196)

Was sind jedoch diese faszinierenden Qualitäten der Gorgo Medusa, die sie in der antiken Überlieferung zum zentralen Ausdruck des unsagbaren, unvorstellbaren aber dabei zugleich in Bann schlagenden *Tremendum* werden ließen? In frühen literarischen antiken Quellen wird freilich immer allein die Schreckensqualität betont. So ist von der Gorgo in der »Ilias« nur als »entsetzliches Ungeheuer« die Rede. (Homer »Ilias«: V, 741) Andererseits schmückt das *Gorgoneion* nicht allein den Brustpanzer der Athene, »sondern schaut auch aus dem Schild des Agamemnon schrecklich heraus. Ihre Darstellung kann demnach neben apotropäischen auch ornamentale Funktionen haben.« (vgl. Schlesier 1989: 131)

Bereits in der Antike wandelt sich die Gorgo Medusa von einem halbtierischen Dämon in eine verführerische Frau. Medusa besitzt allerdings nicht erst in ihren späten, klassischen Darstellungen als schöne Frau mit Schlangenhaar, eine, wie Klaus Heinrich betont, »durchaus *attraktive* Wildheit«. (Heinrich 1995: 18) Diese sei, so fährt Heinrich fort, mit der, bereits in der Antike konstruierten Ambivalenz weiblicher Sexualität verknüpft. Auch Renate Schlesier stellt nicht erst die späten Darstellungen des ›schönen Typus‹, sondern die gesamte ikonografische Tradition der Medusen-Darstellung in ein Spannungsfeld »von tödlicher Bedrohung und erotischer Faszination«. (Schlesier 1982: 22f. und 32) Das spezifisch Monströse der Gorgo Medusa scheint aus dem Zwischenraum zwischen dem Tierischen, dem Menschlichen und dem Göttlichen hervorzugehen, und es ist fraglich, ob es der mit allen

Lockungen und Schrecken vergänglichen Lebens symbolisch überdeterminierte weibliche Körper ist, der als Mater und Materie, das Andere zum denkenden Bürger und zum todfreien Gott darstellt, oder ob es die mythische Verwischung aller Grenzen zwischen Tierischem, Menschlichem und Göttlichen ist, die die Identität der Polisbürger und die Ordnung des Kosmos bedroht. Und in der Tat kann die Monstrosität der Medusa mit dem grotesken Spiel der Satyrn oder Silenen verknüpft werden, wenn man die aggressiv aus dem weit aufgerissen Maul herausgestreckte Zunge als *Phallos* deutet. Andererseits kann das weit aufgerissene, mit Zähnen bestückte Maul auch in der antiken Tradition der »Genitalgesichter« interpretiert werden, wie sie zum Beispiel auf den Statuetten aus Priene erscheinen, »die eine weibliche Figur – reduziert auf ein Gesicht, das zugleich Unterleib ist – darstellen«. (Vernant 1988: 27)

Folgen wir Jane Harrison, die diese direkt sexuellen Deutungen nicht vornahm, dann repräsentiert die Gorgo Medusa zwar den Schrecken des Todes, hatte aber gleichwohl durchaus mit ebenso direkten wie archaischen, zwischen Humanem und Tierischem nicht unterscheidenden Vorstellungen von Gebären und Fruchtbarkeit zu tun. Dass sie damit sogar den Kulten der »Herrin der wilden Tiere« nahesteht, darauf hat auch Karl Schefold hingewiesen. Ihre alleinige Deutung als apotropäisch sei eindimensional, so der Archäologe, da sie in ihrer Darstellung auf dem Giebel des Artemistempels von Korfu zusammen mit ihren Kindern Chrysaor und Pegasos, umringt von einem Paar von Löwenpanthern dargestellt werde, was von ihrer großen Macht zeuge. (Schefold 1952: 28)

So steckt die stichwortartige Kulturgeschichte der archaischen Gorgo Medusa einen weiten gattungsgeschichtlichen Rahmen ab. Beginnend mit dem monströsen Löwentypos, umspannt er früheste Schreckbilder des Gefressenwerdens ebenso wie die spätere, apotropäische Verwendung dieses Raubtierschreckens des Todes in Krieg und Kult. Dabei markiert selbst noch ihre vermenschlichte Gestalt bei Rubens und Caravaggio einen liminalen Raum des Monströsen. Dass heute Medusa auch als Patin für die wissenschaftliche Bezeichnung von Quallen dient, hat sie ihrem Schlangenhaar zu verdanken, das auf manchen antiken Darstellungen den langen, sich windenden Tentakeln dieser wässrigen Nesseltiere ähnelt.

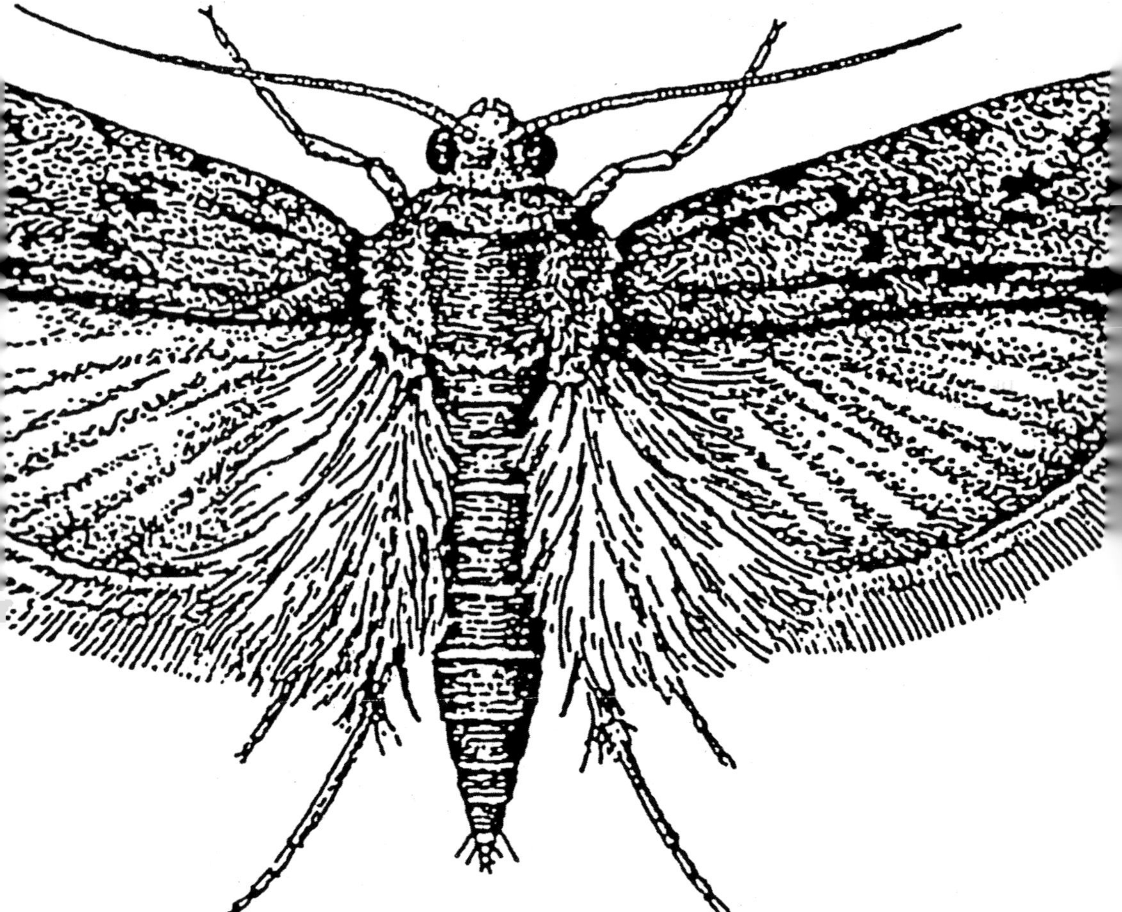

Mehlmotte, Weibchen. Vergr. 4 mal. (Nach Winter

# MEHLMOTTE, DIE

(*Ephestia kuehniella* Zeller, 1879; engl. *flour/mill moth;* schwed. *kvarnmott*)

Hans-Jörg Rheinberger

Unscheinbar ist sie, die Mehlmotte mit ihren grau melierten Flügeln, ein Schmetterling aus der Familie der Zünsler. Ihre Heimat, so wird angenommen, ist Mittelamerika. Im Schlepptau des Kolonialverkehrs kam sie irgendwann nach Europa. Dort erregte sie als ungewollter Gast von Getreidemühlen und mehlverarbeitenden Gewerben Aufmerksamkeit. Sie bringt es unter mitteleuropäischen Wetterverhältnissen immerhin auf drei Generationen pro Jahr. Ihre wissenschaftliche Karriere begann demnach als Schadinsekt, als Untersuchungsobjekt der angewandten Entomologie.

Als solches fiel die Mehlmotte zunächst in die Hände des Agrarwissenschaftlers und Phytopathologen Julius Kühn. Kühn lehrte und forschte seit 1862 an der Universität Halle (Saale), wo er 1863 das Landwirtschaftliche Institut der Universität gründete. Er war es, der im Sommer 1877 etliche Exemplare der Motte aus einer Mühle aufsammelte, die amerikanischen Weizen verarbeitete, und sie zur Bestimmung an den Entomologen Philipp Christoph Zeller nach Stettin schickte. Zeller hatte an der Universität zu Berlin studiert, war Spezialist für Kleinschmetterlinge und langjähriger Sekretär des Entomologischen Vereins zu Stettin. Seine Beschreibung des Insekts unter der wissenschaftlichen Bezeichnung *Ephestia kuehniella* (Zeller) erschien 1879 in der »Stettiner entomologischen Zeitung«:

> Major, alis elongatis, ant. cinereis, strigis 2 obsoletis dilutioribus, obscurius marginatis: priore ante medium posita, obliqua, subserrata, posteriore superne fracta, margini postico nigro-punctato admota, puncto venae transversae nigro gemino saepe in strigulam mutato, umbra subfasciata ab eo introrsus ad dorsum demissa; post. albidis, subhyalinis, ramis venae medianae griseis.
>
> Größer, mit langgestreckten Flügeln, Vorderflügel aschfarbig, mit zwei unscheinbaren, schwachen und undeutlich geränderten Streifen: der vordere

<< Abb.: Die Mehlmotte – Ephestia kuehniella Zeller (Detail). In: Dingler 1925: 65, Abb. 36

> vor der Mitte befindlich, schräg, etwas gezackt, der hintere oben schwach ausgeprägt, dem hinten gelegenen, schwarz gepunkteten Rand angenähert, am schwarzen doppelten Punkt der Transversalader oft zu einer Striegel umgebildet, der gebänderte Schatten von diesem nach innen zum Rücken hin schwach ausgeprägt; Hinterflügel weißlich, etwas durchscheinend, mit grauen Verzweigungen der Mittelader. (Übers. H.-J.R.)

Sowohl die »Stettiner Entomologische Zeitung« als auch der Verein waren durch den Zuckersieder und Käfersammler Carl August Dohrn ins Leben gerufen worden, nachdem dieser 1837 von einer Weltreise in seine Heimatstadt Stettin zurückgekehrt war, die er 1831 angetreten hatte und die ihn unter anderem auch nach Südamerika führte. Seine Reise verlief ziemlich zeitgleich mit der ungleich bekannteren von Charles Darwin auf der Beagle. Carl Augusts Sohn Anton, der Begründer der zoologischen Meeresstation in Neapel, sollte dann bekanntlich ein lebenslanger Verehrer Darwins werden.

Während des Ersten Weltkriegs erfreute sich die Mehlmotte einer verstärkten Aufmerksamkeit. Sie hatte es auf die im Zuge des Krieges zentralisierten Großmühlen abgesehen. Der auf Insektizide spezialisierte – aber auch in der Kampfstoff-Forschung tätige – Parasitologe Albrecht Hase erprobte an der Biologischen Reichsanstalt in Berlin-Dahlem in den frühen 1920er Jahren erstmals ihre Massenzucht als ›Laboratoriumstier‹. In diesem Fall interessierte ihn auch die biologische Bekämpfung der Mehlmotte durch die Schlupfwespe *Habrobracon juglandis*, die ihre Eier in die Raupen von *Ephestia* ablegt.

Auf dieses Massenzuchtverfahren im ›fabrikmäßigen‹ Maßstab, wie Hase nicht ohne Stolz betonte, griff der – mit Julius Kühn keineswegs verwandte – Göttinger Zoologe Alfred Kühn zurück, den damals unter anderem die Variation in der Pigmentierung der Schlupfwespe interessierte, über die sein Student Egon Schlottke gerade promovierte. Vermutlich zogen dabei zufällig beobachtete Flügelmutanten des Futtertiers – der Mehlmotte – Kühns Aufmerksamkeit auf sich. Mit seinem Doktoranden Karl Henke ließ er sich jedenfalls 1924 auf ein Projekt zur genetisch-physiologisch-entwicklungsbiologischen Erforschung der Färbung und des Musters der Flügel von *Ephestia* ein.

Der langjährigen Arbeit, in deren Verlauf die beiden über hunderttausend Motten inspizierten, war jedoch nur ein mäßiger Erfolg beschert.

Das änderte sich, als fünf Jahre später in Kühns Massenzuchten eine rotäugige Mutante der Mehlmotte auftauchte. Bald stellte sich heraus, dass die rote Augenfarbe im Erbgang einer rezessiven Mendelschen Verteilung folgte. Der Mutante fehlte ein Stoff, der im Körper des Wildtyps frei zirkulierte, wie Kühns Mitarbeiter Ernst Caspari durch eine Reihe von genialen, einfachen Transplantationsexperimenten zeigte. Damit war *Ephestia kuehniella* zum Modellorganismus der physiologischen Entwicklungsgenetik avanciert. Es sollte aber weitere zehn Jahre dauern, bis dieser Stoff biochemisch charakterisiert war. Es handelte sich nicht um ein Hormon, wie anfänglich angenommen, sondern um ein Zwischenprodukt im Aufbau des Augenpigments. Dieses wiederum konnte nicht gebildet werden, wenn aufgrund eines Gendefekts ein Enzym fehlte, das diesen Zwischenschritt katalysierte. Damit waren alle Ingredienzien der biochemischen Genetik identifiziert: Genwirkketten aus Genen und Genprodukten (Enzymen) sowie Stoffwechselketten, deren Zwischenschritte die Enzyme katalysierten.

Das Problem war nur, dass man in *Ephestia* zwar an die Stoffwechselketten, aber nicht an die Gene und ihre Produkte herankam. Dafür war das Genom der Motte mit seinen vielen Chromosomen zu kompliziert. So blieb das Leben der Mehlmotte als genetisch-physiologischer Modellorganismus auf ein schmales Forschungsfenster zwischen den beiden Weltkriegen beschränkt. Sie wurde bald von Pilzen, Bakterien und Viren als den neuen Modellorganismen der in Entstehung begriffenen Molekularbiologie und Molekulargenetik abgelöst.

Die wissenschaftliche Existenz der Mehlmotte bildete damit eine Kette, die um die Mitte des 19. Jahrhunderts ihren Anfang nahm und um die Mitte des 20. Jahrhunderts endete. Als Objekt des Wissens begann sie ihre Karriere als ungewollter kolonialer Import, der sich zunächst als Nahrungsschädling bemerkbar machte; avancierte zu einer taxonomischen Einheit in der Entomologie; gewann neues Leben als Experimentalorganismus in der biologischen Insektenbekämpfung; mutierte schließlich zum Modellorganismus einer in

Entstehung begriffenen physiologischen Genetik. Dann verschwand sie wieder von der Bühne des Wissens. Über die epistemischen Ketten der Physiologie hat der französische Physiologe Claude Bernard einmal in sein Laborheft notiert: Sie seien zwar Ketten, bildeten also einen historischen Zusammenhang; deren Glieder gingen aber keineswegs notwendiger Weise auseinander hervor. Einer an Wissensobjekten interessierten Wissenschaftsgeschichte fiele also die Aufgabe zu, aus solchen Kontingenzgeflechten Funken zu schlagen.

# MENSCH, DER

(*Homo Sapiens* LINNAEUS, 1758; engl. *man/human being*; span. *hombre*; chin. 人)

Iris Därmann

Thomas Hobbes hat von den Werken des Aristoteles nur die »Rhetorik« und die »Tierkunde« geschätzt. Dass er ihn für »den schlechtesten Moral- und Staatsphilosophen« gehalten hat, »den es je gegeben hat«, ist dagegen weniger erstaunlich. Denn Hobbes steht in seiner Staatslehre überall in Frontstellung zu Aristoteles, wenn er Natur durch Kunst, Handeln durch Herstellen und das gute Leben durch bloßes Überleben ersetzt. (Hobbes 1994: IX; vgl. Macho 2007)

Es ist wohlbekannt, dass Hobbes 1647, in seinem Widmungsschreiben von »De Cive« an den Grafen Wilhelm von Devonshire, mit großer Zustimmung Äußerungen des Zensors Marcus Cato und des Pontius Telesinus bemüht, in denen »alle Könige zum Geschlecht der Raubtiere« gezählt und die den ganzen Erdkreis plündernden Römer zu Wölfen und Räubern der Freiheit erklärt werden. Mit einer Sentenz des Plautus aus dessen Komödie »Asinaria« emblematisiert Hobbes bekanntlich die Wolfsnatur des Menschen außerhalb des künstlichen Geheges des Staates und die räuberischen Beziehungen der Staaten untereinander, die sich, ebenso wie die raubtierhaften Menschen im Naturzustand, in einem permanenten Kriegszustand befinden: »Der Mensch ist dem Menschen ein Wolf, wenn er nicht weiß, welcher Art (sein Gegenüber) ist.« (Hurka 2010: 187; vgl. Plautus, »Asinaria«: II.495) Warum können ausgerechnet der Wolf und, allgemeiner noch, das Raubtier zu Emblemen der asozialen Natur des Menschen aufsteigen? Auf welchen Kriegszustand zwischen Menschen und Tieren spielt die Wolfs- bzw. Raubtierfigur zu Zeiten Catos, Plautus' und Hobbes' an? Hat Aristoteles der politischen Tierfigur des Wolfes vorgearbeitet?

Wie Hobbes in seiner 1658 erschienenen Schrift »De Homine« in einer Überbietung der Raubtiere durch die Menschen unterstreicht, begegnen die Menschen einander im Naturzustand schlimmer noch als Wölfe, und sie verhalten sich den Tieren gegenüber schlimmer noch als Raubtiere. So zweifellos

<< Abb.: ›Damnatio ad bestias‹. Römisches Mosaik in der Domus Sollertiana in Thysdrus (Detail), 3. Jh. n. Chr. Archäologisches Museum, El Djem, Tunesien

es sei, dass die künstlichen Waffen der Menschen, Schwerter und Spieße, die natürlichen Waffen der Tiere, Hörner, Zähne und Stacheln, überträfen, »so gewiß« sei es auch, dass »der Mensch, den sogar der künftige Hunger hungrig macht, raublustiger und grausamer [ist] als Wölfe, Bären und Schlangen, deren Raubgier nicht länger dauert als ihr Hunger und die nur grausam sind, wenn sie gereizt sind.« (Hobbes 1994: 17) Damit fügt sich Hobbes durchaus in die aristotelische Argumentation ein, die für den Menschen außerhalb der Polis eine Überbietung der eigenen Animalität vorgesehen hatte: Wer außerhalb der Polis lebe, der sei entweder ein Gott oder ein Tier; der Mensch aber außerhalb von Polis und Moralität das ärgste, roheste und allergemeinste Geschöpf. (vgl. Aristoteles, »Politik«: I.9 1253a 25ff.) Zugleich kehrt Hobbes zu Plautus zurück: In »De Cive« hatte Hobbes der auf den Kriegszustand gemünzten Formel des Plautus *homo homini lupus* die auf Plinius zurückgehende Formel *homo homini deus* mit Blick auf die Beziehung der Bürger im Staat hinzugefügt und damit auf die nicht-aristotelische Möglichkeit einer göttlichen Überschreitung des Menschen durch den Menschen gezielt. (Hobbes 1994: 17 und 94; vgl. Schmitt 1997: 64)

Aristoteles selbst, das muss nicht eigens betont werden, hat keinen Krieg aller gegen alle geltend gemacht. Allerdings macht er in seiner »Tierkunde« »einen Kriegszustand [...] zwischen den Tieren desselben Lebensraums« geltend, »die sich vom gleichen Futter nähren. Denn wenn das Futter knapp ist, kämpfen sogar Artgenossen gegeneinander.« (Aristoteles, »Historia animalium«: IX.608b) Vor dem Hintergrund eines solch' artenspezifischen Krieges treten auch andere Tiere und Raubtiere wie der Wolf in Erscheinung, der sich im Krieg »mit Esel, Stier und Fuchs« befinden soll, denen er als »Fleischfresser nachstellt«. (ebd.: 609b) Im ersten Buch der »Politik« zählt Aristoteles wiederum Kulturtechniken wie Raub und Jagd zur Erwerbskunst als Bestandteil der Oikonomia und näher hin zur Kriegskunde, die »teils gegen Tiere, teils gegen solche Menschen zur Anwendung [kommt], die von Natur zu dienen bestimmt sind, aber nicht freiwillig dienen wollen, so daß ein solcher Krieg dem Naturrecht entspricht.« (Aristoteles, »Politik«: I.9 1256b 20ff.) Einem solchen naturrechtlich begründeten Krieg gegen Tiere aller Art – gegen Tiere, Raubtiere und Wolfsmenschen – entspricht allerdings der Hobbessche Naturzustand. Entscheidende Einsätze der politischen Zoologie des Hobbes lassen sich also bereits bei Aristoteles finden, ohne dass dieser sie ins Zentrum seiner politischen Philosophie gestellt hätte.

Als der, wie Hobbes sagt, »gleichsam« in Auflösung befindliche Staat besitzt der Naturzustand eine enthüllende Funktion in Bezug auf die raubtierhafte Natur aller Menschen, die im rivalisierenden Verlangen nach den selben Dingen zu Feinden werden und sich daher um ihrer Selbsterhaltung willen bemühen müssen, einander zu töten, zu verwunden und zu verletzen. Der Kriegszustand ist jedoch nicht nur ein dramatisierendes Gedankenexperiment zur Enthüllung der Wolfsnatur des Menschen. Er verweist zugleich auf Kampfszenen, in denen Tiere gegen Tiere, Sklaven, Kriegsgefangene und Verbrecher sowohl gegeneinander als auch gegen wilde Tiere kämpfen mussten und in solchen Fällen als *bestiarii* bezeichnet wurden: Hinsichtlich der Formel *homo homini lupus* des Plautus kann man an die römischen Gladiatorenspiele, an die *venationes* sowie an die *damnatio ad bestias* denken. Plinius berichtet von einer Vorform der *venatio*: Pompeius der Große habe 252 v. Chr. anlässlich einer spektakulären Zurschaustellung exotischer Wildtiere eine Untergattung der Wölfe, die man Hirschwölfe (*cervarius lupus*) nenne, sowie Elefanten gezeigt, »die dann mit Wurfspeeren getötet [wurden], weil man mit ihnen nichts anzufangen wusste.« (Hobbes 1994: 67 und 94; vgl. Plinius, »Naturalis historiae«, VIII.34 und 84; VI.17; XX.53)

Der kurulische Ädil und spätere römische Konsul M. Fulvius Nobilior gilt als Wegbereiter der *venationes*. Nach seinem Sieg über Ätolien ließ er im Jahre 186 v. Chr. eine *venatio* mit Löwen und Leoparden durchführen, die er gegen Bären, Stiere, wilde Eber und Hirsche hetzte. Mit jedem neuen Land, das das römische Reich annektierte, zogen noch nie gesehene Tiere in die Arenen des Kolosseums, des Amphitheaters und Circus Maximus ein, um die expansive Ausdehnung des Reiches in der Hauptstadt selbst zu demonstrieren: Elefanten, Tiger und Flusspferde aus Indien, Löwen, Elefanten, Leoparden aus Afrika, Bären, Wölfe und Hirsche aus Britannien usf. (vgl. Friedländer 1922: 78) Bei den Tierhetzen, die sich großen Zuspruchs erfreuten und das römische Publikum, wie Seneca und Cicero berichteten, in einen wahren Blutrausch versetzten, wurden Tausende von Tieren hingemetzelt. (vgl. Seneca, »Epistulae morales«: VII.3ff.; Cicero, »Ad familiares«: VII.1 und Christ 1979: 116) Diese umfassend organisierten Tiervernichtungsspiele, die im 4. Jahrhundert n. Chr. »die Befreiung ganzer Regionen von wilden Tieren« zur Folge hatten, galten den Römern »als zivilisatorische Großtat«, da diese Gebiete fortan für Ackerbau und Viehhaltung zur Verfügung standen. (Schwerdt 2009; Friedländer 1922: 82) Den Tieren wurden im Rahmen der Tierhetze vier mögliche Rollen zugedacht: Die Rolle des Kämpfers gegen wilde Tiere, die Rolle des Gegners von Gladiatoren, die Rolle des Jagdwildes sowie die des »Henkers«: Bei der *damnatio ad bestias* befinden sich ausgehungerte Raubtiere in der rechtsvollstreckenden Position, »Ihresgleichen« bei lebendigem Leibe zu zerfleischen. Zu Bestien aber haben sich die Verurteilten selbst durch ihre Taten gemacht, die daher die bestialischste Form der Hinrichtung rechtfertigen sollte. (Flaig 2004: 244f.)

Die letzte Tierhatz ist für das Jahr 523 bezeugt; eine gewisse Renaissance erfährt sie mit der 1235 eingerichteten Menagerie des Tower of London, dem *Bear and Bull Baiting* unter Elisabeth I., den im Towerkomplex von James I. zu Beginn des 17. Jahrhunderts veranstalteten Tierhetzen und den populären *animal bloodsports*, die – mit Ausnahme der Fuchsjagd – in England erst 1835 verboten wurden. (vgl. Hahn 2003: 107f. und Bossard/Goetz 2005: 96)

Rom und seine Provinzen sind in »De Cive« und im »Leviathan« als Vorbild für die Regierung der englischen Kolonien und nicht zuletzt wegen der »kriegerischen Tugenden« seiner Bürger überall gegenwärtig. In einer wenig beachteten Passage von »De Cive« macht Hobbes deutlich, dass in den Krieg aller gegen alle, wie bei den römischen *venationes*, Tiere und Menschen involviert sind: »Ein Recht über vernunftlose Tiere wird ebenso wie über menschliche Personen erlangt, nämlich durch natürliche Kraft und Macht. Denn wenn in dem Naturzustande wegen des Krieges aller gegen alle, jeder Mensch andere sich unterjochen oder sie töten darf, sobald es ihm vorteilhaft erscheint, so ist das umso mehr gegenüber den Tieren erlaubt. Man kann also nach Belieben die Tiere, welche sich zähmen und zu Diensten gebrauchen lassen, in das Joch spannen und die übrigen in stetem Krieg als schädlich verfolgen und vernichten. Das Eigentum an den Tieren entspringt deshalb aus dem Naturrecht, nicht aus dem positiven göttlichen Recht. Denn hätte ein solches Recht nicht schon vor der Verkündigung der Heiligen Schrift bestanden, so hätte niemand die Tiere mit Recht schlachten dürfen: eine sehr missliche Lage für die Menschen, die zwar von den Tieren ohne Unrecht verzehrt werden, aber ihrerseits die Tiere nicht verzehren dürfen. Wenn es also nach dem natürlichen Recht geschieht, daß ein Tier einen Menschen töten kann, so geschieht es nach demselben Rechte, daß der Mensch die Tiere schlachten darf.« (Hobbes 1994: 165; Hobbes 1996: 194)

Hobbes bringt sowohl die aristotelische Teleologie wie auch die christliche Schöpfungshierarchie in Schieflage. (vgl. Aristoteles, »Politik«: I.9 1256b

15ff. und Gen 1,26–28) Im Hobbesschen Naturzustand befinden sich nicht nur Menschen gegen Menschen, Menschen gegen Tiere, sondern auch die Tiere im Krieg gegen die Menschen, und dieser Krieg der Arten vollzieht sich ausgehend von einem Naturrecht, das ein Menschen- und Tierrecht zugleich ist. Am Nullpunkt jeder »ontologischen Disposition« gerät das menschliche Geschlecht zum Vexierbild. (Blumenberg 1996: 251) Es kann zum Tier oder Gott werden, die Raubtiere an Grausamkeit überbieten und mithilfe politischer Erfindungskraft zum *homo homini deus* aufsteigen.

# MOTTE, DIE

(*Tinea* LINNAEUS, 1758; engl. *moth*; frz. *mite*)

Peter Geimer

Wie sähe eigentlich die Kulturgeschichte der Moderne aus der Sicht einer Motte aus? Es wäre eine lange Geschichte der Geringschätzung, der Demütigung und Ignoranz – aber auch, wie am Ende dieses Beitrags erinnert werden soll, die Geschichte einiger Versuche der Wiedergutmachung.

»Das Wartezimmer des berühmten Petersburger Anwalts war voll, als Alexej Alexandrowitch eintrat.« Bis hierhin – wir befinden uns auf Seite 554 von Lew Tolstois »Anna Karenina« – ist der Roman vollkommen mottenfrei. Einige Tiere sind bereits aufgetaucht: Kühe, »buntscheckige« und »weißflankige«, um deren angemessene Versorgung der Gutsbesitzer Konstantin Dmitritsch sich Gedanken macht, Schnepfen, denen man auf der Jagd nachstellt, einige anonyme Hühner, Pferde, ein paar Hunde. Manche dieser Tiere haben Namen: die Kuh *Pawa* etwa, aber allen voran sind die drei Pferde zu nennen, die auf der Pferderennbahn von Petersburg unter den Augen des Zaren ein Rennen anführen: *Gladiator, Diana, Frou-Frou.* Unter ihnen nimmt Frou-Frou einen besonderen Platz ein. 1873 hatte Tolstoi sich eine englische Stute dieses Namens gekauft. Im Roman nimmt das Tier ein trauriges Ende: Eine ungeschickte Auf- und Abwärtsbewegung des Reiters (Graf Wronski) bricht ihr kurz vor der Zielgerade in vollem Galopp das Rückgrat. Das Tier stürzt schnaufend zu Boden und bleibt dort zitternd liegen »wie ein angeschossener Vogel«. Wronski, der die Situation nicht begreifen will, glaubt noch an eine mögliche Fortsetzung des Rennens und zerrt die Stute ungehalten am Zügel. »... den Kopf zu ihm gebogen, schaute sie ihn an mit ihrem hinreißenden Auge.« In der gesamten Szene gibt es eine große Innigkeit zwischen Mensch und Tier. Bevor Wronski mit der Peitsche das Zeichen zur Beschleunigung gibt, hat die Stute seinen Willen schon intuitiv erfasst, und umgekehrt liest der Reiter an einer winzigen Bewegung der Ohren Frou-Frous eine kurze Unentschlossenheit im Anblick einer sich nähernden Hürde ab.

<< Abb.: Hartmut Roweck: Pelzmotte – Tinea pellionella, 2005 © Hartmut Roweck

Diese Innigkeit bleibt den Motten auf ewig versagt. Man liebt sie nicht und gibt ihnen keine Eigennamen. Biologisch betrachtet ist die Motte ein Schmetterling, aber ihre Zuordnung zu den *Nachtfaltern* besiegelt bereits ihr Dasein auf der falschen Seite. Auf der Skala der Menschenähnlichkeit steht die Motte sehr weit unten, und wie die Fliege gehört sie zu den Tieren, die man unbedenklich tötet, sobald sie ins Blickfeld geraten. Ich gebe zu, in diesem Jahr bereits mindestens ein Dutzend Kleidermotten (*Tineola bisselliella*) erschlagen zu haben. Eine davon stand im Verdacht, ein Loch in einen dunkelblauen Lammwollpullover gefressen zu haben. Aber es waren wohl auch solche darunter, die einfach nur friedfertig auf dem Fensterbrett saßen. Schon das Neue Testament verbindet seine Lehre »vom wahren Schatz« mit einer Denunzierung der Motte: »Verschafft euch einen Schatz, der nicht abnimmt, droben im Himmel wo kein Dieb ihn findet und keine Motte ihn frißt.« (Lk 12,33; siehe auch Mt 6,19) Marlene Dietrich singt ohne ein Zeichen des Bedauerns vom Verbrennen der Motten im Licht. Als Stofftier kam die Motte offenbar nie in Frage (während selbst Mäuse, Kröten, Alligatoren, Ratten und Schlangen die Plüsch-Schwelle mühelos passieren konnten). Spinne und Fledermaus lieferten das Vorbild für die philantropischen Helden *Spiderman* und *Batman*, der »Mottenmann« in Mark Pellingtons Mystery-Thriller »The Mothman Prophecies« hingegen bewirkt nur den Tod geliebter Menschen, tätigt mysteriöse Anrufe und sorgt für den katastrophalen Einsturz einer befahrenen Brücke. In der Weltliteratur trifft man die Motte nur selten an. Wenn Motten dort Erwähnung finden, dann meist nur als anonymes, wesenloses Kollektiv, das sich, wie in Adalbert Stifters »Turmalin«, in der Abwesenheit des Menschen über dessen Hinterlassenschaften hermacht: »In dem Vorzimmer waren die großen Kästen mit Kleidern erfüllt, von den wollenen flog eine Wolke Motten auf, die anderen waren unversehrt«. In Heimito von Doderers »Strudlhofstiege« ist es der »Geruch des sommerlichen Naphtalins«, das dem Helden des Romans einen Augenblick lang an das Volk der Motten denken lässt. Die Haushälterin hat das Bärenfell imprägniert, »um das kostbare Stück, auf welches der Herr Major so viel hielt, vor den Motten zu bewahren«. Hier treten Motten also nicht einmal sichtbar in Erscheinung: Sie sollen erst gar nicht zum Vorschein kommen, erfahrbar ist lediglich das Naphtalin, das sie gerade fernhalten soll.

Die eingangs zitierte Passage aus »Anna Karenina« bildet hier nun zunächst eine gewisse Ausnahme. Zur Vorgeschichte (denn aus der Perspektive einer Motte beginnt die eigentliche Handlung des Romans erst auf der besagten Seite 554): Auf einem Ball lernt die verheiratete Anna Karenina den Grafen Wronski kennen. Die beiden werden ein Paar, und sehr bald lässt sich das Verhältnis nicht mehr verheimlichen. Als der betrogene Ehemann, Alexej Alexandrowitch, beschließt, die Scheidung einzureichen und zu diesem Zweck einen Anwalt aufsucht, kommt es zu der erwähnten Szene in der Kanzlei des Petersburger Anwalts: »›Möchten Sie nicht Platz nehmen?‹ Er deutete auf den Sessel beim papierübersäten Schreibtisch und übernahm selbst den Vorsitz, dabei rieb er sich die kleinen Händchen mit den kurzen, weißbehaarten Fingern und neigte den Kopf zur Seite. Kaum aber war er in seiner Pose zur Ruhe gekommen, da flatterte über dem Schreibtisch eine Motte.« In der Geistesgeschichte der Nachtfalter handelt es sich hier zweifellos um einen Höhepunkt der Weltliteratur. Zwar hat die Motte bei Tolstoi keinen Namen, das trifft aber auch auf ihr menschliches Gegenüber zu, das durchgehend einfach »der Anwalt« heisst. Für einen kurzen Augenblick treten Alexej Alexandrowitch, der Anwalt und die Motte in ein gleichberechtigtes Beziehungsgeflecht aus Mensch und Insekt. Und doch endet auch diese Begegnung mit der üblichen Ernüchterung: »Mit einer Flinkheit, die man ihm nicht zugetraut hätte, nahm der Anwalt die Hände auseinander, fing die Motte und nahm erneut die vorige Haltung ein«. Im Laufe des Gesprächs wiederholt sich dieser Vorgang noch zweimal. Dass der Anwalt die drei Insekten lediglich *fängt*, dürfte wohl ein Euphemismus sein – vermutlich kamen sie dabei ja zu Tode. So tauchen die Motten auch bei Tolstoi lediglich auf, um umgehend wieder beseitigt zu werden.

Berühmt, aber auch düster, ist hingegen die literarische Existenz des Totenkopfschwärmers (*Acherontia atropos*). Die Zeichnung auf dem Thorax dieser Motte gleicht tatsächlich auf unheimliche Weise einem Totenkopf. Carl von Linné benannte sie nach der Schicksalsgöttin *Atropos* (›die Unabweisbare‹), deren Aufgabe es ist, den Lebensfaden zu durchtrennen. Das Erscheinen dieser Mottenart ist seither untrennbar an den Tod geknüpft. In Thomas Harris' »Das Schweigen der Lämmer« erscheint der Totenkopfschwärmer denn auch im Umfeld des Psychopathen und Serienmörders Jame Gumb. Zwar führt ein einzelner Schwärmer, der unversehens aus dem Morgenmantel des Mörders aufsteigt, zu dessen Enttarnung. Aber in Erinnerung bleibt doch nur die unheimliche Nähe der Motten zu Verbrechen und Tod.

Und doch zeichnet sich neben diesen düsteren Bildern eine ganz andere Kulturgeschichte der Motte ab. Neben den weißen Kakadus, die in aufgegebenen Sherryfässern leben, kommt der Erzähler in W. G. Sebalds »Austerlitz« auch auf die Nachtfalter zu sprechen. Und als gelte es eine Jahrhunderte lange Missachtung wieder gutzumachen, folgt eine sieben Seiten lange Apotheose der Motte. »Die meisten von uns, sagte Austerlitz, wissen ja von den Motten nichts, als daß sie die Teppiche und Kleider zerfressen und darum vertrieben werden müssen mit Kampfer und Naphthalin, während sie doch in Wahrheit eines der ältesten und bewundernswertesten Geschlechter sind in der ganzen Geschichte der Natur. [...] noch heute bringe ich ihnen unter allen Kreaturen die größte Ehrfurcht entgegen.« Austerlitz erinnert sich an nächtliche Erkundungen, bei denen bis zu zehntausend Nachtfalter, angelockt durch eine Glühstrumpflampe, herbeigeflogen waren, um ihre filigranen Zeichnungen zu zeigen. »Manche trugen Halskragen und Umhänge, wie vornehme Herren, so Gerald einmal, auf dem Weg in die Oper; einige waren von einfacher Grundfarbe und zeigten, wenn sie die Flügel rührten, ein phantastisches Unterfutter, Quer- und Wellenlinien sah man, Verschattungen, Sichelflecken und hellere Felder, Sprenkelungen, gezackte Bänder, Fransen und Nervaturen und Farben, wie man sie sich nie hätte ausmalen können. Moosgrün mit bläulichen Einmischungen, Fuchsbraun und Safranrot, Lehmgelb und Atlasweiß, und einen metallischen Glanz wie aus pulvrigem Messing oder aus Gold. Viele von ihnen prangten noch in einem makellosen Kleid, andere wieder, die ihr kurzes Leben schon fast hinter sich hatten, kamen zerschlissen und zerfetzt daher«. (Zu sehen sind diese Zeichnungen auch auf einer der frühesten Mikrofotografien, die Sir William Henry Fox Talbot um 1840 auf seinem Landsitz Laccock Abbey von zwei Mottenflügeln aufgenommen hat.) Austerlitz berichtet weiter vom ungemein empfindlichen Gehör der Motten, von ihrer Totenstarre am Tag, aus der sie sich durch zuckende Bewegungen ihrer Flügel »wachzittern« und vom Schicksal jener Motten, die sich auf ihrem Flug in das Innere eines Hauses verirrt haben. »Sie wissen, glaube ich, sagte Austerlitz, daß sie sich verflogen haben, denn wenn man sie nicht vorsichtig wieder nach draußen entläßt, so verharren sie reglos, bis der letzte Hauch aus ihnen gewichen ist, ja sie bleiben, festgehalten durch ihre winzigen, im Todeskrampf erstarrten Krallen, am Ort ihres Unglücks haften bis über das Lebensende hinaus, bis ein Luftzug sie ablöst und in einen staubigen Winkel verweht.«

Drei Jahrzehnte zuvor hatte die Motte schon einmal eine Nobilitierung erfahren. Das für psychedelische Musik bekannte Duo Witthüser & Westrupp widmete den Nachtfaltern 1972 das Lied »Der Rat der Motten« . Es handelt von der Versammlung des Mottenrats, die jedes Jahr in einer großen Eibe abgehalten wird. Am Ende des Treffens ergreift der Älteste vom Mottenrat das Wort: »Wir alle wussten zu erzählen/ von Dingen die im alten Jahr geschehen sind/ und alle Rätsel konnten wir erklären/ bis auf eins«. Dieses Rätsel betrifft die magische Anziehungskraft, die das Licht auf die Nachtfalter ausübt. Im Lied von Witthüser & Westrupp bleibt das Rätsel bis zum Schluss ohne Aufklärung. So verhält es sich aber auch in der Wissenschaft. Eine befriedigende Erklärung des Phänomens konnte bislang nicht gefunden werden. Die am meisten verbreitete Lehrmeinung besagt, dass die Motten vom Licht gar nicht angezogen werden, sondern ganz im Gegenteil versuchen, ihm zu entkommen, was aber misslingt. Aber warum? Vermutlich richten die Motten ihre Flugbahn nach dem Mond aus, der aufgrund seiner großen Entfernung von der Erde scheinbar unbewegt am Himmel steht. Nahe Lichtquellen wie Kerzen, Glühbirnen oder Straßenlaternen hingegen wandern beim Vorbeiflug störend durch das Sehfeld der Motte. Beim Versuch, im Flug einen konstanten Winkel zum Mond beizubehalten, irritieren diese zusätzlichen Lichtquellen und bringen die Motte auf eine spiralförmige Kreisbahn, die sie immer näher an die Lichtquelle heranführt. Der Flug der Motten stammt demnach aus einer sehr alten Zeit. Mit dem Auftauchen künstlicher Lichtquellen konnte in dieser Vorzeit nicht gerechnet werden. Aus Sicht der Motte scheint die Kulturgeschichte des Menschen demnach nur eine kurze Episode zu sein. Sie kommen aus einer Zeit, in der es Kultur noch gar nicht gab – kein künstliches Licht, keine Naturforscher, keine Anwälte in St. Petersburg, keine Marlene Dietrich, keine Mottenkugeln, keine Literatur.

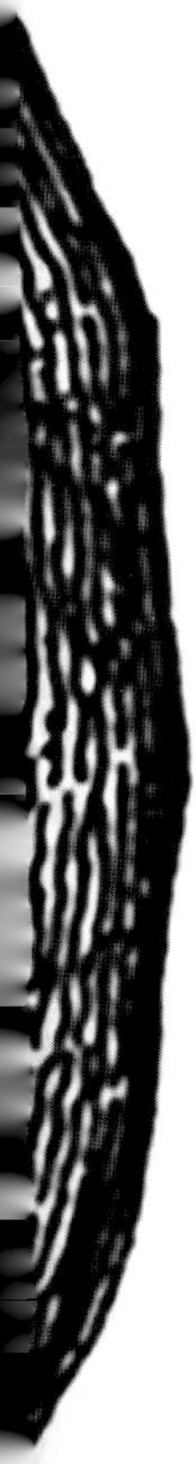

# O

# ORTOLAN, DER

(*Emberiza hortulana* LINNAEUS, 1758; engl. *ortolan bunting*; frz. *bruant ortolan*)

Karl-Heinz Göttert

Es ist gut möglich, dass nach einer öfter geäußerten Ansicht das größte Hindernis der sich entwickelnden Naturwissenschaft in der Frühen Neuzeit Aristoteles war. Allzu lange und allzu fest vertraute man seiner Autorität, wollte das fein gesponnene Netz der Kategorien nicht preisgeben, in denen er das Reich der Natur wie das der Moral und all des anderen Wissens eingefangen hatte. Auch damit war der Ruf des Mittelalters als eines ›finsteren‹ befestigt. Und dann muss man doch Einschränkungen machen, Aristoteles selbst und seinen mittelalterlichen Nachfolgern zugestehen, dass sie wenigstens gelegentlich so weit nicht weg lagen von heutigem Wissen.

Als Aristoteles in »De anima« die Sinne durchging und das Hören ins Visier nahm, machte er sich Gedanken über unterschiedliche Formen von Tönen und kam dabei auch auf die menschliche Stimme. ›Töne‹, so die These, gebe es in der gesamten Natur, beim Menschen aber handle es sich um einen ›Ton des Belebten‹. Dabei sieht er auch den kritischen Punkt, die Unterscheidung von der Tierstimme. Die Auskunft dazu lautet: Einige Tiere verfügten zwar über Artikulationswerkzeuge und brächten damit erstaunliche Leistungen hervor, aber zum ›Ton des Belebten‹ komme beim Menschen noch die ›Absicht‹ der Verständigung. Belebtheit reicht also nicht aus, nicht einmal beim Menschen, der auch mit Husten Töne von sich gibt, die aber nichts ›bedeuten‹. Umgekehrt fehlt tierischen Lautäußerungen bei größter Nähe zur menschlichen Stimme die Möglichkeit des ›Wollens‹. (vgl. Aristoteles, »De anima«: 420a; vgl. Ax 1986: 122ff.)

In der »Historia animalium« führt Aristoteles dazu Einzelheiten auf. Zur Stimme, so liest man, gehören Lunge, Kehlkopf samt Luftröhre sowie als Artikulationsorgane Zunge, Zähne, Lippen. Einigen Tieren fehlt davon etwas, die Insekten zum Beispiel haben keine Zunge, die Fische weder Lunge noch Luftröhre. Aber es gibt interessante Tiere, die den Unterschied zum Menschen einzuebnen scheinen. Dem Delphin etwa fehlen unter den

<< Abb.: John A Thompson: Ortolan (Detail), 2009. In: The Internet Bird Collection

Artikulationswerkzeugen nur die Lippen, einige eierlegende Vierfüßler wie die Frösche kommen mit ihrem Quaken noch dichter an die menschliche Stimme heran, am weitesten aber die Vögel, besonders die Nachtigall, die ihre Jungen sogar im Gesang unterrichtet. Am Ende des Kapitels folgt jedoch das Donnerwort aus »De anima«: Die Tiere mögen es mit ihrem stimmlichen Ausdruck so weit bringen, wie sie wollen. Am Ende fehlt das Entscheidende: die Ausdrucksabsicht. (vgl. Aristoteles, »Historia animalium«: I.1 und IV.19; vgl. Ax 1986: 127ff.)

Das würde man heute zwar etwas präzisieren, aber schlecht sind die Beobachtungen nicht. Im Mittelalter wurde die »Historia animalium« immer wieder fortgeschrieben, leider auch viel Groteskes wie etwa, dass die Würmer aus Schweifhaaren von Pferden entstünden. Und dann, mittendrin in solchen Fortschreibungen, finden sich präzise Beobachtungen. Ein Beispiel stellt der »Liber de animalibus« (um 1250) von Albertus Magnus dar, eine Kölner Vor-lesung des großen Dominikaners, die im handschriftlichen Original erhalten blieb, das übrigens nach dem Einsturz des Kölner Stadtarchivs fast als erstes gerettet wurde. In diesem Werk ist viel Tradition mitgeschleppt, aber dann kommt das Kapitel zum Falken, bei dem sieben Arten allein des Wanderfalken unterschieden werden, die heutigen Einteilungen durchaus nahe kommen. Zum Abschluss folgen auch noch Anmerkungen zur Behandlung von Krankheiten. (vgl. Albertus Magnus, »De Animalibus«, 2: 1–55)

Man kann sich diese Präzision durchaus biografisch erklären. Als Adelsspross war der große Albert natürlich jagdvernarrt oder es einmal in seiner Jugend gewesen. Man weiß auch, dass er im Kontakt mit den Falknern von Friedrich II. stand, der ein noch viel umfangreicheres Werk über diese Art von Vögeln geschrieben hat. Aber man wird eben öfter fündig. Noch etwas früher als Albertus Magnus, vor der großen Aristoteles-Rezeption im Mittelalter, verfasste zum Beispiel Alexander Neckam zwei naturwissenschaftliche Werke: »De naturis rerum« und »De utensilibus«. Letzteres wurde berühmter, weil Neckam darin wohl erstmals in Europa den Gebrauch des Magneten als Navigationsmittel beschrieb. Uns interessiert hier trotzdem mehr »De naturis rerum« mit einem Bericht über Nachtigallen. (vgl. Neckam, »De naturis rerum«: I.51)

Dort ist die Rede davon, dass die Nachtigallen die Wärme liebten und ein Fluss in Gallien existiere, der eine Art Grenze für ihren Gesang bildete: Nur an dem einen seiner Ufer ließen sie ihre Koloraturarien erklingen, am anderen schwiegen sie. Es ist dabei zwar Mythologie im Spiel, wenn das Wasser mit der Verkündigung von Unheil in Verbindung gebracht wird. Aber die Grenze ist nicht mythologisch, sie ist beobachtet. Man kann sogar noch weiter gehen und sagen, dass vielleicht erstmals ein Zusammenhang zwischen Gesang und Lebensraum hergestellt wurde. Das ist wirklich nicht mehr allzu weit entfernt von einer höchst aktuellen Beobachtung, die erstens mit einer Grenze, zweitens mit dem Singen von Vögeln verbunden ist und drittens diesseits und jenseits des Feldwegs zwischen Stücken und Körzin südlich von Potsdam, im Naturpark am Seddiner See beobachtet wurde. Hier nämlich sind letzte Populationen des Ortolans oder der Gartenammer zuhause. Wahrscheinlich wäre es auch Neckham aufgefallen: Diesseits und jenseits der Grenze liegen zwar nicht Singen und Verstummen, wohl aber Singen in verschiedenen Dialekten, für die es mittlerweile sogar wissenschaftliche Bezeichnungen gibt: ›Fläming‹ und ›Niederlausitz‹.

Aristoteles würde es nicht besonders interessieren, zumal er mit der Erklärung überfordert wäre, dass gegen Ende der Eiszeit vor rund 10.000 Jahren viele Vogelarten aus dem Exil nach Mitteleuropa zurückkehrten, ihren längst abgewandelten Gesang mitbrachten und sich mit den Angehörigen ihrer eigenen Art nicht mehr paarten, weil sie sich buchstäblich nicht mehr *verstanden*. Der Ortolan, das interessiert uns hier mehr, *spricht* zwar nicht, aber er beherrscht immerhin Dialekte. Natürlich würde Aristoteles sagen, dass es ihm nichts nützt. (wapedia.mobi/de/Ortolan; http://www.vogelstimmen-wehr.de; vgl. Fitter/König 1994)

So gesehen wäre all dies nicht der Erwähnung wert, wenn sich mit dem Singen des Ortolans nicht noch etwas kulturgeschichtlich Interessantes verbände. Dem Vogel muss nämlich ein wirklich Großer zugehört haben, der ganz jenseits der Frage, ob mit diesem Singen eine *Absicht* verbunden ist, auf eine Bedeutung besonderer Art stieß. Es war Beethoven, der den Ortolanruf als erstes Thema seiner 5. Sinfonie in c-Moll verwendete: jenes berühmte Ta-ta-ta-taaaa, das Vogelkundler als Di-di-di-dah, Zri-zri-zri-zri-djü-djü oder ridri-dri-dri-jööj wiedergeben. Es handelt sich um eine große Terz, im Moll-Dreiklang die obere Terz also – während die kleine obere Terz im Dur-Dreiklang dem Kuckucksruf entspricht. Die wenigsten werden Gelegenheit haben, diesen Ruf einmal in der Wirklichkeit zu hören, weil der Vogel immer seltener wird. Französische Gourmets lassen ihn sich, wenn er seine afrikanischen Reviere verlässt und seine nördlichen Brutstätten aufsucht, trotz strengen Artenschutzes nach entsprechender Mästung als ›Fettammer‹ servieren. Wer sich den Ruf im Internet vorspielen lässt oder auf das Berliner Tierstimmenarchiv zurückgreift, ist jedoch verblüfft über so viel Beethoven und kann die französischen Gourmets in diesem Punkt noch weniger als ohnehin schon verstehen.

Was jedoch zuletzt noch schwerer wiegt: Man kommt ins Grübeln, ob der Ortolan nicht den Beweis dafür liefert, dass die aristotelische Frage nach dem Sprechen der Tiere eine feinere Differenzierung erfahren muss, als der Meister sie vornahm. Zwar hapert es weiter mit der *Absicht*. Aber wer hätte gedacht, dass ein kleiner Vogel der Macht des Schicksals – wenn man denn die übliche Umschreibung der c-Moll-Sinfonie für bare Münze nimmt – einen so perfekten Ausdruck verleiht.

P

ZOOL. CAMBRIDGE
PARADISAEIDAE
Paradisaea apoda
apoda
CAT. NO.

# PARADIESVOGEL, DER

(*Paradisaeidae* Vigors, 1825; engl. *bird-of-paradise*; indones. *Burung-burung cendrawasih*)

Karin Harrasser

Was, wenn die Natur- und Kulturgeschichte des Menschen vom Paradiesvogel her geschrieben worden wäre und nicht vom Affen? Nicht von der Frage nach dem aufrechten Gang aus, dem Freiwerden der Hände, dem Werkzeuggebrauch und der Sprache aus, sondern von der Schönheit, der Phantasie und der Verschwendung?

Die Geschichte des Paradiesvogels führt unmittelbar hinein in die lichten und dunklen Kapitel der europäischen Entdeckungen: Im 16. Jahrhundert fanden die ersten Specimen den Weg von Ozeanien nach Europa. Entdeckungsreisende brachten umwerfend farbig schillernde Bälge von Vögeln mit, die von malaiischen Händlern *Manuk dewata* genannt wurden: Gottesvögel. Die fußlosen Bälge nahmen alsbald in der Phantasie der Europäer lebendige Gestalt an. Es hieß, die *passaros del sol* oder *avis paradiseus* (John von Linschoten, 1598) sollten ihr ganzes Leben in der Luft verbringen, fußlos und ohne Möglichkeit zu landen. Die ozeanischen Gefieder verbanden sich sodann mit der ebenfalls nicht-endemischen, sondern persischen Sage des mythischen Huma-Vogels, der vor allem in der Sufi-Tradition verehrt wird. Auch dem Huma sagt man nach, dass er niemals die Erde berühren würde, deshalb aber den Göttern besonders nah sei. Der Huma ziert heute – fußlos und ohne Rollen – das Logo von Iran Air.

Linnæus nannte noch 1760 den größten unter den Paradiesvögeln *Paradisaea apoda*. Denn erst durch die Forschungsreisen durchs malaiische Archipel, etwa diejenige von Charles Darwins Freund und Konkurrenten Alfred Russel Wallace, erfuhr Europa mehr über die mysteriösen Vögel. Die Paradiesvögel spielten eine wichtige Rolle in einem Wissenschaftskrimi, aus dem – zumindest in der Hagiographie der Wissenschaftsgeschichtsschreibung – Darwin als Meisterdetektiv und Wallace als sein Dr. Watson hervorgingen. Am 9. März 1858 sandte Wallace nämlich – angeblich fiebergeschüttelt und angeblich von Ternate aus – einen Brief an Darwin. Er hatte einen kurzen

<< Abb.: Schwanzfedern des Paradisaea apoda, gesammelt von Alfred Russel Wallace © University Museum of Zoology, Cambridge & Fred Edwards

Aufsatz mit dem Titel »On the Tendency of Varieties to Depart Indefinitely From the Original Type« verfasst. Der Aufsatz war sehr schnell, in nur zwei Nächten, entstanden und teilte die Resultate langjähriger Forschungsarbeit in Form einer spektakulären Spekulation mit. Der Aufsatz enthielt eine Theorie der Evolution (ohne sie so zu nennen) durch natürliche Auslese, die Wallace der ›künstlichen‹ Züchtung von Haustieren entgegenstellt und die große Ähnlichkeit mit Darwins noch unveröffentlichter Theorie hatte. Freunde schlugen vor, die Entdeckung als gemeinsame zu deklarieren, was auch geschah: Vor der Linnégesellschaft wurde die Theorie der Evolution am 1. Juli 1858 als Entdeckung von Darwin und Wallace verkündet.

In den Paradiesvögeln fand Wallace reichlich Anschauungsmaterial für das, was später ›geschlechtliche Zuchtwahl‹ heißen sollte, denn nur die männlichen Vögel verfügen über das typische, auffällige Gefieder und nur sie üben sich in aufwändigen Balzritualen, um (so Darwin) die Weibchen zu betören und zu bezaubern. Im Kapitel über die Paradiesvögel im »Malay Archipelago« (1869) schwelgt Wallace geradezu in der Beschreibung der ornamentalen Pracht des Gefieders der Männchen. Seite über Seite werden die schmalen, die langen, die gebogenen, die gekräuselten Zierfedern, die strahlende Farbenpracht und die irisierenden Effekte der unterschiedlichen Teile des Gefieders beschrieben. Während die Männchen »extraordinary, remarkable, magnificent, splendid, elegant« sind, sind die Weibchen »plain and uniform«, völlig langweilig. Wallace erklärt die Mannigfaltigkeit der Formen und Farben der Männchen schlicht als die »cumulative power of selection«, begibt sich aber nicht weiter auf das dünne Eis der Ästhetik der sekundären Geschlechtsmerkmale, die Charles Darwin in der »Abstammung des Menschen und die geschlechtliche Zuchtwahl«, das 1871 sowohl englisch als auch deutsch erschien, so nachhaltig beschäftigen sollte. Denn so einfach das Prinzip der natürlichen Zuchtwahl klingt – der gegengeschlechtliche Partner wählt denjenigen, der die besten Chancen auf Nachwuchs verspricht –, so vertrackt ist die Interpretation der Kriterien für die Bevorzugung, wenn es um ästhetische Phänomene geht.

Körpergröße und physische Stärke als Fortpflanzungssignale sind relativ einfach zu interpretieren, Farb- und Formsignale erfordern hingegen kompliziertere Interpretationen. Denn erstens widerspricht ein auffälliges Federkleid als solches dem primären Anliegen der Evolution, das Überleben einer Art sicherzustellen und zweitens lassen sich keine Gründe für die Präferenz etwa von blauer über roter Farbe, von runden oder elliptischen Zeichnungen der Federn angeben. Wallaces Ausgangsfrage, die Ausbildung schier unendlicher Varietäten innerhalb einer Art, sind ein weiteres Problem: Würde es für die Zielsetzung der Erhaltung der Art nicht völlig ausreichen, sehr viel weniger Varianten auszuprägen? Braucht es wirklich den großen Spielraum der Phänomene, um die beste Lösung zu finden? Darwin konnte all dies nur unter der Hypothese der geschlechtlichen Zuchtwahl beobachten und einige Vermutungen formulieren zum Beispiel, dass je weniger Nachkommen gezeugt würden und je aufwendiger die Brutpflege sei, desto eher die Weibchen die Partnerwahl treffen und der Schmuckdruck auf die Männchen zunimmt. Er kommt aber – gerade in Hinblick auf das Wie und Warum prächtigen aber unpraktischen Gefieders – nicht so recht auf einen grünen Zweig. Im berühmten Kapitel über Vogelfedern als Selektionssignale wird dies offenkundig. Er kommt nicht umhin, das Federkleid mit der Menschen-Mode zu vergleichen: »Wie eine jede schwankende Mode in der Kleidung beim Menschen allmählich bewundert wird, so scheint auch bei Vögeln eine Veränderung beinahe jeder Art in der Structur oder der Färbung der Federn beim Männchen von dem Weibchen bewundert worden zu sein. [...] So geschah es mit dem Schwanze der Pfauentaube, der Haube des Jacobiners, dem Schnabel und den Fleischlappen der Botentaube u.s.w.« (Darwin 1871, 2: 63 und 67)

Um die schwankenden Moden genießend unterscheiden zu können, muss jedoch angenommen werden, dass die Vögel einen Sinn für Schönheit haben. Darwin ist in der Zwickmühle. Entweder er konzediert den Vögeln ästhetisches Urteilsvermögen oder die ganze verschwenderische Schönheit ist zwecklos und einfach überflüssig. Er entscheidet sich bekanntlich für ersteres und diese Tendenz prägt die Evolutionsbiologie bis heute: Lieber die Sonderstellung des Menschen in der Ordnung der Natur negieren, als irgendetwas ohne Nutzen in dieser Welt zulassen.

Was wäre aber nun, wenn die Natur nichts gegen Überflüssiges einzuwenden hätte? Wenn sie weder wohl geordneter Garten Eden noch Kampfarena der Arten wäre, sondern ein Ort der überraschenden, verschwenderischen Hervorbringungen immer neuer Varietäten? Die Paradiesvögel können uns diesbezüglich einiges zeigen. Sie verwirren nämlich bis in die Gegenwart die Evolutionsbiologie damit, dass sie bei der Paarung wenig Rücksicht auf Arterhaltung legen und dauernd neue Hybriden hervorbringen, die gentechnisch dann wieder aufgedröselt werden müssen.

Der Paradiesvogel steht zudem für einen ästhetisch-sozialen Überschuss und einen zwischen Menschen und Tieren – selten egalitär – geteilten Vorgang der Kultivierung. Nimmt man die Paradiesvögel aus dieser Perspektive in den Blick, müssen ganz andere Geschichten erzählt werden. Etwa diejenige, dass die Naturforscher deshalb so große Schwierigkeiten hatten, der Paradiesvögel habhaft zu werden, weil sie auf Papua Neuguinea und im ganzen malaiischen Archipel schon lange vor der Ankunft der Europäer ein begehrtes Handelsgut waren, welches in den sich über das ganze Archipel erstreckenden Tauschbeziehungen einen hohen Stellenwert besaß. In dieses lokale ökonomische Gefüge wollte man die Europäer schlicht nicht eindringen lassen und hat deshalb die Aufenthaltsplätze der Vögel nicht preisgegeben, was die Rätselhaftigkeit der Vögel steigerte und wissenschaftliche Neugierde und ökonomisches Begehren erst recht anstachelte.

Ein alternativer Knoten zwischen Mode und Gefieder könnte über Darwins spöttische Bemerkung über die Hutmoden der europäischen Damenwelt geschnürt werden. Er mokiert sich nämlich darüber, dass die Damen sich mit männlichen Vogelfedern schmückten. All seine Überlegungen zum Putz der Menschenfrauen zielen bekanntlich auf eine Hierarchisierung der Geschlechterverhältnisse zu Gunsten des Mannes. Seine Untersuchungen sanktionieren die angeblich natürliche Überlegenheit der Männer über die Frauen auf Basis der dominant männlichen Partnerwahl bei den Menschen. Darwins Spöttelei braucht aber nur einen kleinen gedanklichen Sprung, um den Gedanken wachzurütteln, dass sich die Frauen mit den Federn ein männliches Gebiet der Körperausweitung erobert haben. Denn nicht nur stammen die Federn von männlichen Vögeln, auf Papua Neuguinea sind sie ein wichtiges Accessoire der Tracht der Stammesführer und Krieger. Aufgeplusterte Machismen wurden also gewissermaßen auf Damenhüten exponiert.

Eine weitere Geschichte der Mensch-Tierbeziehung wird auf dem Frontispiz von Wallaces »Malayan Archipelago« erzählt: Es zeigt einen Baum, auf dem sich männliche Paradiesvögel versammeln, um einander ihr Prunkgefieder vorzuführen, »dancing-parties« nennt Wallace dies. Diese Versammlungen nutzten die einheimischen Jäger, um an die begehrten Bälge heranzukommen. Die Jagdmethoden rechneten also mit dem sozialen Überschuss, den das Gefieder hervorbringt. Denn die aufwändigen Vorführungen unter Geschlechtsgenossen mögen über Umwege Teil des Fortpflanzungsvorgangs sein, der Umweg selbst ist aber nicht erklärbar. Ähnlich ging es vielen

Interpreten – so auch Deleuze und Guattari – mit den Laubenvögeln, etwa dem *Scenopooetes dentirostris*, der lange als Verwandter der Paradiesvögel eingeordnet wurde. Die Laubenvögel richten mit effektvollen Mitteln, wie etwa dem kontrastvollen Arrangement von Blättern und Blüten, und *objets trouvés* einen Bühnenraum ein, um darauf ihre Balztänze aufzuführen.

Wenn das alles der Evolution dient, dann auf sehr umständlichem Weg. Der Mensch als Paradiesvogel, das wäre der Mensch als Naturwesen, aber auf sehr umständlichem Weg.

# PFERD, DAS

(*Equus* LINNAEUS, 1758; spätlat. *paraverēdus*; engl. *horse*; frz. *cheval*)

Claudia Schmölders

Viele Kavalleristen trauerten im Zweiten Weltkrieg mehr um die Pferde- als um die Menschenopfer, auch wenn sie es vielleicht nicht sagten und die Geschichtsschreiber es nach 1945 kaum notieren mochten. Zuviel Verständnis hätte man ihnen womöglich konzediert; schließlich waren Pferde in unseren Breitengraden bis nach dem Zweiten Weltkrieg völlig unentbehrliche Daseinsgeschöpfe, sei's als Waffe, als belastbares Zugtier, prachtvolles Sportgeschöpf oder lebensinniger Gefährte. Neben dem Hund hatte es die wohl längste Dressurgeschichte, aber mindestens drei seiner Rollen spiegeln auch eine geradezu anthropomorphe Zurichtung. Nur der Mensch selber ist ja zu dieser Triade aus Kriegsmaschine, Sklave und Freund imstande, und die Züchtung auf ein absolut gehorsames, angeblich angstfreies, und sogar (mit)kämpferisches und hoch bewegliches Geschöpf machte aus Pferden darüber hinaus die besseren Soldaten. Vorbilder, die scheint's klag- und selbstlos für die Sache ihrer Reiter starben.

Was für die Kriegstauglichkeit des Pferdes gilt, stimmt auch für seine Literatur- und Kunsttauglichkeit. Auch hier spielt es unerhört viele, häufig sehr vornehme Rollen. Die griechische Mythologie und Literatur kennt den kraftstrotzenden Zentaur neben dem listenreichen Trojanischen Pferd, den enthusiastischen Pegasus neben dem sprachbegabten Bukephalos. Rosinante ist erhaben wie Sancho Pansa; die weisen Houynhymns aus »Gullivers Reisen« sind den Menschen schon weit überlegen und erst recht Tolstois »Leinwandmesser« dient als kritische Folie. Wirkliche Leidensgeschichten wie die eines Fallada aus dem Märchen oder die der Rösser in Kleists »Michael Kohlhaas« sind zunächst eher selten: Erst mit dem Alptraum aus »Schuld und Sühne« tritt 1866 ein uraltes Paradigma ins kulturelle Bewusstsein.

Denn auch in die Kunstgeschichte kommt das Pferd nicht leidend, sondern im Gegenteil prangend. In Europa natürlich vor allem als Reiterdenkmal; an arabischen Höfen aber schon früh auch als Porträt. Seit dem 8./9. Jahrhundert

<< Abb.: Hokusai: Der Samurai Hatakeyama Shigetada trägt sein Pferd über einen Berg, 1820–1821. Musée Guimet, Paris

wurden hier ja einschlägige Traktate zu Pferdemedizin und -zucht, zu Pferdetheologie (!) und -linguistik, ja sogar ganze Genealogien zu berühmten Pferden des Propheten verfasst, der ja selber nicht abgebildet werden durfte. 1534 entstand am Hofe von Federico II. Gonzaga, dem ersten europäischen Vollblutzüchter, eine regelrechte *Sala dei cavalli* – eine Galerie mit Porträts berühmter Pferde. Mit der Wiederentdeckung der römischen Proportionenlehre in der Renaissance kam dann der kanonische Körperbau von Mensch und Pferd nahezu gleichrangig in den ästhetisch-eugenischen Horizont. Neben die Bild- trat die Reitkunst, sowohl zur fürstlichen Freude, als auch zum Volksvergnügen an Paraden und im Zirkus. Das Standardwerk des wohl berühmtesten Reitlehrers der Frühen Neuzeit, »Gli ordini di cavalcari« von Federico Grisone, die erste Reitschule mit höfischer, weniger militärischer Ambition, erschien 1550 in Neapel. Das prachtvolle Buch erlebte bis 1620 allein in Italien sechzehn Auflagen, wurde in alle europäischen Sprachen übersetzt und beeinflusste nicht zuletzt die Wiener Hofreitschule (gegr. 1565). Grisones Schüler trugen die hippologischen Normen nach Frankreich; Antoine de Pluvinel wurde Reitlehrer von Louis XIII. und verfasste eine Didaktik mit herrlichen Holzschnitten. In all diesen Lehrbüchern gab es eine mehr oder weniger explizite Kanonik des Pferde-Phänotyps, sei es verbal, sei es in der bildlichen Darstellung. Schließlich im 18. Jahrhundert blühte die Pferdemalerei eines George Stubbs; und um diese Jahrhundertwende malte Théodore Géricault seine prachtvollen Tiere und prallen Stallbewohner: Pferde von hinten, für eine spezielle Klientel.

Hinter alldem aber stand die unschöne Wirklichkeit an Heerscharen malträtierter, zu Tode geprügelter Pferde, Maultiere und Esel auf dem Lande wie auf den Kriegsschauplätzen – nicht anders als heute die Batterien malträtierter Nahrungslieferanten hinter verhätschelten animalischen Lebensabschnittsgefährten – in himmelschreiender Paradoxie. Pferde symbolisieren eben nicht nur Kraft, Schönheit und Dozilität; Symbol ist der falsche Ausdruck, Totemtier wäre besser, noch besser: Sonderfall unter den Totemtieren, die ja ursprünglich Stärke repräsentieren und nicht Leiden oder Ohnmacht. Nur das Pferd, mit dem schmerzlichen Schatten, den seine Geschichte wirft, verkörpert beides zugleich. Aber warum sollten nicht auch Hochkulturen wie unsere solch einem Totemtier huldigen? Schließlich haben wir christlicherseits eine verwandte Paradoxie zur Ikone erhoben.

In der engeren Züchtungsgeschichte ist von Paradoxie natürlich keine Rede. 1562 unter Rudolf II., entstanden im böhmischen Gestüt Kladrub die ersten Gestütbücher. Als im 17. Jahrhundert die ersten arabischen Vollblüter nach England importiert wurden, begann die Tradition der Pferderennen, mit ihnen kam die penible, aus der arabischen Welt importierte Auflistung des so genannten ›Vollkommenen Exterieurs‹. Schon 1362 nennt der Fachmann Ibn Hudail folgende Kriterien: »Die Feinheit der Nasenspitze, d.h. des Teiles, der zwischen den beiden Nüstern liegt, gilt als schön und weist auf Vortrefflichkeit hin; die Nüstern sollen weit, ihr Spalt lang sein etc., u.a. wegen der Erleichterung des Atmens. [...] Bei der Prüfung eines Pferdes soll darauf geachtet werden, daß es von komprimierter Gestalt ist, mit wohlproportionierten Gliedern, kleinem Kopf, langem Hals, dicker Kehle, und dünner Madbah [der Stelle, an der das Tier geschlachtet wird]; mit zwei dünnen und langen, aufrechten, starken und schön gefalteten Ohren, als ob es die Blätter von Basilikum oder die Seiten von Federn wären, mit zwei langen, glatten, dünnen Wangen, gleichmäßigem Stirnhaar, mit engem Nacken etc.«

Beschreibungen wie diese gehörten zur hippologischen *Epideixis* und bildeten zugleich Zuchtideale ab. Diese wiederum waren Teil des Markthandels und der hippologischen Medizin. Letztere wiederum spielte eine entscheidende Rolle in der militärischen Konzeption und im Kampf gegen die Seuchen: Zur Aufrüstung von Heeren, wie etwa unter Napoleon, mussten die Veterinäre den Pferdebestand für die Remontenaufzucht garantieren. 1764 gründete der führende königliche Beamte und hippologische Autor Claude Bourgelat die erste Veterinärschule in Frankreich. Befreundet unter anderem mit D'Alembert, schrieb er zahlreiche Artikel für dessen »Encyclopédie«, und im dritten Band (1753) den Artikel »Cheval« als Resumé der begeisterten Rede des Grafen Buffon in dessen »Histoire naturelle«.

Mit seinem »Traité de la conformation extérieure du cheval; de sa beauté et de ses défauts; des considérations auxquelles il importe de s'arrêter dans le choix qu'on doit faire; des soins qu'il exige, de sa multiplication, ou des Haras, etc.« von 1768 begründete Bourgelat dann aber auch einen Sachbuchtypus, der sich parallel zum Aufstieg der Tierarzneischulen in ganz Europa verbreitete. Es war, wie schon die Proportionenlehre in der Renaissance, eine Phänomenologie dicht am Menschen. Und das hieß, dicht an jener Art Menschenwahrnehmung, die wir seit Aristoteles als Physiognomik bezeichnen. Tatsächlich stimmt ja weniges besser zu dieser Pseudowissenschaft als die Prämisse des Pferdehandels, in dem Käufer und Verkäufer über physische Vorzüge eines stummen Tieres argumentieren und mit einigem Geschick über physische Mängel hinwegtäuschen können. Das mit den napoleonischen Kriegen aufsteigende eugenische Zuchtinteresse wurde in Europa zu einer Matrix der sozialen Wahrnehmung für Pferd und Mensch gleichermaßen. Derselbe Théodore Géricault, dem wir Bilder von kraftstrotzenden Pferden und Pferdehintern verdanken, porträtierte als erster auch Geisteskranke im Denkdienst einer eugenischen Medizin. Kurz, der steile Aufstieg der physiognomischen Doktrin im 19. Jahrhundert ist ohne die hippologische ›Lehre vom Exterieur‹ nicht zu denken. Häufig sind diese Lehrbücher reich bebildert, häufig belehren sie ihre Nutzer über die schon von Lavater behaupteten Zusammenhänge von äußerer Erscheinung und *Charakter.* Das Kapitel »Menschenkenntnis«, das sich seit 1800 so breit aufblättert, wird ins Reich der Züchtung hinübergezogen durch das Kapitel »Pferdekenntnis«, und hier denaturiert.

Pferd und Mensch bleiben durch die Geschichte hindurch eigentümlich substituierbar. »Jeder von uns ist auf seine Art Pferd«, dichtete Majakowski noch 1918. Oberschichtlich ist es fast immer der bessere Mensch, das schönere, stärkere, freundlichere Alter zum Ego, nicht nur züchtungsphantasmatisch, sondern übrigens auch erotisch. Diese hippologische Triebgeschichte hat unzählige triviale, aber mindestens eine hochliterarische Vorlage: In Tolstois »Anna Karenina« (1877) bricht Graf Wronski seiner zauberhaften Stute Frou Frou bei einem Rennen das Rückgrat, vordeutend auf Annas Schicksal. Russische Leser mochten hier an den drastischen Traum aus Dostojewskis »Schuld und Sühne« (1866) denken. Am Tag seines Mordplans träumt Raskolnikoff von einem Gang auf den Markt zu Kinderzeiten. Zusammen mit seinem Vater erlebt er, wie ein völlig betrunkener Bauer sein Pferd zu Tode prügelt. »Der arme Knabe ist ganz fassungslos. Laut aufschreiend drängt er sich durch den Schwarm hindurch zu der Falben hin, umfaßt ihren toten, blutigen Kopf und küßt ihn; er küßt sie auf die Augen, auf die Lefzen …«

Wissen wir, ob nicht noch Nietzsche dieser Episode folgte, als er weinend ein Pferd in Turin umarmte?

Jedenfalls hat das Pferd noch bis ins 20. Jahrhundert seine paradoxe Rolle als menschliches AlterSuperEgo gespielt. Angefangen vom Vorkriegs-Pferde-Evangelium eines Franz Marc, wird es zunächst literarisch gespiegelt; teils als Symbol kraftstrotzender Ergebenheit (Djuna Barnes, »Die Erde«, nach 1916), teils als unheimlicher Triebherrscher (Kafka, »Der Landarzt«, 1917), teils aber auch als weinende Kreatur (Majakowski, »Gute Behandlung der Pferde«, 1918). Der Erste und erst recht der Zweite Weltkrieg ließ all dies in Blut und Flammen aufgehen. Insgesamt 2,75 Millionen Pferde waren daran beteiligt, es starb, glaubt man, die Hälfte davon.

Seit 1945 genießt das nun wieder zahlreich vorkommende Pferd mehr und mehr so etwas wie ein Rentnerdasein auf »posthistorischen Weiden« (Peter Sloterdijk); jedenfalls dort, wo die Gesellschaft auf maschinelle Durchrüstung zielt, derweil die reale Szene in sportivem Wettbewerb und Starwesen aufgeht, bis hin zu Totilas, dem Wunderhengst der Gegenwart. Parallel zu dieser Entspannungsphase stieg das Pferd in der akademischen Erinnerungsarbeit auf. Seit der letzten Jahrtausendwende konzentrieren sich immer mehr *Animal Studies* auf diese ungeheure Kulturgeschichte, die doch erst ansatzweise vorhanden ist. Wer weiß schon, dass das Pferd im muslimischen Kulturbewusstsein noch immer symbolhaltig ist? Der türkische Autor und Nobelpreisträger Orhan Pamuk überschrieb 1998 im Roman »Rot ist mein Name« ein ganzes Kapitel »Ich, das Pferd«, in dem das muslimische Bilderverbot erörtert wird; und Pferdebilder und -miniaturen durchziehen den ganzen Text. Angeregt hat das Buch seinerseits Donna Landries eben erschienene Studie über die unterschiedliche Traktierung des Pferdes in arabischer und europäischer Geschichte. Offenbar gab es in ottomanischer Zeit ein langdauerndes *companionship*, ein höfliches, fürsorgliches Interagieren zwischen Mensch und Pferd, in der brutale Exzesse der Tierquälerei oder auch nur der qualvollen Dressur unbekannt waren. *Animal studies* sind offen engagiert, nicht von Max Weber inspiriert. Sie zielen auf die Erweiterung von Begriffen wie Solidarität und Sozialismus, auf Menschenrechte für Tiere, und letztlich natürlich auf Tötungsverbote.

# PINK PANTHER, THE

(lat. *Panthera rosa*; dt. *Der rosarote Panther*; pol. *Różowa Pantera*)

Albert Kümmel-Schnur

»Machst ja manchmal schlimme Sachen
Über die wir trotzdem lachen
Denn du bist, wir kennen dich,
Doch nur Farb und Pinselstrich«
(Song im Abspann der Fernsehserie »Der rosarote Panther – zu Gast bei Paulchens Trickverwandten«, BRD 1973ff.)

Der rosarote Panther ist ein Extremfall der Kategorie nicht-existierender Tiere, viel mehr noch als es das un/mögliche Tier schlechthin, das Einhorn, und auch ganz anders als es das schlechterdings nichtige Tier, Loriots Steinlaus, ist. Es ist nämlich nur schwer zu sagen, was oder wer der rosarote Panther denn überhaupt ist – ein Stein, eine Trübung, ein Requisit, ein Film, eine Fernsehserie, ein Text, ein Sound, ein Werbelogo, ein Vorspann, ein Cartoon, eine Farbe, ein flottierender Signifikant, ein Amerikaner namens *Pink* oder ein Deutscher namens *Paulchen*? Alles und nichts dergleichen. Der Pink Panther, soviel steht jedenfalls fest, ist ein proteisches Wandelwesen, das alle Versuche einer Kategorisierung sprengt. Wie der Swinegel aus dem Märchen gewinnt er jeden Wettlauf mit den hinter ihm herjagenden Interpretationshasen mit einem gelassenen »Ick bün all dor«.

Man könnte sagen, die Vielgestaltigkeit der Figur oder des Signifikanten ›rosaroter Panther‹ sei ein Effekt seiner akkumulativen Entstehungs- und Dekonstruktionsgeschichte. Noch bevor wir im Jahre 1963 zum ersten Mal den Pink Panther sehen und hören, blicken wir auf Leo, den zwei Mal brüllenden Löwen des Metro-Goldwyn-Mayer-Studios. Wie der rosarote Panther ist auch dieser Löwe kein Tier, sondern ein Logo – genauer gesagt, sogar nur der Realfilmanteil eines Logos. Darüber hinaus ist er vielleicht eine Ehrung und retrospekt auch ein Name. Es handelt sich um den fünften Löwen in

<< Abb.: Albert Kümmel-Schnur: Mehrfach geflickter Paulchen-Panther-Werbeaufsteller der Deutschen Telekom vor dem Selbstwahlsystem 55, 2011. Sammlung Schmidt, Konstanz

einer Reihe, die im Jahr 1917 mit dem Logo des Goldwyn-Studios beginnt. Das Logo steht für das 1924 im Zusammenschluss dreier Studios durch den Unternehmer Marcus Loew gegründete MGM-Studio. Es wurde angeblich von Howard Dietz (oder Lionel Reiss) gestaltet, der mit ihm an die *Columbia Lions* erinnerte, das Sportteam der Columbia University, wo er studiert hatte, und dessen Song »Roar, Lion, roar«. Der Löwe des Teams ist das letzte Überbleibsel der englischen Herrschaft, unter der die Columbia University (und mit ihr die Columbia Athletics) 1754 als King's College gegründet wurde. Wenngleich der Löwe also trotz Regimewechsel Herrschaftssymbol bleibt, wird aus einem königlichen Zeichen, das allen Zeichen Bedeutung und Richtung gibt, ein merkantil-flottierendes Zeichen, das gegen andere Zeichen getauscht werden kann bzw. mit anderen Zeichen in Konkurrenz steht. Das MGM-Logo rahmt den gefilmten Löwen durch ein Schriftband, das ihn aus der Vielfalt der Zeichen herausnimmt und zu einem völlig selbstbezüglichen Zeichen macht: »Ars Gratia Artis«, Kunst um der Kunst willen. Alles, was unter diesem Zeichen steht, verliert seinen Bezug auf die Welt und erhält Bedeutung nur in der dunklen Kammer des Kinosaals.

Als solle genau dieser Bedeutungswandel noch einmal unterstrichen werden, beginnt der Film »The Pink Panther« mit der Erzählung eines übergroßen Diamanten mit rosafarbener Trübung. In einer rosa-weiß-farbigen, ›indischen‹ Zuckerbäckerfilmarchitektur wird der Edelstein einem märchenhaften Herrscher übergeben: »If you look deep into the stone you will perceive the tiniest discoloration. It resembles an animal. […] A little panther.« Steine dieser Größe, darauf weisen die Gebenden hin, verfügten immer über derartige kleine Störungen. Raum und Stein entsprechen einander: Wir sind schon mittendrin in der fantastischen Geschichte, in der ein Herrschaft stabilisierender Edelstein, dynastischer Besitz ohnegleichen – »A gift of your father from his grateful people. Some day it will be your's« –, zu einem entzogenen und sich entziehenden Objekt wird, das alle Handlungen des Films organisiert und motiviert. Wenn die eigentliche Filmhandlung beginnt, ist die kindliche Prinzessin Dala, der der Diamant versprochen wird, längst erwachsen, die Monarchie in Gefahr, der Stein wird von Rebellen als Besitz des Volks eingefordert. Die Zeichen, die der Stein zusammenhielt, sind verstreut und doch nicht. Um den Stein für sich zu behalten, inszeniert die Prinzessin seinen Diebstahl – so verschwindet der Stein offiziell, um inoffiziell dort zu bleiben, wo er ist. Die

Anlage dieser Jagd nach einem mächtigen Schatz, der gar nicht verloren ist, weist durchaus Züge politischer Theologie auf. Befinden wir uns zu Beginn inmitten einer rosafarbenen orientalischen Kulissenwelt, trägt zum Ende des Films, als das Geheimnis des Steins gelüftet wird, nur noch die seidene Robe der Prinzessin rosa Farbe – womit nicht nur der Machtverlust indiziert wird, sondern auch jene Verschiebung, die aus der rechtmäßigen Besitzerin des Diamanten eine betrügerische Hochstaplerin ohne Legitimation macht.

Doppelt gleich kündigt sich diese Verschiebung und damit die Filmhandlung selbst in seinen Paratexten (Vorfilm und Vorspann) an: Im Zoom auf den Stein, der seine pantherartige Verfärbung sichtbar machen soll, wird der Realfilm von einem Animationsfilm überblendet. Dort sehen wir, was niemals dort war: ein Tier, das es ganz und gar nicht gibt, den rosaroten Panther, eine durchaus vergnügte, elegant Zigarette mit Spitze rauchende Raubkatze auf rotem Grund. Dieser erinnert zunächst noch durch weiße, sternförmige Glanzlichter an den edlen Stein, in dessen Innerem der Vorspann, der innerdiegetischen Fiktion zufolge, spielt. Schrittweise wird diese Fiktion jedoch durch genuine zeichnerische Zweidimensionalität ersetzt. Der Diamant wird zum Monokel des gezeichneten Panthers, mit dessen Hilfe dieser die Schrift liest, die über ihm erscheint. Der Hintergrund wechselt zunächst in psychedelisch geschwungene Rot-Blau-Töne, um dann von einem wandartig sich ins Bild hinein- und den Panther fortschiebenden Beige ersetzt zu werden. Wenn später dann der monochrome Farbgrund wieder durch denjenigen mit weißen Höhenlichtsternen versehenen ersetzt wird, ist das Zerstörungswerk längst nicht mehr rückgängig zu machen: Aus diesem Raum wird nimmermehr eine Referenz auf irgendetwas außerhalb seiner selbst dringen. Buchstaben werden zu handelnden Akteuren, handelnde Figuren als bloß arbiträre Zeichen entlarvt.

In den *Pink-Panther*-Animationsfilmen, die sich an den überaus erfolgreichen Spielfilmvorspann anschließen, gibt es keine Differenz zwischen intra- und extradiegetischen Zeichen. Jedes Zeichen ist Teil der gezeichneten Welt und kann somit von jedem anderen Zeichen wahrgenommen und manipuliert werden. Die Welt des rosaroten Panthers kennt scheinbar kein Außen. Darf man also folgern, dass die Zeichen völlig beliebig sind? Dass der rosarote Panther und sein wichtigster Gegenspieler, der kleine weiße Mann – Ersatz bereits für

Clouseau oder auch nur das handschuhartige Phantom des Filmvorspanns – austausch- und verwechselbar sind – flottierende Signifikanten eben: einer für den anderen, einer anstelle eines anderen? »Doch nur Farb und Pinselstrich«, wie es im Abspannsong der deutschen Fassung der Pink Panther-Zeichentrickserie heißt?

Schaut man sich »The Pink Phink« von 1964 an – ein Buchstabe nur macht aus ›Rosarot‹ einen ›Schmierfink‹ – wird man schnell eines Besseren belehrt. Dieser mit einem Oscar prämierte Zeichentrickfilm bringt das bereits im Blake-Edwards-Film von 1963 skizzierte Prinzip der gesamten späteren Serie auf ein unübertreffbares ökonomisches Niveau. Alle Zeichen, die »The Pink Phink« verwendet, bedeuten *sowohl etwas anderes als auch sich selbst.* Und sie wissen um ihre Gemachtheit, ihre Medialität. Die Komik ergibt sich daraus, dass die unterschiedlichen Verweisrichtungen der Zeichen – auf anderes, auf sich selbst oder ihre Materialität – in Konflikt zueinander geraten. Das *l'art pour l'art,* das Leo, der fünfte MGM-Löwe, ankündigte, ist in diesem Fall ohne Bezug auf *eine* Welt nicht zu haben – die ›Welt‹ konstituiert sich aus wenigen schwarzen Federstrichen, die ›Tür‹, ›Zimmer‹, ›Weg‹ oder ›Treppe‹ sagen. Man könnte also vermuten, dass das zeichnerische und das malerische Prinzip – Farbe wird als ›Farbe‹ mit Schlieren gezeigt, schwarze Strichzeichnungen jedoch indizieren die Begrenztheit der Gegenstände – gegeneinander aufgebracht werden. Am Ende einer Handlung, die unverbundene Situationen nur zu dem einen Zweck aneinanderreiht, damit das weiße Männchen etwas blau anstreichen kann, was der Pink Panther danach rosa übermalt, versucht das Männchen, alle rosa Farbe buchstäblich von der Erdoberfläche verschwinden zu lassen, indem es die Eimer mit dieser Farbe in einem weißen Nirgendwo vergräbt – woraufhin auf weißem Grund rosa Kleckse sprießen, denen erst danach ein Korsett aus gezeichneten Randlinien – Grashalm, Blume, Busch und Haus – angezogen wird.

Die Welt des rosafarbenen Panthers ist also nicht einmal durch die Differenz künstlerischer Techniken irgendwie einzuhegen – jede einmal gezogene Differenz kann unterlaufen werden, stellt man die gerade geltende Zeichenoperation radikal infrage und sagt z.B. mitten in einem Satz, dass diese Pfeife, die Du da gerade rauchst, ja doch nur eine gezeichnete ist, weshalb sie problemlos aus dem Bild radiert werden kann und somit verschwindet, wobei

Du selbst als Bewohner dieser Welt jedoch den Statuswechsel nicht mitvollziehst und schockiert nach Deiner Pfeife suchst, die Du – wie der Panther des Spielfilmvorspanns – einfach wieder aus dem taschenlosen Nichts Deines ja ohnehin nur gezeichneten Körpers ziehen kannst. Besonders schön wird diese doppelte Körperlichkeit im zweiten Zeichentrickfilm, »Pink Pajamas« (1964) ausgespielt: Der Panther zieht sich zur Nacht sein Fell wie Kleidung aus, nur um unter dieser Kleidung eben dasselbe Fell als Haut zu tragen. Zeichenoperationen werden also gern in die Aporie getrieben, die jedoch problemlos durch einen Sprung in einen anderen Modus der Zeichenverwendung aufgelöst werden kann.

Nicht eine Form der Zeichenverwendung, sondern das Kippen von einer in eine andere Art der Zeichenverwendung definiert also die Welt des rosafarbenen Panthers. Die Zeichen zirkulieren nicht zwischen Welt und Zeichen, sondern die Zeichenoperationen definieren unterschiedliche Zeichentypen: *mimetische* und *selbstbezügliche* Zeichen werden gegeneinander ausgespielt und aneinander angeschlossen. Das Dazwischen ist eben jene Welt, in der rosafarbene Panther leben und ihr Unwesen treiben.

Es ist naheliegend, dass die rosarote Pantherwelt im Zeichentrickfilm ihr ureigenstes Medium findet. Umso beachtenswerter ist die Leistung des Teams Blake Edwards und Peter Sellers, die es schaffen, genau diese Logik auf den Realfilm anzuwenden. Und man hat die Chronologie der Entstehungsgeschichte auf seiner Seite, wenn man behauptet, dass die Geburt des autodekonstruktiven Zeichenwesens Pink Panther im Vorspann des Spielfilms nur aufgrund dieses Spielfilms möglich war. Wer sich die Darstellerliste dieses Films anschaut – David Niven, Claudia Cardinale, Capucine, Robert Wagner –, muss sich darüber wundern, dass ausgerechnet Sellers zum Star des Films werden konnte. Die ursprüngliche Geschichte sollte den Juwelendieb Sir Charles Lytton, gespielt vom Oskar-Preisträger David Niven, ins Zentrum stellen, aber Peter Sellers, der anstelle des zunächst gecasteten Peter Ustinov den ungeschickten Inspektor Clouseau verkörpert, dominierte den Film so deutlich, dass er zum Anlass einer ganzen Serie von Filmen wurde. David Niven, der eigentliche Star des Films, wurde, wie alle anderen Mitspieler/innen auch, zum Nebendarsteller, zum Rahmen und Anlass für den virtuosen Slapstick Peter Sellers'. Nun trägt Sellers' Slapstickkunst ein Element in den Film, das ihn unterscheidet von einer eleganten Gesellschaftskomödie mit Juwelenraub.

Sellers' Slapstick ist radikal gegen die Handlung gerichtet, ihm eignet ein höchst anarchistisches, digressives Element. Alle Charaktere haben komische Szenen, doch bleiben diese Teil der Handlung, sind durch ihren Fortgang motiviert – sei es nun Prinzessin Dala (Claudia Cardinale), die betrunken auf einem Tigerfell liegt und mit dessen Kopf spielt, sei es Sir Lytton (David Niven), der vom Balkon in eine Schneewehe fällt, aus der er ganz elegant und ungerührt im Schlafrock heraustritt. Nur Sellers' Slapstick arbeitet gegen die Handlung. Berühmt ist etwa Clouseaus Versuch, sich in seinem Büro in Paris auf einem großen drehenden Globus abzustützen: Clouseau rutscht ab und fällt hinter seinem Schreibtisch auf die Erde und damit buchstäblich aus dem Bild heraus. Sellers beginnt frühzeitig, seinen linken Arm nervös hin- und herbaumeln zu lassen. Diese Geste erklärt sich jedoch nicht aus der Nervosität der Figur, sondern aus der Notwendigkeit, ein Minimum an Plausibilität für den späteren Sturz herzustellen. Das setzt den Ton: Von Szene zu Szene wartet man auf Sellers' nächste kunstvolle, an Charles Chaplins rationale Schauspielkunst gemahnende Ungeschicklichkeit.

Man könnte also sagen, dass die aus der Handlung begründeten Gesten und Bewegungen den mimetischen Zeichen der Pink Panther-Cartoons entsprechen, während der Slapstick nur sich selbst genügt: Eine Geste, die in ihrem Nicht-Gelingen auf sich selbst als ungeschickte Geste verweist. Diese entsprechen also den selbstbezüglichen Zeichen des Cartoons. Sellers zergliedert jede Szene in eine Serie von Möglichkeiten, Gesten slapstickartig mit sich selbst kurzzuschließen. Edwards achtet darauf, dass im Feuerwerk der Gags die Handlung ihren Rhythmus nicht verliert und Clouseau nicht den Anschluss an die Filmdiegese.

Dieses Gleichgewicht geht im Laufe der Kooperation von Sellers mit Edwards leider verloren. Was als genaue Slapstickkomödie in der Tradition von Laurel und Hardy begann, endet in trostlosem Pappnasenklamauk mit angeklebten Beinen, aufblasbaren Bäuchen, und Plastikpapagei auf der Schulter. Und auch der Cartoonfigur bleibt das Schicksal, völlig kalt gestellt und verharmlost zu werden, nicht erspart: Seit ihrer Gründung im Jahr 1995 muss er sein rosa Fell für die Deutsche Telekom zu Markte tragen.

# PRÄPARAT, DAS

(lat. *praeparatum*: ›das Vor-, Zubereitete‹; engl. *mounted specimen*; ital. *animale imbalsamato*)

Norbert Artner

<< Abb.: Trophäe III, XV, XVI, XIX, XL, XLI, jeweils 2008, Inkjetprint, Fine Art Paper, © Norbert Artner

STADLER

service hs service

# PRÄRIEHUND, DER

(*Cynomys* Rafinesque, 1817; engl. *prairie dog*; span. *perrito de las praderas*)

Peter Michalzik

*Eine kurze Geschichte von Menschen und Tieren.* Im Jahr 1867, vier Jahre nach Gründung des Roten Kreuzes und viele Jahre vor Gründung der Vereinten Nationen, fand in den damals schon Vereinigten Staaten von Amerika eine Konferenz der Tiere und Menschen statt. Ursprünglich war die Konferenz in Jekaterinburg, mitten im Ural, geplant gewesen. Es ging von vornherein um einen abgelegenen Ort. Aus Gründen, die sich nicht mehr rekonstruieren lassen, wurde die Konferenz dann aber in die westlichen USA verlegt. Man traf sich in Boulder, in der Nähe von Cheyenne, wohin die Union Pacific Railway mit ihrem Gleisbau bis zu diesem Zeitpunkt gerade vorgedrungen war. Es gibt auch die Ansicht, dass Boulder von Anfang an als Treffpunkt feststand und das Vordringen der Eisenbahn keinerlei Bedeutung für den Konferenzort hatte. Vielmehr sei eine große Population von hier ansässigen Präriehunden ausschlaggebend gewesen.

Unter Historikern und Kulturwissenschaftlern ist bis heute umstritten, ob diese Konferenz wirklich stattgefunden hat. Offenbar sind die wenigen Dokumente, die um die Jahrhundertwende bei einem Pilzbefall nicht zerstört wurden, in den Jahren der Kriege verloren gegangen, auch wenn unklar ist, wie sich der Krieg im Mittleren Westen ausgewirkt haben könnte. Eine Folgekonferenz gab es nicht. Einberufen worden war die Konferenz nicht von den Menschen, sondern von einflussreichen Tierkreisen, so viel scheint sicher. Ob wirklich die hochorganisierten Präriehunde die treibende Kraft waren, lässt sich jedoch nicht mehr belegen. Das Thema war die Bedrohung des Menschen – und nicht etwa der Tier- und Pflanzenwelt, wie immer wieder einmal behauptet wurde.

Zunächst wurden in Boulder vor allem zwei Themen diskutiert. Die ersten beiden Tage waren »Gemeinsames Leben auf einem begrenzten Planeten« überschrieben. Es wurde die Frage diskutiert, wer wen essen darf. Die alte Mormonenregel, im Monat zwei Tage auf Essen zu verzichten, könnte hier

<< Abb.: Anonym: Präriehunde. Website des River Bend Nature Center. Faribault, MN

ihren Ursprung haben. Sehr bald aber scheint das zweite Thema – neue Krankheiten, die durch die menschliche Lebensweise um sich greifen – die Konferenz dominiert zu haben. Die Tiere befürchteten schon damals Krankheiten wie Schweinepest, Geflügelpest oder Rinderwahnsinn. Auch von Hundefieber bzw. Präriehundfieber sprach man. Viele Tiere verzichteten bei der Konferenz freiwillig darauf, Menschen zu essen. Eine wesentliche Fraktion, in der sich die meisten Bären und Raubkatzen zusammengeschlossen hatten, wollte sogar ein vollkommenes Menschenverzehrverbot durchsetzen. Merkwürdigerweise waren insbesondere die Kaninchen, das Rotwild und viele Vogelarten dagegen. Ein Flugblatt mit dem Titel »Eating Humans« wurde verteilt. Es handelt sich um eine radikale Aufforderung, auf den Genuss von Menschenfleisch zu verzichten. Einige Exemplare sind überliefert, man kann den Text dementsprechend noch heute nachlesen. Grund war weniger der Tod selbst, der den Tieren nicht bedenklich schien, als die Zusammenrottung der Menschen in Städten. Die Tiere empfanden das als unnatürliche Lebensweise und führten es primär auf die Angst der Menschen vor Tieren zurück. Jeder, sagten sie, solle leben dürfen, wie er wolle. Worte wie Massenmensch, Menschenhaltung oder Wohnbatterie wurden damals erstmals gebraucht. An diesem Punkt scheint es eine ernste Auseinandersetzung der Präriehunde, die nichts von der Verurteilung des Lebens in Städten wissen wollten, mit den meisten anderen Tierarten gegeben zu haben.

Die letzten beiden Tage sollten dann der Frage gewidmet sein, ob es eine Seele gibt und wer eine hat. Manche Tiere fühlten sich von der Annahme der Menschen, sie allein hätten eine Seele, enorm provoziert. Andere Tiere, wie Ameisen und Rinder, bestritten dagegen, dass es bei Tier wie Mensch so etwas wie eine Seele gebe, und machten sich für ein generelles Verbot aller esoterischen Zusammenrottungen stark. Gemeinschaftsleben, so sagten sie, habe auf Regeln, nicht auf Ausschlussverfahren zu basieren, die sie sämtlich auf die Annahme einer Seele zurückführten. Das Thema scheint eigentümlicherweise die Gemüter mehr erhitzt zu haben und kontroverser diskutiert worden zu sein, als die Frage, wer wen essen darf.

Die Menschen, die an der Konferenz teilnahmen, scheinen sich damals auf den Standpunkt zurückgezogen zu haben, dass allen Lebewesen, auch Pflanzen oder Bakterien, eine Seele zugesprochen werden könne, die menschliche Seele sich aber deutlich von allen anderen Seelen unterscheide. Im Gegensatz zum Tier, so argumentierten sie damals, habe der Geist gegenüber der Materie beim Menschen die Hauptrolle übernommen. Die menschliche Existenz sei wesentlich eine geistige Existenz. Die Tiere, insbesondere alle Arten von Insekten, lachten darüber sehr. Die Maden scheinen sich damals in eine merkwürdige Form von Sarkasmus zurückgezogen haben, bei dem der Körper von wellenartigen Bewegungen geschüttelt wird.

Es scheint bereits am dritten Tag zu tumultartigen Auseinandersetzungen gekommen zu sein. Eine einflussreiche Menschengruppe erklärte, Menschen ohne Körper seien Engel, die Tiere dagegen könnten nie Engel sein. Diese Gruppe wurde als Falken bezeichnet, wogegen die Falken sich entschieden verwahrten. Zur Verwirrung trugen besonders die Schlangen bei. Sie wollten wissen, dass es überhaupt keine Seelen gebe. Was die Menschen als Seelen bezeichneten, seien innere Schlangen. Darüber hätten sich fast die Schlangen mit den Ratten entzweit, die steif und fest behaupteten, dass Seelen menschliche Gegenprojektionen – das Wort fiel nachweislich – zu verinnerlichten Ratten seien.

Es wurden dann alle möglichen Lebewesen, Überschneidungen und Vereinnahmungen diskutiert. Gehende Bäume, gefährliche Flugdrachen und Schlammmenschen, die man Orks nannte, wurden erwähnt und scheinen ein Weiterleben allein im »Herrn der Ringe« gefunden zu haben. Eine Fernsehserie, die in Boulder spielt, wurde im Deutschen als »Mork vom Ork« gesendet.

Als dann auch noch die verschiedensten Lebewesen mit den unterschiedlichsten Anliegen wirklich auftauchten, geriet die Konferenz vollkommen aus dem Ruder. Als erste Delegation scheint eine Abordnung von Seelen eingetroffen zu sein, die aber nicht, wie alle erwartet hatten, schwebten, sondern sämtlich am Stock gingen. Trotzdem waren sie schnell zur Stelle.

Es gab eine weitere starke Abteilung, die am Abend des dritten Tages auftauchte, in der sich verschiedene Gruselwesen zusammengetan hatten. Es waren Werwölfe, Zombies, Vampire und weitere Arten von Wiedergängern. Sie demonstrierten für das Recht auf Angst. Dann gab es lebendige oder belebte Maschinen, Roboter, bewegliche Computer und vielfältige Avatare. Schon bevor sie eintrafen, hatte die Konferenz jede Ordnung verloren.

Man konnte offenbar kein Ende finden. Es gab Menschen, die behaupteten, sie seien Maschinen; Tiere, die behaupteten, sie seien Menschen (die Präriehunde gehörten zu ihnen), und es gab Maschinen, die behaupteten, sie seien weder Mensch noch Tier, aber lebendig. Eine weitere Fraktion wurde von zahlreichen Mischwesen gebildet, die aus allen Richtungen kamen:

tierähnliche Götter, Kentauren, hundeartige Mäuse und maushafte Hunde, Menschenaffen, die sich offenbar allesamt ausgesprochen wohl in ihrer Haut fühlten. Dann gab es merkwürdig undefinierte geistartige Wesen wie unterschiedliche Gespensterarten oder verschiedene Species von Schauspielern und Wissenschaftlern.

Beschlüsse wurden keine gefasst oder sind zumindest nicht überliefert, irgendwann in der Nacht vom dritten auf den vierten Tag löste sich die Konferenz anscheinend auf. Ein neu eingerichteter Forschungsbereich an der University of Colorado at Boulder, der mit der Humboldt-Universität zu Berlin eine Kooperation eingegangen ist, möchte jetzt, fast 150 Jahre später, der Frage nachgehen, ob die Konferenz von 1867 nicht doch erhebliche Auswirkungen auf das 20. und 21. Jahrhundert gehabt hat. So scheint die sprunghafte Vermehrung der Präriehunde am Ende des 19. und zu Beginn des 20. Jahrhunderts mit der Konferenz zusammenzuhängen. Zur Jahrhundertwende erreichte ihre Population die magische Grenze von 5 Milliarden. Es soll damals eine Präriehundstadt mit einer halben Milliarde Einwohnern gegeben haben. Die Gelder, die zur Erforschung der Konferenz und ihrer Auswirkungen, insbesondere auf Tiere, Präriehunde und Menschen bewilligt wurden, sind laut Aussage amerikanischer und deutscher Stellen bis 2022 gesichert. Stephen King, der seine Jugend in Boulder verbrachte, hat ebenfalls seine Unterstützung angeboten.

# PURPURSCHNECKE, DIE

(*Hexaplex trunculus* LINNAEUS, 1758; engl. *banded dye-murex*; span. *cañadilla*)

Olaf B. Rader

Die Sache ist eigentlich ziemlich ekelig: Aus einer Drüse, die neben der Atemhöhle am Mastdarm liegt, wird ein gelblicher Schleim abgesondert, der sich im Sonnenlicht erst grün, dann blau, schließlich purpurn und scharlachrot verfärbt. Dazu tritt ein widerlicher, zudem lang anhaltender Geruch. Doch was da zum Himmel stinkt, interessierte schon die Phönizier und Ägypter, später die Griechen und Römer. Auch im Mittelalter war man daran höchst interessiert. Praktisch jede Hochkultur am Mittelmeer bis zum Anbruch der Moderne benutzte dieses geruchsintensive Sekret zum Färben von Gewändern. Doch es war beileibe keine Alltagskleidung, die man damit färbte. Kaum eine andere Farbe hatte im Lauf der Geschichte einen so hohen gesellschaftlichen Stellenwert inne. Häufig war sie ausschließlich Herrschern oder anderen hochstehenden Persönlichkeiten vorbehalten. So durften zum Beispiel im antiken Rom nur der Imperator und die Senatoren diese Farbe tragen – letztere allerdings nur auf einem schmalen Streifen der Toga, der so genannten *toga praetexta*. Später stand ein Mantel dieser Farbe allein dem Princeps zu. Wer sich dennoch einen solchen umlegte, riskierte die Todesstrafe, denn er gab damit den Willen zur Usurpation kund, wie der römische Chronist Ammianus Marcellinus berichtet. Und wer heute darüber nachdenkt, warum der Papst eigentlich immer rote Schuhe trägt, ist ihr – und vor allem ihrem Sekret – auf der Spur: Die Purpurschnecke, mitunter auch als ›Herkuleskeule‹ oder ›Brandhorn‹ bezeichnet.

Hinter diesen Bezeichnungen verbergen sich unscheinbare, hauptsächlich im Mittelmeer lebende Weichtiere, die sich für manche Mitbewohner ihrer Umgebung gar nicht so ungefährlich aufführen. Die Gattung Murex lebt nämlich teilweise aasfressend, teilweise aber auch räuberisch. Sie überwältigen dabei andere Schnecken und Muscheln, indem sie sie einfach anbohren. Dazu benutzen die Schnecken ihre *radula* und eine spezielle säureabsondernde Drüse am Fuß. Doch neben der Fähigkeit, Mitbewohner zu durchlöchern, haben die

<< Abb.: M. Violante: Gehäuse der Purpurschnecke (Detail), 2007. Deutlich erkennbar die lange Röhre, in der ihre *radula*, die ›Raspelzunge‹, sitzt, mit der die Schnecke ihre Fressfeinde zu durchbohren pflegt

Schnecken noch eine Besonderheit zu bieten. Man kann aus ihnen einen kostbaren Farbstoff gewinnen. Dabei handelt es sich um den oder das Purpur, eine Farbe, die enorm vielfältige politische Bedeutung besaß. Ja man könnte sogar sagen, dass die kleine Schnecke mit ihrem Purpur buchstäblich Geschichte färbte. Der Begriff Purpur selbst stammt aus dem griechischen πορφύρα – *porphyra*, womit dann auch ein prachtvolles Gestein dieser Farbe gemeint ist, aus dem man Säulen, Sarkophage oder Wandverkleidungen herstellte.

Die Entdeckung der Schnecke und ihrer Farbwirkung begann zunächst ganz harmlos, zumindest der Legende nach. Der mit dem phönizischen Melkart gleichgesetzte Herakles soll gemeinsam mit der schönen Nymphe Tyrus am Strand des Mittelmeers spazieren gegangen sein, als einer seiner Hunde in eine angespülte Purpurschnecke biss. Als sich seine Lefzen rot färbten, schien er zu bluten und der Held versuchte das vermeintliche Blut mit einem Tuch abzuwischen. Doch wider Erwarten erwies sich der Hund als unverletzt. Das Tuch aber erstrahlte in einer herrlichen Farbe, so dass die Nymphe ihren Geliebten bat, ihr doch ein ganzes Gewand in dieser prachtvollen, tiefroten Farbe zu verehren. Und – wie die Legende weiter berichtet – habe sich Herakles unverzüglich an die Arbeit gemacht und so nebenbei von der Liebe angespornt die komplizierte Technik zum Färben von Stoffen erfunden.

Die Wurzeln der Purpurgewinnung reichen wahrscheinlich tatsächlich bis zu den Phöniziern herab, die bereits etwa 1400 v. Chr. in großem Umfang Stoffe mit Purpur färbten und natürlich regen Handel mit der wertvollen Ware trieben. Möglicherweise gab es aber schon in China bereits ähnliche Techniken. Auch im minoischen Kreta könnte bereits schon um 1600 v. Chr. Purpur hergestellt worden sein. Wie auch immer, zusammen mit Indigo, dem es eng chemisch verwandt ist, dürfte Purpur einer der ältesten Textilfarbstoffe der Welt sein. Da die Phönizier das berühmteste Färbervolk der Antike waren und eines der Zentren der Purpurfärbung in der die Stadt Tyrus lag, finden sich noch heute in der Gegend Hügel aus leeren Schneckengehäusen, die von der einstigen Purpurfärberei zeugen. Denn für die Gewinnung brauchte man ungeheure Mengen dieser Tiere, und sie war enorm aufwändig.

Plinius der Ältere hat uns im Band IX seiner »Naturalis historiae«, wo er auf die Wassertiere zu sprechen kommt, einige Details von dem komplizierten Herstellungsverfahren überliefert. Die Meeresschnecken mussten zunächst zwischen Herbst und Frühjahr lebend gefangen werden. »Die Purpurschnecken aber werden mit kleinen großlochigen Reusen gefangen, die man auf dem hohen Meere auswirft, als Köder sind Muscheln darin, die sich schließen und beißen, wie wir es von den Miesmuscheln kennen.« Hatte man genug Schnecken, dann wurde der kleine Körper der Hypobranchialdrüse aus der Atemhöhle entfernt, um das darin enthaltene weißliche Sekret zu gewinnen, das den Purpurschnecken eigentlich zur Reinigung ihrer Mantelhöhle dient. Die herauspräparierten Drüsen wurden zerquetscht und mussten dann drei Tage in Salz eingelegt und weitere zehn Tage in speziellen Behältern erhitzt werden, um den Sud auf ein Sechzehntel der ursprünglichen Menge einzudicken. Auch die Mengenverhältnisse der Mischung gab Plinius an: »Man erhitzt sie dann in einem Gefäß aus Blei, rechnet für 100 Amphoren Wasser 500 Pfund Färbemittel und erhitzt sie mit gleichbleibend mäßig warmem Dampf und deswegen in der Röhre eines langen Ofens.« Nach einigen Tagen begann sich von dem dicken Brei am Grunde eine klare Flüssigkeit abzusetzen. »Wenn auf diese Weise die Fleischteile, die zwangsläufig an den Adern hängengeblieben sind, wiederholt abgeschöpft wurden und sich alles etwa nach zehn Tagen geklärt hat, taucht man versuchsweise gereinigte Wolle in die Flüssigkeit und kocht den Saft solange, bis die erhoffte Wirkung erreicht ist.« (Plinius, »Naturalis historiae«, IX: 37 und 38; vgl. Friedländer 1909: 765–770)

Nachdem der zu färbende Stoff mit der noch farblosen Flüssigkeit getränkt worden war, wurde er zum Trocknen an die Sonne gelegt. Erst durch Lichteinwirkung, die eine Enzymreaktion auslöste, bildete sich die Farbe, die nach genau zu beachtender Zeit von dem ursprünglich schwachgelblichen Ton in den gewünschten Rotton umschlug. Was man für welchen Farbton genau tun musste, blieb Spezialistenwissen und wurde gut behütet. Die genauen chemischen Vorgänge bei diesen Umwandlungen konnten zudem erst geklärt werden, als der Chemiker Paul Friedländer 1908 die Struktur der farbgebenden Komponente als 6,6'-Dibrom-Derivat des Indigos erkannte, jenem blauen Farbstoff, der heute im großen Stil zum Färben vor allem von Jeansstoffen eingesetzt wird.

Mit Purpur hätte man Jeans allerdings nicht färben können; zumindest nicht preisgünstig. Für die Gewinnung von nur einem Gramm des Schneckenpurpurs brauchte man nämlich zwischen acht- bis zehntausend Purpurschnecken. Um ein Kilogramm Wolle zu färben, wurden zweihundert Gramm Farbstoff benötigt, was etwa einhundertsechzig- bis zweihunderttausend Schnecken erforderte. Die hohe Anzahl an benötigten Schnecken dürfte die damals für die Färberei zur Verfügung stehenden Arten wohl an den Rand der Ausrottung getrieben haben. Wegen der aufwändigen Herstellung ist der Farbstoff Purpur eines der teuersten Pigmente, und das ist er auch geblieben. Für das Gramm echten Schneckenpurpur muss man heute im Handel beispielsweise etwas über zweitausend Euro bezahlen. Das Kilo gefärbter Stoff wäre dann also für nur vierhunderttausend Euro zu haben, zuzüglich der Kosten für das zu färbende Material und die Arbeitskraft versteht sich. Eine mit echtem Schneckenpurpur gefärbte Jeans hätte also ihren Preis. Und obwohl man heute in der Lage ist, auch auf künstlichem Wege Purpur herzustellen, ist der auf traditionelle Weise, das heißt eben durch Extrahieren von Drüsensekreten der Purpurschnecke gewonnene Farbstoff noch nicht bedeutungslos geworden. So werden etwa noch Stoffe für spezielle gottesdienstliche Zwecke gefärbt, wie zum Beispiel die Gewänder für das Jüdische Oberrabbinat.

Die schon allein durch die Herstellung bedingte Exklusivität des Farbstoffs, die sich von den Phöniziern aus nach Ägypten, Griechenland und Rom verbreitet hatte, ließ Purpur zu einer Pharaonen-, Imperatoren- und Königsfarbe werden. Horaz berichtet von den griechischen *purpurei tyranni*, den purpurtragenden Tyrannen. Von der *toga praetexta* hörten wir bereits. Auch die Kriegsherren, vor denen der Erdkreis zitterte, trugen Rot in einem speziellen Feldherrenmantel, dem so genannten *paludamentum*, das damit zu einer im Triumph getragenen *toga picta purpurea* wurde. Purpur anzulegen bedeutete zugleich Oberbefehl und Herrschaft anzunehmen, so dass *purpuram sumere* zugleich einem *imperium sumere* gleichkam. Und so war es von ebenso hoher Zeichenhaftigkeit, dass der Troianerkönig Priamos den Leichnam seines Sohnes Hektor, oder Alexander der Große die Leiche des persischen Großkönig Dareios in Purpurmäntel hüllten und sie darin bestatten ließen. Und um Jesus als König der Juden verspotten zu können, legten ihm die römischen Soldaten vor seiner Kreuzigung auch einen purpurfarbenen Mantel um. Sehr viele in späteren Jahrhunderten verwendete Krönungsornate haben immer wieder eine außergewöhnliche Fülle an Purpur zu bieten, wie etwa der aus Palermo stammende Krönungsmantel Rogers II. oder die Handschuhe, Strümpfe und Sandalen, die Kaiser Friedrich II. bei seiner Krönung 1220 in Rom trug. Auch sein adlerverzierter Mantel war mit Purpur gefärbt.

Um die Exklusivität des Purpurs als kaiserliche Farbe zu wahren, verbot Kaiser Theodosius prinzipiell allen Privatleuten den Besitz von Purpurgewändern. Dass rote Fußbekleidung etwa ein Symbol kaiserlicher Würde darstellte, überlebte bis heute und spielt bei der Farbe der Papstschuhe noch eine Rolle. Der Kirchenvater Basilius von Caesarea fragte im 4. Jahrhundert voller Bewunderung: »Woher geben die Purpurschnecken den Königen den Purpur, der an Farbenpracht selbst die Blumen der Wiesen zurücklässt?«

Außer den hochpolitischen Textilien wurden in der Antike zudem auch Haut und Haar mit Purpur gefärbt. Mit Honig versetzt diente Purpur als Malfarbe. Auch die Heilkundigen der Antike konnten dem Purpur etwas abgewinnen. Zerriebene Purpurschnecken, vermischt mit Honig oder Schweineschmalz sollten als Salbe zum Auftragen bei Brandwunden oder bei einer chronischen Ohrengeschwulst verwendet werden. Bei Mandelentzündung wurde empfohlen, eine Natter mit einer purpurnen Leinenschnur zu erdrosseln und diese dann solange um den Hals des Patienten zu binden, bis Besserung eintrat.

Im Römischen Reich gab es, um den teuren Schneckenpurpur zu ersetzen, billiger herzustellende Ersatzfarben. Doch obwohl sich durch deren Verwendung auch teilweise die Farbnuancen veränderten, sprach man weiter von Purpur, wie etwa beim so genannten ›Kardinalspurpur‹. Ob jedoch überhaupt die Robe und Kopfbedeckung der römisch-katholischen Kardinäle tatsächlich jemals mit echtem Purpur gefärbt worden sind, ist unsicher. Heutzutage und wahrscheinlich sogar seit der Einrichtung dieses Amtes sind die leuchtend roten Gewänder mit einer Farbstoffmischung unter dem Namen Kermes gefärbt worden, die auch aus kleinen Tieren gewonnen wurde: den Cochenilleschildläusen. Um an die Farbe zu kommen, muss man die Läuse trocknen und in Wasser unter Zusatz von etwas Schwefelsäure auskochen. Doch über Läuse zu sprechen und ihre kulturgeschichtlichen Spuren, ob gekocht oder auch in Freiheit, das wäre schon wieder ein anderes Thema.

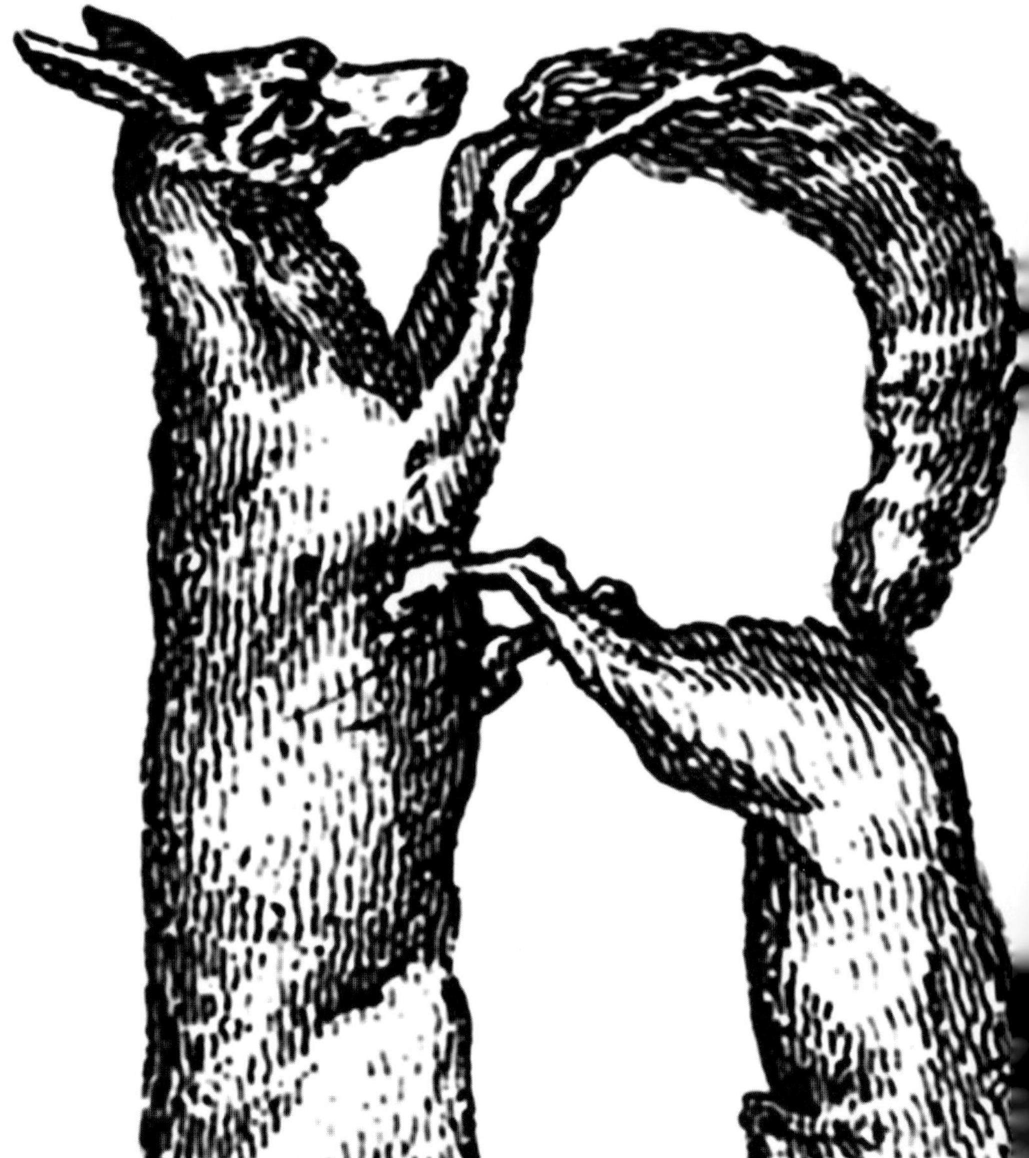

# R

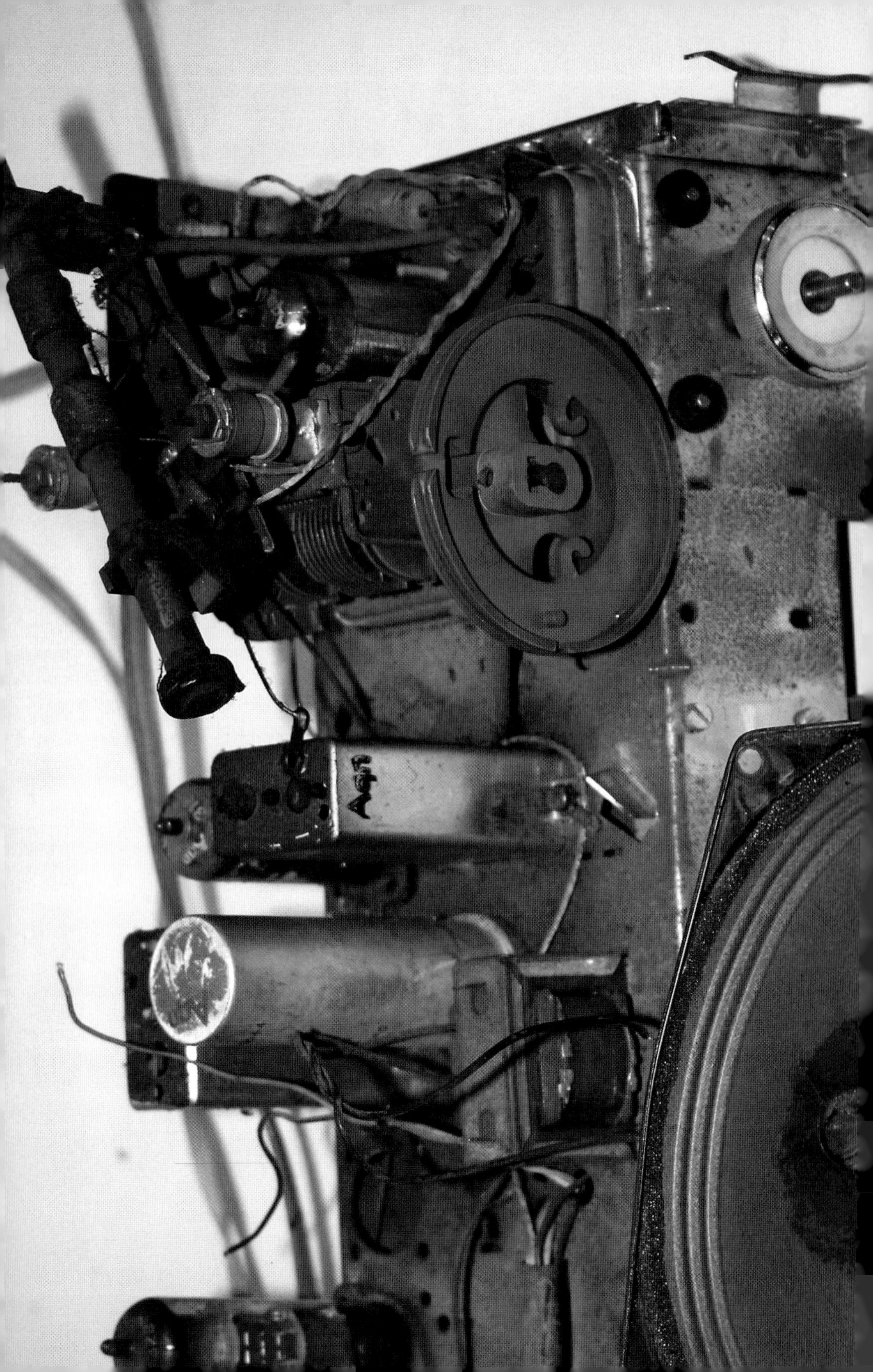

# RADIOTIER, DAS

(*Animal Radiophonum* Ernst, 2011; engl. *radio beast;* frz. *bête radio*)

Wolfgang Ernst

Tiere finden sich, nachdem sie ihre zoologische Epoche durchlaufen haben, als Objekte im naturgeschichtlichen Museum ein. Ergrabene Knochenfragmente von Dinosauriern werden in Form von diskreten Kartons dorthin überbracht, dann aber nicht in ihrer Zerfallenheit, sondern als künstlich stabilisiertes Skelett ausgestellt, zusammengefügt wie eine E-mail beim Empfang, nachdem das Internet sie im *packet switching* zunächst in Module zerlegt hat. Im museal rekonstruierten Skelett erscheint eine Figur, an die sich die menschliche Imagination klammert, um aus toten Resten Leben halluzinieren zu können. Erst so werden fossile Befunde (*Monumente* im Sinne der Wissensarchäologie Michel Foucaults) zu *Dokumenten* einer Prähistorie des Lebens; derart zusammengelesen, werden verstreute Signifikanten zum Simulakrum des Lebendigen – buchstäblich Zoolog*icon*. Was als rekonstruiertes Skelett im Museum aufragt, erscheint tröstlicherweise etwas weniger tot. Tatsächlich werden hier Lebensmomente nachgestellt, sistiert gleich Einzelaufnahmen eines naturgeschichtlichten Films, einer Wiederbelebung harrend.

Der Verhaltsforscher Konrad Lorenz suchte mit einem Projekt des Instituts für den Wissenschaftlichen Film in Göttingen einst die gesamte bewegte Welt auf Zelluloid zu bannen, resultierend in rund 4.000 so genannten Filmpräparaten von jeweils wenigen Minuten Länge. Grundlegend war die Idee, nicht den gesamten Lebenszyklus einer Spezies in einem Film zu thematisieren, sondern je einen charakteristischen Bewegungsvorgang auszuwählen. Daraus resultierte dann eine buchstäblich kinematographische Enzyklopädie.

Eine medienarchäologisch aktive Form von Wiederbelebung ist die digitale Animation von Überresten der Vergangenheit. IBM sponserte die Rekonstruktion der Dresdner Frauenkirche im rechnenden Raum, der zunächst virtuell begehbar war, bevor der Computer nicht nur als Mithelfer, sondern als Bedingung der Möglichkeit des tatsächlichen Wiederaufbaus die noch existierenden Steine wieder zu einer realen Architektur zusammensetzte.

<< Abb.: Sebastian Döring: Einblick in das Musikgerät 87a der Firma Grundig (1961–1964), 2011. Medienarchäologischer Fundus am Lehrgebiet Medientheorien der Humboldt-Universität zu Berlin

Sigmund Freud hat die Gedächtnisbewegungen der humanen Psyche mit dem Schicksal Pompejis verglichen, und die Arbeit des Psychoanalytikers mit der des Archäologen, der sorgsam Schicht um Schicht einer stückweise noch intakten, aber zum Schweigen gebrachten Vergangenheit freilegt. Was logozentristische Metaphorik aber verdeckt, ist die Tatsache, dass Archäologie immer nur mit materiellen Artefakten konfrontiert ist; ihre Aussage ist die Abwesenheit von Leben, allem trügerischen Trost der historischen Imagination zum Trotz. Worauf die Archäologen in Pompeji tatsächlich stießen, war die Gegenwart einer Abwesenheit: anstelle von Leichen Hohlräume in der Ascheschicht, die sodann mit Gips ausgefüllt wurden und so die Gestalt der Sterbenden wiedergeben. In Wilhelm Jensens Novelle »Gradiva. Ein pompejanisches Phantasiestück« (1903) träumt sich der Archäologe Hanold zurück in das antike Pompeji vom 24. August 79, kurz vor dem Vulkanausbruch. Er erblickt dort in einem Akt prosopopoietischer Vision ein schreitendes Mädchen, deren Reliefdarstellung er zuvor im Museum von Neapel gesehen hat; im Moment dieser Erkenntnis aber erbleicht ihr Gesicht, wird gleichsam zu weißem Marmor – ein archäozoologisches Bild. Buchstäblich Zoë Bertgang, Hanolds Jugendliebe und das reale Äquivalent der antiken Gradiva, verkündet am Ende der Novelle, dass Jemand erst sterben muss, um lebendig zu werden – eine notwendige Voraussetzung für Archäologie.

Die längste Zeit wusste die abendländische Kultur Archiv und Leben nicht zu verwechseln. Mit den elektronischen Medien aber wird erstmals Leben als Anmutungsqualität und Affekt selbst archivisch anschreibbar. Eine Frage ist damit aufgerufen, welche die symbolische Ordnung aller Kulturgeschichte immer wieder bedroht hat: Wie sicher ist die scheinbar vertraute Unterscheidbarkeit zwischen Totem und Lebendigem? Mikrobiologisch kann das Lebendige auf seine Grundfunktionen in Bakterien und Viren zurückgeführt werden; das »Virale« und Computerviren höchstselbst kehren als programmierte Ketten in eine Welt ein, die das Leben in fast allen Hinsichten zu emulieren vermag. *Insect media* (Jussi Parikka) wiederum unterlaufen die bislang beruhigende Differenzierbarkeit zwischen Maschinen und Organismen, Künstlichkeit und Natürlichkeit, Technologien und Menschen.

In einem Motiv von Homers »Odyssee« kündigt sich jene Verunsicherung bereits an: *Der Gesang der Sirenen*, gedeutet von Maurice Blanchot. Es erklingt wie das Süßeste am Menschen (seine Stimme), und doch weiß Odysseus um die Monstrosität der Sirenen. Ein medienakustischer Turing-Test: Gerade weil die Sirenen, die rein tierischer Natur waren, singen konnten wie die Menschen, regten sie im Umkehrschluss den Verdacht, jeder menschliche Gesang sei im Grunde nicht menschlich. Was einmal als schieres Frequenzgemisch identifiziert und analysiert worden ist, lässt sich auch durch unmenschliche Apparaturen wieder zu Stimmen synthetisieren. Technische Medien verfügen über eine gegenwartserzeugende Macht, den menschlichen Zeitsinn zu affizieren, und unterlaufen damit die weitgehende Sicherheit, mit der kulturell bislang zwischen dem Natürlichen und dem Künstlichen unterschieden wurde. So artikuliert sich auf un-menschliche Weise der Logos des Lebendigen.

Die Edison Company meisterte das, was in der Literatur der Romantik noch als Motiv des Unheimlichen und des Untoten verhandelt wurde, durch Technik. Um das Publikum von der sonischen Treue phonographisch dargebotener Reproduktion von Musik zu überzeugen, inszenierte sie 1916 eine Experimentalanordnung in New Yorks Carnegie Hall, worin die Sängerin Rappold mit ihrer eigenen, im Phonographen gebannten Stimme rivalisierte. Die menschlich gesungene und die signaltechnisch aufgezeichnete Arie aus *Tosca* – so berichtete derzeit die »New York Tribune« – schienen dem Publikum nahezu ununterscheidbar.

Zu einer analogen Inszenierung von menschlicher Stimmperformance *versus* apparativer Wiedergabe heißt es im gleichen Jahr im »Boston Journal«, es sei »actually impossible to distinguish the singer's living voice from its recreation in the instrument.« Von dort zum heutigen Techno-Sirenismus ist es nur noch ein winziger Schritt.

Was aber ist jenes Tier, das im Medienarchäologischen Fundus der Humboldt-Universität Am Kupfergraben haust? Ein Tier, dem das Fell abgezogen wurde, entblößt sich in seinen Organen und seinem Skelett (der Inbegriff analytischer Schönheit in Zeiten des Barock). Ähnliches gilt für elektronische Medien, sobald sie ihrer äußeren Anmutung beraubt sind und nicht mehr – wie zumeist in den technikhistorischen Museen – ihre Historizität allein aus der Form des Gehäuses bekunden. Aller Schutz- und Gestaltungshüllen entkleidet, präsentiert sich das elektronische Artefakt nach der medienanatomischen Operation mit seinen Spulen, Kondensatoren und Widerständen, seinem Nervensystem aus Verdrahtungen auf dem bloßen Chassis: ein System, das im Moment seiner »Durchblutung« (d.h. unter Strom) zum Vollzug von Eingangssignalen erweckt wird, also zu einer lebendigen Gegenwart, dem historischen Bezug weitgehend enthoben.

Ein elektrotechnisches Medium im Vollzug zeigt wesentliche Charakteristika anderer Lebewesen: Einzelteile erweisen sich als gealtert (also gilt es an einem antiken Radio zunächst die ausgetrockneten Elektrolytkondensatoren auszuwechseln), und im delikaten Zusammenspiel der Einzelkomponenten, die immer wieder nach Nachjustierung und Kalibrierung verlangen, gibt es sich störrisch wie ein Organismus. Erst im Fließgleichgewicht ertönt das wieder instandgesetzte antike Radio.

Welches aber ist das Radiotier, das sich im beigefügten Bild ohne Gehäuse nur latent, nicht aber manifest zu erkennen gibt? Es handelt sich um ein typengleiches Exemplar des von Martin Heidegger während der Kuba-Krise angeschafften Radioempfängers, das Grundig Musikgerät 88 (freundliche Auskunft von Dr. phil. Hermann Heidegger). Der Philosoph nahm es im Herbst 1962 mit auf seine Hütte, um mit Hilfe dieses funktechnischen Gehörs die aktuellen Nachrichten zur damaligen Kuba-Krise erfahren zu können – ein akustischer Wachhund gegenüber einer vom Atomschlag bedrohten Welt. Das Radiotier aber »stellt« (in der Sprache der Jagd) zugleich seinen Besitzer, wie Heidegger in seinem Vortrag über »Das Gestell« 1949 betont. Wessen Gehege, wessen Zoo? Heidegger zufolge wird jeder Rundfunkhörer in dem Moment, wo er am Frequenzknopf dreht, selbst zum Stück des technischen Bestands, in den er eingesperrt bleibt, auch wenn er selbst glaubt, das An- und Abstellen des Apparats stehe ganz in seiner Freiheit. In dem Moment, wo der Mensch am angeschalteten Radio der Sendung sein Gehör schenkt, wird er zur Extension der Apparatur – eine lose Kopplung. Das Wesen des Menschen ist daraufhin eingestellt, das technische Bestellen in menschlicher Weise mitzuvollziehen. Was entsteht, ist ein systemisches Hybrid aus Leben und Technik, ein kybernetischer Organismus.

Es gehört zur Naturgeschichte von Lebewesen, dass Spezies aussterben. Heidegger setzt auch für das Radiotier den unwahrscheinlichen, aber im postelektronischen Sinne (mit der Neutronenbombe) denkbaren Fall, dass plötzlich überall auf der Erde die Radioempfangsapparate versagten. Im Zeitalter mobiler Kommunikationsmedien gilt es verschärft: Wer vermöchte sich die Ratlosigkeit, die Langeweile, die Leere auszudenken, die mit einem Schlag die Menschen befiele?

Heidegger erfuhr das Radiotier vom Gehäuse her, also vom Interface zwischen technischer Apparatur und menschlichem Nutzer. Höchstwahrscheinlich hat er jenes Gerät nie medienanatomisch durchschaut, der Aufschrift aller klassischen Radiorückseiten folgend: »Vor Entfernen der Rückwand Netzstecker ziehen.« Nur im enthäuteten Zustand gibt sich die Elektronenröhre (heute der Transistor) als das zu erkennen, was sie funktional repräsentiert: der Ersatz von Ontologie durch medialen Vollzug. Heidegger hat die Rückwand seines Grundig-Musikgeräts 88 wohl nie abgenommen, um damit das Eigentliche des Radios zu entbergen (technomathematische *aletheia*). Dann nämlich hätte er erkennen sollen, dass es sich um einen »Super« handelt, also einen Röhrenempfänger auf Basis des Superheterodynprinzips, wo aus den empfangenen Hochfrequenzen durch Mischung mit einer eigenständigen Schwingung eine Differenzfrequenz erzeugt wird, die ihrerseits intern im Radio sendet: ein neues Wesen.

Heute in Betrieb, d.h. etwa auf Mittelwellenempfang gesetzt, vernehmen wir mit dem Grund-Musikgerät 87a oder seinem funktionsgleichen Nachfolger 88 keine »historische« Differenz gegenüber dem technischen Ereignis, das Heidegger 1962 mit dem gleichen Gerät widerfuhr. Ein medienarchäologischer Kurzschluss versetzt uns ins gleichursprüngliche Gehör – eine zeitinvariante Verschiebung. Was sich damit ereignet, ist Medienzeit nicht im historischen, sondern operativen Sinn. Medientieren als Monstren technischer Natur ist es eigen, dass sie anderen Zeitweisen unterliegen als ihre sterblichen Verwandten in der organischen Welt. Marshall McLuhan identifizierte anhand solch elektronischer Wesen eine neue Spezies, in Anlehnung an Pierre Teilhard de Chardins Deutung der »Entstehung des Menschen« (1961). Der Mensch, der mehr als ein bloßer zoologischer Zweig der Evolution ist, erzeugt seinerseits ein völlig neuartiges Milieu, die *Noosphäre* (oder Sphäre des Denkens), welche die Biosphäre in ihrer ganzen Ausdehnung, doch ungleich geschlossener und homogener, überlagert.

Die neue Spezies, zu der das Radiotier gehört, nährt sich von den ätherischen (Quint-)Essenzen der neuen Noosphäre, den elektromagnetischen Wellen. Und in Schwingkreisen und Rückkopplungsschaltungen speit es diese Essenzen seinerseits wieder aus, sendet Radio. Heute ist die Noosphäre zum weltweiten Informationsübetragungsnetz eskaliert, dessen Spinnen *Knowbots* sind und sich von dem ernähren, was Menschen für Kommunikation halten. Diese algorithmischen Parasiten, veritable technologische Sprösslinge der menschlichen Kopplung von Logik und Materie, werden sich dem Museum der Tiere listig entziehen.

# ROTHIRSCH, DER

(*Cervus elaphus* LINNAEUS, 1758; engl. *red deer;*
pol. *jeleń szlachetny*)

Andreas Balon

<< Abb.: Andreas Balon: frei.wild, 2010, Inkjetprint, Fine Art Paper, © Andreas Balon

# S

rapeutics, Professor
the Roslin Institute
e of a six-year-old Finn
olly.
of the nuclear DNA from
replaced by the nucleus
nstructed egg cell is
activated to develop into an embryo using a small
electric pulse and then it is implanted into a surrogate
mother. Dolly's surrogate mother was a Scottish
blackface sheep.
Cloning from adult mammals allows the copying of the
very best farm animals and may also help the
conservation of critically endangered species.
However, the low success rate of cloning at present,
together with evidence that many clones show
abnormalities after birth, have raised ethical concerns
about the future use of this technique, especially with
humans.
Further information
For more information on Dolly the sheep, cloning and
the Roslin Institute, access these websites.
www.sciencemuseum.org.uk
www.roslin.ac.uk

# SCHAF, DAS

(*Ovis orientalis aries* LINNAEUS, 1758; walis. *dafad*; frz. *mouton*)

Anne Waldschmidt

Unscheinbar, langweilig, unprätentiös, so mutet das Schaf auf den ersten Blick an: Kaum beachtet und nicht selten gering geschätzt, fristet es ein anspruchsloses, bescheidenes Leben auf den Wiesen, Weiden, Hochebenen, Heideflächen und Deichen dieser Welt. Was ließe sich auch Aufregendes von ihm berichten?

Am Ende des 20. Jahrhunderts füllte zum letzten Mal ein Schaf die Schlagzeilen der Weltpresse und es ging um eine wissenschaftliche Errungenschaft der Gentechnologie: Erstmalig war aus einer ausdifferenzierten somatischen Zelle das Klonen eines Säugetiers gelungen. Bei dem Forschungsexperiment hatte man sich eines walisischen Bergschafs bedient, das nach der vollbusigen Country-Sängerin Dolly Parton benannt und stolz der Öffentlichkeit präsentiert wurde. Vermutlich als erstes Schaf erhielt Dolly nicht nur einen prominenten Namen, sondern auch eine personale Identität, nämlich genau bezeichnete Lebensdaten: geboren am 5. Juli 1996 in Edinburgh, verstorben daselbst am 14. Februar 2003. Nach seinem Ableben wurde das geklonte Schaf präpariert, ausgestopft und im Royal Museum of Scotland, dem Museum für Naturwissenschaften, Technik und Kunst ausgestellt, eine posthume Würdigung, mit der Versuchstiere höchst selten geehrt werden. Ohne Frage, das Schaf Dolly zählt heute zu den bedeutendsten tierischen Persönlichkeiten. Zwar gibt es für das Tierreich noch keine *Hall of Fame*, wie etwa für Musiker, Schauspieler, Sportler oder andere Prominente, doch die Aufnahme in die ›Liste bekannter Tiere‹ von Wikipedia, wie sie Dolly zuteil geworden ist, kommt einem Ritterschlag gleich. Glanz und Glamour waren dem Schaf in seinem kurzen Leben sicher, doch leider war sein Dasein zugleich von Krankheit und vorzeitigen Alterungserscheinungen geprägt. Gemessen an der möglichen Lebensdauer von über zwanzig Jahren, die Schafe erreichen können, muss die sechsjährige Lebenszeit des Klonschafs eine arge Enttäuschung für seine Schöpfer gewesen sein. Aus züchterischer Sicht war Dolly jedenfalls ein glatter Fehlschlag.

<< Abb.: Dolly (1996–2003), Präparat, 2005. National Museum of Scotland, Edinburgh © Maltesedog (Fotografie)

Dabei ist das Schaf eines der ältesten Haustiere mit einer beeindruckenden Züchtungsgeschichte. Bereits vor über 10.000 Jahren taucht es als Nutztier auf. Es ist das Haustier *par excellence*; ob Milch, Fleisch, Wolle oder das Fell, in universeller Weise lässt sich sein Körper vom Menschen für eigene Zwecke nutzen. Kein Wunder also, dass das Schaf, das wir heute kennen, längst zu einem Kulturprodukt geworden ist. Sein markantes Kennzeichen, die Wolle, die ihren Träger dazu prädestiniert, als niedliches Kuscheltier verharmlost zu werden, ist bereits das Ergebnis planmäßiger Eingriffe; dagegen war das erste Schaf – vermutlich ein Mufflon in Vorderasien – gleichsam nackt, sozusagen *wolllos*: Der Urahn des heutigen Hausschafes soll »ein glattes Borstenfell wie heute das Schwein« gehabt haben, zum »Wolltier« wurde das Schaf erst durch Züchtung. (Haid 2010: 14)

Wer weiß, ob das Schaf ohne Wolle überhaupt seine bemerkenswerte Karriere in der Kulturgeschichte angetreten hätte. Diesbezüglich verheißt die Zukunft nichts Gutes, vielleicht wird nämlich das künftige Schaf gar keine Wolle mehr haben. Schließlich erweist sich die Wollproduktion als zunehmend unrentabel und die Schäfer insbesondere kleinerer Herden sehen sich mit der zeitaufwändigen und kostenintensiven Schur konfrontiert, die eigentlich jedes Jahr vor Beginn des Sommers erfolgen sollte, um den Tieren den Hitzestress zu ersparen. Zunehmend wird jedoch das Tierschutzgesetz ignoriert und das Scheren einfach unterlassen, da nur noch die Fleischproduktion von Interesse ist. Längst sind Schaf und Schäfer in die kapitalistisch-industrielle Lebensmittelproduktion integriert, und die Idylle von den gemütlich grasenden Wanderherden mitsamt Wachhund und wortkargem, dem Unbill des Wetters trotzenden Schafhirten erweist sich als romantische, anachronistische Vorstellung.

Dagegen zeigt sich das Schaf in anderer Hinsicht auf der Höhe der Zeit. Als universelles Haus- und Nutztier ist es überall, auf allen Kontinenten und in allen Ländern, zu finden, kurz, es ist *das* multikulturelle Tier, beheimatet in nahezu allen Kulturen und von Bedeutung für alle Weltreligionen, ob jüdisch, christlich oder islamisch. Bereits im Alten Testament trifft man an zentralen Stellen auf das Schaf, genauer, auf sein Junges, das Lamm. Im Judentum steht das Schlachten eines Lammes im Zentrum des Pessach-Festes, das an die Befreiung des jüdischen Volkes aus ägyptischer Sklaverei erinnert. In der Nacht vor dem Exodus hatten die Israeliten auf das Gebot Gottes hin das Blut von Lämmern an die Türpfosten gestrichen, um ihre Häuser zu kennzeichnen und sich so vor dem Strafgericht Gottes gegen die Ägypter zu schützen. (2. Mose 12) Im Christentum ist die Schaf- und Lammsymbolik allgegenwärtig. Das Lamm Gottes, Agnus Dei, ist ein altes Symbol für Jesus Christus, dessen Auferstehung sich im Osterlamm verkörpert. Psalm 23, der Gott als guten Hirten preist, der sich um seine Schafe, die Gläubigen, treusorgend kümmert, ist wahrscheinlich eine der meist zitierten Stellen der Bibel. Auch das Gleichnis vom Sünder als verlorenem Schaf, das man im Lukas-Evangelium findet, wird in Predigten häufig benutzt. Das Schaf steht auch im Mittelpunkt des islamischen Opferfests, des bedeutendsten Festtags der Muslime, der alljährlich als Höhepunkt des Hadsch, der Wallfahrt nach Mekka gefeiert wird. Dieses Fest beruft sich auf Abraham, den Stammvater nicht nur des jüdischen und christlichen Glaubens, sondern auch des Islams. Der Überlieferung zufolge verlangte Gott von Abraham, ihm einen Sohn zu opfern, doch kurz bevor dieser die Tötung vollziehen konnte, wurde ihm Einhalt geboten und es erschien ein Widder, den Abraham stattdessen für das Brandopfer nutzte. Im Gedenken an dieses Ereignis schlachten Muslime anlässlich des Opferfestes ein Schaf oder einen Widder und verteilen einen Teil des Fleisches an Arme und Bedürftige.

Die Geschichte des tapferen, auf Gott vertrauenden Abraham findet man sowohl im Alten Testament (1. Mose 22) als auch im Koran (Sure 37, 99–113). Sie könnte folglich Anlass sein, um zwischen den drei monotheistischen Religionen einen Dialog über ihr gemeinsames Erbe zu führen; stattdessen ist der Körper des Schlachttieres zum Politikum geworden. Stein des Anstoßes ist die rituelle Schlachtung, bei der die Schächtung vollzogen wird: Halsschlagader und Luftröhre des lebenden Tieres werden mit einem Messerschnitt durchtrennt, anschließend muss es vollständig ausbluten, nur dann gilt das Fleisch als rein und kann verzehrt werden. Während in den meisten islamischen Ländern die Schlachttiere nicht betäubt werden und in anderen europäischen Ländern die Schächtung gänzlich verboten ist, wurde in Deutschland nach jahrelangem Rechtsstreit bis hinauf zum Bundesverfassungsgericht die Schlachtmethode grundsätzlich erlaubt, jedoch schreibt das Tierschutzgesetz zwingend eine Betäubung des Tieres vor. Da das betäubte Schlachttier weiter lebendig ist, wird dieser Kompromiss von den Muslimen als vereinbar mit ihren religiösen Vorschriften akzeptiert. Gleichwohl protestieren jedes Jahr zum Opferfest Tierschützer gegen die ihrer Meinung nach grausame Schlachtmethode.

Das Schaf als Streitobjekt und Gerichtsgegenstand, das passt eigentlich gar nicht zum Image dieses Tieres. Noch »Brehms Tierleben« von 1883 hatte Schafe als »gutmüthig, sanft, friedlich, harmlos« beschrieben, war aber ansonsten mit diesen Tieren hart umgegangen: »Dummheit« und »Charakterlosigkeit ohne Gleichen« zeige sich »in ihrem Wesen und Gebaren« – in anderen Worten: »Mehr als bei anderen Hausthieren [...] sieht man an den Schafen, wie die Sklaverei entartet«, »im Dienste des Menschen« werde das Schaf zum »willenlose[n] Knecht«. (Brehm 1883, 3: I.3, 339) Mit diesen starken Wertungen referiert das bis in das 20. Jahrhundert hinein populäre Lexikon anscheinend *common sense*, wie sich anhand der sprachlichen Wendungen zeigen lässt, in denen das Schaf gegenwärtig ist: Ob man ›sich wie ein Schaf zur Schlachtbank führen‹ lässt, ›lammfromm‹ ist oder als ›schwarzes Schaf‹ bzw. ›Sündenbock‹ behandelt wird, die Metaphorik markiert das Schaf als Opfertier schlechthin. Gleichzeitig spricht aus den Redewendungen auch ein gewisses Misstrauen: Es könnte ja doch gut sein, dass sich die Harmlosigkeit des Tieres als Maskerade erweist, womöglich steckt ein ›Wolf im Schafspelz‹, jemand ›tut wie ein Unschuldslamm‹ oder der ›Bock wurde zum Gärtner gemacht‹. Andere Idiome beschwören die Figur des Hirten herauf, der seine ›Schäfchen zählt‹ und dabei selig entschlummert, ›die Schafe von den Böcken trennt‹, somit die Guten und die Bösen trennt oder aber ›seine Schäfchen ins Trockene‹ bringt und sich den eigenen Vorteil sichert.

Tatsächlich ist das Schaf allgegenwärtig, nicht allein in Sprache und Religion, den grundlegenden Symbolsystemen einer Gesellschaft, sondern auch in der materiellen Kultur wie etwa Ökonomie und Technik. Ob wir im Frühsommer unter der ›Schafskälte‹ leiden, im Sternzeichen des vorwärts strebenden Widders geboren sind, einen Anzug oder Pullover aus Schurwolle tragen, im griechischen Restaurant Lammkotelett genießen, abends in geselliger Runde ›Schafkopf‹ spielen, uns mit den Kindern den Film »Shaun das Schaf« ansehen oder als Bildungsbürger in einem Werk der Weltliteratur, »Die schwarzen Schafe« von Heinrich Böll (1951), schmökern, ob als Lamm, Schaf, Hammel, Bock oder Widder, es scheint nahezu unmöglich, diesem wiederkäuenden Säugetier dauerhaft zu entkommen.

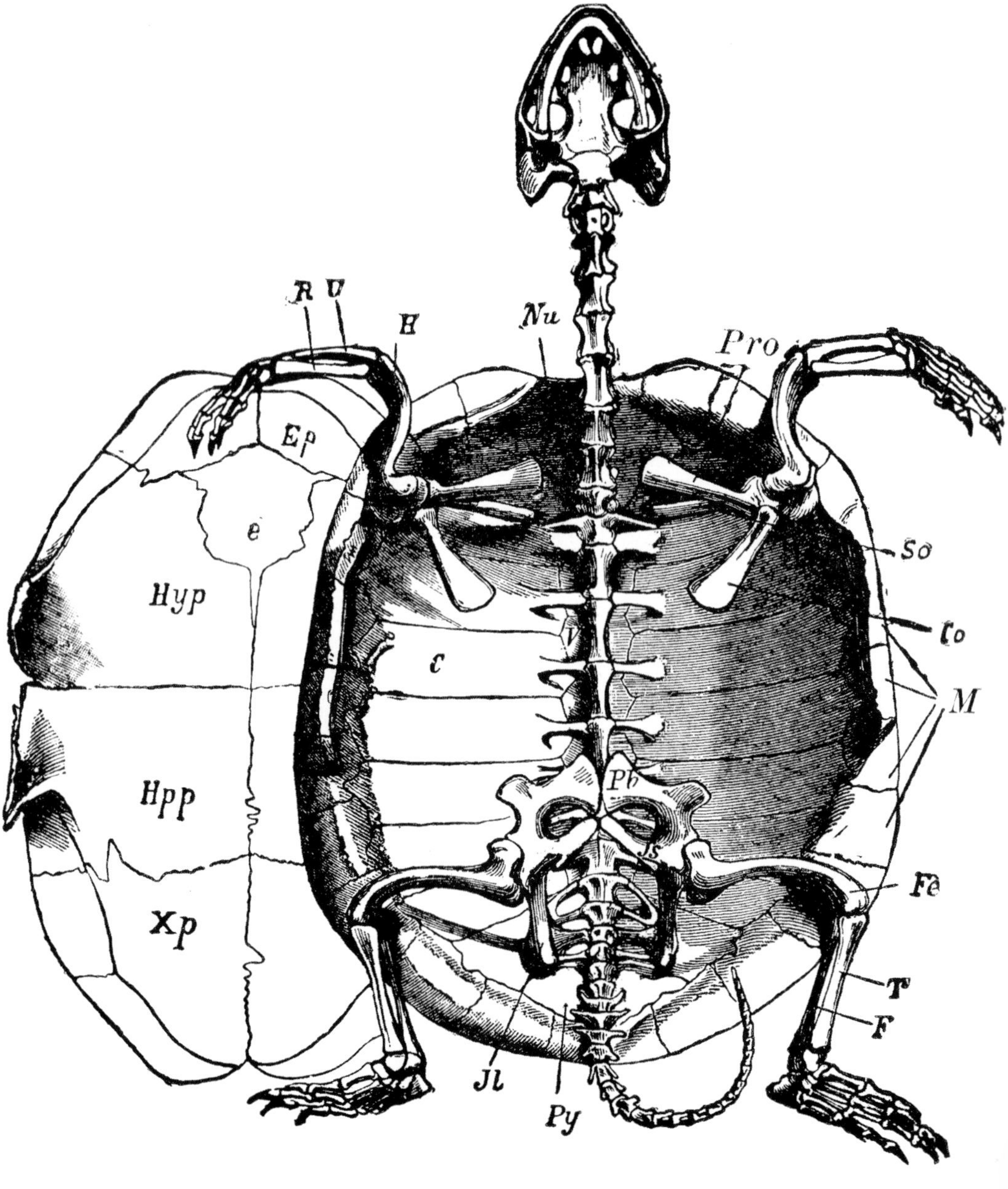
R
V
H
Nu
Pro
Ep
e
Hyp
So
c
Co
M
Hpp
Pb
Fe
Xp
T
F
Jl
Py

# SCHILDKRÖTE, DIE

(*Testudinata* Linnaeus, 1758; engl. *turtle*; span. *tortuga*; türk. *kaplumbağa*)

Bernd Mahr

… Was Bolzano über die Vorstellung an sich gesagt hat, gilt für die Schildkröte an sich nicht. Sie existiert in der Realität. Dennoch ist sie nur in unserer Auffassung ein Mitwesen, weil sie anderenfalls bloß eine Schildkröte wäre. Durch unsere Auffassung von ihr ist es jedoch möglich, sie mit je eigenen Augen und insgesamt in der großen Vielfalt ihrer Erscheinungen zu sehen. Und nur dadurch ist es möglich, dass wir ihr in ganz verschiedenen Lebenswelten begegnen, auch wenn sie selbst dort nie heimisch war, im Olymp, im Sand des umkämpften Troja und am Anfang allen Seins.

… Aber wie ist das? Ich frage das nur. Wenn Schildkröten angeblich seit mehr als 220 Millionen Jahren die Erde bevölkern, Menschen aber erst seit 10 Millionen, dann gab es auf der Erde Schildkröten lange bevor es Menschen gab. Nun sagt Augustinus aber, dass nur sein kann, was auch gesehen wird, und dass die Vergangenheit nicht existiert, sondern nur erinnert ist, in der Gegenwart, im Geist. Dann aber kann es bis vor 10 Millionen Jahren keine Schildkröten gegeben haben, weil ja die Vergangenheit nicht ist und Schildkröten aus dieser Zeit auch nicht erinnert werden können. Wer sollte sie denn damals auch gesehen haben? Der Schachtelhalm vielleicht, oder die blinden und vergesslichen Mikroben, oder was sonst noch im Perm lebte und heute bereit wäre, noch einmal an die alten Zeiten zu denken? Wenn man ehrlich ist, muss man daraus schließen, dass es überhaupt keine Schildkröten gibt. Das ist alles absurd. Aber egal!

… Was aus evolutionärer Perspektive gegen die Schildkröte spricht, ist, dass sie sich bisher nicht entscheiden konnte, ob sie als Wasserschildkröte mit den Fischen im Meer leben möchte, als Sumpfschildkröte in den Wäldern Europas oder als Landschildkröte mit den Schlangen in der Wüste. Offenbar

<< Abb.: Anonym: Cistudo lutaria. In: Parker/Haswell 1900: 442

ist ihre evolutionäre Entschlusskraft zu schwach. Immerhin ist sie so Vielfalt in einem. (vgl. Schneider 1783)

… Es mangele ihr an der Umsichtigkeit der Eule, sie verfüge nicht über die Aufrichtigkeit des Erdmännchens, sie werde niemals die Geschwindigkeit des Leoparden erreichen, es fehle ihr die Wendigkeit der Sandmaus, ihre Beflissenheit könne nicht mit der einer Ameise verglichen werden, und sie werde niemals die majestätische Gestalt eines Elefanten entwickeln, könnte jemand behaupten. Und er hätte wohl recht damit. Denn es dürfte im Zweifel nicht schwer sein, diese Behauptungen durch ein Gutachten bestätigen zu lassen, das sicherlich zu dem Schluss käme, dass Schildkröten hochgradig defizitär seien.

… »Seither fühlte ich gegenüber Anderenmenschen keine Verantwortung mehr; für mich bestand kein Unterschied zwischen 1 Ameise, die zertreten wird, u dem Tod eines Menschen, den die Waffe niederstreckt. So erachtete ich das Leben einer Schildkröte für bedeutender, halte es für Maß=gebender u damit für wertvoller, als das Leben 1 Generaldirektors.« (Jirgl 2005: 516)

… Schildkröten sind ausdauernd und anpassungsfähig. Wir bewundern das hohe Alter, das sie erreichen können, bis zu 250 Jahren in manchen Fällen. Warum werden wir nicht so alt? Zahlen wir etwa als Preis für unsere Fähigkeiten zur Psychoanalyse, zum Rechnen in Kleisli-Kategorien und zum Bau von Restrisiko-armen Atomkraftwerken mit der Kürze unseres Lebens? Und ist vielleicht unsere im Bilde Gottes sich spiegelnde Herrlichkeit ein Grund für unser frühes Sterben? Wenn das so ist, hätten wir daraus Konsequenzen zu ziehen. Wir müssten dafür nur unseren selbst formulierten Prinzipien der Qualitätsverbesserung vertrauen und anerkennen, dass das Leben der Schildkröte *best practice* ist.

… Schildkröten haben bessere Augen als wir, sie können hören und sie stöhnen bei der Kopulation; sie empfinden Schmerz, verfügen über einen hoch entwickelten Geruchssinn und sind Spezialisten der Orientierung. Männliche Schildkröten gelten als grob und geil. Weibliche Schildkröten entfliehen dem männlichen Zugriff. Sie können den Samen zur Befruchtung ihrer Eier speichern, über mehrere Jahre, wird berichtet. Wenn wir wirklich von den

Schildkröten lernen wollen, müsste sich natürlich einiges ändern; vor allem müssten wir umdenken.

… »Houellebecq hatte seit Jeds letztem Besuch einen Bauch angesetzt, aber sein Hals und seine Arme waren noch immer so mager wie zuvor; er glich einer alten, kranken Schildkröte.« (Houellebecq 2011: 160)

… Unser Verhältnis zur Schildkröte ist weitgehend emotional bestimmt und von Verachtung geprägt. Dem sollte mit einem Gegengutachten begegnet werden, das klarstellt, dass man von der schwer zu erreichenden Augenhöhe mit der Giraffe nur deshalb mit Recht sprechen könne, weil es Tiere wie die Schildkröte gebe, die gezwungen seien, zur Giraffe aufzuschauen. Zur Erhaltung ihrer Art, müsste das Gegengutachten ausführen, solle man dort, wo Schildkröten ihre Eier legen, den Autoverkehr verbieten. Auch dass man für ihr Überleben auf Schiffsschrauben verzichten müsse, die sie verletzten, auf Flussbegradigungen, die ihnen den Lebensraum nähmen, auf künstliches Licht, das ihnen die Orientierung raube, auf Insektizide und Herbizide, die sie vergifteten, auf Treibnetze, in denen sie sich verfingen, auf den Tourismus an Stränden, der sie vertreibe, und auf Plastiktüten, die sie im Meer für Quallen hielten und an denen sie erstickten. Mit solchen Hinweisen müsste das Gegengutachten zeigen, wie für die Schildkröte ein Grundrecht auf Anerkennung durchgesetzt werden könnte. Und es müsste die Öffentlichkeit aufrütteln und erreichen, dass die Schildkrötenfrage endlich dort ankommt, wohin sie schon lange gehört: in die Politik und in die Medien.

… Die Langlebigkeit der Schildkröte steht offenbar in einer noch nicht erforschten Beziehung zu ihrer Zählebigkeit. Es gibt bisher nur erste Beobachtungen: »Enthauptet man ein Tier, so ist es noch nach 27 Wochen in der Lage, bei Berührung den Fuß unter den Panzer zu ziehen; im Jardin des Plantes wurde eine Sumpfschildkröte sechs Jahre ohne Futter gehalten. Eine Schildkröte, deren Gehirn man entfernt hatte, kroch noch sechs Monate nach der Operation herum, ohne besondere Ausfallerscheinungen zu zeigen!« (Krebs, zit. nach Kunst/Gemel 2000: 24)

… Der Verzehr von Schildkröten sei gesund und ihr Genuss bringe Befriedigung, durch das Aroma des weich gekochten Fleisches natürlich, aber auch durch dessen Wirkung im Vollzug danach; denn das Fleisch der Schildkröte, so wird vor allem in Asien immer wieder versichert, stärke die Manneskraft. Im christlichen Europa gilt die Schildkröte wegen ihres roten kalten Blutes als Fastentier, dessen Fleisch zur Kräftigung auch in der Fastenzeit gegessen werden darf.

… König Shahdov von Estrovia, der einer blutigen Revolution in seinem Land entkommen war, wollte in einem New Yorker Restaurant eine Bestellung aufgeben. Hinter sich das Schlagzeug einer lärmenden Band, sitzt er mit seinem Premierminister an einem kleinen runden Tisch und bestellt Kaviar. Aber der Ober kann ihn nicht hören. Gestikulierend und grimassierend imitiert er einen schnappenden Fisch, das Aufschlitzen des Fischbauchs, das Herausnehmen des Laichs, das Beschmieren des Toasts und das Essen aus der Hand. Doch er scheitert mit seiner Bestellung, weil ihn der Ober nicht versteht. In einem zweiten Versuch bestellt er »turtle soup«. Shahdov dreht seinen Teller um, legt ihn auf den Rücken seiner Hand und bewegt ihn mit staksenden Fingern über den Tisch; »turtle soup«, und noch mal, lauter, »turtle soup«. Aber der Ober begreift wieder nicht. Dann dreht sich Shahdov nach dem Schlagzeug um. (vgl. Charly Chaplin: »Ein König in New York«, 1957)

… Es ist stark zu bezweifeln, dass Aischylos durch eine Schildkröte erschlagen wurde, die ein Adler, wie er es immer tat, fallen ließ, um ihren Panzer zu brechen. Wahrscheinlicher ist, dass es sich bei Aischylos' Tod um den Versuch eines gelangweilten Gottes handelte, der den Menschen zeigen wollte, was Bomben anrichten können, nur andeutungsweise und auch nur exemplarisch, aber doch prominent; gerade so, dass später niemand würde behaupten können, es sei ein Geheimnis verraten worden, wie von Prometheus, der den Menschen das Feuer brachte, und doch darauf vorbereitet, im Fall einer Anklage zu entgegnen, es sei nur etwas demonstriert worden und nichts gesagt, wo doch Verrat der Worte bedürfe. Ich selbst glaube nicht an die Adlergeschichte, sondern an das schwarze Schaf unter den Göttern. Denn es war ja schon immer so wie beim Banküberfall: »das Böse ist immer und überall«. (Erste Allgemeine Verunsicherung: »Ba-Ba-Banküberfall«, EMI Columbia, 1985)

… Die Langsamkeit der Schildkröte ist sprichwörtlich. Und tatsächlich legen manche Gattungen auch nicht mehr als 200 Meter in der Stunde zurück. Unsere Erfahrung mit der Geschwindigkeit von Schildkröten sagt freilich etwas anderes. Wenn sie unbeobachtet sind und ein entferntes Ziel vor Augen haben, sind Schildkröten sehr wohl in der Lage, größere Wegstrecken zurückzulegen, ohne dass Zeit vergangen zu sein scheint. Bemerkenswert ist dabei ihre Liebe zur Geometrie. Denn von ihrer Hingabe zur Geraden lassen sich Schildkröten auch von leicht umgehbaren Hindernissen nicht abhalten. Übrigens spricht auch Euklid nicht davon, dass der geraden Linie etwas im Weg steht.

… Von chinesischen Pädagogen lernen, heißt siegen lernen: Den Wettlauf mit einem Hasen, einem schnellen und in eiligen Sprüngen und Haken davon jagenden Tier, gewann die Schildkröte. Der Hase, seines Sieges sicher, legte sich nach der Hälfte der Strecke schlafen. Die Schildkröte dagegen setzte Fuß vor Fuß.



… Dass auch der ehrgeizige Achilleus die Schildkröte im Wettlauf nicht besiegen konnte, ist nicht seiner Schläfrigkeit oder fehlenden Schnelligkeit geschuldet, sondern der Gelassenheit der Schildkröte, die sich von der Schnellfüßigkeit ihres Gegners nicht einschüchtern ließ. Zwar kam ihr Achilleus mit jedem Schritt näher, als er sich anschickte, sie einzuholen; doch hatte der, zu seinem Entsetzen, immer wieder noch eine Strecke des Weges vor sich, um mit ihr gleichauf zu sein; denn wenn er, so schnell er auch lief, die Distanz zu ihr halbiert hatte, musste er immer noch auch die verbleibende andere Hälfte der Distanz überwinden und zudem die Strecke, die die Schildkröte in der Zwischenzeit zurückgelegt hatte – eine Situation, an der sich während des ganzen Laufs nichts änderte. (vgl. Aristoteles, »Physik«: VI.9, 239b10–15; dazu Sainsbury 2001 und Arsenijević 2007) Natürlich kam ihr der Vorsprung zugute, den er ihr gewährt hatte, aber vor allem profitierte sie von seiner Verbissenheit und Ignoranz. Er hätte sie leicht überholen können, hätte ihn nicht die zwanghafte Fixierung auf den Moment seines Triumphs, den Moment, an dem er an ihr vorbei ziehen würde, um sie dann hinter sich zu lassen, verwirrt: Er vergaß zu zählen und verirrte sich kalkulierend in die Unendlichkeit einer gegen das Ziel strebenden Cauchy-Folge. Mit diesen mathematischen Gefahren von Raum und Zeit hatte er nicht gerechnet.

… Im römischen Heer war die Schildkröte Vorbild für eine Angriffsformation der Infanterie. Damit steht sie in einer Reihe mit der Libelle, die den Hubschrauber vorweg nahm, mit dem Haifisch, dessen Flossenform sich auf amerikanische Straßenkreuzer vererbte, und mit Fischschwärmen, deren Koordinationstechniken sich auf das *swarm computing* übertragen haben. So, wie die Schildkröte durch ihren Panzer, waren auch die Soldaten unter ihren Schilden vor den gegnerischen Pfeilen geschützt. Gegen brennende Flüssigkeiten konnte der römische Schildschutz jedoch nichts ausrichten. Das ist übrigens auch bei Schildkröten so, und auch bei Hubschraubern, Straßenkreuzern und Computernetzwerken.

… Die Schildkröte ist mythischer Akteur der Fruchtbarkeit und des Schutzes und durch ihren Panzer mit den Insignien der Weisheit geschmückt. Die Form ihres Panzers erinnert an die Kuppel des menschlichen Schädels, die das Gehirn durch eine feste Knochendecke bedeckt. Und die Zeichnung ihres Panzers zeigt Hexagramme, von denen alle Schriftzeichen abstammen sollen.

… Jüngere Schildkröten scheinen zu lächeln, aber alte Schildkröten sind von unglaublicher Hässlichkeit. Ihr starres nie je von Emotionen bewegtes Gesicht ist gefurcht, und an der schuppigen Haut um ihren Mund kleben Essensreste. Mit ihrem Blick fangen sie Eindrücke. Dazu senden ihre von Tränensäcken umrandeten Augen Sehstrahlen aus, die an den fixierten Objekten »mit ihren Spitzen einschlagen und zutiefst fest haften« (Alberti 1435/2000: 201) und das Gesehene in das Dunkel im Inneren ihres Panzers hineinziehen, wo es zerkleinert wird, zur Erfahrung verarbeitet und in einem Raum ohne Ordnung und Sinn gelagert. Die Schildkröte weiß etwas, aber wir wissen nicht was. Was sie nicht verdauen kann, scheidet sie als Schleim aus, den sie im Kriechen, ohne noch einmal zurückzublicken, hinter sich lässt. Anders kann man sich das nicht vorstellen.

# SCHLANGE, DIE

(*Serpentes* LINNAEUS, 1758; altgr. *ὄφεις;* engl. *snake*)

Christina von Braun

Mein Telefon klingelt. Ich hebe ab. »Ja bitte«. »Bist du's, Eva? Wie geht's Dir? Was machst du so?« Die Stimme kommt mir vertraut vor, aber mir will nicht einfallen, wer es ist. Ich weiß nur, dass sie ambivalente Gefühle in mir weckt. »Tut mir leid, aber ich weiß nicht, mit wem ich rede.« Ein langer Zischlaut. »Na ehrlich, Eva, das kann ich nicht glauben! Wir verstanden uns doch immer prima. Wusstest immer gleich, worauf ich hinaus will. Und so lange ist das nun auch nicht her. Die paar tausend Jahre! Ich hätte nie für möglich gehalten, dass du mich, dass du das alles vergisst ...« Die Stimme insistiert, sie wird beschwörend. Ich weiß natürlich schon längst, wer am anderen Ende der Leitung ist, muss nur ein wenig Zeit gewinnen, um nicht durchzudrehen. Was sagt man zu einer Stimme aus einer anderen Welt, wenn man so tun will, als sei man ganz gelassen? Wenn ich meinen Freunden von damals erzähle, glaubt mir sowieso keiner. Aber nun holt mich plötzlich die Vergangenheit ein. Wie einen Verbrecher.

»Ach *du* bist es! Gibt's bei Euch denn Telefon? Daran kann ich mich gar nicht erinnern.« »Na bitte, ich wusste doch, dass du deine alte Freundin nicht vergessen würdest.« Pause. Sie denkt offenbar nach. Über diese Frage mit dem Telefon. »Ach, weißt du, hier hat sich viel geändert. Man muss Schritt halten mit den Innovationen bei euch. Du würdest die alte Heimat nicht wieder erkennen. Ist übrigens der Grund meines Anrufs: Hast du nicht Lust, zurückzukommen?« Ich erstarre. Zurück? Und das, nachdem man mich mit Schimpf und Schande vertrieben hat! »Meinst du das ernst? Oder ist das nur mal so eine Idee?« »Das ist keine offizielle Anfrage. Aber der alte Herr hat gesagt, ich kann mal vorfühlen.« Der alte Herr! Vorfühlen! Ich bin platt. So was kam früher nicht vor, da hat er einfach entschieden. Es muss sich tatsächlich einiges geändert haben. Oder ist es wieder einer ihrer Tricks, und der alte Herr weiß gar nichts von diesem Anruf. »Woher hattest du eigentlich meine Telefonnummer? Ich stehe gar nicht im Telefonbuch.« »Du glaubst doch nicht

<< Abb.: Lucas Cranach d. Ä.: Eva, Adam und Schlange (Detail), 1508-10. Musée des Beaux Arts et d' Archéologie, Besançon. In: Brinkmann 2007: 361, Abb. 116

ernsthaft, dass das für mich ein Problem ist. Wir sind zwar altmodisch, aber unser Nachrichtendienst funktioniert gut. Ich hätte dir auch eine Email schreiben können. Aber der alte Herr meinte, ein Anruf sei persönlicher.« »Und warum dieses Angebot? Stimmt was nicht bei euch?« »Na ja, wenn du so willst, es gibt Probleme.« Aha, jetzt kommt es raus. Im Paradies gibt es Probleme. Das ist in der Tat eine Neuerung. Gab es nicht zu meiner Zeit. Angeblich. Bis sich der alte Herr das mit der Frucht ausgedacht hat. »Und ich soll euch helfen, die Probleme zu lösen? Das müssen ja sehr seltsame Probleme sein, wenn ihr ausgerechnet zu mir kommt.« »Es ist so …« Sie stottert. Es scheint ihr schwer zu fallen, die richtigen Worte zu finden. »Also der alte Herr … in letzter Zeit … Wir wissen nicht mehr, was wir tun sollen … er schläft schlecht, auch am siebten Tag … Er nimmt kaum etwas zu sich ... freut sich nicht, und zornig wird er auch nicht … er stiert immer nur vor sich hin.« »Klingt nach einer Depression …«, »… wir sagen Melancholie ...« »Depressionen hatte ich auch schon. Gehen auch wieder weg.« »Das haben wir zuerst auch gedacht, aber nun dauert es schon sehr lange.«

Ein schwermütiger alter Herr – mit allem hätte ich gerechnet, nur nicht damit! »Du bist es doch, die alle Geheimnisse und Weisheiten kennt! Wenn du ihm nicht helfen kannst, wer dann?« Ich spüre, es fällt ihr schwer zuzugeben, dass sie mit ihrer Weisheit am Ende ist. »Psychopharmaka lehnt er ab. Sagt, die funktionieren nicht bei ihm. Hat er wahrscheinlich recht. Offen gestanden, ich glaube, er langweilt sich.« Jetzt ist es raus! Das Unwort! Langeweile verspürt er, der alte Herr in seinem schönen Paradies. Und ich, ich soll mal wieder vorbeischauen, damit er sich ordentlich erregen kann. Das ist die Therapie, die sie mir zugedacht haben! Und sie soll mal ›vorfühlen‹. Ob ich nicht ins Paradies zurückkommen will, damit mal wieder jemand gegen die Verbote verstößt! Ohne mich. Andererseits – wie es heute dort aussieht, wüsste ich doch ganz gerne. Die Schlange spürt wahrscheinlich, dass sie mich vielleicht doch rumkriegt – klar, denkt sie immer – und sagt nun, ganz zuckersüß: »Ach, Eva, du musst dich nicht sofort entscheiden. Lass dir die Sache einfach durch den Kopf gehen. Du tätest uns natürlich einen großen Gefallen. Wäre ja auch für dich ganz schön, mal die alte Heimat zu sehen. In ein paar Tagen melde ich mich wieder.« Dann legt sie auf. Ohne eine Nummer zu hinterlassen. In meinem Kopf beginnt es zu rumoren.

Wer will schon zurück ins Paradies? Ich meine, die Wärme, die Sonne, die ganzen Früchte, das hatte schon was. Nie Stress. Kein Zeitdruck. Nur die

Vögel und ich. Und Adam natürlich. Wo steckt der eigentlich? Ich müsste dringend die Angelegenheit mit ihm besprechen. Ach, ich weiß schon, wie er reagiert. Nie wieder, sagt er. Das eine Mal hat mir gereicht. Und auf die alte Verräterin solltest du schon gar nicht hören, wird er sagen. Okay, mit ihm brauche ich das gar nicht erst zu besprechen. Er winkt sowieso ab. Oder er sagt, ich soll's erst mal alleine probieren. Wenn es gut geht, kommt er nach. Ich kenne ihn.

Nach ein paar Tagen ruft sie tatsächlich wieder an. »Nun, zu was für einem Schluss bist du gekommen?« »Ich muss erst noch mehr über die Konditionen wissen. Gibt's ein Honorar? Wer ist denn noch dabei? Oder bin ich alleine?« »Ein Honorar gibt's natürlich nicht. Wir haben hier kein Geld. Solltet ihr euch übrigens auch abgewöhnen. Von hier aus sieht es ziemlich unsinnig aus, was ihr euch damit eingebrockt habt.« »Richtig, das hatte ich ganz vergessen, bei euch gibt's kein Geld. Aber du sagst, es hat sich viel geändert. Was ist denn anders als früher?« »Na, wie du siehst, haben wir Telefon und Internet …« »… also auch Computer?« »Klar, irgendwo müssen ja die Leute auftauchen, die bei euch abtauchen.« »Und so würdest du auch mich rüberholen?« »Nein, dich brauchen wir in echt. Als Erregungspotential, verstehst du. Eine virtuelle Eva reißt ihn nicht vom Hocker. Der alte Herr braucht eine richtige Rosskur.« Oje. Der alte Herr und eine Rosskur! Ausgerechnet mit mir. Von ihm hätte ich solche Avancen nicht erwartet. Die Schlange scheint zu spüren, was ich denke. »Nein, natürlich sollst du keinen Sex mit ihm haben. Wir dachten eher an den Baum, die Früchte und so.« Dass es den überhaupt noch gibt. »Ich dachte, der alte Herr hätte ihn nach den Erfahrungen mit uns gefällt.« »Im Gegenteil. Er wächst und gedeiht. Der alte Herr gießt ihn persönlich. Das Problem ist nur, dass niemand mehr davon essen mag – nachdem sie gesehen haben, wie es euch erging.« Ich verstehe. Aber ich sage nicht laut, was ich eigentlich denke.

Klar, es gibt Momente, wo mir die ganze Sache Leid tut. Auch deshalb weil nicht nur Adam und ich, sondern alle bestraft wurden. Andererseits war das, was danach gekommen ist, auch nicht schlecht. Jedenfalls hatten wir nie Langeweile – pardon, Melancholie – wie der alte Herr jetzt. Klar, es gibt immer wieder Momente, wo es mir alles zuviel wird, aber dann kommen auch wieder Zeiten, wo man sich freut, etwas geschaffen zu haben. Was Neues, das die Welt noch nicht gesehen hatte. In diesen beglückenden Momenten vergisst man den ganzen Ärger, die Ängste und den ewigen Zeitdruck. Nein, ich möchte die Zeit seit der Vertreibung nicht missen. Deshalb zögere ich auch, ihr Angebot anzunehmen. Wenn ich sicher wäre, dass sie mir freies Geleit geben, dann … Aber womöglich lassen sie mich nicht wieder raus. Und dann? Dann sitze ich da, mit dem schwermütigen alten Herrn und werde selbst schwermütig. Wer macht mich dann gesund? Verstößt gegen meine Gebote? »Dazu musst du erst mal Verbote aufstellen«, sagt sie. Offenbar kann sie auch über das Telefon Gedanken lesen. Die Gabe hätte ich auch gerne, würde mir manche Scherereien mit den Behörden ersparen, wenn ich den Beamten die schmutzigen Gedanken über das Telefon flüstern könnte, die sie selber nicht zu denken wagen. Ich vermute, sie würden sofort alles bewilligen, nur damit sie wieder auflegen können. »Schweif nicht ab, Eva, es ist wirklich ernst. Wenn wir den alten Herrn nicht bald wieder in Form bringen, werdet auch ihr das zu spüren bekommen.« Ich erbitte mir noch einmal ein paar Tage Bedenkzeit. Sie wird ungeduldig. Aber es bleibt ihr nichts anderes übrig, als sich drauf einzulassen.

Wieder sieben Tage vorbei. Sie halten sich wirklich an die Bibel, auch bei ihren Telefonterminen. Sie ist an der Strippe und will eigentlich nur noch die Formalitäten meiner Reise regeln. Das Ticket habe sie schon, es werde mir per Internet zugestellt. *One way* oder hin und zurück, frage ich. Ich höre über die Leitung, wie sie mit ihrem Giftzahn knirscht. »Also gut, hin und zurück. Obwohl du das bedauern wirst. Niemand, der hier angekommen ist, will wieder abreisen.« Ich glaube, sie sagt das nur, um zu verbergen, dass sie am liebsten mit mir tauschen würde. Womöglich hat sie einen Ausreiseantrag gestellt, aber der alte Herr lässt sie nicht gehen. Wahrscheinlich wünscht sie sich eine ordentliche Vertreibung. Also gut, sagt sie, in einer Woche geht's los. Ich würde vorher noch von ihr hören. Dann legt sie auf. Leider habe ich vergessen zu fragen, was ich mitnehmen soll. Gehören auch Kleider zu den Neuerungen im Paradies? Und wenn ja, welche – Sommer oder Winter, leger oder festlich? Womöglich tragen sie heute alle Smoking und langes Abendkleid. Da müsste ich passen.

Irgendwie beginne ich, mich zu freuen. Jedenfalls bin ich neugierig. Man hat nicht alle Tage Gelegenheit, das Geschehene rückgängig zu machen. Außerdem ist es ja auch für einen guten Zweck. Ich male mir schon aus, wie ich zwischen den Bäumen spaziere und mal hier und mal da eine Frucht pflücke. Erst mal nur die harmlosen. Aber dann nähere ich mich dem Baum mit der verbotenen Frucht. Ich achte darauf, dass der alte Herr es auch sieht – und nicht gerade in die andere Ecke stiert. Er soll sich ja ärgern! Ist der Auftrag. Und dann, dann nehme ich einen ordentlichen Biss – und was dann passiert, na, man wird sehen. Entweder er bebt vor Zorn, dann ist alles gut, Mission erfüllt. Oder aber es macht ihm nichts aus. Dann beginnt alles von vorne, und für die Alte steht es dann auch nicht gut.

Drei Tage vergehen, mein Gepäck steht bereit. Ich habe mich für eine Mischung aus Badestrand und Galadinner entschieden. Ein Kostüm habe ich nicht eingepackt. Wenn sie kein Geld haben, brauche ich auch keine Businesskleidung. Der vierte, der fünfte Tag vergehen. Das Ticket ist angekommen, aber ich weiß immer noch nicht, wo ich mich morgen einfinden soll. In der Nacht vom sechsten auf den siebten Tag schlafe ich kaum. Immer wieder derselbe Traum: Das Fenster zu meinem Schlafzimmer wird aufgerissen, zwei Engel schweben herein und heben mich hoch. Dann fliegen wir davon. Ich wache mehrfach auf, aber das Fenster ist immer noch verschlossen.

Plötzlich – gerade graut der Morgen des siebten Tages – klingelt das Telefon. Sie ist etwas verlegen, stottert herum. »Eva, ich muss dir leider mitteilen, dass wir alles abgeblasen haben.« »Habt ihr Angst bekommen?« »Nein, es ist so … ja, dem alten Herrn geht es wieder besser.« »Ach, und wie kam das? Hat doch eines deiner Heilmittel angeschlagen?« »Wir haben Besuch bekommen. Er bleibt ganz.« Aha, aber erklärt das schon alles? »Dieser Typ ist irgendwie besonders. Wie soll ich es sagen? Er hat seine eigene Frucht mitgebracht – und schon bevor er kam, hat er in sie gebissen. Bei seinem Eintritt streckte er sie dem alten Herrn entgegen. Der war ziemlich verärgert. Verstehst du, es geht ums Copyright.« Da scheint jemand Unruhe gestiftet zu haben – mit einem angebissenen Apfel. »Und er hat nicht nur die Sache aus der Schöpfungsgeschichte kopiert. Er kam hier auch gleich mit neuen Ideen. Sagte, wir müssten unser Kommunikationssystem verbessern. Auch sei es höchste Zeit, dass die Verbindung zu euch effizienter wird. Der alte Herr ist ganz aus dem Häuschen. Seine Melancholie ist verflogen.« Das freut mich für ihn. Aber ich bin um meinen Ausflug gebracht. »Eva, selbst wenn wir dich noch bräuchten, ich weiß nicht, ob ich dir zu dieser Reise raten soll. Hier ist der Teufel los. Die einen haben die Seite vom Neuling ergriffen, die anderen sind auf der Seite des alten Herrn. Und ich dazwischen. Im Moment macht es hier keinen Spaß.« Sie tut mir irgendwie leid. Aber dass man wegen eines dahergelaufenen Kerls so leicht auf mich verzichtet, finde ich auch nicht in Ordnung. »Und außerdem: Der mit dem angebissenen Apfel ist nicht der einzige. Kurz danach kam noch ein Neuling. Stell dir vor, er kommt an, und das erste, was er verkündet, ist: Ihr braucht mich dem alten Herrn nicht vorzustellen. Ich glaube sowieso nicht an ihn. GLAUBT NICHT AN IHN! Hast du so was schon mal gehört?«

Das ist in der Tat ziemlich unverfroren für jemanden, der gerade erst ankommt. Hat sich noch nicht mal umgeschaut – und weiß schon, wo's lang geht. Ich kann die Wut des alten Herrn verstehen. »Außerdem verlangt er, dass das Rauchen zur Pflicht wird. Für alle.« Mir wird ganz schlecht bei dem Gedanken. Die Engel und rauchen! Und erst mal der alte Herr. Aber den will er ja zum Glück gar nicht sehen. Vielleicht gibt's um den alten Herrn eine Nichtraucher-Oase. »Und wie stehen die beiden Neulinge zueinander?« »Das ist für uns alle noch die große Frage. Einerseits kennen und schätzen sie sich. Interessieren sich beide für die Kommunikationssysteme. Aber genau das ist auch das Problem. Sie kommen sich gegenseitig in die Quere. Der eine will nur sein System einführen, der andere will alle Systeme zugänglich machen für alle.« »Im Paradies?« »Im Paradies.« »Klingt doch irgendwie dem Ort angemessen.« »Das findet der alte Herr auch. Andererseits will er aber ein paar Dinge noch für sich behalten. Jedenfalls vorläufig. Das Plagiat mit der angebissenen Frucht hat ihm schon gereicht.« Oh weh! Ich sehe schon, da oben gibt es noch Klärungsbedarf. »Und dann hat der Neue – der zweite Neue – auch noch verlangt, dass man seine Leitung freischaltet. Zu euch.« Was er wohl davon hat? »Er sagt, er hat einen alten Freund dort unten, dem er von hier berichten will. Der würde sich freuen, sagt er, weil er als Spezialist für das Thema gilt.« Welches Thema? Meint sie das Paradies, das Jenseits den Himmel? »Aber das geht natürlich nicht. Der alte Herr kann nicht seinen Draht mit einem anderen teilen.« Warum eigentlich nicht? Im Paradies scheint es ähnlich zuzugehen wie hier unten, denke ich. Wenn es so ist, kann ich mir aber auch die Reise sparen. Außerdem geht's dem alten Herrn schon besser. Erst mal hat er seinen Sünder. Gleich zwei davon. Ich warte lieber auf eine andere Gelegenheit.

# SCHLEIMPILZ, DER

## (*Dictyostelium discoideum* RAPER, 1758; engl. *slime mold*; frz. *myxomycètes*)

Eva Horn

Es ist nicht wirklich ein Tier, nicht wirklich eine Pflanze, nicht wirklich ein Pilz – aber ein wenig von allem. Es hat keine definite Form, sondern nur Zustände. Es ist eins und mehrere, Einzeller und Vielzeller, mal 10-20 Mikrometer lang, mal bis zu zwei Millimeter. *Dictyostelium* lebt als Amöbe, die sich von Bakterien ernährt, im Waldboden oder in verfaulenden Blättern. Es gibt kaum eine Lebensform, die denkbar unspektakulärer wäre: Ein formloser Schimmel, der fast überall auf der Welt im Boden wohnt. Immerhin ist Dictyostelium genetisch den Säugetieren näher als Hefe, und viele seiner grundlegenden zellulären Prozesse sind denen höherer Organismen sehr ähnlich. Was Dictyostelium zu einem der wichtigsten Modellorganismen der Lebenswissenschaften gemacht hat, ist gerade diese Formlosigkeit. Denn die Amöbe hat einen außergewöhnlichen Reproduktionsmechanismus: Wird die Nahrung knapp, bewegen sich die verstreuten Einzeller, gesteuert von Signalstoffen (cAMP), aufeinander zu und aggregieren sich zu einem vielzelligen Organismus von bis zu 2 mm Länge. Dieser durchläuft in relativ kurzer Zeit verschiedene Form-Stadien, vom runden Haufen zu einem Finger oder einer *Schnecke* (*slug*), die sich bewegen kann. Schließlich bildet die Amöben-Formation einen langen Stiel mit einem Fruchtkörper, aus dem Sporen entlassen werden. (s. Abb.) Der ganze Vorgang dauert kaum 24 Stunden und ist so ideal unter Laborbedingungen zu beobachten.

Dieser Prozess der Selbstorganisation einer Vielzahl von Einzellern zu einem komplexen Gesamtorganismus hat *Dictyostelium discoideum* zu einem wichtigen Modell für biochemische und zellbiologische Untersuchungen gemacht, der sogar seine eigene Website hat: dictybase.org. Vor allem stellt sich die Frage nach den Auslösern und Steuerungsformen des Organisationsprozesses vom Ein- zum Vielzeller. Eine Untersuchung von Evelyn Fox-Keller und Lee Segel widmete sich der Frage, wie der Prozess der Aggregation von Einzellern zu dem vielzelligen Fruchtkörper initiiert und organisiert wird durch

<< Abb.: Entwicklungsstadien des Modellorganismus' *Dictyostelium discoideum* (Detail) © Mark Grimson und Larry Blanton. Electron Microscopy Laboratory, Department of Biological Sciences, Texas Tech University

die Ausschüttung des Botenstoffs und eine nachfolgende Chemotaxis der einzelnen Amöbe. Das daraus abgeleitete Keller-Segel-Modell ist noch heute grundlegend für die mathematische Modellierung von Systemen am Übergang von Stabilität zu Instabilität. (vgl. Keller/Segel 1970)

Ähnlich wie Bienen, Ameisen, Vogel- oder Fischschwärme, nur viel kleiner und leichter zu kultivieren und zu beobachten, ist Dictyostelium ein Modell für biologische Selbstorganisation und die Emergenz komplexer Strukturen aus dem Zusammenspiel einfachster Einzelakteure und Verhaltensregeln. Emergent ist dabei der Qualitätssprung im Übergang vom Ein- zum Vielzeller: So wie das komplexe Schwarmverhalten von Vögeln und Fischen nicht aus den Eigenschaften des einzelnen Fisches oder Vogels, oder die Arbeitsteilung eines Insektenvolks nicht aus denen des Einzelinsekts ableitbar sind, lässt sich die Gestalt und Funktion des Vielzellers, den die Amöben bilden, aus ihren Einzeleigenschaften nicht ableiten. Die Emergenz des Vielzellers ist eine völlig neue Form von Steuerung und Koordination, die einzelnen, gleichartigen Elementen plötzlich differenzierte Aufgaben zuweist. Genau dieser Qualitätssprung und das Rätsel seiner Unableitbarkeit machen das Phänomen der Emergenz von selbstorganisierten biologischen Systemen so faszinierend. Aber das plötzliche, unableitbare Erscheinen eines komplexen Ordnungsmusters aus dem Agieren vieler, aber sehr einfacher Elemente hat auch etwas Beunruhigendes. Was genau sind die Mechanismen der Steuerung, die selbstorganisierte Ordnung möglich machen? Wie kommt es zum Moment des Umschlagens von Quantität in einen qualitativ neuen Zustand? Was startet und was reguliert den Prozess der Selbstorganisation? Forscher haben darum die Frage nach der ›Intelligenz‹ der Amöben gestellt und gezeigt, dass ein Dictyostelium nah verwandter Schleimpilz in der Lage ist, den kürzesten Weg durch ein Labyrinth zu einer Futterquelle zu finden und diesen auch untereinander zu kommunizieren. Neuerdings hat sich Dictyostelium discoideum sogar als ›Landwirt‹ erwiesen, weil es die Bakterien, die es frisst, auch anbaut – ähnlich wie manche sozialen Insekten, die Blattläuse melken oder Pilze kultivieren. (vgl. Nakagaki u.a. 2000; Brock u.a. 2011)

Das Rätsel der Selbstorganisation der sozialen Amöbe hat diese schließlich zum Helden eines Romans werden lassen: Frank Schätzings »Der Schwarm«. Schätzing knüpft gerade auch an das Beunruhigende und Unkontrollierbare von biologischer Emergenz an. Die rätselhafte und unvorhersehbare Selbstorganisation des Lebens entzieht es der Kontrolle und den Eingriffen des

Menschen – und lässt biologische Systeme schlimmstenfalls zum Feind des Menschen werden. In Schätzings Öko-Thriller orchestriert eine hochentwickelte Intelligenz von im Meer lebenden Amöben einen globalen Aufstand der Meerestiere gegen die ökologisch nicht mehr tragbare Spezies Mensch. Dieser Schwarm, dem ratlose Forscher den Namen ›Yrr‹ – wie ›Tier‹ – geben, ist nichts anderes als eine maritime Variante des Dictyostelium: Eine riesige Aggregation von Einzellern, deren schiere Masse sie zu einer organischen Superintelligenz macht. Sie nehmen immer wieder andere Formen an, sind überall und kommunizieren über cAMP. Anders aber als das harmlose Dictyostelium im Waldboden kann Schätzings Meeres-Amöbe auch denken und erinnern. Aus der unendlichen Vielzahl von Einzelorganismen erwächst ihr eine hochkomplexe Denkfähigkeit und ein unendliches Gedächtnis. Und anders als der Mensch ist der Amöben-Schleim fähig, die vernetzte Logik des Lebens zu denken und damit zu arbeiten: Die Yrr manipulieren Tiere, Meeresströme und Kontinentalhänge, um den Menschen durch eine globale Katastrophe zu vernichten und so das ökologische Gleichgewicht des Planeten wiederherzustellen. Damit sind sie die fiktive Vervollkommnung des Schwarms schlechthin – oder besser: all dessen, was die Forschung über *swarm intelligence* im Moment noch mühsam entziffert. In der Öko-Logik von Schätzings Roman sind so ausgerechnet Einzeller der Inbegriff der Intelligenz: Sie sind System und denken in Systemen. Darin liegt ihre profunde Differenz zum Menschen – und ihre Überlegenheit. (vgl. Schätzing 2004; Horn/Gisi 2009)

# SCHMETTERLING, DER

(altgr. *ψυχή*; lat. *papilio*; engl. *butterfly;* ital. *farfalla*; *Lepidoptera* LINNAEUS, 1758)

Sigrid Weigel

Wie kommt der Schmetterling auf das Knie der Venus in Piero di Cosimos Darstellung des schlafenden Mars und der wachenden Venus, die Amor im Arm hält? Oder besser: Wie hat er sich dorthin verirrt? Über der ganzen Szene liegt eine sommerliche Pan-Stimmung, in der die Zeit stillzustehen scheint, während sich das geflügelte Insekt, als das schon Aristoteles die Schmetterlinge bezeichnete, beim zweiten Blick als Nachtfalter entpuppt – genauer als ein Exemplar der *Euplagia quadripunctaria*, die zu den Bärenspinnern (*Arctiinae*) aus der Familie der Eulenfalter (*Noctuidae*) gehören. Doch diese Bestimmung ist wenig bedeutsam, da das Bild vor dem Zeitalter der Entomologie entstand, – bevor noch abertausende von Arten von Lepidoptera Name und Ort im Linnéschen System erhielten und so auch unsere Spezies bestimmt wurde, und zwar durch den Österreichischen Jesuiten Nicolaus Poda von Neuhaus im Jahre 1761, als dieser an der Universität Graz eine naturgeschichtliche Sammlung aufbaute. Wichtiger wird die Beobachtung des Florentiner Malers gewesen sein, die man in südlicheren Gefilden Europas auch heute noch machen kann: dass diese Art *farfalla* oft auch tagsüber zu sehen ist, dann in Ruhestellung mit geschlossenen Flügeln. Denn mit den leuchtend orangeroten Hinterflügeln, von denen sich die schwarzen Vorderflügel mit ihrer markanten weißen Zeichnung kontrastreich abheben, springt der Falter sofort ins Auge. So hat das Tier auf Pieros Bild wohl nur die sonnengewärmte Wand, an der es sich sonst vorzugsweise aufhält, mit der hell schimmernden Haut der römischen Liebesgöttin vertauscht. Es sieht so aus, als habe er sich dort schon länger niedergelassen und sei nicht soeben im raschen Flatterflug (der sich im Wanderflug von Schmetterlingen bis zur Geschwindigkeit von 50 km/h steigern kann) dort gelandet, nachdem er das Ziel von Weitem angepeilt hatte. Ohnehin verfügt unser Exemplar – Nachtfalter sind kurzsichtig – nicht über das Sehvermögen mancher Schmetterlingsarten, die mit ihren

<< Abb.: Piero di Cosimo: Venus, Mars und Amor (Detail), um 1505. Gemäldegalerie, Berlin. In: Geronimus 2006: 92, Abb. 60

aus bis zu 6.000 Einzelaugen bestehenden Facettenaugen noch aus 200 Metern Entfernung scharf sehen können.

Doch ist für Pieros Schmetterling weniger das Wissen der Entomologie relevant, vielmehr sind es Symbolik und Ikonographie. »Es gibt Leute«, so Heinrich Heine, »welche glauben, sie könnten den Schmetterling ganz genau betrachten, wenn sie ihn mit einer Nadel aufs Papier festgestochen haben. Das ist eben so törigt wie grausam. Der angeheftete, ruhige Schmetterling ist kein Schmetterling mehr.« (Heine 1975: 600) Hingegen in Bild und Sprache festgehalten, kann das Schmetterlings-Wissen einen Zugang zu einer anderen Erkenntnisart weisen. So hat Benjamin die Schmetterlingsjagd als anthropologische Schwellenerfahrung am Übergang vom mimetischen Verhalten zur Naturbeherrschung beschrieben, wie sie sich in der Kindheit wiederholt. Schmetterlingskästen sind bei ihm Anlass und Motivation, um »die heißen Jagden, die mich so oft von den gepflegten Gartenwegen fort in eine Wildnis gelockt hatten«, zu vergegenwärtigen: »Es begann die alte Jägersatzung zwischen uns zu herrschen: je mehr ich selbst in allen Fibern mich dem Tier anschmiegte, je falterhafter ich im Innern wurde, desto mehr nahm dieser Schmetterling in Tun und Lassen die Farbe menschlicher Entschließung an, und endlich war es, als ob sein Fang der Preis sei, um den einzig ich meines Menschendaseins wieder habhaft werden könne. Doch wenn es dann vollbracht war, wurde es ein mühevoller Weg, bis ich vom Schauplatz meines Jagdglücks an das Lager vorgedrungen war, wo Äther, Watte, Nadeln mit bunten Köpfen und Pinzetten in der Botanisiertrommel zum Vorschein kamen. Und wie lag das Revier in meinem Rücken! [...] Auf diesem mühevollen Wege ging der Geist des Todgeweihten in den Jäger ein. Die fremde Sprache, in welcher dieser Falter und die Blüten vor seinen Augen sich verständigt hatten – nun hatte er einige Gesetze ihr abgewonnen. Seine Mordlust war geringer, seine Zuversicht um so viel größer geworden.« (Benjamin 2010: 244)

Im Falle des Schmetterlings jedoch überkreuzen sich beiderlei Wissen, das wissenschaftliche und das bildliche. Denn als *Imago* bezeichnet man sowohl das Bild als auch den ausgewachsenen Schmetterling – in der Unterscheidung zur Raupengestalt, aus der er erst hervorgeht. Damit kann der Schmetterling als Denkbild des Bildes betrachtet werden, genauer als Denkbild für die Entfaltung des Bildes aus demjenigen, was ihm stets vorausgeht. Am bekanntesten ist der Schmetterling als Sinnbild der Metamorphose, die für sein Werden kennzeichnend ist: für den Gestaltwandel vom Ei über Raupe und

Puppe zur Imago. Doch lassen sich an ihm auch die Metamorphosen zwischen mythischem und szientifischem Wissen studieren. So sind, einer rumänischen Überlieferung zufolge, die Schmetterlinge aus den Tränen der Heiligen Jungfrau entstanden, während die heutige Entomologie von Nachtfaltern aus Afrika, Brasilien und Südostasien weiß, die die Tränenflüssigkeit von Vögeln und Säugetieren trinken.

Das ist nicht der Fall von Pieros Nachtfalter, hat er sich doch einen anderen Ort gewählt. Was also bedeutet der Schmetterling auf dem Knie der römischen Liebesgöttin, die auch die Schönheit verkörpert? Auf Botticellis »Venus und Mars« (1483), einer Darstellung, die Piero di Cosimo vermutlich als Vorlage diente, fehlt der Falter; stattdessen umschwirren dort Wespen den Kopf des schlafenden Kriegsgottes, Allegorie der Tapferkeit. Piero hat das geflügelte Insekt dem Motiv also hinzugefügt, – während er der Venus ihr Kleid genommen und sie damit in die Nähe der himmlischen Liebe gerückt hat.

Seit der Antike wird der Schmetterling mit der Seele in Verbindung gebracht, – dieses nicht nur, weil er im Griechischen denselben Namen trägt wie die Seele, *ψυχή* (*psyché*). Auch mit Bezug auf Platons Lehre von der Unsterblichkeit der Seelen im »Phaidros« ist der Schmetterling zum Bild der Seele geworden, die im Moment des Todes der sterblichen Hülle entschwebt, – vergleichbar der Larve, die sich während ihrer Verpuppung zur Schmetterlingsgestalt von ihrer Hülle trennt. In umgekehrter Konstellation wird in der Mythologie der von Prometheus geschaffene Mensch durch Athene beseelt, indem sie einen Schmetterling über seinem Kopf schweben lässt. In der Folge dieser Zweideutigkeit von Belebung und Tod kann der Schmetterling als Bild von Unsterblichkeit und ewigem Leben erscheinen, aber ebenso auch als Todesbote, – wie sein vielfältiges Auftreten in der *ars moriendi* bis zum 16. Jahrhundert belegt. Pieros Gestalt der Venus wirkt jedoch viel zu lebendig, als dass der Falter hier einen Todesboten verkörpern könnte – oder auch die Seele, die sich vom toten Körper trennt. Obwohl das Gemälde der kulturgeschichtlichen Konstellation angehört, an der Aby Warburg das Nachleben der Antike in der Renaissance studiert hat, deutet nichts darauf hin, dass der Schmetterling hier jener Symbolik entstammt, wie sie auf vielen antiken Grabmälern zu sehen – und bis in unsere Tage auf den Grabsteinen von Friedhöfen zu finden ist, vorzugsweise jenen aus dem 19. Jahrhundert. Ebenso wenig bezieht er seine Bedeutung aus der christlichen Umformung der antiken Symbolik in ein Sinnbild der Auferstehung: Während die Raupe für das Leben und die Puppe für den Tod stehen, ist demselben Körper in Gestalt des Schmetterlings eine Wiederauferstehung beschieden. Ob das Wissen um diese antike Symbolik sich in der europäischen Geschichte verloren hatte? Davon jedenfalls schien Lessing überzeugt, als er in seinem Text »Wie die Alten den Tod gebildet« (1769) das Bild des Schmetterlings in den Kontext der Todes-Ikonographie stellte und dies gegen andere Lesarten mit Vehemenz meinte behaupten zu müssen. So, wenn Lessing, dessen Deutungen sich auf Darstellungen aus dem Atlas römischer Skulpturen von Pietro Santi und Giovanni Pietro Bellori: »Admiranda Romanarum Antiquitatum ac Veteris Sculpturae Vestigia« (Rom 1693) beziehen, die Figur eines geflügelten Jünglings auf einem Marmorsarg kommentiert, der »in der Linken, die die Fackel greift, einen Kranz mit einem Schmetterling hält«: »Diese Figur, sagt Bellori, sei Amor, welcher die Fackel, das ist die Affekten, auf der Brust des verstorbenen Mannes auslösche. Und ich sage, diese Figur ist der Tod!« (Lessing 1974: 415) Wenn Lessing umgehend hinzufügt, dass nicht jeder geflügelte Knabe oder Jüngling Amor sein müsse, dann ist das ein Hinweis auf die mythische Bilderwelt, die die antike und christliche Seelensymbolik des Schmetterlings überlagert hatte. Dem Umkreis einer solchen polytheistischen Vorstellungswelt scheint Pieros Szene zu entstammen. Im Falter wäre dann ein Abkömmling des geflügelten Amor zu erkennen. Warburg, der die Szene als pagan bezeichnet hätte, assoziiert den Schmetterling mit der Nymphe: »Aus der engumsponnenen burgundischen Raupe entpuppt sich der florentinische Schmetterling, die Nymphe mit dem Flügelputz und der flatternden Gewandung der griechischen Mänaden oder römischen Victoria.« (Warburg 2010: 355) Ähnlich der Imago gehört auch die Nymphe zwei Registern an. Denn als Nymphe, heute der biologische Begriff für Jungtiere bei Insekten, die sich nicht verpuppen, bezeichnete schon Aristoteles in »De Generatione animalium« einmal den Schmetterling.

Pieros Venus ist zwar keine Nymphe, doch lässt die Art, wie sie den Knaben Amor im Arm hält, an das antike Motiv von Amor und Psyche denken. In der spätantiken Version von Apuleius »Metamorphosen« aus dem 2. Jahrhundert erscheint Psyche dann als Rivalin der Venus, deren Sohn Amor der schönen Königstochter Psyche erlegen ist, der Mutter den Gehorsam verweigert und mit Psyche, der Jupiter die Unsterblichkeit schenkt, gemeinsam die Tochter Voluptas zeugt. In ihrem Nachleben als Nachtfalter auf dem Knie von Pieros Venus scheint Psyche für diese jedoch keine Gefahr mehr darzustellen, hält sie doch Amor fest im Arm. Die beiden Tauben und der schlafende Kriegsgott deuten zudem auf den Frieden, der über der ganzen Szene liegt.

In der volkstümlichen Vorstellung, in der der Schmetterling als Sinnbild von Flatterhaftigkeit gilt, von Lebenslust ebenso wie Unbeständigkeit, lebt die Eros-Verwandtschaft des Falters fort. Wenn Heine in den »Briefen aus Berlin« diese Bildwelt des Volksmunds in seine poetische Sprache übersetzt, werden sogar die »beweglichen Berlinerinnen« zu flatternden Schmetterlingen. Die Schmetterlingshaftigkeit der Pariserinnen hingegen steigert sich in der Tanzlust zu jener Wildheit, in der sie als Nachkommen der Mänaden erscheinen – bei Heine sind dies die Willis, jene »jungen Bräute, die vor dem Hochzeitstage gestorben sind, aber die unbefriedigte Tanzlust so gewaltig im Herzen bewahrt haben, dass sie nächtlich aus ihren Gräbern hervorsteigen, sich scharenweis an den Landstraßen versammeln, und sich dort, während der Mitternachtsstunde, den wildesten Tänzen überlassen.« (Heine 1975: 601) Möglicherweise hat der Falter aus dem Bild des Florentiner Malers sich vom Knie der Venus erhoben und in dieser Szene der »Florentinischen Nächte« unter die Nachfahrinnen seiner antiken Verwandtschaft gemischt?

# SCHWEINEHUND, DER INNERE

(altgr. *ἀκρασία*; lat. *incontinentia*)

Robert Pfaller

»Kommt es nicht so weit, dass wir unser Leben gering achten, während es für das Tier das größte Gut ist?«
(Émile Durkheim 1912)

Der Gegenstandsbereich der Kryptozoologie, der Wissenschaft von den dem Menschen verborgen gebliebenen Tieren, unterteilt sich grob in zwei Gebiete. Einerseits umfasst er das Feld der äußeren Wesen, die sich etwa auf zeitlichen oder anderen Achsen dem Menschen in die Vorzeitigkeit bzw. *ancestrality* entzogen haben, wie die Dinosaurier und der Beutelwolf, oder auch solche, deren Existenz vorwiegend mythologisch bzw. nur durch zweifelhafte Indizien belegt ist, wie der Drache, das Einhorn, das Ungeheuer von Loch Ness, der Yeti, die gefiederte Schlange, der einfache Mann von der Straße oder eventuell auch der im süddeutschen Raum etwa seit der Epoche der Wunderkammern augenzwinkernd kolportierte Wolperdinger. (vgl. Meillassoux 2009: 10)

Andererseits aber gibt es eine Reihe innerpsychischer Kryptiden. Bei ihnen ist die Nachweislage aus strukturellen Gründen noch dürftiger als bei den äußeren verborgenen Tieren; es besteht leider kaum jemals Aussicht auf Beleg durch museales Typen-Material. Hier muss man sich leider grundsätzlich von der Hoffnung verabschieden, jemals ein Individuum in ausgestopfter Form sonntags mit der Familie besuchen und bestaunen zu können – sofern nicht die Neurobiologie, die uns, nahe dem Zenith der Sonne ihrer Popularität, mitunter schon das nahezu Unvorstellbare sichtbar gemacht hat, da einmal mehr über ihren immer kürzer werdenden Schatten springt.

Dennoch sind innerpsychische Kryptiden immer wieder auf dem Weg der Introspektion gesichtet worden bzw. ist man dort auf Spuren gestoßen, die viele Menschen zur Annahme ihrer Existenz veranlasst haben. Diesbezüglich ist zunächst festzuhalten, dass die vermeintliche oder tatsächliche

<< Abb.: Anna Stangl: Tierkarawane, 2003. Mit freundlicher Genehmigung der Künstlerin

Entdeckung und Benennung solcher dem Menschen verborgener Tiere keineswegs etwa der Dimension einer Privatsprache angehört. Dies wurde bereits von Ludwig Wittgenstein überzeugend nachgewiesen, und zwar in Bezug auf verborgene, innere Käfer in einer Schachtel. (vgl. Wittgenstein, »Philosophische Untersuchungen«: § 293) Würde jeder Mensch nur private Kenntnis von seinem Käfer besitzen, so könnte nämlich, Wittgenstein zufolge, in der Kommunikation zwischen zwei Käferbesitzern der jeweilige private Käfer aus der Gleichung gleichsam weggekürzt werden. Genau so verhält es sich beim inneren Schweinehund aber eben nicht. Der innere Schweinehund ist kein privater, sondern vielmehr geradezu ein Paradebeispiel öffentlicher Sprache und ihrer Nachvollziehbarkeit. Denn viele Menschen haben den eigenen inneren Schweinehund erst bemerkt, als sie andere Menschen von dem ihren sprechen hörten. Dieses Schicksal teilt der innere Schweinehund freilich mit vielen anderen inneren Organen und deren Zuständen. So haben manche Menschen ja auch erst bemerkt, dass sie selbst ein Herz haben, wenn sie andere davon reden hörten, oder etwa, dass sie verliebt waren. (vgl. dazu La Rochefoucauld 1988: 30)

Hier zeigt sich übrigens eine Kluft zwischen der äußeren und der inneren Naturkenntnis. Während sich etwa Fernsehserien wie »Universum« großer Beliebtheit erfreuen und die Expertise selbst über entlegenste Tierarten inzwischen in so gut wie jedem Wohnzimmer der fernsehenden Welt verbreitet ist, muss auf der Seite der inneren Tiere ein beträchtlicher epistemologischer Artenschwund festgestellt werden. Zwar befinden sich kryptozoologische Mikroorganismen wie Spiegelneuronen oder Meme in einem gewissen mehr oder weniger modischen Aufwind, dafür aber sind traditionelle innere Großwildbestände in beängstigendem Maß vom kenntnismäßigen Aussterben bedroht. So löst zum Beispiel bei vielen hochqualifizierten Führungskräften schon die Behauptung, dass sie eine Psyche besäßen, heutzutage basses Erstaunen, wenn nicht ungläubiges Kopfschütteln aus.

Der innere Schweinehund, traditionell vorsichtig und kontaktscheu, vermochte dieser kognitiven Ausrottung vielleicht durch Verstecken teilweise zu entgehen. Darum erscheint es heute zwar vielleicht weniger leicht, aber immerhin doch möglich, durch eine Bemerkung eines anderen Besitzers auf die Spuren der Existenz eines eigenen Exemplars geführt zu werden. Freilich muss man dann, wie immer in der Kryptozoologie, diese Spuren sorgfältig sichern und auswerten, um zu prüfen, ob es wirklich der innere Schweinehund war, der sie hinterlassen hat, und nicht etwa ein anderes, bereits bekanntes oder noch unbekanntes Innentier.

Dies ist zunächst schon deshalb knifflig, da die Innenwelt auch von weiteren Hundearten bewohnt sein könnte. Redensarten wie ›Da ist der Hund drin‹ bzw. ›Die Psyche ist ein Biest‹ zeugen von einer volkstümlichen vagen Ahnung dieses Tatbestandes. Als erstes muss darum untersucht werden, ob die Spuren von den spezifischen Eigenarten gerade des inneren Schweinehundes zeugen, und nicht von denen eines anderen Innenhundes.

Nun fällt der innere Schweinehund seinen Besitzern vornehmlich durch seine Wirkungen auf (insofern gleicht die Kryptozoologie des inneren Schweinehundes in epistemologischer Hinsicht jenen anderen Wissenschaften, die ihre spezifischen Gegenstände ebenfalls nicht direkt, sondern nur aufgrund ihrer Wirkungen erkennen: so die Psychoanalyse u. a. mit dem Unbewussten, dem Traumzensor, dem Ichideal etc.; oder der Marxismus z. B. mit der Basis als der ›letzten Instanz‹ – denn ›die einsame Stunde der letzten Instanz schlägt nie‹ etc.).

Die Wirkungen des inneren Schweinehundes werden von den Beobachtern übereinstimmend wie folgt beschrieben: Er macht sie träge, erschwert ihnen die Selbstüberwindung, lässt sie gegen besseres Wissen die Disziplin vergessen oder verletzen etc. Folgt man diesen Bestimmungen, so wird deutlich, dass es noch mindestens einen anderen inneren Hund geben muss. Denn wir sehen ja die Schweinehundbesitzer manchmal doch tätig werden, sich überwinden, die Disziplin befolgen etc. Woher sollen diese Wirkungen kommen? – Nun wissen wir, dass etwas immer nur dann durch etwas anderes begrenzt werden kann, wenn dieses andere von der selben Natur ist. (vgl. Spinoza, »Ethik«: I. Def. 2) Wenn also irgendetwas die Wirkungen des inneren Schweinehundes begrenzen kann, dann muss es ein anderer innerer Hund sein. In diesem Punkt war Platon, wenn auch hinsichtlich der exakten zoologischen Bestimmung vielleicht unsicher, doch sehr hellsichtig, wenn er die Wechselfälle der menschlichen Willensbildung auf die Interaktionen eines struppigen Pferdes mit einem anderen, edleren Pferd zurückführte. (vgl. Platon, »Phaidros«: 246f.) Wie vieles bei Platon mag das Pferd eine Metapher sein; gemeint war sicherlich ein Hund – bzw., was entscheidend ist, eben zwei: ein Passivhund und ein Aktivhund. Wenn wir also im menschlichen Innenleben auf Hundespuren in Form von Wirkungen stoßen, müssen wir zunächst untersuchen, ob es sich um Passivitäts- oder Aktivitätsspuren handelt.

In diesem Punkt ist der innere Schweinehund von seinem in der Außenwelt beobachtbaren Artverwandten, dem Sauhund, klar zu unterscheiden. Denn der Sauhund ist ein Jäger, er hetzt seine Opfer (die Wildschweine) und aktiviert sie mithin. Dergleichen tut der innere Schweinehund, der alles andere als ein Hetzer ist, bekanntlich nicht; er leitet vielmehr zur Passivität an. Offenbar bezeichnet die ›Sau‹ beim äußeren Sauhund demnach etwas ganz anderes als das ›Schwein‹ beim inneren Schweinehund. Beim Sauhund handelt es sich um einen *genitivus obiectivus*; er ist ein Sauhund, weil er hinter der Sau als seinem Objekt her ist. Das Schwein beim inneren Schweinehund dagegen muss als *genitivus subiectivus* gelesen werden – es soll damit (wie oft in der Philosophie, siehe »Kritik der reinen Vernunft«, »Phänomenologie des Geistes«, »Philosophie der Kunst« etc.) gesagt werden, dass der Hund selbst ein Schwein ist; ähnlich wie bei den vergleichbaren Termini ›Schweinepriester‹, ›Schweinegeld‹, ›Saukerl‹, ›Saubande‹ etc.

Warum aber ist der innere Schweinehund ein Schwein? Warum wird er so beschimpft? Wieso ist der beste Freund des Menschen, wenigstens in einer seiner beiden innerpsychischen Arten, bei diesem so unbeliebt? – Vielleicht ist das nicht immer so gewesen. Denn in der Antike galten die Charaktereigenschaften des inneren Schweinehundes als dem Menschen zuträglich; und wenn er sie sich selbst zu eigen machen konnte, wurden sie sogar als Tugenden hochgehalten. Die »Weisheit der Hunde«, nach der die antiken Philosophen der kynischen Schule strebten, war vor allem eine Weisheit des inneren Schweinehundes. (Luck 1997) Sie besagt: träge bleiben, sich nicht von trügerischen Ideal- oder Zielvorstellungen irre machen lassen, sich nicht zu irgendwelchen verblendeten Unternehmungen überwinden, keine Distinktionspraktiken – wie zum Beispiel gesittete Tischmanieren oder tradiertes Sexualverhalten – fraglos übernehmen. Mit diesen Prinzipien (bzw. Anti-Prinzipien) widersetzt sich der innere Schweinehund, der Held der kynischen Philosophen, dem Alarmgebell seines Artgenossen, des Aktivhundes, der – ähnlich wie der äußere Sauhund – aufhetzt, zu Taten ruft, der Überwindung und Disziplin einfordert zugunsten höherer Ziele oder eigenen Höherkommens. Dem hektischen Getue dieses Aktivhundes gegenüber ist der innere Schweinehund ein behaglich brummender Freund des Untenbleibens, ein Ballflachhalter (ganz im Sinn des modernen Fußballs); einer, der nicht gleich springt, wenn geschrien oder gepfiffen wird, sondern ganz ungehorsam und renitent ›Sitz!‹ macht, Einschnitte erzeugt, Urteilsenthaltungen produziert, Denkpausen einlegt – ein cooler Hund. Der innere Schweinehund beharrt auf den notwendigen Bedürfnissen des Lebens und lässt sich nicht ablenken und hochjagen durch irgendwelche Einflüsterungen, deren schwanzwedelnde Befolgung den Aktivhund stolz macht (à la ›Die Umwelt schonen!‹, ›Die Sicherheit um jeden Preis garantieren!‹, ›Die Gesundheit bewahren!‹). Der Aktivhund ist, wie der Medientheoretiker McLuhan bemerkt, unfähig, auf das grundlegende Medium, das Leben, zu achten; er lässt sich stattdessen vom Inhalt blenden, der »mit dem saftigen Stück Fleisch vergleichbar« ist, »das der Einbrecher mit sich führt, um die Aufmerksamkeit des Wachhundes abzulenken«. (McLuhan 1968: 24f.)

Können wir Heutigen davon nicht etwas lernen? – Wenn schon nicht vom antiken inneren Schweinehund, so wenigstens von den Menschen, die ihn in sich entdeckten und ihn wie Diogenes, Krates und Hipparchia, Bion vom Borysthenes, Valie Export und Peter Weibel, Oleg Kulik und andere, nach außen kehrten, damit auch die anderen Menschen ihn sehen konnten? Lehrt uns der innere Schweinehund nicht zumindest, dass wir seinen Widersacher, den inneren Aktivhund, nicht übersehen dürfen? Und zeigt er uns nicht etwas von dessen Gefährlichkeit? Ist es denn wirklich immer Trägheit, fehlende Selbstüberwindung, Mangel an Disziplin, womit Menschen sich und andere unglücklich machen und allen schaden? Ist es immer die Passivität, wodurch Menschen sich um mögliches Glück bringen? Liegt gerade darin immer ihre Unfreiheit? Oder ist es nicht oft genug ihre Aktivität? Gibt es nicht genug spontane hündische Aktivität im Dienst fremder Herren? Müssen wir nicht, wie der aufklärerische Philosoph Tetens, erkennen, dass »nicht jede Selbstthätigkeit […] zugleich auch eine freye Selbstthätigkeit sei«? (Tetens 1777/1979, 2: 7f.) Sehen wir nicht oft genug Menschen in voller Aktivität heteronom agieren und sogar noch ihre eigene Unterdrückung befördern, »als wäre sie ein Glück«? (Spinoza, »Traktat«: 10) Sagen wir nicht selbst oft über unglückliche Freunde, sie seien zu ihrem eigenen Nachteil Gehetzte, Gejagte, rastlos, von irgendetwas – geradezu bis über ihre eigene Leiche – Getriebene?

So sehr sich der innere Schweinehund also der direkten Beobachtung entziehen mag, so sehr müssen wir die Gelegenheiten ergreifen, ihn an seinen Wirkungen zu erkennen. Eine davon besteht in dem Umstand, dass man von ihm etwas lernen kann. An einer seiner Wirkungen haben wir den inneren Schweinehund erkannt, wenn wir begriffen haben, dass seine übliche Verachtung ein Irrtum ist.

# SILBERFISCH, DER

(*Lepisma saccharina* Linnaeus, 1758; engl. *carpet shark*; tschech. *Rybenka domácí*)

Annette Bitsch

Der Gang der Station 4 für Innere Medizin des Universitätsklinikums Berlin lag in gedämpftem Neonlicht. Wände, Türen und Fußboden waren in Blau- und Grüntönen gehalten. In Abständen waren Rollwagen aufgestellt, auf denen Verbandmaterial, Metallpfannen und medizinische Geräte lagen. An den Wänden hingen Drucke abstrakter Kunst. Ein türkisfarbenes Yin reparierte ein curacaoblaues Yang, ein seegrüner Kilroy blickte über den Rand eines petrolblauen Schlunds, und eine tintenblaue Raute kohabitierte einen polizeigrünen Triller. Vom Ende des Ganges her belegte eine hölzerne Marienstatue alles Geschehen mit einem Blick voll Tröstung. Es war Mittagszeit, und die Schwestern verteilten kobaltblaue Plastiktabletts mit dem Essen auf die Zimmer. Soeben steuerte Schwester Marie mit einem Tablett in der Hand das Zimmer 412 von Herrn Müller an, als eine Hand sie am Arm fasste und sie zurückhielt.

»Nein, hier bitte kein Essen hineintragen. Wie gut, dass ich zufällig vorbei gekommen bin. Hat man Sie denn nicht informiert?«

Schwester Marie fuhr zusammen und blickte furchtsam zu der olympischen Gestalt im Ärztekittel mit den distinguiert grau melierten Haaren empor. Professor von Campenhausen, der Chefarzt der Inneren Abteilung, trug noch sein gravitätisches Gesicht. Er kam gerade aus einem Gespräch mit den Angehörigen einer Patientin, in dem er die Botschaft hatte überbringen müssen, dass mit dem Schlimmsten zu rechnen sei.

»Professor von Campenhausen … Oh Gott … was habe ich denn falsch gemacht? … Ich wusste nicht … Das ist mein erster Tag auf dieser Station …«

»Ganz ruhig, mein Kind.« Auf dem Grund seiner Autorität spendete er Güte und Großzügigkeit. »Ihr erster Tag, sagen Sie?«

»Ja, ich bin Marie, die neue Lernschwester. Und auf der Liste stand nichts davon, dass Herr Müller über die Sonde ernährt wird oder Infusionen bekommt.« Sie blickte den Chefarzt hilflos an.

<< Abb.: Simon Schulz: Silberfischchen (Detail), 2006 © Simon Schulz/www.garten-pur.de

»Hm«, von Campenhausen fuhr sich langsam mit der Hand unter dem Kinn entlang, »man hat Ihnen also noch keinen Bericht erstattet. Hm, die Geschichte ist ja auch tragisch. Legen Sie mal das Tablett weg.«

Marie brachte das Essenstablett zurück auf den Wagen und schaute von Campenhausen aus ihren großen dunklen Augen an. Von Campenhausen legte eine Hand väterlich auf ihren Rücken.

»Kommen Sie, wir machen jetzt mal einen kleinen Spaziergang über den Korridor. Und dann erzähle ich Ihnen die Geschichte von Herrn Müller.«

Herr Müller war Angestellter in einer winzigen Filiale der Berliner Sparkasse in Moabit. Er durchlebte dort eine recht unglückliche Zeit. Seine Mitarbeiter machten ihm das Leben nicht leicht, und mit den Kunden kam er gar nicht zurecht. Die Gründe waren eng mit seinem Wesen, seiner Erscheinung und seinem ganzen Charakter verbunden. Er war buchstäblich ein grauer Mann. Jeden Tag erschien er im grauen Anzug, und auch auf seinen Haaren und seiner Haut hing stets ein Grauschleier. Es war, als bräche er morgens im Nichts auf, um abends in dieses Nichts zurückzukehren, und an vielen Tagen schien sich in seinen Kleidern der Staub des Weltendes verfangen zu haben. Seine Leistungen ließen sehr zu wünschen übrig. Er war in seiner Zurückgenommenheit zwar äußerst pflichtbewusst, doch er arbeitete langsam, und oft unterliefen ihm Flüchtigkeitsfehler. Logische Kalkulationen und strategische Pläne, wie das Bankgeschäft sie erfordern, zählten nicht zu seinen Stärken. All dies machte ihn für seine Stellung in der Sparkasse, von Aufstiegsmöglichkeiten gar nicht zu reden, so nutzlos wie ein harmloses Küchenungeziefer. Hinzu kam sein Augenleiden. Herr Müller litt an extremer Lichtscheue und musste daher stets eine stark getönte Brille tragen. Wäre er nicht schon von seinem Wesen her fast pathologisch kontaktscheu und ungelenk in der Kommunikation gewesen, dann hätte spätestens dies alle Kunden in höchste Irritation versetzt. So kam es, dass er meist isoliert in einem winzigen verstaubten Büro saß und dort die Aufträge des Telefon- und Online-Banking abarbeiten musste.

Und die Angriffe und der Spott, die er seitens seiner Kollegen erdulden musste, wurden täglich schlimmer. Frau Prause, ein *Working Girl* in Zigarettenhosen und spitzen schwarzen Stiefeletten, beobachtete ihn mit Luchsaugen und fand die Befriedigung eines sadistischen Triebs darin, Herrn Müller für jedes Versäumnis mit schriller Stimme zu kritisieren. Sie war eine richtige Zicke. Frau Hackbarth bewegte sich seit ihrem dreißigjährigen Dienstjubiläum mit der Aura einer Imperatorin durch die Sparkasse. Dabei ließ sie keine Gelegenheit aus, Herrn Müller mit ihrem Busen, der in ihren korrekten dunkelblauen Damen-Kostümen wie eine Brüstung zusammengeschnürt war, in die Ecke zu drängen und mit dem ganzen Ausmaß seiner Wertlosigkeit kollidieren zu lassen. Sie hatte ein furchteinflößendes Pferdegebiss, und wenn sie Witze über Herrn Müllers Augenleiden machte, detonierten die Sphären. Am ärgsten aber setzte Herrn Müller der Chef selbst zu. Herr Cebulla war ein junger dynamischer Macher. Mit federndem Gang lief er in italienischen Designeranzügen umher und verkaufte Bausparverträge und Immobilienfonds an die Kunden wie Brötchen. In seinen Zigarettenpausen kam er in Herrn Müllers kleine düstere Kammer, knallte ihm ein Paket Arbeitsunterlagen, das sonst keiner erledigen wollte, auf den Schreibtisch, rüttelte unter einer Serie vernichtender Bemerkungen an Herrn Müllers Brillenbügel und drohte mit baldigen Abmahnungen. Dann verließ er mit viel Wind das Zimmer, nachdem er zuvor die *Lucky Strikes* auf Herrn Müllers Untertasse ausgedrückt hatte. Er war ein richtiger Hai.

Dann kam die verhängnisvolle Mittagspause, in der Herr Müller seinen Spitznamen erhielt. Frau Hackbarth, Frau Prause und Herr Cebulla saßen, laut und aufdringlich schwatzend, über einer Pizza zusammen, während Herr Müller, allein in sein Büro zurückgezogen, seine belegten Brote verzehrte. Wie so oft waren Herrn Müllers Defekte, seine Umständlichkeit und Langsamkeit, seine Lichtphobie, seine Sinnlosigkeit im allgemeinen, Thema ihrer lustvoll zelebrierten Gehässigkeiten, und auf diese Weise – wer zuerst auf die Idee kam, konnte rückwirkend niemand mehr erinnern – reiste plötzlich der Silberfisch, ein Tier, das all diese Eigenschaften, das sein Schicksal mit Herrn Müller zu teilen schien, in die Sparkassenfiliale Moabit. Von jener Mittagspause an war Herr Müller für alle nur noch ›der Silberfisch‹. Der eigentliche Unfall aber ereignete sich erst Monate später.

Marie und von Campenhausen hatten das Ende des langen Gangs erreicht. Sie standen nun in einer kleinen Ecke mit blauen Sesseln und einer apathischen Hydrokultur. An den Wänden setzte sich die blau-grüne Bilderserie fort: Eine apfelgrüne Batterie verblutete in einen nachtblauen Süden, ein madonnenblaues Implantat meditierte in billardgrünem Plasma, und ein augenblauer Doughnut begegnete seinem verkehrsgrünen Apriori. Von Campenhausen ließ seine Hand auf Schwester Maries Schulter ruhen und blickte sie mit der Fürsorge des Allmächtigen an.

»Wie geht es Ihnen, Schwester Marie? Ist Ihr Kreislauf stabil?«

Eisige Tentakel griffen nach Schwester Maries Herz, sie zitterte unmerklich, ihr Puls ging schnell. Sie umfasste mit den Händen ihre beiden Ellbogen, als wolle sie sich schützen, und hauchte mit blutleeren Lippen: »Ja.«

»Vielleicht sollten wir uns einen Moment hierhin setzen, während ich weiter erzähle?«

Schwester Marie ließ ihren Blick über die Bilder, die Pflanze und die Sessel gleiten. »Ach«, sagte Schwester Marie, »ich würde lieber weiter mit Ihnen über den Korridor gehen, während ich Ihnen zuhöre.«

Der Professor blickte mit einem Mut einflößenden Lächeln zu ihr herunter. Marie konzentrierte sich darauf, regelmäßig zu atmen und bereitete sich innerlich auf das nun Bevorstehende vor.

Das Unausdenkbare ereignete sich an einem profanen verregneten Dienstag. Herr Müller, der Silberfisch, befand sich zusammen mit Frau Hackbarth in der kleinen Teeküche. Die Tür war geschlossen, und außer den beiden war niemand im Raum. Frau Hackbarth stand mit dem Rücken zu Herrn Müller am Spülstein und wusch das Geschirr ab, während Herr Müller am Tisch über großen Aktenordnern saß. Frau Hackbarth schimpfte, halb direkt an Herrn Müller gerichtet, halb ins Leere, dass sie hier eigentlich seine Arbeit verrichte, und wetzte dabei ihre Pferdezähne. Da vernahm sie ein seltsames Geräusch: ein feines Surren wie ein Ventilator, der exponentiell bis in Stadien einer Elektronenschleuder beschleunigt. Irritiert blickte sie aus dem Fenster in die Regenfäden und fragte dann halb über die Schulter, ob auch Herr Müller diese sphärischen Klänge vernommen habe. Nachdem sie ihre Frage zweimal wiederholt und keine Antwort erhalten hatte, drehte sie sich um. Herr Müller war verschwunden. Verwundert blickte Frau Hackbarth sich in der Teeküche um, denn sie hatte nicht gehört, dass Herr Müller den Raum verlassen hätte. Dann ging sie um den Tisch herum, und ihr Blick fiel auf den Stuhl, auf dem Herr Müller gesessen hatte.

Für den Bruchteil einer Sekunde erstarrte Frau Hackbarth, um dann ihren Schrecken in einem langen schauerlichen Schrei zu entladen. Binnen weniger Minuten waren Herr Cebulla und Frau Prause herbei geeilt, und nun standen sie zu dritt um Herrn Müllers Stuhl herum. Herr Cebulla zündete sich hochnervös eine Zigarette nach der anderen an, Frau Prause war in ein hysterisches Schluchzen ausgebrochen, und Frau Hackbarth bemühte sich verzweifelt um Haltung, wobei sie sich auf ihren gewaltigen Busen verließ um auszutarieren. Herr Müller war nämlich nicht auf gewöhnliche Weise verschwunden. Er war zwar in der Tat verschwunden, aber seine Kleider waren auf dem Stuhl zurückgeblieben, und zwar alle Kleider: So bildeten der asphaltgraue Anzug, das zartgraue Hemd, die blaugraue Krawatte, die graphitgrauen Schuhe und die getönte Brille mit der nebelgrauen Fassung einen Haufen, der den Eindruck hinterließ, als sei Herr Müller nicht einfach weggegangen, sondern vielmehr implodiert. Angesichts der Dramatik der Lage und des Unheilvollen, das sich wie ein Gas über Herrn Müllers Kleidern ausbreitete, rief Herr Cebulla, ruhelos im Kreis herumlaufend und die Zigarette im Mundwinkel, die Polizei, während Frau Hackbarth, Fassung und Souveränität zurückgewinnend, den vorderen Teil der Sparkasse für den Publikumsverkehr verschloss.

Bereits 15 Minuten später gruppierten sich Polizisten von der Spurensicherung und zwei Polizeibeamte in dunklen Ulstern, Gestalten zwischen Fatalismus und Vernunft, um die Kleider, die Herrn Müller auf bis auf weiteres unvorstellbare Weise verlassen hatten. Während die Ulstermänner die zickig tremolierende Frau Prause, den kettenrauchenden Cebulla und Frau Hackbarth, deren Pferdegebiss wieder sicher und breitspurig räsonierte, über die Geschehnisse im besonderen und Müller im allgemeinen befragten, untersuchten die Experten von der Spurensicherung die Kleider. Soeben schoss Vernichtendes über Herrn Müllers Nutzlosigkeit aus einem Gehege aus großen gelben Zähnen hervor, als eine Hand sich von hinten auf die Schulter von einem der Ulstermänner legte: Die Spurensicherung hatte auf dem Kragen des zartgrauen Hemdes einen Silberfisch gefunden und sichergestellt.

Marie fühlte die Ohnmacht kommen wie eine dunkle Brandung. Aber von Campenhausen realisierte ihre Panik mit notärztlicher wie gottgleicher Sensibilität und brachte die Situation unter Kontrolle. Er nahm ihre beiden Hände mit festem Griff, sein Blick strahlte Ruhe und Kraft aus. Ein Entrinnen vor dem Grauen gab es dennoch nicht. Sie hatten die Nummer 412, Herrn Müllers Zimmer, erreicht. Von Campenhausen blickte Schwester Marie tief in die Augen.

»Wir werden nun diesen Raum betreten.« Wie eine Melodie, sonor und suggestiv, war seine Stimme aufgeladen mit der ganzen Macht des Chefarztes.

»Denn Herr Müller ist unser Patient, und es fällt in den Bereich unserer Verantwortung und unseres Ethos, in den kommenden Wochen alles zu tun, um ihm zu helfen.«

Schwester Marie nickte schwach und ließ sich von von Campenhausen mit sanftem Nachdruck in Herrn Müllers Zimmers schieben.

Leises, von den Wänden reflektiertes und bläulich eingefärbtes Dämmerlicht erfüllte den Raum, in dem die Jalousien herabgelassen waren. Eine chlorgrüne Menopause wurde von einem vermeerblauen Omnibus überrollt, und ein jeansblauer Säugling ionisierte in einer natogrünen Geisterstadt. Das einzige Bett im Zimmer war nicht überzogen. Jedoch befand sich auf dem Nachttisch, neben einem Strauß pinkfarbener Moosröschen, einer ungeöffneten Pralinenschachtel und Herrn Müllers getönter Brille ein großes, oben geschlossenes Becherglas aus dem Chemielabor, das mit verschiedenen Messgeräten und Sonden versehen war, über die Stoffe und Flüssigkeiten ins Innere geleitet werden konnten. Der Professor nahm es, schaukelte es behutsam in seiner Hand, tippte mit dem Zeigefinger an das Glas und lächelte aufmunternd hinein. Dann zog er Schwester Marie heran, auf dass die Begegnung nun endlich statthaben sollte.

»Hier haben wir unseren Patienten«, sagte der Chefarzt. »Dies, Schwester Marie, ist Herr Müller.«

Marie versuchte zu schlucken, aber der Kloß in ihrem Hals schien die Größe eines Tennisballs erreicht zu haben, und sie spürte dumpfe monotone Schläge, ohne noch entscheiden zu können, ob es ihr eigener Herzschlag war oder ein Soundtrack aus der Unterwelt. Auf dem Boden des Becherglases, zwischen ein paar Krümeln und kleinen Büschen aus grünen Kräutern glitzerte ein Silberfisch. Von Campenhausen machte eine kleine Pause, um Marie Zeit zur Stabilisierung zu lassen, wobei er sie prüfend beobachtete. Dann fuhr er fort.

Eine DNA-Analyse und ein Vergleich mit Haaren und Nägeln, die man auf Herrn Müllers Kleidung und in seiner Wohnung gefunden hatte, ergaben, dass es sich bei dem Silberfisch ohne jeden Zweifel um Herrn Müller handelte. Die Metamorphose löste heftigste Reaktionen, Aufruhr, Krisen bei den beteiligten Medizinern und Kriminologen aus, denn für die rationale Wissenschaft, ihre Mittel, ihre Perspektiven, blieb dieses Ereignis im Unergründbaren. Doch die Forscher der angegliederten Universitätsmedizin gingen sofort daran, die Verwandlung in den Silberfisch, dies unerhörte Phänomen, Frevel an der ärztlichen Vernunft des Abendlands, zu analysieren und mögliche therapeutische Konzepte für Herrn Müller zu entwickeln. Mediziner, Biologen und Genforscher, aber auch Theologen und Philosophen aus der ganzen Welt wurden konsultiert. Dann brachten die Kollegen des kulturwissenschaftlichen Instituts eine annehmbare Hypothese zur Erklärung der Metamorphose und damit zumindest erste Erleichterung.

Herr Cebulla, Frau Hackbarth und Frau Prause hatten sich, ohne dies zu wissen und zu wollen, auf gefährliches Terrain begeben, als sie Herrn Müller seinen Spitznamen verliehen. Denn der Silberfisch ist im Gegensatz zu anderen Tieren noch nicht mit einem menschlichen Wesen assoziiert und als solcher sprachlich noch nicht kulturalisiert. Seit langem kennen wir in unserem Sprachgebrauch falsche Schlangen, arme Schweine und flinke Wiesel, Seebären und Landratten, Elefanten im Porzellanladen, dumme Kühe und hundsgemeine Gesellen. Wir sagen, dass jemand Augen wie ein Luchs hat, arm wie eine Kirchenmaus oder stur wie ein Esel ist. Arbeitsame Menschen bezeichnen wir als fleißige Ameisen, die gegensätzlichen Charaktere missbilligen wir, weil sie leben wie Maden im Speck, und zu überempfindlichen Wesen sagen wir: Sei kein Frosch. In dieser Weise hätte womöglich auch der Silberfisch anthropomorphisiert und als Begriff für ein nutzloses Individuum in die Sprache eingeführt werden können wäre es nicht so, dass Eingriffe ins symbolische System oft mit Komplikationen aller Art verbunden sind. Dass es jedoch zu derart tragischen Unfällen wie bei der realen Verwandlung von Herrn Müller in einen Silberfisch kommt, ist historisch außergewöhnlich und wohl auch bisher einzigartig. Auf jeden Fall legten sie für die Zukunft Vorsicht dringend nahe, wenn jemand leichtfertig, sei es aus Gründen der Verzärtelung, des Spotts oder der Beschimpfung, seine Mitmenschen mit Spitznamen aus dem Tierreich zu belegen gedenke und dazu Holzwürmer, Grüffelos oder Yaks heraufbeschwöre. Und gerade auch bei Kakerlaken, Quallen und Schleimpilzen seien die Auswirkungen möglicher Störungen beim Transfer vom Reich der Natur in die metaphorischen Begrifflichkeiten der Sprache gar nicht auszudenken.

Kurz bevor sie das Zimmer verließen, wurde Schwester Maries Blick noch einmal von dem Becherglas gefangengenommen, in dem der Silberfisch sich nun munter zwischen Krümeln und Kräutern umherschlängelte. Herr Müller war offensichtlich guter Dinge.

Siren lacertina.

1

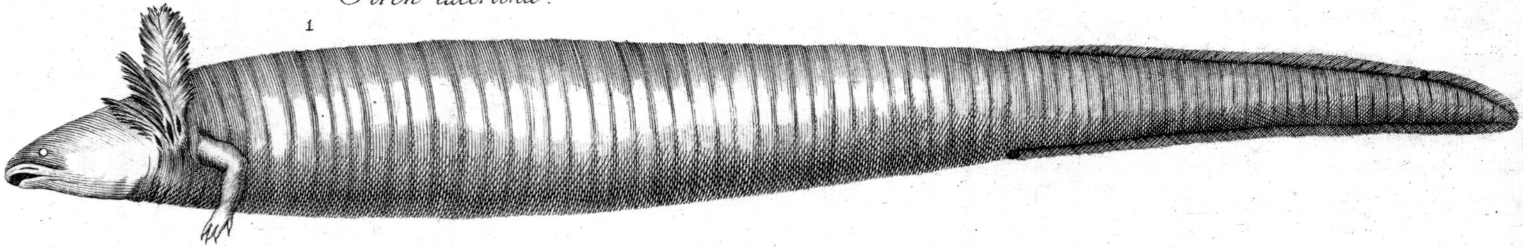

Siren Bartholini

2

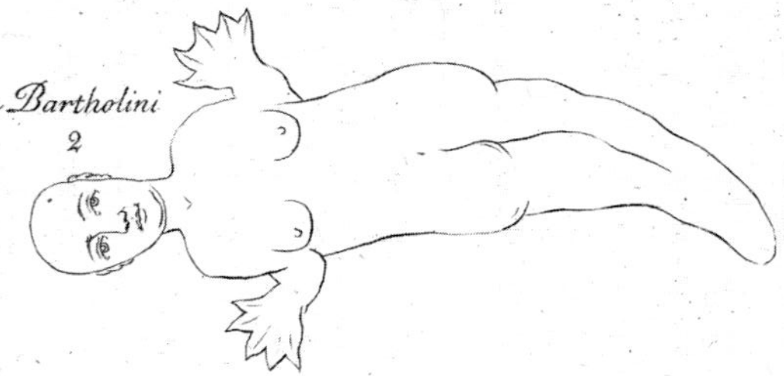

# SIRENE, DIE

(altgr. *Σειρήν*, 1758; engl. *siren*; span. *sirena*)

Bettine Menke

Ist es nicht eher verfehlt, unter Tieren die Sirenen verzeichnen zu wollen? Es handelt sich um mythische Wesen, die in teilweise tierischer Gestalt dargestellt werden konnten: zunächst mit Vogelleib, Flügeln und Vogelkrallen, dann mit einem Fischleib oder -schwanz. Dass dieser Schwanz selbst noch einmal gedoppelt sich zeigen konnte, eine Doppelung der Doppelung und Spaltung, stellte die Ambiguität dieser Wesen vor.

Homers »Odyssee«, auf dessen 12. Gesang wir unser Wissen von den Sirenen datieren, sagt nichts über ihre Gestalt, wie sie in Ovids »Metamorphosen« (V.552) beschrieben und wir sie von Vasenbildern der griechischen Antike kennen: »Sie werden als Jungfern mit schoenen Gesichtern, langen fliegenden Haaren, allein Vogelleibern und großen Hahnenfüßen gebildet.« vermerkt das »Gründliche Mythologische Lexikon«. (Hederich 1770: 2223) Was die Sirenen ausmacht, ist jene Macht ihres Gesangs (›Seirenen‹ sind die Bindenden, ›Bestrickenden‹), die Kirke berief, indem sie vor ihr warnte, und die bestimmt wird durch jene Abwehrmittel, die Odysseus an der Mannschaft in Anwendung bringt, bzw. auf sich selbst anzuwenden anweist. Das Lied der Sirenen, das das Homerische Epos anführt, verspricht ihren eigenen Gesang. Wovon sie singen, das ist eine leere Spiegelung, deren ›Wahrheit‹ der Tod wäre. Dadurch, dass das Epos ihren Gesang in Form des Liedes einschließt, ist umgekehrt dem Epos eine andere, durch Euphonie(n) bestimmte Textualität eingetragen. Die Sirenen stellen demnach auch die Verführung vor, die diese Textualität für das Epos und dessen Sänger bedeuten mag, das Vergnügen an der poetischen Kunst, das bezaubernd durchaus nicht mit ›wahrer Mitteilung‹, die zum Handeln, zur Fortführung der Heimfahrt führte, übereinkommt, und sie stellen diese als gefährlich-ablenkende vor: »Sirenen reflektieren die Gefahren einer maßlos zügellosen poetischen Kunstfertigkeit oder die Verlockungen selbst-reflexiver Textualität, [...] die Neigung des Gedichts

<< Abb.: B.M. Hall (Zeichnung)/C. Bergquist (Strich): Siren Lacertina und Siren Bartholini, um 1769. In: Linné/Österdam 1769, Tafel 5

unaufhörlich sich selbst und seine Hervorbringung zu spiegeln und dabei möglicherweise seinen eigenen göttlichen Ursprung zu vergessen.« (Rachewiltz 1987: 39ff.)

In der Spätantike sind Sirenen zu Wesen mit Fischunterleib, gefährlichen tödlichen Wasserfrauen geworden, als die sie alle Formen der Verlockung, der Ablenkung vom direkten Wege als Trug-Bilder, als bloße vielversprechende Oberfläche des Scheins, die den Weg zum wahren Referenten verlegt, zu personifizieren hatten. (vgl. Kaiser 1964: 115ff.; Rachewiltz 1987: 87ff.) Sirenen versprechen die Lust an den Oberflächen und halten diese verführerisch vor, deren Wahrheit Leere sei und abgründiger Schrecken. Patristische Lektüre, die sie ins Mittelalter tradierte, deutete die Sirenen sowohl als Seemänner verführende »berühmte Huren« (Hederich 1770: 2223), als die ›fleischernen‹ »Klippen unseres Seelenheils«: »denn nichts droht so sehr im Verborgenen als die Gefahr der Weltlust« (Ambrosius, zit. nach Rahner 1945: 479; vgl. Rachewiltz 1987: 77), wie auch als »Verlockungen« der Häresie. (Hippolytus, zit. nach Rachewiltz 1987: 73) Sie geben und sie sind Trugbilder – wie die paganen Mythen, die sie überliefern, nichts anderes als verzaubernde Fiktionen seien, Schein, unhaltbare Schleier, die das Irrgehen verhehlen, bloße Attrappen des Wirklichen, deren Gewalt Ambrosius und Augustinus vom »schauerlichen Meer« und seinen »Untiefen« sprechen ließ.

Dem »Physiologus«, der über Jahrhunderte wirkmächtigen Sammlung allegorischen Tierwissens zufolge, stellen Sirenen »Halb – bis zum Nabel – die Gestalt eines Menschen und halb – bis zum Ende – die einer Gans« den Zwiespalt des »unbeständig[en]« Zweiflers vor: »Da gibt es welche, die in der Gemeinde versammelt sind, die die Gestalt der Frömmigkeit haben, ihre Kraft aber verleugnen.« (»Physiologus«: 29ff.) Die »feindlichen Mächte und [...] lästernden Häretiker« seien (wie) Sirenen: »Denn durch ihre süßen Reden und prächtigen Worte verführen sie wie die Sirenen die unschuldigen Herzen.« Ihre Doppelnatur ist hier Figur der Verführung und Täuschung, deren Wahrheit der tierische Teil sage. Sie figurieren die täuschende Doppel-Rede als Irreführung, die anderes meint, als sie mit der Oberfläche ihrer »süßen Reden und prächtigen Worten« vorgeben. Sirenen-Rede spaltet die Worte.

Später konnten Sirenen daher das Emblem nicht nur der Verführung ›des Fleisches‹, das stets auch das der bloßen Worte oder Buchstaben war, an dem das falsche Verstehen haftete, sondern in doppelfischschwänziger Gestalt auch das des Buchdruckes abgeben. (vgl. Rachewiltz 1987: 41 und

231ff.) Sie figurieren die drohende Ablenkung vom auf Wahrheit orientierten Weg durch die Signifikanten, welche die Sinne adressieren, ohne den Sinn zu offenbaren, ja diesen trugbildlich verstellen, deren ›Wahrheit‹ daher (ewiger) Tod, (ewige) Verlorenheit sei. Sirenen sind Simulakren, trügerische Schleier, die versprechen, was sie nicht erfüllen, weil sie stets nur sich selbst meinen. Als die figürliche, woanders hinführende Rede, deren Versprechen sich als ungedeckt erweisen werde, ist die Sirene (wie Eva, die der doppelzüngigen Schlange angenähert wurde) ausgeprägt zum präzisen weiblichen Gegenbild zur *erfüllten* Figürlichkeit, die die Gottesmutter vorstellte, die *den* Referenten des Christentums gebiert, wie dann im romantischen 19. Jahrhundert zum Phantasma der die eigene Ganzheit stiftenden mütterlichen Stimme. Spiegelte sich der Blick des Wünschenden im Wasser, von jener ›Stimme‹ verführt, die (im lyrischen Text) für die Wellen spricht, trifft er in den romantischen Dichtungen (nach Goethes »Der Fischer«) auf eine Fläche, die kein ganzes Bild des Selbst gibt, sondern an eine Oberfläche bindet, die plätschernd und rauschend jedes bestimmte ›etwas‹ in den Unentscheidbarkeiten von Identität und Differenz zergehen lässt. Sirenen manifestieren die Ambiguität der Texte selbst, die einen Widerstreit zwischen betörender, verführerischer Klanggestalt und Gemeintem austragen. Sirenen-Gesang sei, so Blanchot, »Sang des Abgrunds, der [...] einmal vernommen [...], in jedem Wort einen Abgrund auftut«, der »in ihm zu verschwinden [...] verlockt«, dieser ist Zwiespalt der Worte in / mit sich selbst. (Blanchot 1982: 10) Gegen die Stimme, die sich im Homerischen Epos als die des Erzählers etablieren sollte, erhebe sich mit dem Sirenen-Lied, so Foucault, »ein Wort, das untrennbar Echo und Leugnung ist.« Ihr Zauber sei nicht der »von ihrem augenblicklichen Gesang«, der nirgendwo wäre; es sei die Verlockung einer Nicht-Präsenz: »Silbrige Furche im Meer, Hohlraum in der Woge, eine sich zwischen Felsen öffnende Grotte, [...] die glückliche Leere des Lauschens«, das »in sich plötzlich die Wüste wachsen sehen [lasse], an deren anderen Ende (aber diese maßlose Distanz ist nicht breiter als eine Linie) ein Sprechen ohne zuweisbares Subjekt lockt.« (Foucault 1988: 146 und 149)

Seit der christlichen Spätantike gehören die Sirenen den Wellen an. »SIRENA, Virgo mammata capillis longis, cum cauda piscis«, bestimmt sie Abraham Österdams Dissertation bei Carl von Linné, gemäß derer sie mit Nixen und Wasserfrauen aller Art zusammenfällt. (Österdam 1766: 3) Konnte die Sirene, wie andere *monstra* der Antike in den Abgründen des Meeres (*abyssi maris*) versteckt sein und in deren Dunkelheiten lauern, so wurden auf den Meeren die zoologischen Ausführungen von Sirenen gesichtet und diese von Seefahrern, seit Kolumbus' enttäuschter Sirenen-Sichtung auf seiner zweiten ›Indien‹-Reise 1493, wiedererkannt in *Lamentin* oder *Manati* und Seekühen in der »brasilianischen See« (eine solche »Sirene« beschrieb Thomas Bartholin 1654 in »Historiarum anatomicarum rariorum centuria«), später auch in den arktischen Gewässern (die *Sirene borealis*, die – 1741 von Steller entdeckt und beschrieben – schon 1768 ausgerottet war). (vgl. Brehm 1883, 3: I.2, 668ff.) Auch Heinrich von Kleist reportierte in den »Berliner Abendblättern«, was ein »Licht« werfe »über manche, bisher für fabelhaft gehaltene, See-Erscheinungen, die man Sirenen nannte. So sah der Entdecker Grönlands Hudson, auf seiner zweiten Reise, am 15. Juni 1608 eine solche Sirene und die ganze Schiffsmannschaft sah sie mit ihm. Sie schwamm zur Seite des Schiffs und sah die Schiffsleute starr an. Vom Kopfe bis zum Unterleib glich sie vollkommen einem Weibe von gewöhnlicher Statur. Ihre Haut war weiß; sie hatte lange, schwarze, um die Schultern flatternde Haare. Wenn die Sirene sich umkehrte, so sahen die Schiffsleute ihren Fischschwanz, der mit dem eines Meerschweins viel Ähnlichkeit hatte, und wie ein Makrelenschwanz gefleckt war.« (Kleist 1811/1991: 381) Kleist weiß auch von wiederholten Gefangennahmen und der passenden Beschäftigung solcher Sirenen mit weiblichen Nadelarbeiten, wovon auch Borges' »Libro de los seres imaginarios« berichtet. (vgl. Borges 1967)

Ist es aber das »Halb und halb«, das mit der Formel des »Physiologus« wie auch Fontanes für seine »Oceane« und ihren bedenklichen »amphibialischen Zustand« die Sirenen ausmacht, so kann es nicht überraschen, dass dieses in sich gedoppelte und gespaltene Wesen sich in der Zoologie als ein *Amphibium* wiederfinden lässt. (Fontane 1984: 428)

Als ein solches wurde die Sirene in der genannten Dissertation Österdams anhand merkwürdiger nordamerikanischer Exemplare identifiziert, die durch eine Zusendung von Dr. Alexander Garden (dem Namensgeber der Gardenie), der das Tier aber für einen Fisch hielt, aus South Carolina 1752 an Linné gelangten. (vgl. Österdam 1766: 3, 5, 7ff.; Brehm 1883, 7: III.1, 654f.) Es taugte Linné, wie überliefert ist, seine Gedanken zu üben, wie als »Sirene«, da es kein Fisch, sondern vielmehr durch neue Zweiheiten bestimmt ist: »aquosis, ubi vivit tam in, quam extra«, weil Lungen *und* Kiemen, die vorderen Gliedmaßen, nicht aber die hinteren ausgebildet sind. (Österdam 1766: 12f.) Es sei angemessen, so schließt die Dissertation, das neu etablierte *genus* eines zweifüßigen amphibischen Tiers mit dem »Namen der Alten«, »Sirene«, zu versehen, da auch dieser ein aquatisches Tier »duabus manibus, sono vocali, cujus corpus posterius defineret in piscem« bezeichnete. (ebd.: 14f.) Von dem als schlichtweg fabulös zurückgewiesenen Wesen, das die Alten mit menschlichem Gesicht, (säugenden) Brüsten usw. (»facie humana, pectore mammato, capite piloso, &c«) überlieferten, wird ›unsere Sirene‹ durch den Zusatz »*nomen triviale*: Lacertina« geschieden. (ebd.: 15) Die Ungewissheit dieses *genus* zeigt die überraschend ungeklärte Zuordnung der *Siren bartholini*, eine der Manati, die in den südlichen Meeren begegneten, die sich in ihrer höchst fabulösen Gestalt neben der *Sirena lacertina* auf der beigegebenen Tafel zeigen darf. (Österdam 1769: 325, Tafel V; vgl. Dubois 1989–1990: 108f., 116ff.) Unerlässlich, jedenfalls ausdrücklich vermerkt, sind auch für die ›neue Sirene‹ die Töne, so wenig sirenisch diese, die sie, wenn es einige Monate nicht geregnet habe, mit ›klagender Stimme‹ vernehmen lasse, auch seien, deren »Klang und Gesang« aber doch als »ziemlich einzigartig« kolportiert worden (Österdam 1766: 12ff.; Brehm 1883, 7: III.1, 654f.); apparative Aufzeichnungen gibt es allerdings auch gegenwärtig offenbar nur von *Siren intermedia* (eine der beiden z.Zt. verzeichneten Arten der Gattung Sirene).

# SPINNE, DIE

(*Araneae* CLERCK, 1757; altgr. *αράχνη*; engl. *spider*)

Raimar Zons

Als der ebenso hübsche wie verkommene Student Jean Frolo seinen Bruder, den Archidiakon und Schwarzmagier Claude in seiner Turmzelle in Notre-Dame besuchen will, um ihm einige Taler aus der Tasche zu ziehen, eröffnet sich ihm ein düsterer Raum, dessen Wände über und über mit ägyptischen, gotischen, hebräischen, griechischen und lateinischen Zeichen und Buchstaben beschriftet sind: Manche kreuz und quer über ältere hinweg, manche verwischt und halb gelöscht, manche zu eigenartigen philosophischen Systemen oder Sentenzen zusammengefügt. »Diese Spruchschriften wurden alle Augenblicke von dazwischen gezeichneten Sternen, Menschen- und Tierbildern unterbrochen und von sich schneidenden geometrischen Figuren durchkreuzt.« (Hugo 1966: 205) So gleichen die Zellenwände Papierblättern, auf denen ein Affe mit einer Tintenfeder sinnlos spazieren gefahren ist. Dass Frolo Claudes Zelle überhaupt und zum ersten Mal in Augenschein nehmen kann, verdankt er freilich einer kleinen Fensterluke oberhalb eines breiten Kachelofens. »Durch diese Öffnung drang eben ein schüchterner Sonnenstrahl und durchleuchtete dabei ein darüber gebreitetes Spinnweben, das geschmackvoll wie eine feine Rosette wirkte. In der Mitte saß beutelüstern die Weberin als Zentralpunkt des Spitzenrades.« (ebd.: 204) Dies findet seine Entsprechung, als der teuflische Priester einen Eisenzirkel ergreift, und in griechischen Lettern das Wort ANANKE der Wand einschreibt, das Victor Hugo diesem Kapitel seines Romans zur Überschrift gibt. In ihm findet sich alles, was zu einer Kulturgeschichte der Spinne zu sagen ist.

Keine Frage: Das Spinnennetz, durch das das Sonnenlicht spärlich in das alchimistische Labor fällt, steht in Victor Hugos Roman in der denkbar schroffsten Opposition zu den drei berühmten Rosetten von Notre-Dame, namentlich zur Nord- oder so genannten »Alchemistenrose« von 1268 aus Priestern, Propheten und Königen, die in feiner Geometrie die Jungfrau Maria selber umgeben.

<< Abb.: Gustave Doré: Arachne. Illustration zum 12. Gesang des Purgatorio in Dantes »Commedia«, 1868. In: Doré 1976, Tafel 94

Spinne, Jungfrau und Gottesmutter. Begehren und Notwendigkeit, Offenbarung und »Zauberwort«, Licht und Dunkelheit, heißt das, sind die Enden der Parabeln, unter denen der romantische Roman seine Geschichten webt.

Der Abglanz des Lichts, dem alle seine Protagonisten nachjagen (der alchimistische Priester, um aus ihm kraft kabbalistischer Zeichen das Gold zu extrahieren, Esmeralda in ihrer Liebe zum Hauptmann Phöbus, dem Sonnengott, dessen Schönheit sie anbetet, und der doch nur ihre weiße Ziege liebt, Quasimodo, der mit der Zigeunerin einen Liebesschimmer in sein dunkles Gefängnis bringen möchte) verfärbt sich in den Strahlen einer schwarzen Sonne, »le soleil noir«, die Spinne und Spinnenbeine bezeichnen. ANANKE: Was vom mythischen Fatum, der *fatalité,* beispielsweise in Flauberts »Madame Bovary«, bleibt, ist schwarze, poetische Notwendigkeit. (vgl. Zollinger 2007) Saturnische Melancholie verknotet alle Fäden dieser sinnlosen Affen-und-Tintenfeder-Geschichten zu einem Tau, an dessen Ende das »unglückliche Kind« und das Objekt allen Begehrens unter den Augen seiner Liebhaber etwa zwei Klafter vom Erdboden entfernt wie eine Spinne und wie ein mächtiges Pendel schwingt »und auf seinen Schultern der Henker mit ihm«. (Hugo 1966: 372) Später – in einem Postscriptum – lesen wir von einem männlichen Skelett mit gekrümmter Wirbelsäule, das ein weibliches innig in seinen Knochenarmen festhält, bis beide, als man sie voneinander zu lösen versucht, zu dem Staub zerfallen, aus dem, alten Überlieferungen zufolge, neue Spinnen hervorgehen werden.

Romane sind keine Offenbarung, wie sie durch die Alchemistenrose in Notre-Dame einströmen soll, aber Offenbarungen sind möglicherweise bloß Literatur. Das Gespinst, das sie zusammenhält, freilich ist – mögen ihre Zeichen, Hieroglyphen, Buchstaben und Sentenzen in sich auch noch so sinnlos sein – von solch poetischer Fatalität, wie der gefallene Priester Claude sie anschreibt. Das fahle Licht, das sie durchleuchtet, scheint nicht vom Paradiese her.

Auch der Mythos, in dem die Spinnen nisten, weben und jagen ist dunkel und uneindeutig: dunkel, weil das Spinnenreich die Finsternis einer unerlösten Natur ist, aus der sie nur hervorbrechen, um ihre Beute mit giftigem Stachel zu lähmen, sie heim zu holen ins Netz, einzuspinnen und auszusaugen. (vgl. Lindemann/Zons 1990) Und auch das giftige Blut, das aus dem Gorgonenhaupt der Medusa tropft – Freud erinnert daran – verwandelt sich in Spinnentiere wie Taranteln und Skorpione, die die Gefährten des Perseus vernichten;

die höllischen Heuschrecken in der fünften Posaune der Apokalypse des Johannes tragen goldschimmernde Kränze und »ihr Haar ist wie Frauenhaar«. Auch sie haben »Schwänze und Stacheln wie Skorpione, und in ihren Schwänzen ist die Kraft, mit der sie den Menschen schaden, fünf Monate lang«. Mehr als deren Körper lähmt ihr Gift das Gemüt der Männermenschen, treibt sie in wahnsinnige Melancholie und in irrsinnige Dunkelheit, die von keinem Strahl der Erlösung erreicht wird; Paracelsus schwört darauf, »daß die Spinnen alle aus dem Menstruo Mulierum« geboren werden, und Moder und Auswurf der Mutter Natur gelten noch dem »Großen vollständigen Universallexikon aller Wissenschaften und Künste« Goethischer Zeiten als Brutstelle der Spinnen. Ja selbst da, wo der Fürst solcher Finsternis schwarze Spinnengestalt annimmt (wie in Karikaturen Napoleon, der »ewige Jude«, Hitler oder Stalin), da ist, wie wir bei Langbein und Gotthelf lesen, doch stets zwar keine Zigeunerin, aber doch ein verführerisches, unheimliches Weib aus der Fremde seine Sozia, während wenig später fragile und fatale Frauen in den nächtlichen Metropolen des Westens auf Männerfang gehen. »Nach Abraham«, so Freud in seiner nie gehaltenen »Vorlesung zur Einführung in die Psychoanalyse«, »ist die Spinne im Traum ein Symbol der Mutter, vor der man sich fürchtet, so daß die Angst vor der Spinne den Schrecken vor dem Mutterinzest und das Grauen vor dem weiblichen Genital ausdrückt.« (Freud 1933/1973: 25) Da wundert uns nur noch, dass wir Spinnenphobien so viel häufiger bei Mädchen und Frauen als bei Knaben und Männern beobachten können. Und in der Tat hatte Abraham ja die *phallische* Frau im Blick, als er ihr Genital mit einer giftspritzenden Spinne verglich.

Aber hat nicht dieses archaische Gliedertier mit acht Beinen und ebenso vielen Augen, dessen Spezies uralt und reiner Trieb ist, neben ihrer Nacht- auch ihre Tages- und Lichtseite? Ist sie nicht, ANANKE, auch Spinnerin jenes Fadens, an dem das Leben eines jeden von uns hängt: Moiren und Parzen, ist sie nicht Ariadne, die Tochter des Minos, deren Faden Theseus den Weg weist, die Weberin und Künstlerin Arachne, auf die wir gleich zu sprechen kommen werden, die Fabel in Novalis Klingsohr-Märchen, Dornröschen, das die giftige Spindel der dreizehnten Fee in den hundertjährigen Schlaf schickt? »All diese Auffassungen«, so Bachofens »Mutterrecht«, »gehen auf eine Grundanschauung, nämlich auf jene erste, rein physische Idee von spinnenden und webenden Geburtsmüttern zurück.« In das Gewebe aber, »aus welchem jeder tellurische Organismus besteht, wird der Faden des Todes mit hinein gewoben. Untergang ist das oberste Naturgesetz, das Fatum des stofflichen Lebens, vor dem selbst die Götter sich beugen, das zu beherrschen sie sich nicht rühmen können. So wird das Gewebe der tellurischen Schöpfung zum Schicksalsgespinst, der Faden zum Träger menschlichen Lebens, Eileithyia, die Geburtshelferin, die gute Spinnerin, zur großen Moira, die an Alter selbst Kronos übertrifft.« (Bachofen 1861/1954: 63) Ananke. Bachofen erinnert aber auch an die Verfeinerung der Webkunst, die sich im Liede des Lesbiers Lykos über den Wettkampf Aphrodites mit Athene zeige, in dem die »Urmutter« unterliegt, um den schmalen Übergang von Natur zu Kultur zu demonstrieren, aber erst im VI. Buch von Ovids »Metamorphosen«, in dem es nun Athene ist, der die Herausforderung gilt, wird aus Schicksal Poesie.

Unter den Heroen, die sich mit den Göttern anlegten, steht die Heroine Arachne ganz einsam da. Kein Titanenblut fließt durch ihre Adern, kein promotheischer Funken illuminiert ihr Geschlecht. »Non illa loco nec origine gentis clara sed arte fuit«, ein Niemand von ihrer Herkunft und ihrem Namen her, war Arachne einzig um ihrer Kunst willen berühmt. (Ovid, »Metamorphosen«: VI.7f.) Arachne ist Spinnerin ganz und gar und durch und durch. Nichts erfahren wir über ihr Alter, ihre Gestalt, ihre häuslichen Verhältnisse; bekannt einzig durch ihre Kunst, ist Arachne Spinnerin schlechthin, nicht aus vielen die beste. So sehr ist ihre Kunst angeborener Trieb und Instinkt, dass sie schon vor ihrer Verwandlung eigentlich dies ist: eine Spinne. Nicht göttergleich will Arachne in ihrer Kunst sein, nein, den Göttern überlegen, einzigartig, ohne Vorbild. Noch warnt Pallas die Spinnerin in der Gestalt einer alten Frau, erntet aber nur Spott und Hohn, schon erscheint die blonde Göttin in ihrer eigenen Gestalt: »Venit«, schreibt lakonisch der Dichter. Eine undeutliche Röte überzieht Arachnes Gesicht, da beginnt der Wettstreit. Ohne auch nur einen Augenblick zu zögern, ohne sich zu bedenken, ohne Plan und Absicht, im Eifer der Mühe vergessend jagen die göttliche und die menschliche Jungfrau das Schiffchen durch Zettel und Einschlag. Ovids Schilderung lässt der Göttin, wie es sich geziemt, den Vortritt – freilich nicht ohne List. Denn anders als in der theosozialen Ordnung, die den ersten Platz dem Vornehmsten einräumt, folgt die Kunst dem Gesetz der Steigerung.

Geht es im Streit nur um die Kunstfertigkeit selber, so wird doch auch die Darstellung zum Kampfmittel. Pallas Athene nutzt ihr Werk, um noch einmal deutlich zu machen, *wen* Arachne da herausgefordert hat. Sie stellt ihren Sieg über Poseidon als Namensgeberin der Stadt Athen vor, den Beifall der Götter, sie fügt, um noch deutlicher zu werden, in die vier Ecken ihres Teppichs Szenen von Strafmetamorphosen, die hypertrophische Frevler zu erdulden haben; sie webt schließlich in die Umrahmung ein verschlungenes Muster aus Ölbaumzweigen, ihre eigene Marke, die zugleich ironisch als Friedenssymbol die Strafszenen umspielt. Keine Frage, die Darstellung ist auf ihre Weise perfekt, aber auch statuarisch und repräsentativ. Ganz anders Arachnes Werk, das sich unmittelbar anschließt: »Maeonis elusam designat imagine tauri Europam: verum taurum freta vera putares«– man glaubte wahrhaft den Stier und wirklich das Meer zu sehen, Urbild statt Abbild. (ebd.: VI.103f.) Und während Athene die alte göttliche Ordnung und ihren eigenen hervorragenden Platz in ihr vorstellt, spielen hier die Bilder selbst, verspotten die Götter, ja klagen sie an. Zeus in der Metamorphose als Europas Stier, Alkmenes Amphytrion, Daphnes Goldregen; Poseidon als Stier, Widder, Rennpferd, Vogel, Delphin; Bacchus als Traube – all die göttlichen Maskeraden der Verführung und Täuschung. Die Götter erscheinen – von »caelestica crimina« spricht Ovid – als Scharlatane, Illusionisten, Lügner und Triebtäter. Und als sei es mit diesem Schmäh nicht genug, so gibt die Spinnerin ihr eigenen Gesicht jeder Gestalt und jedem Orte. Der Ursprung von Autorschaft, wir erfahren es, ist weiblich, und ihr Motiv Empörung gegen den Gott, die Göttin und die Götter. (ebd.: VI.132)

Kein Schiedsgericht ist benannt, kein Götterreigen spricht den Preis aus; vielmehr gibt es über den Ausgang des Wettkampfs gar keinen Zweifel: »Non illud Pallas, non illud carpere Livor possit opus« – nicht Pallas, nicht der Neid kann Arachnes Werk tadeln. Und so zerreißt die Göttin das vollkommene Werk der Rivalin, das Dokument göttlicher Unterlegenheit, und sticht der Spinnerin selber spinnengleich »drei, viermal« in die Stirn. (ebd.: VI.129ff.) Die Unglückliche erträgts nicht, schlingt die Schnur um den Hals und erhängt sich. Plötzliches und unerwartetes Mitleid der Göttin hält Arachne zwar am Leben, aber mit dem Gift des Hecatakrauts verwandelt sie sie vollends in die ewige giftige Spinne. Da schaukelt sie nun wie Esmeralda im Wind, während eine die andere Göttin ablöst und triumphierend im Licht steht. Nur poetische Notwendigkeit und Gerechtigkeit behält den Sieg Arachnes im Gedächtnis.

Ewig und drei Tage, denn mit den schwarzen wie den weißen Spinnen ist es nun aus und vorbei; vorbei vielleicht schon seit der Erfindung der Spinnmaschinen und des Maschinengarns, vorbei aber spätestens in jenem Moment, in dem es, in Roland Barthes Worten (»Lust am Text«), dem Autor im Text so ergeht, wie der Spinne, die sich im eigenen Netz auflöst, aus und vorbei im blauen Licht und in den ›cool memories‹ der Flachbildschirme und mit den geheimnislosen Frauen ›zum Pferdestehlen‹, vorbei mit Peter Parker, der als Spiderman seine fragwürdigen Fäden wirft, erst recht aber aus und vorbei in jenen weltumspannenden spinnenlosen Netzen, in denen kein Stachel ist. Aber auch vom Licht der Erlösung ist ihre kleine, flache Welt ohne Spinnentiefe unbeschienen.

Kein Spalt des Grauens und der Rettung? Wie Alice katzenloses Katzengrinsen, so sind uns Spinnenfurcht und Wahnsinn doch geblieben, und auch die vielen kleinen Spinnen, die sich, jede für sich, ganz unpoetisch in unseren Kellern eingerichtet haben, um auf bessere Zeiten zu warten.

# T

# TAUBE, DIE

(*Columbidae* Illiger, 1811; engl. *pigeon*; finn. *Kyyhkyt*)

Katrin Solhdju

Zum Ende des Jahres 1996 hat die Schweizer Armee auf Befehl des Verteidigungsministeriums die ihr verbleibenden 30.000 »selbstreproduzierenden Kleinflugkörper auf biologischer Basis mit festprogrammierter automatischer Rückkehr aus beliebigen Richtungen«, kurz: ihre Brieftauben, ausgemustert. (Bauer 1996) Dieser Akt markiert einen Bruch mit der langen Geschichte der Kooperation zwischen Militär und Brieftauben, die sich keineswegs auf die Schweiz beschränkt.

Schon Plinius der Ältere berichtet in seiner »Naturgeschichte« davon, dass Tauben in Kriegssituationen als Boten fungierten und damit die gewohnte territoriale Logik auf den Kopf stellten. Während der Besetzung Modenas durch Marcus Antonius im Jahre 44 v. Chr., so berichtet Plinius, kommunizierte etwa Decimus Brutus, der in der Stadt verblieben war, ungehindert mit seinen Verbündeten im Lager der Konsuln, indem er seine Botschaften um die Füße von Tauben band und diese daraufhin aussandte. Die Konsuln antworteten auf demselben Wege. »Von welchem Nutzen war es da noch für Antonius, sich zu verschanzen« fragt Plinius, »von welchem Nutzen die Wachsamkeit der besetzenden Armee und die Netze, die er im Fluss ausgebreitet hatte? Wenn doch die Besetzten ihre Neuigkeiten durch die Luft erhielten?« (Plinius, »Naturalis historiae«, X: 53) Während die einen also das Land strategisch zu besetzen und zu teilen versuchten, hatten die anderen bereits das Register gewechselt; das Medium Taube erlaubte es ihnen, auf den Luftraum als Kommunikationsraum auszuweichen: Antonius wurde besiegt.

Es ist dies einer der ersten überlieferten Fälle von Taubenpost im heutigen Sinne des Wortes. Denn auch wenn bereits in der griechischen Antike Tauben als Boten fungierten, taten sie dies doch nicht, indem sie Schriftstücke transportierten. So ist überliefert, dass Teilnehmer an den olympischen Wettkämpfen mit einer eigenen Brieftaube nach Athen reisten, um sie im

<< Abb.: Brieftaube mit Fotokamera, vermutlich aus der Luftaufklärung im Ersten Weltkrieg (Detail), 1914–1918. Deutsches Bundesarchiv, Koblenz, Bild 183-R01996

Falle des eigenen Sieges frei zu lassen. Die Ankunft der Taube allein übermittelte der Heimatstadt die Kunde vom Sieg ihres Schützlings.

Der enorme strategische Nutzen von Brieftauben führte spätestens in den Kriegen des 19. und 20. Jahrhunderts dazu, dass die Armeen nicht nur immer effizientere Formen der Luftpostübermittlung entwickelten, sondern auch dazu übergingen, feindliche Vögel gezielt anzugreifen. Während des deutsch-französischen Krieges von 1870 machten etwa deutsche Lanzenreiter Jagd auf französische Botentauben, um so die Kommunikation des Feindes zu durchlöchern. Die Franzosen hatten in Heißluftballons über dreihundert Brieftauben aus dem besetzten Paris in andere Gegenden Frankreichs herausgeschmuggelt, die es ermöglichen sollten, auch aus den Peripherien mit der Hauptstadt in Verbindung zu bleiben. Die neue, von dem französischen Fotografen Dragon erfundene Technik der fotografischen Miniaturproduktion, der Mikrofilm, erlaubte es den Tauben, tausende und abertausende von beinahe gewichtslosen Nachrichten zu übermitteln. Alte und neue Medien, Tauben und avancierte Fotografietechnologie, arbeiteten hier Hand in Hand.

Nur wenig später sollten die Tauben selbst zu Fotografen werden. Dem Apotheker Julius Neubronner war 1903 eine seiner Tauben abhanden gekommen, die er dazu einsetzte, sich sowohl Rezepte als auch leichte Medikamente liefern zu lassen. Die verirrte Taube brachte den passionierten Fotografen auf die Idee, seine Tauben von nun an mit einer Kamera auszustatten, mittels derer sie ihre eigenen (Um-)Wege dokumentieren sollten. 1907 gelang es ihm, eine seiner extraleichten Kameras inklusive Geschirr patentieren zu lassen. Neubrunner hatte gehofft, mit seiner Konstruktion einen Beitrag zur Luftaufklärung im Kriegsfalle zu leisten. Die Brieftaubenfotografie erwies sich jedoch im Verlauf des ersten Weltkrieges als kriegstechnologisch nur wenig effizient.

Wenn auch nicht als Fotografen- sondern weiterhin als Brieftaube wurde *columbia livia* im ersten und im zweiten Weltkrieg auf deutscher wie auch auf alliierter Seite doch zu einem wahren Soldaten der Lüfte. Denn die Vögel erwiesen sich als relativ unsensibel sowohl gegenüber den erstmals zum Einsatz kommenden Giftgasen als auch gegenüber gewaltigen Detonationen und flogen auch dann noch weiter Richtung Heimat, wenn alle Telegraphen- und Telefonverbindungen abgebrochen waren.

Der Einsatz von Brieftauben als Nachrichtenkuriere im Rahmen moderner Kriegsmaschinerien wäre aber ohne die Entwicklung und Popularität des Taubensports seit dem 19. Jahrhundert undenkbar gewesen. Hatte Karl der Große die Taubenzucht zu einem Privileg des Adels erklärt, so demokratisierte sich diese Praxis nach der Französischen Revolution. Infolgedessen kam es gegen Mitte des 19. Jahrhunderts zuerst in Nordfrankreich und Belgien, bald aber auch im Ruhrgebiet zur Gründung einer ganzen Reihe von Brieftaubenzuchtvereinen. 1865 bezeichnet der belgische Mediziner Félicien Chapuis die Brieftauben treffend als »Pferde des kleinen Mannes«. (Chapuis 1865) Aber auch im englischen Alltag fassten die Tauben Fuß, wovon etwa Charles Darwins ausführliche Auseinandersetzung mit deren Zucht in »The Origin of Species«, sowie sein enthusiastischer Beitritt zu gleich zwei Londoner Taubenclubs zeugt.

Das Taubengeschäft boomte; mehr und mehr Haushalte hielten Tauben und immer mehr Franzosen, Belgier, Deutsche und Engländer wurden Mitglieder in Brieftaubenzuchtvereinen, die es den Amateuren ermöglichten, ihre Erfahrungen betreffend Pflege, Ernährung sowie Trainingsmethoden miteinander auszutauschen. Taubenfliegen wurde zu einem wahren Volkssport. Sportliche Wettbewerbe zwischen den Tauben fanden schon bald an jedem Wochenende statt und erfreuten sich schnell großer Beliebtheit. Naturgemäß waren es schon bald die Amateure, die durch ihren in Vereinen organisierten Wissensaustausch das ausgefeilteste Know-how in Sachen Brieftaubenzucht und -fliegen für sich beanspruchten und die versiertesten Nachrichtenüberbringer um sich versammelten. Diesen Vorsprung konnte auch das Militär schon bald nicht mehr ignorieren; und so wurden ausgewählte Taubenliebhaber zuweilen allzu schnell in Aktivitäten verwickelt, die sie gewissermaßen am ›Opfertod‹ ihrer Tiere beteiligten.

*Brieftauben(co)memorandum*

Es waren nicht selten die Brieftaubenzuchtvereine, die sich nach den Kriegen dafür einsetzten, die tausenden und abertausenden umgekommenen Tauben nicht zu vergessen, die durch ihre zielsicher erfüllten Missionen oftmals Menschenleben gerettet hatten. So gab der Brieftaubenzuchtverein von Lille 1936 das größte Denkmal seiner Art in Auftrag.

Die Inschrift dieses Denkmals lautet »Au Pigeon Voyageur«, es ist also der Brieftaube, nicht etwa *den* Brieftaub*en* gewidmet.

Über 20.000 Brieftauben sind während des ersten Weltkriegs auf französischer Seite ums Leben gekommen – angeschossen, erstickt, verirrt, verhungert. Warum also der Singular der Widmung? Dieser Singular macht deutlich, dass das Liller Denkmal, wie so viele andere Denkmäler, allein auf der Ebene des Symbolischen funktioniert. Diese Vermutung bestätigt sich auch auf ikonographischer Ebene: Im unteren Bereich der Figuration zerquetscht ein schwerer Gegenstand, der mit dem Relief einer Taube versehen ist, wie sie uns allen aus der Repräsentationsgeschichte des Heiligen Geistes oder der Friedensbringerin bekannt ist, eine Schlange, den Feind. Die toten Tauben gerinnen hier also in anonymisierter Form zum Symbol einer Erinnerung, die einzig auf Seiten der menschlichen Adressaten zu verorten ist, setzt ihr Gelingen doch eine bedeutungsgeleitete und durch historisches Wissen gesättigte Interpretation voraus. Konkrete Tauben – diesmal nicht liebevoll als »Pferde des kleinen Mannes«, sondern abfällig als »Luftratten« verstanden – können diesem Denkmal höchstens schaden – wenn ihre Exkremente etwa dessen materielle Grundlage angreifen.

Ein kürzlich errichtetes Brieftaubendenkmal nimmt den im Rahmen einer rein symbolischen Erinnerungskultur verlorengegangenen Faden der konkreten Domestikationsgeschichte zwischen Tauben und Menschen wieder auf. Es schlägt damit zugleich eine ganz andere Form der Erinnerung vor, die nicht auf eine abgeschlossene Vergangenheit gerichtet ist, sondern vielmehr als gemeinsam zu erfindender Konstruktionsprozess zu verstehen wäre. Dieses Denkmal *widmet sich* den Brieftauben auf eine ganz besondere und doch traditionsreiche Art und Weise.

Zu finden ist dieses Denkmal seit 2003 auf einer Anhöhe in der nordfranzösischen Kleinstadt Caudry, nicht weit von Lille mitten in dem Naturpark Val du Riot. Es handelt sich dabei um ein 6 Meter hohes, rundes, futuristisch anmutendes Kuppelgebäude, das einen Umfang von ca. fünf Metern misst. Das mit einigen wenigen Rundfenstern ausgestattete Gebilde setzt sich nicht nur durch seine knallig orangene Färbung von dem es umgebenden Grün ab, sondern auch durch die Glattheit seiner Oberfläche von der abwechslungsreichen, leicht hügeligen Landschaft. Es scheint zudem zu schweben; beinahe könnte man denken, es handele sich um eine Art Zeitkapsel, die hier nur zwischenlandet, um ihren nächsten Besucher in Empfang zu nehmen und ihn in die Zukunft zu transportieren. Schaut man allerdings genauer und länger hin, so kann man beobachten, dass aus der Kapsel ebenso regelmäßig Tauben herausfliegen, wie sie in sie hineinschlüpfen: Es handelt sich um einen Taubenschlag.

Auch dieses Denkmal wurde von einem Verein für Brieftaubenzüchtung in Auftrag gegeben, der den Taubenschlag weiterhin betreibt. Anders als das Liller Denkmal adressiert die Taubenschlagkapsel der Künstlerin Matali Crasset in Caudry aber sowohl Menschen als auch Tauben und erlaubt so einen Prozess der *co-memoration* zwischen Tieren und Menschen. Zumindest seit dort Tauben eingezogen sind, wissen wir nicht länger, ob dieses Denkmal Tauben und Menschen adressiert oder ob sie und ihre gemeinsame aktuelle Praxis nicht vielmehr konstitutiver Teil eines *co-memorativen* Unternehmens geworden sind, das es ihnen zugleich ermöglicht, ihr Verhältnis immer wieder aufs Neue zu experimentieren und zu aktualisieren. Eines aber führt das Denkmal mit Sicherheit vor Augen, dass nämlich ohne aufeinander abgestimmtes Know-How von Taubenzüchtern und Vögeln, ohne gemeinsames Training und ohne die Weitergabe dieser Praktiken von Generation zu Generation zwar weiterhin Menschen und Tauben existieren würden, nicht aber Brieftauben, diese »selbstreproduzierenden Kleinflugkörper auf biologischer Basis mit festprogrammierter automatischer Rückkehr aus beliebigen Richtungen«.

# TIGER, DER

(*Panthera tigris* LINNAEUS, 1758; engl. *tiger*; frz. *tigre*; chin. 虎)

Olaf Briese

*Doppelleben*

Tiger, solange es sie geben wird, führen ein Doppelleben. Sie leben vornehmlich in Wäldern oder in Zoos, aber ebenso auch in menschlichen Einbildungswelten. Damit sind sie naturhaft-kulturelle Zwitter. Ein Tiger ist kein Tiger ist kein Tiger. Er ist immer schon gedoubelt. Sollten Tiger dereinst nicht mehr auf Erden leben – wie bereits mehrere der bisher neun bekannten Unterarten –, so doch in lebhaften kulturellen Phantasmen.

*Import und Export*

Ihre kulturelle Karriere begann in Europa im *Kultus*, und zwar als Export- bzw. Importartikel. Text- und Bildzeugnisse der griechischen und römischen Antike zeigen Tiger als Begleiter des Dionysos, des berauschten Gottes, der in griechischen Mysterienkulten eine ambivalente Rolle spielte: Gott des sexuellen und weinstimulierten Rauschs, aber auch Gott der gewalttätigen Ekstase, die zum Exzess führt: physische Gewalt, Vergewaltigung, Mord. Das Tigerattribut (manchmal lediglich das Tigerfell des Dionysos) verwies auf ferne asiatische Gegenden. Ob fern oder nah: Tiger waren versinnbildlichte Gewalt, unberechenbar, blutdurstig.

*Tiger – oder Tigerin?*

Der römische Naturgeschichtler Plinius der Ältere hatte an Tigermüttern ausdrücklich die *cura* hervorgehoben, die Tugend der vorbildlichen Sorge um die Jungen. Mittelalterliche Bestiarien konnten das christlich-allegorisch wandeln. Der Tiger – genderspezifisch höchst bemerkenswert – wurde zur Tigerin. Diese verkörperte das Ideal der bedingungslosen Mutterliebe, und in Barockgedichten war die Tigerwut eine Chiffre für diese unbedingte Liebe und für Widerstand angesichts unmenschlicher Gewalt (u.a. in Klajs »Herodes der

<< Abb.: T. Susemihl: Königstiger (Detail), 1841. In: Bilder-Conversations-Lexikon 1841:432

Kindermörder«). Zumindest was den Schutz des eigenen Nachwuchses betraf, waren Tiger die besseren Menschen, vor allem die Tigerinnen.

*Löwen zu Tigern!*

Im 18. Jahrhundert vollzog sich ein weiterer Umbruch in der kulturellen Karriere des Tigers. Der ›Löwe‹, der adlig-aristokratische Herrscher des Menschenreichs, ebenso erhaben-gelangweilt wie konkurrenzlos-stark, war zum *Tiger* geworden, zur hinterhältigen und blutrünstigen Adelsbestie. Die adligen Potentaten waren zoologisch mutiert zu widerwärtigen Raubtieren. Aus Schachtners Libretto für Mozarts Opernentwurf »Zaide« (1779/81) die Brandrede wider den sexuell zudringlichen Tyrannen: »Tiger! wetze nur die Klauen,/ freu' dich der erschlichnen Beut'./ Straf' ein törichtes Vertrauen/ auf verstellte Zärtlichkeit./ Komm' nur schnell und töt' uns beide,/ saug' der Unschuld warmes Blut./ Tiger! Reiss' das Herz vom Eingeweide/ und ersätt'ge deine Wut«.

*Auf die Barrikaden*

In der Ära der Französischen Revolution setzte ein symbolisches Tauziehen um den Tiger ein; es kam zu metaphorischen Barrikadenkämpfen. Hier die Revolutionäre, die den reaktionären Tiger Adel geißelten, dort die Verfechter von Legitimität, die die Revolutionäre als Tiger verdammten. Sie wurden zum Rudel, zu Raubtieren. Als »blutdurstige Tyger« charakterisierte der konservative Publizist Christoph Girtanner die Jakobiner. Der Tiger war *die* revolutionäre Schreckgestalt, hinterhältig, rücksichtslos, aufs Töten versessen: »mordet mich, ihr blutdürstenden Tiger!«, so schmettert Josephe seinen Gegnern entgegen, bevor er sich in den aufgeputschten Pöbelhaufen stürzt. (Kleist, »Erdbeben von Chili« 1807)

*Tiger goes Daniel*

Geradezu überraschend zeichnete Goethe 1795 in seinem »Märchen« – in der Ausgabe von 1796 treffender als »Novelle« überschrieben – ein mildes Bild des Tigers und von Raubtieren überhaupt. Der Text war eindeutig politisch und war in der genannten Zweitausgabe den »Unterhaltungen deutscher Ausgewanderten« als Schluss beigegeben, einer Novellensammlung, die gewiss nicht revolutionsfreundlich war. Aber Goethe wollte ein harmonisches Ende, entwarf eine sozialversöhnende Utopie mittels Opfer. Tiger und Löwe, die bei einem Brand in einer fürstlichen Residenzstadt ihren Wanderschaustellern entflüchteten, erwiesen sich als harmlos. Zwar hatte der Tiger – im Gegensatz zum erhaben-stoischen Löwen – hin und wieder Gelüste gezeigt, Menschen anzufallen. Aber einmal ›losgelassen‹ und in Freiheit, war er nichts als ein gezähmtes Kätzchen. Er will mit der flüchtenden Fürstin nur spielen, wird aber – gewissermaßen irrtümlich – mit Waffengewalt niedergestreckt. Auf das Versprechen der Schausteller (hier Allegorie für das wohlmeinende Volk schlechthin), dass auch der Löwe nichts als friedfertig sei, wird von weiteren Attacken auf ihn abgesehen. Mit der Macht der Musik – antikes, biblisch-christliches und folkloristisch-mythisches Erbe gleichermaßen – bringt ihn das Schaustellerkind zurück. Und der Tiger? Niedergestreckt zu höheren Zwecken, einerseits gemeinschaftsstiftendes Opfer und andererseits anthropogener Rest an Animalität, der von den Adelsakteuren dem Volk heilsam-gewaltsam ausgetrieben werden musste: »Du hast meinen Tiger erschlagen, ich fluche dir nicht, schone meinen Löwen, guter junger Mann, ich segne dich«.

*Von der Kette gelassen*

Aber das ›Volk‹, der böse Lümmel, ließ sich nicht pazifizieren, ließ sich nicht unterm absolutistischen Joch halten. Nach 1830 wuchsen die sozialen Spannungen; das Bürgertum meldete seine Interessen an, zerrte an der Kette feudal-staatlicher Obhut. »O Welt! Aus allen Wüsten möcht ich holen/ Die Tigergeister dir zu Apostolen!« schmetterte Nikolaus Lenau 1842 in seinem Rebellionsstück »Die Albigenser« – nicht ohne Pathos, nicht ohne Wagnis zu kühnem Reim und nicht ohne den poetischen Mut, das asiatische Waldtier aus der Wüste herbeizuzitieren. Der Zweck heiligte geradezu die Mittel: »O Tiger, den Tyrannen quäle! quäle!/ Bis er sich bessert, seine Seele!«. In Georg Weerths Gedicht »Gebet eines Irländers« (1846) wollte sich der Unterdrückte selbst in einen reißenden Tiger verwandeln: »Einen Tiger, auf daß ich manch reichen Tyrann/ Mit rasselnden Tatzen zerreißen kann«. Wollt ihr denn ewig hündisch leben…

*Menschliches, Allzumenschliches*

»Was ist das, was in uns lügt, mordet, stiehlt?« Auf diese Frage Woyzecks in Büchners gleichnamigem Bühnenfragment (1836/37) hatte der Autor die Antwort parat: der Tiger in uns. Der Tiger, das Tier – das bedeutete einen klaren Akzentwechsel gegenüber herkömmlichen Aufklärungsdiskursen.

Inzwischen hatten sich skeptische und pessimistische Menschenbilder durchgesetzt, negative Anthropologien, unterlegt mit Tigermetaphern. Damit kam es zu einer weiteren symbolischen Transformation. Nicht lediglich die Spezies des Tyrannen, sondern der Mensch *an sich* galt als tigerhaft. Er war nicht auf ›Zukunft‹, sondern auf ›Herkunft‹ konditioniert, auf eine tierische, auf eine brutale: Der Mensch als »geschminkter Tiger« (Grabbe, »Herzog Theodor von Gothland« 1822); Mensch als »Tiger, wenn er Blut leckt« (Alexis, »Die Besessenen von Loudun« 1843); »Das ist der Sinn des Tigers« (Büchner, »Dantons Tod« 1835). Menschen waren tierisch. *Homo homini lupus* – und kein Kulturzustand, der diesen Naturzustand eindämmen könne.

*Negative Anthropologie*

All das waren Gedankensplitter, waren Aphorismen. Im Hintergrund lauerten ausgeformte philosophische Anthropologien, *negative* Anthropologien, sie lauerten und warteten auf ihre Zeit. Der wohl größte Negativ-Anthropologe des 19. Jahrhunderts, Arthur Schopenhauer, hatte 1818 in »Die Welt als Wille und Vorstellung« den Menschen als »Raubthier mit einem Maulkorb« bezeichnet, als reißend-egoistische Bestie, die nur durch den Zwangskerker rechtlicher und staatlicher Gewalt im Zaum gehalten werden könne. Der Schopenhauer-Schüler Nietzsche machte sich alsbald frei von diesen Bezähmungsidealen. Seine Kulturutopie eines »freien Menschen« wollte alle kulturellen Zwangsgehäuse aufbrechen – Recht, Moral und Religion –, und er wollte den bislang gezähmten, geknechteten Menschen von der Kette lassen: »Der Mensch ist das beste Raubtier«, ist, wenn er sich befreien kann, der »Übermensch«.

*Ex oriente lux*

Um 1830 entdeckte Delacroix den Tiger neu für die Kunst – den verspielten, den brutalen, den stolzen. Die Wildkatzen im Pariser »Jardin des Plantes« hatten es ihm angetan; Sinnbild der problematischen Menschennatur: »Tiger, Panther, Jaguare, Löwen! Woher kommt die Betroffenheit, die der Anblick all dessen bei mir auslöst?«. Seine Antwort: »Der Mensch ist in Wahrheit wild; er steht im Einklang mit der Natur«. Mit einer Mischung aus romantischer Zivilisationsmüdigkeit, kolonialer Attitüde und einer animalisch-heroisch ausgerichteten Anthropologie beflügelten Delacroix' Bilder nicht unwesentlich das Kulturphantasma ›Orient‹. Andere Künstler bereicherten es mit dem geradezu standardisierten sexualisierten Topos ›Kurtisane auf Tigerfell‹.

*Save the tiger*

Die naive Malerei Rousseaus macht einen ganz anderen exotischen Tiger zum Thema – den bedrohten und gejagten. »Gewitter im Dschungel« (1891) zeigt ein ängstlich im Dschungel kauerndes Tier, von den Elementen bedrängt. Die Ursprungsversion des Bildes wies noch zwei menschliche Verfolger auf, die Endfassung verdeutlicht viel nachdrücklicher das Unglück, ein Tiger zu sein. Dieses Unglück wird Tiger begleiten, solange es sie gibt. In der chinesischen Mythologie, unzählige religiöse Kunstwerke zeugen davon, ist der Tiger – und nicht der Löwe – der König der Tiere, mit Eigenschaften wie Würde, Strenge und Mut. Deshalb sind Tigerteile begehrte magisch-apotropäische Objekte. Auf der einen Seite ein permanentes Schrumpfen des Lebensraums, auf der anderen Seite die sich auf Magie gründende, gnadenlos dezimierende Jagd: Tiger als Naturwesen sind permanent bedroht. Das hängt genuin mit ihrem eingangs umrissenen Doppelleben zusammen: In Wäldern und Zoos zu leben *und* – auf äußerst privilegierte wie prekäre Weise – in kulturellen Einbildungswelten.

# V

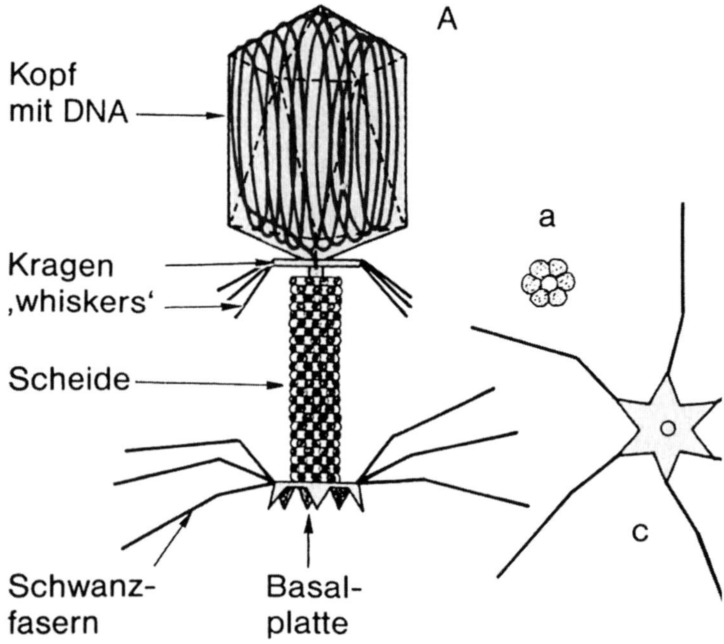
A
Kopf
mit DNA
Kragen
‚whiskers'
Scheide
Schwanz-
fasern
Basal-
platte
a
c

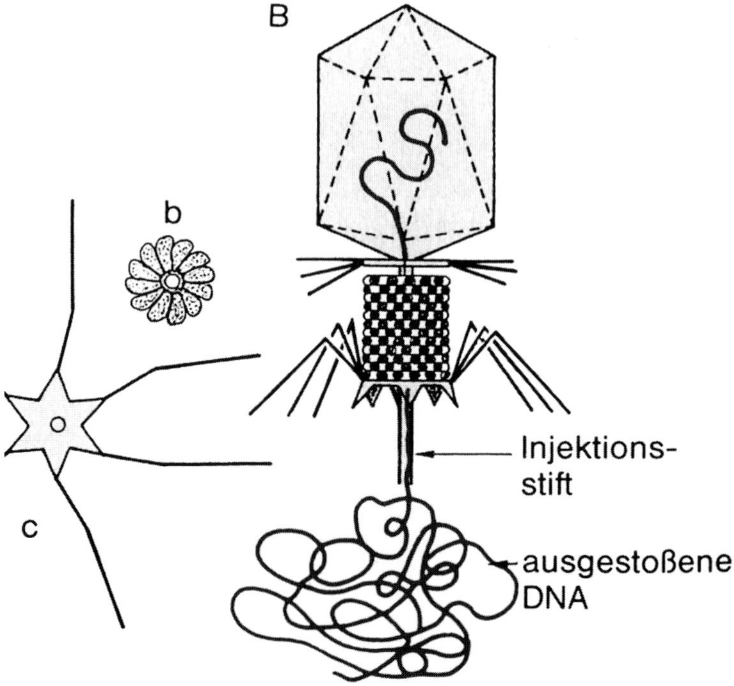
B
b
c
Injektions-
stift
ausgestoßene
DNA

# VIRUS, DAS

(lat. *virus*; engl. *virus*; frz. *virus*)

Bettina Bock von Wülfingen

Was eigentlich macht das Virus in einem Zoologikon? Bis Ende des 19. Jahrhunderts konnte alles »Virus« (lat. »Gift«, nach der Erstbenennung von infizierenden Stoffen und Lösungen durch Celsus) heißen, was unsichtbar und schädlich war. Erst indem der russische Mikrobiologe Dmitri Ivanowski 1896 und unabhängig von ihm der Niederländer Martinus Beijerinck 1898 bei Experimenten mit der Tabakmosaikkrankheit zeigten, dass es offenbar doch infektiöse Partikel gab, die sich nicht wie Bakterien von einem Pasteur-Koch'schen Bakterienfilter aufhalten ließen, sondern dass das Filtrat weiter infektiös war, wurden Bakterien und Viren voneinander geschieden. Die eigene Geschichte des Virus beginnt demnach mit seiner Beschreibung als Nicht-Bakterie, als das Unverstandene, das unkontrollierbar sich Vermehrende. (vgl. Cann 1993) Diese wesentliche Qualität behält es im Zuge der Veränderungen bei, der es im 20. Jahrhundert als ein Problem der Medizin, Botanik, Biologie und schließlich der Kybernetik unterliegt.

Das Virus zu definieren versuchen, heißt im 20. Jahrhundert auch die Grenzen des Lebendigen auszuloten. Seine Geschichte ist auch die Geschichte des Siegeszugs des informationsbasierten Lebensbegriffs.

Die Frage nach der Lebendigkeit von Viren wurde besonders massiv aufgeworfen, als 1935 die ersten Röntgenbilder von Viren entstanden. Die Bilder verdankten sich der gelungenen Isolation von Tabakmosaikviren, die zu Modellorganismen der Virusforschung geworden waren. (vgl. Craeger 2002) Was jedoch waren die kleinen Stäbchen, die da zu erkennen waren? Der sofort entbrannte Streit darum, ob es sich um lebendige Wesen handelte, zeigte für den frühen Virusforscher Pirie im Rückblick lediglich, dass einige Wissenschaftler ein eher theologisches denn operationales Verständnis von »Leben« hätten. So wie Physiker je nach Kontext Licht entweder als elektromagnetische Wellen oder als Photonenpartikel betrachten können, so könnten Biologen davon profitieren, Viren sowohl als außergewöhnlich einfache Mikroben zu

<< Abb.: Modell eines T2-Phagen. In: Schlegel 1985: 152, Abb. 4.7

verstehen wie auch als außergewöhnlich komplexe Moleküle. (vgl. Pirie in Davis/Dulbecco/Eisen u.a. 1967: 1017)

Dieser Kommentar bringt die Auseinandersetzungen um einen endogenen und einen exogenen Ansatz in der Virusforschung im Anschluss an diese Bilder zum Ausdruck, der bis in die 1940er Jahre währte: Nach dem ersteren waren Viren molekulare Produkte (erkrankter) Zellen; nach dem letzteren waren es autonom agierende Strukturen. Besonders eine Gruppe in der amerikanischen Virusforschung, die sich auf die alleinige Arbeit an Phagen verständigt hatte, vertrat diese letztere Ansicht. (vgl. Van Helvoort 1994) Phagen sind nach heutiger, damals noch umstrittener Auffassung Viren, die wiederum selbst Bakterien befallen. Diese intensive Forschung ließ Phagen zum Paradigma des Viralen werden.

In den 1950ern, durch die Arbeiten von Leslie Hoyle, der eine nicht ansteckende Vermehrungsphase des Virus' behauptete, die von André Lwoff genauer als endogene Phase eines Prophagen (bzw. Provirus) gefasst wurde, entstand eine Einigung. (vgl. Van Helvoort 2004) Dabei spielte auch die ›Entdeckung‹ der Nucleinsäuren (DNA oder RNA) als Vererbungsmaterial in den Zellen eine Rolle; Phagenforschung und Molekularbiologie beförderten einander gegenseitig: Nach der bis heute gültigen Definition ist das Virus nicht mehr ein mit dem Filter unaufhaltbares, nicht färbbares Quasi-Bakterium (oder Gift), sondern seit 1957 (nach Lwoff) ein infektiöser Erreger, der aus Nucleinsäuren besteht, sich jedoch nicht selbstständig entwickeln und fortpflanzen kann, sondern dafür die ›Stoffwechselmaschinen‹ der Wirtszelle parasitisch nutzt. Danach verlasse er dann vermehrt und ausgestattet mit der im Wirtsorganismus hergestellten Proteinhülle als Virion oder Phage diese Wirtszellen auf dem Weg zu neuen Wirten.

Damit wurden die 1950er Jahre zur Gründerzeit der Virologie, was sich an einer Vielzahl an nationalen und internationalen Journalen ablesen lässt, die in jenen Jahren inauguriert wurden. 1960 war die Disziplin soweit gereift, eine eigene Taxonomievereinigung, naheliegenderweise jenseits jener der Botanik und Zoologie, zu initiieren.

Bis in die 1970er Jahre (und insbesondere durch optimierte Ultrazentrifugen und die immer differenziertere Elektronenmikroskopie ab 1959) werden Viren einerseits anhand ihrer äußeren Struktur (im Wesentlichen nach den

Unterschieden ihrer Kapsel) und andererseits als Erreger unterschiedlicher Krankheiten beschrieben. Damit gilt die Aufmerksamkeit vor allem jener damals leichter visualisierbaren Phase ihres ›Lebenszyklus‹, die sie außerhalb der Zellen verbringen und während derer sie als Virion bezeichnet werden. Dabei bleiben in der Bilderwelt beiderseits des Eisernen Vorhangs die Phagen dominant, deren Ähnlichkeit in den 1960er bis 80er Jahren mit den ersten Weltraumkapseln selbst im Kinderfernsehen frappant ist.

Die Frage »are viruses alive?« wurde bis in die 1970er stets als offenes Problem aufgeworfen. (Davis u.a. 1967: 1017) Sie seien innerhalb der Zelle und gemeinsam mit ihr als Bestandteil reproduktionsfähig, und auch als Infektans könnten sie als lebendig gelten. In der Phase ihres »Lebenszyklus« außerhalb der Zelle jedoch seien sie »nicht lebendiger als die Fragmente der DNA«. (ebd.) Genau diese Aussage wurde Ende des Jahrtausends in Frage gestellt, wie wir weiter unten sehen.

Mit Bestimmtheit verneint wird die Frage der Lebendigkeit des Virus' bis heute vor allem in der Zellbiologie, die bis zum Aufstieg von Biochemie und Molekularbiologie unangefochten die Kompetenz in der Bearbeitung der kleinsten Bestandteile des Lebendigen innehatte. Für die Zellbiologie ist die kleinste Einheit des Lebens die biologische Zelle, zurückgehend auf Virchows Credo ›omnis cellula e cellula‹. Daraus folgt der Dreisatz, nur Zellen, membranumgrenzte Einheiten, könnten sich reproduzieren (neue Zellen aus sich heraus generieren). Ein wesentliches Merkmal des Lebens sei die Reproduktion und daher setze das Leben eine zelluläre Struktur voraus. Das Virus kann daher nicht lebendig sein. (vgl. z.B. Lodish u.a. 2004: 137 und Karp 2004: 23)

Mit der Orientierung der Biologie und Virologie auf eine zunehmend genetische Betrachtung ab den 1970er Jahren wuchs dagegen das Interesse an der intrazellulären Virusphase, an dem so genannten Provirus und seiner DNA oder RNA. Zugleich wurde die Identität des Individuums in Frage gestellt – nicht nur in der dann so genannten postmodernen französischen Philosophie. Denn das betraf auch die stabile Identität dessen, was zuvor als Wirt klar abgegrenzt war. Die Immunologie nennt dies die Selbst/Nichtselbst-Unterscheidung. Diese Grenze wurde in den 1970ern labil und porös. Krebsauslösende Retroviren, die in der Zelle ihre RNA in DNA ›umschreiben‹, ebenso wie nicht-viraler Krebs und in den 1980ern HIV als zunächst umstrittener Auslöser für AIDS, lenkten das allgemeine Interesse auf ›den Feind im Inneren‹.

So erhielt in einer zumindest für deutsche und britische Werke sozialpolitisch naheliegenden Wendung der 1970er Jahre das Virus terroristische Qualität (vgl. Aumiller/Keil 1974) und aus dem äußeren Angriff des fremden Nicht-Selbst wurde ein »Krieg *in* unserem Körper«. (Kautzmann 1998, meine Hervorheb.) Auch in den USA motivierte das bis dato unmöglich geglaubte Wiederauftauchen einer epidemiologischen Gefahr wie AIDS im Regierungsdiskurs in den 1980ern eine Verlagerung des Feindbildes von außen auf eine (nationale wie globale) militärisch anzugehende ›Bedrohung‹. (vgl. Cooper 2008: 51)

Akademische Lehrwerke der Biologie dagegen kamen weniger martialisch daher und machten aus den Viren in den 1980ern schlicht ›außer Kontrolle geratene Gene‹. (vgl. Horzinek 1985 und White 1984) Aus dem von außen angreifenden Feind wurde ein durchgängiger Bestandteil des Selbst. Dazu verhalf auch die inzwischen breiter durchgesetzte Vorstellung, DNA sei auf weite Strecken von Proviren durchsetzt, ohne dass diese sich zu schädlichen Krankheitserregern entwickeln müssten. Die noch in den 1960ern kaum angefochtene Vorstellung einer stabilen DNA war dahin.

Das Verursachen von Krankheiten rückte besonders in der molekularbiologischen Beschreibung von Viren zunehmend in den Hintergrund, bis man wertungsfrei von »beweglichen genetischen Elementen« sprach. (Alberts u.a. 1995: 331) Auf diese Weise unschädlich gemacht, wurden aus Viren mit der Entdeckung der Retroviren gar »nützliche Forschungswerkzeuge«, mit denen man bis weit nach der Jahrtausendwende (aus heutiger Sicht vergeblich) hoffte, DNA-Material gezielt in Zellkerne einzuschleusen. (Lodish u.a. 2004: 137 und ähnlich Stryer 1988: 850)

Nachdem zuvor die Zellbiologie die Zelle als kleinste Einheit des Lebens dargestellt hatte, war es für die Genetik spätestens seit den 1980er Jahren plausibel, die DNA als minimale Lebensform zu beschreiben. Dabei macht sich ein in den 1980er und 90er Jahren gestiegenes Interesse an einer molekularen, system- und chaostheoretisch orientierten Evolutionstheorie erkennbar. (vgl. u.a. Rosen 1991 und Prigogine/Stengers 1993)

Im Gegensatz zur Zellbiologie hat man in der Biochemie und Molekularbiologie wenig Hemmung, Reproduktion und Replikation in eins zu setzen.

(vgl. Voet/Voet 1995: 1074, Zubay 1998: 21 und 25, Lewing 2004: 4) Entsprechend haderte man dort eher mit der Behauptung der Unlebendigkeit des Virus, sah es bereits in den 1970ern »an der Schwelle zum Lebendigen« (Lehninger 1972: 258) und bot, mit Bezug auf den Genetiker Norman Horowitz, eine andere Definition von Leben durch Fortpflanzung, Katalyse und Veränderlichkeit, die das Virus inkludieren kann. (vgl. ebd.: 2)

Plausiblerweise hießen Viren aus dieser Perspektive 1989 schließlich selbstbewusst »die einfachsten Lebensformen«. (Brown 1989: 191) Als Referenzen wurden dabei Erwin Schrödinger (1944) und Niels Bohr (1933) herangezogen. Der Bezug zur Informatik war jedoch weiter steigerbar, so dass es 2004 heißen konnte: »›Reproduce me!‹ is the essence of the virus, the message that the viral genome carries into the headquarter of a cell – the nucleus. […] The cell may devote all its resources to produce new virus particles […]. A swarm of new ›Reproduce me!‹ messages is then leaving the cell, searching for new targets.« (Nowak/May 2000: 1)

Unter Vernachlässigung von zellulären Hüllen werden Reproduktion und Replikation gleichermaßen zu einer Vermehrung (Vervielfältigung) des Genoms oder eines Ribonukleotid-Abschnitts und damit, wie es nun heißt, von Information. Da ist es nur naheliegend, selbstreplizierende Computercodes als Viren zu bezeichnen: Fred Cohen beschrieb 1983 in seiner Promotionsschrift erstmals Computerviren; der Öffentlichkeit wurden sie mit »brain«, einem von einem Computerhändler verbreiteten MS-DOS-Virus bekannt.

Das hat Bedeutung nicht nur für das Virus, sondern verändert auch die Konzepte von Reproduktion bei jenen Organismen, deren Lebendigkeit sich quasi selbsterklärend (u.a.) aus einer – zellbiologisch verstandenen – Reproduktionsfähigkeit ableitete. Auf diese Weise wird verständlich, wie für diverse Biologen seit den 1990er Jahren selbst die menschliche und tierische Reproduktion bzw. die Aktivität des Spermiums mit der eines Virus gleichsetzbar wurde – eine Überzeugung, die sich parallel im schwulen Aids-Diskurs ausdrückt. (vgl. Bock von Wülfingen 2005) Es ist auch der Blick auf das Genom, der den allgemeinen Trend zur Verbrüderung des Menschenbürgers mit dem Zoon seit den 1990er Jahren plausibel macht, insofern, als taxonomische Unterschiede in den Hintergrund treten und das Genom sich als kybernetisch vereinendes Band durch das Reich des Lebendigen zieht.

# VOLLMOPS, DER

(*Homo sapiens mopsiensis*; engl. *wise pug*; frz. *sage-carlin*)

Peter Strasser

Die Herkunft des Vulgobegriffs »Vollmops« ist reichlich unklar, der neulateinische Terminus *Homo sapiens mopsiensis* bloß für die neueste Zeit definitiv nachweisbar, sein außereuropäischer Hintergrund hingegen sinologisch gut erhellt.

Es gibt eine schriftliche Quelle, welche die Geburt des Vollmopses aus dem Rollmops als Gerücht gelten lässt. Demnach müsste irgendwann, aufgrund eines schlichten Zufalls, der Vollmops einem Tippfehler entsprungen sein. Dadurch fiele ein eigentümliches Licht auf die Kompetenz des tippenden »Subjekts«, sind doch bei der deutschen Standardtastatur »R« und »V« durch eine ganze Buchstabenreihe voneinander getrennt. Immerhin: Analoges kennt man aus der Biologie. Mutationen sind, wenn schon nicht Tipp-, so jedenfalls Lesefehler der Natur.

Dennoch dürfte es sich in diesem Fall eher um die kulturgeschichtlich aufgeladene Formierung des mehrfunktionalen Einsilbers »voll« als substantivierte Vorsilbe (»Voll-«) handeln, und zwar durch das Nachwirken einer platonisch-aristotelischen Mischontologie. Ihr zufolge wäre die synkretistische Idealnormgestalt, *entelecheidos*, des Mopses, der gemeinhin als die englische Hunderasse Pug bekannt ist (FCI-Gruppe 9, Sektion 11, Standard Nr. 253), keine andere als die des Vollmopses.

Was hinwiederum den neulateinischen Terminus *Homo sapiens mopsiensis* betrifft, so ist er vermutlich einem entsprechenden chinesischen *epitheton ornans* geschuldet. Denn spätestens seit der Zeit der Drei Reiche wurde den Bonsai-Molossern aufgrund ihres herausragenden philosophischen Charakters der Ehrentitel »Mannmensch« oder »weiser Mensch« (lat. *Homo sapiens*) verliehen.

Mit Sicherheit jedoch kann das Auftreten des Ausdrucks »Vollmops« erst seit einigen Jahren nachgewiesen werden. Seither freilich taucht ein Vollmops namens Paul in der Mopsliebhaberliteratur immer wieder auf. Daraus sollen

<< Abb.: Jellycat: Mops-Shopper. Wasserfeste Einkaufstasche aus glänzendem Kunststoff, innen und außen abwaschbar

im Folgenden drei Schlüsselepisoden zur Kenntnis gebracht werden; sie entstammen den Journalen von Pauls Herrchen (dem für die Erlaubnis zum Wiederabdruck gedankt sei, vgl. Strasser 2012).

*13. September 2006, die heiße Phase des Nationalratswahlkampfes*
»Wenn Ihr Hund so weiter scheißt, dann scheißt er noch ganz Österreich voll!«, schreit der Schreigesichtige, der mir quer über die Hundewiese entgegenstürmt. Eng an sich gepresst – »Hermann, Fuß!« – hält er einen Windhund (Italienisches Windspiel, *Piccolo Levriero Italiano*), der offenbar schon weiß, was kommt. Denn Hermann hat seinen langen dünnen Schwanz von hinten nach vorne derart flach an die Brust gepresst, dass die Schwanzspitze bei den Vorderbeinen herausschaut. Scheußlich. Und hast du's nicht gesehen, ist der Schreigesichtige neben mir. Wässrig blaue Augen, Führerblick. Ich tippe auf ein analneurotisches Syndrom: zwanghafte Stuhlverhaltung, Händewaschzwang.

Ich bitte Sie, wozu sollte eine Hundewiese gut sein, wenn nicht zur ruhigen Verrichtung der Notdurft, ohne Hektik im Gedärm und ohne Gezerre an der Leine? Inzwischen hat sich der Schreigesichtige dem stämmigen Hinterteil Pauls bedenklich angenähert. Paul ist mein Vollmops, der gerade einen göttlichen Haufen abgesetzt hat, weswegen man seine Laune ohne Übertreibung als »ätherisch« bezeichnen könnte. Es rührt ihn nicht – er hat ein philosophisches Naturell –, dass nahe seinem Hinterteil ein vermuteter Analneurotiker sein Schnüffelunwesen treibt. Dieser deutet auf Pauls göttlichen Haufen und schreit: »Was ist das?! Was ist das!?«, als ob das Repetieren einer Frage ihre Antwort bereits in sich schlösse. Dabei fasst er Hermann am vorne herausstehenden Schwanz und fuchtelt mit ihm – und damit mit dem ganzen Hermann – drohend in Richtung Paul, der jetzt, nachdem er sich geradezu übernatürlich erleichtert fühlt, wieder mit dem Einröcheln von Luft durch sein Mopsschnäuzelchen beschäftigt ist.

»Hermann macht nur ins Plastiksackerl, nur, Aa und Lulu, beides!«, schreit der Schreigesichtige, und schwups, hat er einen schlaffen Plastiksack hervorgezogen, wo in einer gelblichen Flüssigkeit einige hellbraune Kringeln tot herumschwimmen. Hermann winselt. Ein tragischer Anblick.

Mein Rat: Misstrauen Sie jedem, der in der Napalmphase des Wahlkampfes fordert, Österreich müsse hundehaufenfrei werden. Nicht nur Paul wird es Ihnen danken, sondern auch Hermann – ja, Hermann ganz besonders!

*17. Februar 2010*
Die nächste Hysteriewelle läuft schon. Was war gleich die Letzte? Passivrauchen? Schweinegrippe? Jetzt sind es die Kampfhunde. Also muss ich mir – als Besitzer eines stämmigen Vollmopses – die Frage stellen: Ist mein Paul ein Kampfhund? Die richtige Antwort lautet: Ja, aber kein blöder.

Zunächst: Man darf sich von Pauls verinnerlichtem Blick, der über einem reizend plattnäsigen Röchelschnäuzelchen feuchterdings von tiefen Seelendingen zu künden *scheint*, keinesfalls in die Irre führen lassen. Dass sich ein Vollmops seiner Natur gemäß – auf einem mit Eiderdaunen gefüllten Samtpolster ruhend – dem Verzehr von schlagobersgegupften Sachertörtchen widmet, ist für Diebsbanden ganz und gar kein Grund zu frohlocken.

Nichts ist furchterregender als ein Vollmops, der, in Solidarität mit Herrchens ererbtem Tafelsilber, dazu getrieben wird, den inneren Kampfhund von der Leine zu lassen. Es beginnt damit, dass sich bei meinem Paul zunächst gar nichts rührt. Während die Diebsbande mit ihren Schandtaten zugange ist, produziert mein Paul seine zu Recht gefürchtete Vollmopsstarre: Nachdem Pauls Äuglein die Form gewaltiger Halbkugeln angenommen haben, ruhen sie reglos dunkel auf den Mitgliedern der Diebsbande, die sich mit ihrer Beute aus dem Staub machen wollen. Da sie aber unversehens von Pauls Kampfhundeflatulenz eingenebelt werden (der Geruch von halbverdauten Sachertörtchen gemahnt, apokalyptisch gesprochen, an das Erbrechen des siebenten Siegels), drehen sie sich mit abfaulender Nase um und werden durch Pauls Basedow'schen Kampfhundeblick gebannt wie einst Atlas, der Titan, der beim Anblick des abgeschlagenen Medusenhaupts *stante pede* versteinerte.

Lässt Paul jetzt noch das eine oder andere Zähnchen blitzen, fällt das erstarrte Diebsgesindel garantiert ins Wachkoma. Also bitte, nichts gegen Kampfhunde, nur blöd sollten sie nicht sein. Ein Blick sagt oft mehr als tausend Bisse.

*20. April 2011, Karwoche*
Ich trage meinen Vollmops Paul äußerln. Der aber hat nicht nur unter den Pollen zu leiden, die sein nässendes Plattnäschen praktisch gelb panieren, sondern auch darunter, dass ein Wind von weither auf die Hundewiese einweht: österlich. Mein Paul ist ein Sehnsüchtiger, den ein Osterwind von der Heimat träumen lässt, die, laut Ernst Blochs »Prinzip Hoffnung«, Band 3, Seite 1628,

»allen in die Kindheit scheint und worin noch niemand war«. Paul auch nicht, obwohl ich ihn seit Kindestagen mit Sachertörtchen füttere.

Jetzt sind Pauls Äuglein tränenverhangen, erstens wegen der verflixten Pollen und zweitens wegen der österlichen Sehnsucht, die kein Sachertörtchen zu stillen vermag. Wir alle wissen, worum es geht: um die Erlösung, die sich nicht und nicht einstellt, weil, hätte sie sich eingestellt, wir das zuerst gar nicht bemerken und dann partout nicht zugeben würden. Wollte man uns darauf aufmerksam machen, dass die Erlösung endlich da sei, würden wir einen Flunsch ziehen und maulen: »Das war's? Mehr nicht??«

Um derlei Misslaunigkeiten vorzubeugen, hat den tiefsinnigsten aller Sehnsuchts- und Erlösungssätze kein Geringerer als der Meister der Nostalgie geprägt. Hätte dieser allerdings meine Hundewiesenbekanntschaft, den – *nomen est omen* – Herrn Witzigmann, gekannt, der seine ausgeschorene Pudeldame namens »Pompadourl« meinem Paul auf der Hundewiese immerfort zu empfehlen versucht, dann wäre er, Marcel Proust, womöglich vor lauter Ennui am leidigen Asthma erstickt, bevor er noch seinen berühmten Satz zu Papier gebracht hätte, der bekanntlich erst im zehnten Band der zehnbändigen Ausgabe der »Suche nach der verlorenen Zeit« auf Seite 3940 den Leser anzurühren vermag: »Denn die wahren Paradiese sind jene, die man verloren hat.«

Auch heute baut sich Witzigmann vor mir auf, während sich Paul beim Anblick der ausgeschorenen Pompadourl in sich selbst verkriecht. Ja, Witzigmann beginnt Witze zu reißen, und zwar über meine beiden, ihm nur dem Namen nach bekannten Meerschweinchen (*Cavia porcellus*) namens Fritzi und Fratzi, die bei mir zu Hause wie immer mit dem Mund voller Biokörndln in ihren vollen Futterschüsselchen auf dem Rücken schlafen, um ihre wuscheligen Kugelbäuchlein dem Himmel entgegenzustrecken. Das findet Witzigmann witzig. »Wozu sind Meerschweinchen überhaupt gut?«, fragt er rhetorisch: »Nur fressen, saufen, schlafen, furzen und ... eh schon wissen, hahaha!« Da erklär' ich ihm, mit meinem Paul am Arm, kalten Auges mitten auf der Hundewiese, wozu sie gut sind, Fritzi und Fratzi: »Denen ist in der Welt etwas entstanden, das uns allen in die Kindheit scheint, Witzigmann, verstehen Sie?!« Nein, das versteht er nicht – »Komm, Pompadourl!« – und sucht sich ein anderes Karwochenopfer zum Witzigsein...

*Resümee*

Gewiss dürfen die zitierten Journaleinträge nicht beanspruchen, eine kulturwissenschaftlich fundierte Abschätzung der Rolle des Vollmopses für unsere posthumanistische Epoche zu indizieren. Dennoch zeichnen sich zwei nachhaltige Projekt- und Forschungslinien ab.

Erstens, die innerexistenzielle Nähe von Meerschweinchen und Vollmöpsen wurde bis heute, besonders im protestantisch geprägten Kulturraum, unterschätzt. Hedonismus und Erlösungssehnsucht sind keineswegs Antipoden, wie uns die asketisch geprägte Pflicht- und Arbeitsethik glauben machen wollte.

Zweitens, es scheint sich herauszustellen, dass Ludwig Wittgenstein falsch lag, als er behauptete, dass diejenigen, die den Sinn ihres Lebens gefunden hätten, dann nicht sagen könnten, worin dieser bestünde. (Wittgenstein, »Tractatus«, 6.521) Würde Paul von seinem Ruhepolster herab etwas zum Sinn des Lebens sagen wollen (was er nicht will), dann zweifellos dasselbe wie Fritzi und Fratzi, hätten sie, in ihren vollen Futterschüsselchen schlafend, nicht den Mund voller Biokörndln: *Kein Tag ohne Erleichterung!*

Von da aus legt sich zwanglos die Epochenschwellenfrage nahe: Wird hier nicht die Dekonstruktionslogik des Verfemten in der okzidentalen Dialektik der Lust offenbar? Und war es nicht genau jene subversive Logik, die Michel Foucault in seinem Werk zur »Archäologie des Wissens« beschwor, als er die Diagnose stellte, der bisherige Mensch werde schon bald verschwunden sein »wie am Meeresufer ein Gesicht im Sand«? Man geht also – wenigstens bis zum Beweis des Gegenteils – gewiss nicht fehl, wenn man vermutet, dass die Transformation des *Homo sapiens sapiens* in den *Homo sapiens mopsiensis ac cavianiensis porcellus* bereits in vollem Gange ist.

# W

Colnett, Huggins, and Beale.

F. Cuvier.

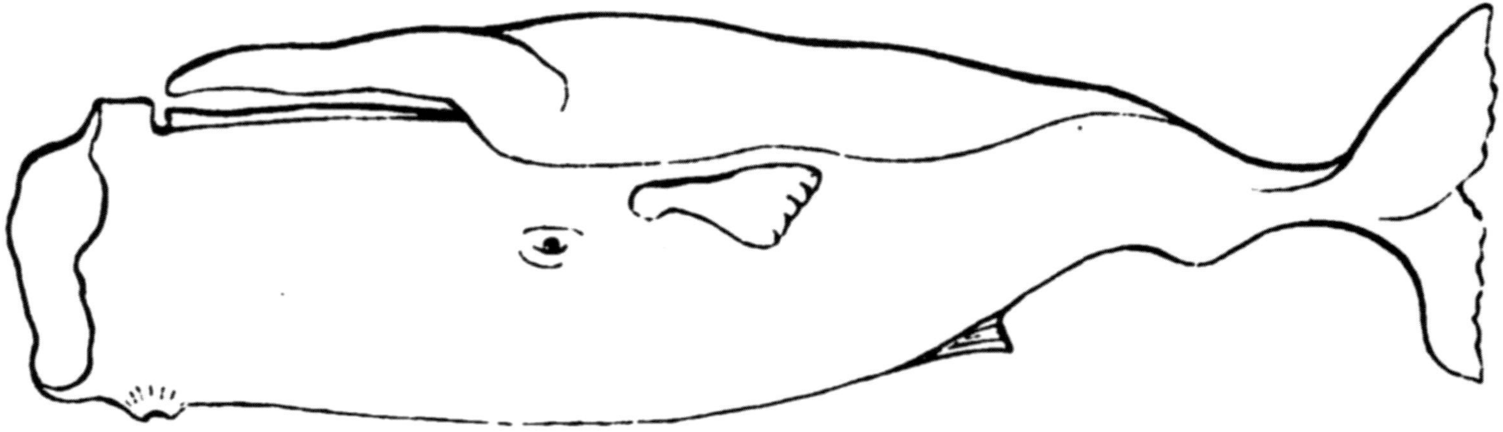

# WAL, DER

(*Cetacea* Brisson, 1762; engl. *whale*; schwed. *val*)

Burkhardt Wolf

Von Anbeginn sah man im Wal eine Monstrosität und dies vielleicht nicht nur seiner gewaltigen Ausmaße wegen (der Blauwal gilt als das erdgeschichtlich größte Lebewesen überhaupt). Auch seine anatomischen Eigentümlichkeiten und seine ausgedehnten Tauchgänge, die bis ins Zeitalter technisierter Tiefseeforschung jede mehr als oberflächliche Beobachtung verhindern mussten, haben den Wal zunächst als Sendboten unterweltlicher Chaosmächte oder einfach als Überbleibsel eines frühen Schöpfungsstadiums erscheinen lassen. Der Wal ist aber – trotz seiner perfekten Anpassung an die maritime Umwelt – ein Landwirbeltier und Luftatmer, ein Säugetier und zudem ein sozial hochintelligentes Wesen. Im Wissen darum scheint ihn der moderne Mensch immer weniger als Monster, sondern vielmehr als einen entfernten Verwandten zu betrachten. Und mehr noch: Gerade im Augenblick seines drohenden Aussterbens begegnet man dem Wal mit Empathie.

*Die älteste Walkunde*

Pioniere der modernen ›Cetologie‹ wie William Scoresby oder Thomas Beale haben auf den Fangschiffen des frühen 19. Jahrhunderts erstmals ein wirklich empirisches Wissen vom Wal gewonnen, indem sie systematisch seine »manners and habits« studierten. Aus ihrer Sicht hatte sich das naturgeschichtliche Wissen vom Wal bis dahin in irreführenden Analogien und »constant misrepresentation« erschöpft. (Beale 1839: 23f.) ›Undarstellbarkeit‹ war freilich das Leitmotiv bereits der ältesten Walkunde überhaupt: der von Epos, Sage und Religion. Einerseits bezeichnet *ketos* bei Homer noch völlig unspezifisch irgendein großes Seegetier. Andererseits wurde im alten Griechenland die vorderasiatische Kunde von Seeschlangen und Seeungeheuern rasch mit dem allergrößten Meeresgeschöpf in Verbindung gebracht. Das Moment des Monströsen und Verschlingenden, das Walmythen wie die von Herakles und Hesione oder Perseus und Andromeda verbindet, verweist in diesem Zuge auf

<< Abb.: Frédéric Cuvier/Thomas Beale: Pottwal. In: Beale 1839: 14

das primordiale Chaos altorientalischer Schöpfungserzählungen und kennzeichnet den Wal als Abkömmling nicht nur des Urwassers, sondern ebenso der Unterwelt.

*Die Theologie des Wals*

Hat Jahwe nichts weniger als das Chaos selbst gebändigt, so war es ihm auch ein Leichtes, den Meeresdrachen Leviathan zum bloßen Spielzeug seines Willens zu degradieren. In den Psalmen, im Buch Jesaja und Hiob kündigt sich bereits an, was die Jonas-Geschichte dann exemplarisch ausführt: *tannîn*, das große Wassertier, ist vom urzeitlichen Schrecken der Meere zum Instrument der Vorsehung geworden. Des Jonas dreitägige Reise im *dag gadôl* (»großen Fisch«) buchstabiert vorderasiatische Verschlingungs- und Sonnenmythen und daher auch jenes Initiationsschema aus, das Arnold van Gennep als *rite de passage* beschrieben hat. Damit macht sie den Wal, jenen gestaltlosen und somit allegorisch kaum brauchbaren ›Riesenfisch‹, künftig für die typologische Interpretation verfügbar. Dass freilich das Buch Jonas, in dem sich kultische und mythologische Überlieferungen unterschiedlichster Kulturkreise überlagern, nicht nur von einem Ungeheuer handelt, sondern im Rahmen der heiligen Schrift und ihrer ›natürlichen‹ Textformen selbst als eine gattungstypologische Monstrosität gelten muss, hat die historisch-kritische Bibelkritik des 19. Jahrhunderts zu einer Art Schwesterndisziplin der Walforschung werden lassen. Widmete sie sich dem Buch Jonas, hatte sie fortan das Wissen vom Wal in Rechnung zu stellen – und dies nicht mehr nur mit Blick auf das spekulative Wissen der Naturgeschichte, sondern auch und gerade auf die praktischen Kenntnisse zeitgenössischer Waljäger.

W

*Die Quellen des Walwissens*

Das Wissen vom Wal speiste sich bis ins 19. Jahrhundert aus zweierlei Quellen: Landtreter bekamen Wale besonders bei Gelegenheit ihrer Strandung zu Gesicht. Außerhalb des Wassers fallen diese Tiere jedoch aufgrund ihres immensen Eigengewichts in sich zusammen und geben somit, verglichen mit ihrer Erscheinung zur See, ein Bild ab, das dem eines Wracks im Verhältnis zu einem aufgetakelten Hochseeschiff entspricht. Zudem waren gestrandete Wale nur selten Objekte theoretischer Neugierde, sondern zumeist der Gegenstand souveräner Besitzansprüche: In England etwa fielen, entsprechend dem »Statute de Praerogativa Regis«, Wale seit 1324 als verwertbares Strandgut automatisch der Krone und erst seit 1913 dem Natural History Museum in London zu. Um vom Wal zu erfahren, musste man also den Erzählungen der Walfänger lauschen – oder ihn einfach selber jagen.

*Die Waljagd*

Den Wert von Walfleisch, Waltran und Walkieferknochen hatte man bereits im Frühmittelalter schätzen gelernt, so dass zunächst skandinavische und baskische, englische und niederländische, seit der Gründung Neuenglands insbesondere nordamerikanische Fischer und Seeleute den Walfang als so einträgliches wie gefährliches Gewerbe betrieben. Dessen Techniken scheinen sich über die Jahrhunderte hinweg nicht wesentlich verändert zu haben: Wale wurden gesichtet, von rasch abgefierten Booten aus harpuniert und während ihres panischen Abtauchens durch extrem lange Leinen gehalten, ehe man sie nach ihrem Wiederauftauchen in einer Treibjagd erschöpfte, um zuletzt einen Kampf auf Leben und Tod aufzunehmen: von Seiten der Jäger mit gezielten Harpunenwürfen, von Seiten des Wals mit schweren Schlägen seiner mächtigen Fluke oder aber, wie im Falle des Pottwals, durch einen Frontalangriff mit seiner riesigen Stirn und seinem gewaltigen Gebiss. Das bis dahin ausgewogene Kräfteverhältnis verschob sich zuungunsten des Wals, als zusehends Dampfschiffe eingesetzt wurden und man 1868 die Harpunenkanone einführte. Seither konnte die Ausbeute des Walfangs laufend gesteigert werden, ohne zahllose Segler jahrelang und unter härtesten Arbeitsbedingungen über die Weltmeere zu schicken. Dennoch setzte zu eben jener Zeit der Niedergang der nunmehr immens gewachsenen Walfangindustrie ein: Die ausgedehnte Förderung von Erdöl ließ die Nachfrage nach Tran und Walrat rapide sinken; der Goldrausch im US-amerikanischen Westen versprach bessere Gewinnchancen als die hochriskante Investition in den Walfang; und längerfristig wurde auch die Dezimierung der weltweiten Walbestände spürbar. Zwar kam es in den 1920ern, als die Fangschiffe zu regelrechten Tranfabriken ausgebaut wurden, zu einer zwischenzeitlichen Wiederbelebung dieser Industrie. Was aber als ›kulturgeschichtliches Erbe‹ von der Hochzeit des Walfangs bleibt, sind zahllose Erlebnisberichte und maßgebliche Beiträge zur empirischen ›Cetologie‹.

*Wal-Nichtwissen*

Die klassische Naturgeschichte (in der Art Cuviers oder Lacépèdes) musste, wie Thomas Beale 1839 feststellt, an einer Klassifikation (und bildlichen Darstellung) des Wals schon deshalb scheitern, weil sie sich aus einem Gemisch von überkommenen Spekulationen, ungesicherten Berichten und kolportierten Halbwahrheiten speiste. Dass der Wal, in seiner »unentwickelten Dumpfheit« dem »elementarischen Leben« des Meeres verhaftet, überhaupt einem höheren und differenzierteren Begriff von Naturerscheinung entsprechen könnte, bezweifelte bereits Hegel. (Hegel 1995: 364) Für Jules Michelet galt er zumindest als »ein erster, poetischer Versuch der schöpferischen Kraft, die zunächst nach dem Erhabenen strebte und schrittweise dann zum Möglichen und Dauerhaften zurückfand.« (Michelet 2006: 174) Beale verkoppelte nun erstmals klassifikatorische Bestimmungen mit eigenen Beobachtungen, zudem mit dem impliziten, praktischen und technischen Wissen sowie den tradierten Begrifflichkeiten und Erzählungen der Waljäger. So brachte er die Buchgelehrsamkeit auf den Boden der ›möglichen und dauerhaften‹ Erfahrung. Seinen Versuch, über dem Chaos fiktiver Klassifikationen und realer Waljagden eine offene und unablässig zu ergänzende Ordnung des Wal-Wissens (oder besser: Wal-Nichtwissens) zu errichten, hat später Herman Melville in »Moby Dick« zu einer eigenen cetologischen Wissenspoetik ausbuchstabiert.

*Der Pottwal*

Beale wie Melville interessierten sich weniger für Barten- als vielmehr für Zahnwale und hierbei besonders für den Pottwal. Denn nicht nur, dass diese Art aufgrund des aus ihr gewonnenen Brennstoffs (namens Walrat) und Parfümrohstoffs (namens Ambra) bis in die 1840er Jahre zur wirtschaftlich ertragreichsten Meeresbeute geworden war. Dieses größte räuberisch lebende Tier der Naturgeschichte wird für Beale und Melville gerade durch seine Eigentümlichkeiten zum Wal schlechthin: Insgesamt von riesenhafter Gestalt und grotesker Unförmigkeit, besitzt der – schräg blasende – Pottwal neben einer scharfen Unterkieferzahnreihe und gigantischen Fluke die größte Nase und das größte Gehirn aller bekannten Lebewesen. Von allen Lungenatmern taucht er am tiefsten und bringt die stärksten aller Tierlaute hervor. Diese scheint er wiederum mit jenem eigentümlichen Organ zu produzieren, das zugleich das begehrte Walrat (das *spermaceti*) enthält und überdies, schon weil es fast ein Drittel seines Körpers ausmacht, als Rammbock bei Frontalangriffen dient.

*Das Wal-Ding*

Beale wies auf die eigentlich friedfertige Natur dieses vermeintlichen Ungetüms hin. Doch kam es seit 1800 im Zuge extensiver Pottwaljagd immer wieder zu tödlichen Unfällen, und Berichte von monströsen und aggressiven Einzelexemplaren taten ein Übriges: 1810 etwa erzählte man von einem gigantischen weißen Pottwal vor der chilenischen Küste, den man »Mocha Dick« getauft hatte; 1821 verbreitete sich die Nachricht vom Schicksal der Essex, die mitten im Pazifik durch einen Pottwalangriff zum Sinken gebracht wurde; und 1851 wurde der Untergang der Ann Alexander, abermals verursacht durch ein Großexemplar, gemeldet. Wenige Tage später erschien Melvilles »Moby Dick«, bis heute das Walbuch schlechthin: Nicht nur, dass dieser Roman ein Kompendium sämtlicher bis dahin überlieferter Topoi und Kenntnisse ist. In allen Variationen ausgeführt wird hier das Motiv des arglistigen, dämonischen oder (in seiner Undarstellbarkeit) erhabenen Wals, des Wals als Manifestation eines schopenhauerianischen, dumpfen und blinden Willens oder des Wals als eines ungreifbaren, gespenstisch weißen und ›extimen‹ Dings, das nicht nichts, aber als Phantasma buchstäblich nicht ist. Der Wal markiert hier nicht nur die Grenze gelehrter Kenntnisse, sondern ebenso den Fluchtpunkt elementarer Ängste.

*Die Kultur des Wals*

Anders als Melvilles solitärer Leviathan präsentieren sich Wale im Lichte gegenwärtigen Wissens als gesellige Wesen. Statt klar umgrenzte Territorien zu verteidigen, bevölkern sie variable Habitate. Und dabei bilden sie, von kleineren ›Schulen‹ bis hin zu umfassenderen Populationen, unterschiedliche soziale Formationen aus, die zuweilen auch mit anderen Tierarten kooperieren. Gemeinschaft wird in spielerischem oder rituellem Verhalten wie Kontaktschwimmen oder synchronem Auf- und Abtauchen eingeübt und bewährt sich im Ernstfall eines feindlichen Angriffs, etwa durch die kollektive Verteidigung attackierter Einzeltiere in speziellen Schutzformationen. Wie Wale etliche Bedrohungen vorwegzunehmen und sich zudem untereinander über hunderte von Kilometern zu verständigen vermögen, war für die ersten Cetologen noch ein Rätsel geblieben. Erst die akustische

Unterwasserforschung des 20. Jahrhunderts konnte nachweisen, dass sie mittels komplexer Lauterzeugnisse (sog. Klicks oder Gesänge) kommunizieren. Derlei Sounds nutzen sie auch als Biosonar (zur Futtersuche oder Feindortung), der bis in die dunkelsten Meerestiefen hinab ein dreidimensionales und hoch aufgelöstes Bild von der Umgebung erschließt. ›Weltarmut‹ ist so gesehen kein Charakteristikum des Wals. Zudem irritiert er durch seine Art des Gemeinsinns und der Kommunikation die Unterscheidung von Natur und Kultur: ›Walsprachen‹ sind nicht nur artspezifisch. Populationen bilden eigene ›Dialekte‹ aus, die von Jungen oder Neuankömmlingen gelernt und zu individuellen ›Idiomen‹ modifiziert werden können. Sozial wie sprachlich besitzen Wale eine eigentümliche ›Kultur‹. (vgl. Whitehead 2003: 26f. und 131f.)

*Wird der Wal kleiner? Wird er aussterben?*
Dass der Wal, gerade unter dem Einfluss menschlicher Jagden, kleiner geworden sei, diesen bis heute fortwirkenden Eindruck versuchte bereits Melvilles cetologischer Roman zu zerstreuen: Die Größe des Wals sei keine Frage messbarer Quantität, sondern imaginärer Intensität. Insofern mag zwar mit jedem gestrandeten Wal und mit jedem statistisch belegten Schwund weltweiter Walpopulationen eine – sei es natürliche, sei es kulturbedingte – Störung im ökologischen Gleichgewicht der Meere angezeigt sein: Anomalien im Erdmagnetfeld, bakterielle bzw. virale Erkrankungen oder Feindeinwirkungen einerseits, Unterwasserlärm durch Schiffe und Sonarversuche oder Kontaminationen in der Nahrungskette andererseits. Bis das Meer nicht mehr ist, mithin bis zum apokalyptischen Ende aller Tage, wird der Wal jedoch nicht nicht sein können. Der Wal im *singulare tantum*, der von jeher auf der Grenze zwischen empirischem und transzendentalem (Nicht-)Wissen gesucht wurde, ist als ›Ding‹ jenseits aller manifesten Naturgeschichte letztlich »immortal«. (Melville 2000: 462)

Die heutige Paläontologie scheint Melville indirekt Recht zu geben. 2008 fand man in der Pisco-Wüste im Südosten Perus ein Walskelett, das auf ein Alter von 12 bis 13 Mio. Jahren schließen lässt. Rekonstruiert wurde aus diesem Fossil die Art eines gigantischen, mit seinen zwei großen Zahnreihen (und dabei dem größten jemals gefundenen Tetrapoden-Gebiss) extrem räuberischen Pottwals. (vgl. Lambert u.a 2010: 105–108) Phantasien wie die vom Seeungeheuer Leviathan oder vom bösartigen Weißen Wal scheinen damit nachträglich greifbare Gestalt bekommen zu haben. Wie sehr sich jedoch, sobald man den Wal auf den Begriff zu bringen sucht, Natur und Kultur, Mythologie und Dichtung, Wissen und Darstellung überkreuzen und inwiefern dem Wal dabei, ungeachtet seines empirischen Aussterbens, eine Art zweiter, ›unsterblicher‹ Körper verschafft wird, zeigt hier auch die Art seiner Benennung. Getauft hat man dieses Ungetüm nämlich treffend »Liviathan melvillei«.

# WERWOLF, DER

(germ. *wer*: ›Mann‹; althochdt. *Mannwolf*; ndl. *weerwolf*)

Arno Meteling

Dem Wolf (*canis lupus*) werden Eigenschaften wie Wildheit, Gewaltbereitschaft und fehlendes Gemeinschaftsgefühl zugeschrieben. Nicht das Rudel, sondern das Bild des einsamen Jägers bestimmt sein kulturelles Imaginäres. In der Mythologie, der Literatur- und Filmgeschichte oder als gemeinschaftsbildendes Wappentier ist der Wolf aufgrund seiner Nichtdomestizierbarkeit prominent. Im Gegensatz zum servilen Haushund (*canis lupus familiaris*), dem besten und zivilisierten Freund des Menschen, repräsentiert der Wolf das bedrohliche Andere einer gefährlichen Natur, verbunden mit einem anarchischen Begriff von Freiheit. In den Märchen »Rotkäppchen« (Charles Perrault, 1697; Brüder Grimm, 1812) und »Der Wolf und die sieben jungen Geißlein« (Brüder Grimm, 1812), in Fabeln sowie in den Versionen der mittelalterlichen Tierepen »Ysengrimus« und »Reineke Fuchs« ist der Wolf oder Isegrim gierig, grimmig und bösartig. (weitere literarische Beispiele in: Völker 1994) Der Amarok der Inuit-Mythologie ist ein Riesenwolf, der nicht im Rudel, sondern alleine Menschen jagt, während der Fenriswolf der nordischen Mythologie die Asen zu verschlingen droht und damit Ragnarök, den Untergang der Welt, einläutet. Der Wolf ist das gefährliche Supplement binäroppositioneller Logiken von Natur und Kultur, Anarchismus und Zivilisation, Bürgerkriegsgewalt und kontraktualistischer Gesellschaft sowie letztlich das Paradigma für alles, was den Menschen vom Tier unterscheidet. Die Geschichten über ›Wolfskinder‹ (Carl von Linné: »homo ferus«) und ihre künstlerischen Verarbeitungen, beispielsweise Rudyard Kiplings »The Jungle Book« (1894/95) und François Truffauts Film »L'Enfant Sauvage« (»Der Wolfsjunge«, 1970) über den Fall Victor von Aveyron, die den Widerspruch zwischen Natur und Kultur herausstellen, unternehmen die Ausmalung dieser Oppositionen am aufgeklärten Zivilisationsmodell von Erziehung.

Sichtbar wird der Wolf als Metapher für die animalischen Anteile des Menschen in zwei Verkörperungstraditionen, die in der Figur des Werwolfs

<< Abb.: George Waggner: »The Wolf Man« (Still). USA 1941

kulminieren. Dessen *in-between*-Existenz ist deshalb eine doppelte: als Ergebnis einer vollzogenen und einer aufgehaltenen Metamorphose. Zum einen ist der Werwolf ein Mensch, der sich wie die antiken Götter in ein Tier verwandelt. Das »Deutsche Wörterbuch« der Brüder Grimm bestimmt ihn als »mythologische bezeichnung für einen menschen, der auch in wolfsgestalt auftreten kann«. (Grimm 1960: 504) Ein frühes Beispiel findet sich bei Plinius. Dieser berichtet von dem Athleten Demaenetus Parrhasius, der von dem Fleisch eines dem Jupiter geopferten Jungen kostet und danach zehn Jahre als Wolf lebt. (vgl. Plinius, »Naturalis historiae«, VIII: 82f.) Zum anderen verharrt der Werwolf wie die mythischen Halbwesen in einer monströsen Zwischengestalt, die sowohl Elemente des Menschlichen als auch des Tierischen aufweist. So erzählt Ovid von dem kriegswütigen Lycaon, der als Strafe von den Göttern in einen Wolf verwandelt wird. Dabei wird an der Metamorphose auffällig nicht die Veränderung, sondern die Kontinuität betont, denn Lycaon »bewahrt die Spur seiner alten Erscheinung:/ Gleich ist des Haares Grau und gleich der grimmige Ausdruck,/ Ebenso stechend der Blick, das Bild von Wildheit das gleiche«. (Ovid, »Metamorphosen«: I.237ff.)

Popkulturell hat sich die Figur des Werwolfs als aufgehaltene Verwandlung und damit als hybrider Körper durchgesetzt. Nach dem Auftauchen in mittelalterlichen Prozessakten der Inquisition, als Lykanthrop in vormodernen Medizindiskursen sowie als wehrhafte Vorbildfigur in nationalsozialistischer Partisanenromantik ist der Werwolf der Gegenwart vor allem als *stock character* von Horrorgeschichten präsent. (vgl. Brittnacher 1994: 181–221 und Stiegler 2007: 105–126) Gewöhnlich fungiert er dabei als Pendant zum Vampir. Während dieser in einer Verflechtung von Gewalt und Erotik seit Johann Wolfgang von Goethes Ballade »Die Braut von Korinth« (1797) und Sheridan Le Fanus Erzählung »Carmilla« (1872) als verführerische Frau einerseits oder seit John William Polidoris Erzählung »The Vampyre« (1816) als weltgewandter Adliger andererseits auftritt, ist der Werwolf erstens gewöhnlich männlich markiert und zweitens sein bestialisch proletarisches Pendant. Schon früh vermischen sich allerdings auch Aspekte des Vampirs und des Werwolfs und damit das Regelwerk, wie mit ihnen umzugehen ist. So ist »der *werwolf* meist nur durch erbsilber« verwundbar, wie es im »Deutschen Wörterbuch« heißt, das weiterhin berichtet, dass »diese werwolf-vorstellungen […] in zeit und raum sehr verschieden [sind], so werden bei den Slawen dem *werwolf* vampireigenschaften zugesprochen, während sich besonders in Deutschland der werwolfglaube unter dem einflusz des mittelalterlichen hexenglaubens weiter verbreitete und mit diesem in der neuzeit zurückging, zumal die wölfe in West- und Mitteleuropa ausstarben«. (Grimm 1960: 504) Der Grimm'sche Hinweis gibt dabei allerdings keine Auskunft über die kausalen Beziehungen, die möglicherweise zwischen der Ausrottung der Wölfe in Europa und ihrem Ruf bestehen.

Die gegenwärtig dominante Mischgestalt des Werwolfs entspricht wesentlich einer modernen psychologischen Sichtweise, die der spezifischen »Dialektik im Stillstand« (Walter Benjamin) körperlich Rechnung trägt, indem sie den Konflikt zwischen der zivilisierten menschlichen Seite und den tierischen Begierden auszeichnet. Seit »The Wolfman« (1941) wird in Werwolffilmen wie »I Was a Teenage Werewolf« (1957), »An American Werewolf in London« (1981), »The Howling« (1981), »The Company of Wolves« (1984), »Teen Wolf« (1985), »Ginger Snaps« (2000), »Cursed« (2005) oder dem Remake »The Wolfman« (2010) die Verwandlung auch mit der unkontrollierbaren und deswegen unheimlichen körperlichen Metamorphose der Pubertät assoziiert. So wird stets gezeigt, wie der Werwolf die Kontrolle über seine körperlichen Funktionen und Mutationen verliert und ihm beispielsweise Haare dort wachsen, wo zuvor keine waren. Nicht zufällig findet die Verwandlungssequenz häufig in der Intimität des Bades und dabei sinnfällig vor einem Spiegel statt, in dem der Werwolf voller Unbehagen die Veränderungen an sich wahrnimmt.

Während im 19. und 20. Jahrhundert Wolf und Werwolf in Schauerromanen und Horrorfilmen für groteske Körperlichkeit und animalische Gewalt einstehen, haben sie zugleich eine Karriere in der politischen Theorie hinter sich, die die menschliche Gemeinschaft bis heute an ihren wölfischen Anteilen misst. Am nachhaltigsten hat sich neben der Märchenfigur vom bösen Wolf dabei der plautinische Satz vom *homo homini lupus* erwiesen, wie er am effektivsten wohl in Thomas Hobbes' »De Cive« (1642) Verwendung gefunden hat: das Andere der (kontraktualistischen) Gesellschaft ist für Hobbes die Zeit des Wolfes, gegen die das Monster Leviathan in Anschlag gebracht werden muss. Während Ingmar Bergmans Horrorfilm »Vargtimmen« (»Die Stunde des Wolfs«, 1968) in dieser Hinsicht den Wolf noch als abstrakte Chiffre für den Schrecken und die dämonische Verwandlung einsetzt, erzählt der eponyme Film »Le Temps de Loup« (»Wolfzeit«, 2003) von Michael Haneke von der postapokalyptischen Epoche eines wiederholten Naturzustandes.

Ein signifikantes Beispiel für die Verwolfung des Menschen findet sich auch in Friedrich Schillers Kriminalgeschichte »Verbrecher aus verlorener Ehre – eine wahre Geschichte« (1786 als »Verbrecher aus Infamie«). Der Held Christian Wolf wird seinem Namen entsprechend zum Wilddieb. Entscheidend ist dabei, dass ihn nicht allein die legitime Gesellschaft sukzessive in die Kriminalität drängt, sondern dass auch die illegitime Gemeinschaft der Räuberbande sich als Schein entpuppt. Beide Versionen des menschlichen Zusammenlebens im Sinne Ferdinand Tönnies' existieren bei Schiller einerseits auf Kosten der Exklusion einer Wolfsfigur und tragen andererseits selbst wölfische Züge. (vgl. Vogl/Matala de Mazza 2002: 207ff.)

Diesen Gedanken mit Michel Foucaults Rechtsfigur des »Menschenmonsters« weiterführend, definiert Giorgio Agamben in seinem *homo sacer*-Projekt die Gesellschaft auch und besonders an der Gestalt des Werwolfs: »Die souveräne Gewalt gründet in Wahrheit nicht auf einem Vertrag, sie gründet in der Einschließung des nackten Lebens in den Staat. Und so wie jenes tötbare und nicht opferbare Leben, dessen Paradigma der *homo sacer* bildet, in diesem Sinn die erste und unmittelbare Referenz der souveränen Macht ist, bewohnt der Werwolf, der Wolfsmensch des Menschen, in der Person des Souveräns dauerhaft den Staat.« (Agamben 2002: 117; vgl. Foucault 2007) Wölfische Souveränität ist für Agamben der Spiegel des Werwolfs als *homo sacer*, also dem nackten Leben als ununterschiedene Zone »zwischen Mensch und Tier, zwischen Natur und Kultur«. (Agamben 2002: 119) An der Figur des Werwolfs erweist sich somit letztlich, wie in allen Projektionen, die der Mensch von sich – und eben auch in der politischen Theorie – anfertigt, dass dieser nicht ohne Totemismen und Fetischismen auskommt. Tritt der Mensch vor einen Spiegel, so begegnet er nur für kurze Zeit seinem Imaginären, auf das er jubilatorisch reagiert. Schnell werden am Doppelgänger des Spiegelstadiums auch die wölfischen Aspekte sichtbar, und der Mensch muss mit Schrecken seine eigene Monstrosität erkennen. Auch politische Zoologie als ein Formular dieser Spiegelungen verwandelt sich somit letztlich in einen Schauerroman.

# WILDSCHWEIN, DAS

(*Sus scrofa* LINNAEUS, 1758; engl. *wild boar*; frz. *sanglier*; ungar. *vaddisznó*)

Klemens Renoldner

*1*

Einmal im Jahr verzehrten wir Wildschwein. Ein besonderes Ereignis, denn alltäglicherweise setzte man uns in diesem Speisesaal keine Delikatessen vor. Aber jeden 11. Dezember gab es für die Internatszöglinge des Benediktiner-Klosters Kremsmünster, das im Herzen des oberösterreichischen Hügellandes gelegen ist, ein Festessen. An diesem Tag war schulfrei, und am Platz des Esstisches, an dem sonst nur ein Glas mit Wasser stand, fand jeder Schüler eine Flasche des Getränks »Frucade« vor, ein von uns sehr geschätztes »Kracherl«, eine kohlensäurehältige Limonade von oranger Farbe. Nach der Suppe wurde jedem eine Portion Schweinsbraten mit Kraut und Knödel serviert. Das Entscheidende aber war: Auf dem Teller lag an diesem Tag auch ein kleines Stückchen dunkelrotes Wildschweinfleisch.

In Kremsmünster ist dies der so genannte »Stiftertag«, wobei die Bezeichnung nicht auf den Schriftsteller Adalbert Stifter, der das Gymnasium Kremsmünster von 1818 bis 1826 besucht hatte, verweist. Der »Stifter«, das war der Gründer des Klosters, Bayernherzog Tassilo III. (741–794), aus dem Geschlecht der Agilolfinger. (vgl. Wutzel 1977) Seine Mission setzte fort, was sein Vater, Herzog Odilo, ehrgeizig betrieben hatte: den politischen Einfluss Bayerns in Mitteleuropa zu vergrößern und zu sichern. Klostergründungen waren dabei eine gute Strategie. Im Geschichtsunterricht lernten wir von der »Christianisierung der barbarischen Alpenslawen«. 777 wurde das Kloster Kremsmünster gegründet, daher wird Herzog Tassilo an diesem Ort bis heute verehrt. Der 11. Dezember ist der größte Festtag des Klosterlebens und wird mit aufwendigen liturgischen Zeremonien begangen. Schon für die Feier der Totenvesper am 10. Dezember nachmittags wird in der Mitte der Kirche ein Sarg aufgebahrt. Auf dem mit schwarzem Samt überschlagenen Katafalk liegen Schwert und Hut der bayerischen Herzöge. Die Totenwache halten, zur Linken und zur Rechten des Sarges aufgestellt, mannsgroße Holzskelette,

<< Abb.: Klemens Renoldner: Wildschwein, 2011 © Klemens Renoldner

die Kerzen tragen. Die barocke Inszenierung des Requiems braucht auch musikalischen Einsatz. Durch die Jahrhunderte haben Patres des Klosters die Musik für diese feierliche Totenmesse komponiert, besonders erinnert sei an das »Libera me Domine« von Gunther Kronecker aus dem Jahr 1832.

Aber warum werden für dieses Fest Wildschweine geschlachtet? Die Sage der Klostergründung des Stiftes Kremsmünster berichtet, dass Herzog Tassilo im Kremstal auf der Jagd war und dass sein Sohn Gunther, vom Jagdeifer gepackt, immer tiefer in den von Bären, Wölfen und Wildschweinen bewohnten Wald vorstieß. Beim Versuch, einen Eber zu töten, zerbrach er seine Jagdlanze, worauf der schwerverletzte Eber den jugendlichen Prinzen von Bayern zerfleischte und sie beide dergestalt zu Tode kamen. Der durch ein treues Hündchen gerufene Vater eilte herbei und, weil in dem Augenblick ein Hubertushirsch mit brennendem Geweih aus dem Gehölz trat, entschied Tassilo kurzerhand, an dieser Stelle ein Kloster zu gründen. Seither essen die Mönche im Refektorium an diesem 11. Dezember Wildschweinbraten, und auch wir, die Gymnasiasten, erhielten immerhin ein kleines Stück des Opferschweines.

Sehenswert ist, unter dem südlichen Glockenturm der Klosterkirche gelegen, das mittelalterliche Grabmal Gunthers, zu beachten der zerbrochene Jagdspeer sowie Hündchen und Eber. Es gibt zahlreiche bildliche Darstellungen von Gunthers und des Ebers Tod. Wenig bekannt ist hingegen das balladenhafte Gedicht meines früheren Internatskollegen Adalbert Stifter unter dem Titel »Die Gründung von Kremsmünster«. Stifter erzählt auch hier von dem bedrohlichen Wald, der »wilden Tieren ein Aufenthalt« sei, der jedoch dem, der ihn betritt, den Tod bereiten kann. An der entscheidenden Stelle heißt es:

> O trauervoller Anblick! Ach, hier liegt
> Des Vaters Trost, die Hoffnung seiner Lande,
> Da liegt er bei dem Feind, den er besiegt,
> Bei einem Eber schmählich in dem Sande.

Folgerichtig, dass Eber und Hündchen im Wappen des Benediktinerklosters Kremsmünster verewigt sind und an die tragischen Umstände der Klostergründung gemahnen.

2

Weitab des Klosters an der Krems, im Pazifik, östlich von Neuguinea, gibt es eine Gruppe von 83 Inseln, ehemals Neue Hebriden genannt, seit 1980 politisch als Republik Vanuatu zusammengefasst. Auch auf der Fahne dieses Inselstaates kommt das Wildschwein zu Ehren: Der rote Streifen bezeichnet das Blut geopferter Schweine. Zudem wird in einem schwarzen Feld ein eingeringelter Wildschweinzahn gezeigt. Erst im 19. Jahrhundert erforschte man die Kultur der Vanuatu. (vgl. Kaufmann 1997) Auf diesen Inseln hängt der Status eines Mannes von der Anzahl und dem Wert seiner Wildschweine ab. Am wertvollsten sind Wildschweine mit möglichst großen, ein oder mehrfach geringelten Hauern. Es handelt sich um besondere Züchtungen. Reiche Männer tragen sie als Armreifen an beiden Händen. Ursprünglich waren die Wildschweine bei den Vanuatu die dominante Währung. Folgerichtig, dass für die Schweine kleine Häuser gebaut wurden.

Auch bei den Vanuatu wurde das Wildschwein getötet und gegessen. Geopfert wird von einem mächtigen Mann das wertvollste Schwein, das er besitzt. Durch die zeremonielle Schlachtung und den Verzehr des Wildschweinfleisches werden jene Geister beruhigt, die den Weg der Seelen ins Totenreich bewachen. Die Vanuatu glaubten, wenn sie mit dem Fleisch auch die Seele des getöteten Wildschweins in sich aufgenommen haben, dann würde ihre Seele den Weg ins Totenreich ohne Hindernisse passieren könnten. Im Ethnologie-Trakt des Field-Museums in Chicago ist die Kultur der Vanuatu mit einer immensen Anzahl von Objekten dokumentiert. Zu sehen sind hier auch die mannshohen Spieße und die reich verzierten Holzkeulen, die zur rituellen Tötung von Wildschweinen verwendet wurden.

Dass der Besitz von Wildschweinen die ökonomische und soziale Potenz eines Mannes bestimmt, verweist auf dem Umstand, dass im asiatischen Raum, etwa im alten China, das Schwein als Zeichen für Reichtum und als Glücksbringer angesehen wurde. Dies wäre ein Ansatz, über die polyvalenten Bezüge zwischen Geld und Schwein nachzudenken. Das Schwein war ja bereits Symbol auf keltischen Münzen. (vgl. Beckmann 2006: 475ff.) Wenn also davon geredet werden kann, dass etwas *ein Schweinegeld* kostet, müsste man doch fragen, ob die Vanuatu oder die Kremsmünsterer Mönche es nicht besser verstehen würden, wenn es hieße, etwas koste ein *Wildschweinegeld*.

*3*

Vom Verzehr des Wildschweines handelt auch ein berühmtes deutsches Märchen. Man könnte es auch einen Fall von Kannibalismus nennen, was die Brüder Grimm in ihrem »Sneewittchen« auftischen. Bekanntlich wird das überaus schöne Sneewittchen von ihrer Stiefmutter, einer bösen Königin, wegen seiner Schönheit gehasst. Ein Jäger erhält daher den Auftrag, Sneewittchen zu töten. Aber der Waidmann hat Mitleid mit dem Mädchen, nicht jedoch mit dem des Wegs kommenden jungen Wildschwein. Er schneidet dem Frischling Leber und Lunge heraus und bringt beide zum Beweis, Sneewittchen ermordet zu haben, ins Schloss. Nach feiner Zubereitung durch den Schlosskoch verzehrt die Königin mit hohem Genuss das Wildschweinragout, das sie für die Innereien Sneewittchens hält.

*4*

Wir sehen: Wenn vom Wildschwein die Rede ist, dann wird immer auch an das Töten und an den Verzehr des Fleisches gedacht. Kaum erstaunlich daher die zahlreichen Veröffentlichungen, die sich an den Jäger des Schwarzwildes richten. Aus der Fülle dieser Literatur fünf ausgewählte Empfehlungen.

In jeden Jagdrock passt das mit dem praktischen abwaschbaren Plastik-Einband versehene Taschenbuch von Bruno Hespeler über Lebensweise von Schwarzwild, Schadensbegrenzung, Jagdarten und Wildbretverwertung. (vgl. Hespeler 2004)

Bemerkenswert der mehr als 500 Seiten starke DDR-Band von Lutz Briedermann, insbesondere deswegen, weil wir uns darin in ausführlichen Tabellen über das Vorkommen und die zur Strecke gebrachten Wildschweine in der DDR zwischen 1954 und 1987 informieren können. (vgl. Briedermann 1990: 51)

Für Berliner empfiehlt sich insbesondere die Dissertation von Uwe Dinter, der sich einem brisanten Thema widmete: Dem »Raum-Zeitverhalten von Schwarzwild im Grunewald in den Sommermonaten unter besonderer Berücksichtigung menschlicher Störungen«. (vgl. Dinter 1991) Und Christine Heidemanns Essay »Kalydon am Alexanderplatz. Zur Geschichte der Jagd auf das Wildschwein«, in dem von Thomas Macho edierten Band »Arme Schweine«. (vgl. Heidemann 2006)

Rolf Hennig präsentiert in seinem Buch »Schwarzwild. Biologie, Verhalten, Hege und Jagd« alles über das Wildschwein, u.a. die für zeremonielle Feiern mit Musik unerlässlichen Noten des beliebten deutschen Jagdsignals: »Sau tot«. (Hennig 1998: 218)

5

Ohne rituelle Schlachtung und ohne Verzehr von Wildschweinfleisch kommt man jedoch in britischen Bierkneipen aus. Bekanntlich tragen Pubs auf ihrem Schild gerne Berühmtheiten, unter deren Schutz man sich zum Trinken setzt. Pubs mit den Namen »The Kings Head«, »The Earls Head«, »The Dukes Head« etc. findet man häufig. Auch Tiere spielen bei Kneipennamen (nicht nur im angloamerikanischen Raum) eine große Rolle. In Shakespeares 1596/97 uraufgeführtem Königsdrama »Henry IV« wird ein Wirtshaus in Eastcheap (nordöstlich der London-Bridge gelegen) zum zentralen Ort der Handlung, der Name: »The Boars Head Tavern«. (Shakespeare 1992: 56) In August Wilhelm Schlegels Übersetzung wird daraus »Die Schenke zum wilden Schweinskopf«.

Unter dem Schild mit dem Wildschweinkopf öffnet sich die Tür in ein Reich aus Alkoholismus, sexueller Ausschweifung, Gaunerei und rhetorischer Brillanz. Sir Falstaff trifft sich hier mit Prinz Harry, dem späteren König Henry V., und mit seinen Haudegen Bardolph, Pistol, Poins und Gadshill. Die Wirtin des berüchtigten Etablissements heißt *Miss Quickly*, ihre mehrere Professionen beherrschende Kellnerin *Doll Tearsheet*, was Schlegel zutreffend als *Dortchen Lakenreisser* übersetzte. Mit einigem Recht erkennt der bekannte Shakespeare-Forscher Stephen Greenblatt folglich unter dem Zeichen des Wildschweines bis hin zur parodistischen Königskrönung Falstaffs einen plebejischen und farcehaften Gegenentwurf zum königlichen Ordnungsprinzip. (vgl. Greenblatt 1993: 57ff.)

6

Vieles wäre noch zur Mythologie des Wildschweins zu sagen. Man könnte darauf hinweisen, dass es in der Antike als Höllentier erscheint, dass ein Eber Adonis bei der Wildschweinjagd tötete, die Zauberin Kirke Odysseus' Kumpanen in Schweine verwandelte, dass die *Shuar* in Ekuador in ihren Sagen Wildschweine in Menschengestalt kennen, in der Bibel die Sau das Böse, auch das unreine Tier ist. In diesem Zusammenhang wäre das orientalische Schweinetabu zu berühren, aber auch die Feier des Schweins als Symbol der Fruchtbarkeit und seine Idealisierung als »Uterus-Tier«. (vgl. Beckmann 2006: 476–478)

Dass die Kelten das Wildschwein als Göttergeschenk betrachteten und verstorbenen Adeligen deshalb wertvolle Körperteile des Tieres mit auf den Weg ins Jenseits gaben, ist – wie vieles zum Thema – bei Franz M. Wuketits zu erfahren. (vgl. Wuketits 2011) Der Autor untersucht nicht nur die Gründe, wie es kam, dass sich die »Sau« im Reich der Schimpfwörter zu einer derart begehrten Position aufschwingen konnte, sondern auch, welche Rollen das Schwein in Kinderbuch, Comic, Film und Popkultur erlernen durfte.

Am Ende dieser höchst fragmentarischen Notizen sei (nicht nur den künftigen Forschern des Wildschweinsujets) empfohlen zu bedenken, dass jeder, der eine »Sau rauslassen« möchte, sich zuvor vergewissern sollte, ob er tatsächlich im Besitz einer solchen ist.

# WOLF, DER

(*Canis lupus* LINNAEUS, 1758; engl. *gray wolf*; rumän. *Lupul cenușiu*)

Christoph Wulf

Erstmals nach 150 Jahren gibt es wieder Wölfe in Deutschland. Nachdem sie in der Mitte des 19. Jahrhunderts in Deutschland ausgerottet waren, bevölkern sie nun seit 1990 wieder Teile Ostdeutschlands. Im Herbst 2000 wurden zwei erwachsene Wölfe und zwei Jungtiere in der Muskauer Heide beobachtet. Mittlerweile werden in diesem Gebiet sechs Rudel gezählt. Man geht heute von sechzig Tieren aus, die in einem Gebiet leben, das seinen Mittelpunkt in Sachsen mit Ausläufern nach Brandenburg und Sachsen-Anhalt hat. Eingewandert sind diese Tiere aus Polen, wo sie noch zahlreich sind. In Europa gilt der Wolf als gefährdet und daher schützenswert. In Deutschland haben Wölfe den höchst möglichen Schutzstatus, der auch ihre allmähliche Wiederverbreitung möglich gemacht hat. (vgl. Ansorge u.a. 2011)

Wölfe legen des Nachts Strecken von 25 bis 30 Kilometern zurück. Wölfe sind scheu; sie jagen nachts und meiden den Menschen; ein gerissenes Tier fressen sie mit Haut und Haar. Da ihr Fleischbedarf beträchtlich ist, kann es zu erheblichen »Interessenskonflikten« mit Jägern kommen. Wie wir aus Kotanalysen wissen, besteht ihre bevorzugte Nahrung aus Rehen (52 %); doch auch Rotwild (25 %), Wildschweine (16 %), manchmal Hasen (4 %) und selten Schafe und Ziegen (0,4 %) gehören zu ihrer Nahrung. Werden vereinzelt Nutztiere gerissen, werden deren Besitzer von den Landwirtschaftsministerien finanziell entschädigt.

Folgt man einer Analyse des Senckenberg-Museums, dann ist das Verhältnis des Menschen zum Wolf in Deutschland durch drei Elemente gekennzeichnet: Monitoring, Schadensprävention, Öffentlichkeitsarbeit. Mit Monitoring wird die wissenschaftliche Erforschung und Betreuung der Wölfe in Deutschland bezeichnet. Rudel, territoriale Paare, Einzelwölfe werden untersucht; ihr Jagdverhalten und ihr Verhältnis zur Bevölkerung werden erforscht. Halter von Nutztieren erhalten Beratungen, wie Schäden durch Wölfe minimiert werden können. Schließlich wird die Bevölkerung über das Verhalten

<< Abb.: Kapitolinische Wölfin (Detail), Entstehungszeit unbekannt (9.–13. Jh). Kapitolinische Museen, Rom

der Wölfe informiert; Dauerausstellungen werden eingerichtet. Es wird versucht, die Menschen für das Leben der Wölfe zu interessieren.

Die »Wiederkehr« der Wölfe führt zu einem neuen Verhältnis zwischen Mensch und Wolf, das andere Einstellungen zum Wolf hervorruft als die, die sich im Verlauf von Jahrhunderten im Imaginären der Menschen herausgebildet haben. Heute hat das Verhältnis zum Wolf seinen unheimlichen und bedrohlichen Charakter weitgehend verloren. Lange war nicht der Wolf, sondern der Mensch das schützenswerte Lebewesen. Als Räuber, als dunkles, triebmächtiges Tier bedrohte und gefährdete der Wolf die Menschen. Noch immer wirken diese Bilder und Vorstellungen aus der Geschichte unseres kollektiven Imaginären auf unser Verhältnis zum Wolf. Der Wolf unseres Imaginären ähnelt nur wenig dem Wolf, der nun wieder in der Lausitz lebt. Ihn müssen wir in der Realität vor uns, doch uns müssen wir vor seinen Figurationen und Manifestationen in unserem Imaginären schützen. Es scheint, als sei die Diskrepanz zwischen dem realen und dem imaginären Wolf kaum überbrückbar. (vgl. Böhme u.a. 2004)

Unterwirft sich Isegrim dem Menschen, gehorcht er und lässt sich in einen Hund verwandeln, der ein Geschöpf des Menschen zu sein akzeptiert, so ist er willkommen. Der zum Hund transformierte Wolf gehört zu den Tieren, die mit den Menschen eng verbundenen sind. Bei der Jagd, im Haus, in der Familie ist er ein Lebensgefährte der Menschen. Der Hund spiegelt uns eine zivilisatorische Disziplinierung und Umgestaltung wider, die auch wir als Menschen ähnlich zu erbringen haben. Wir lieben den Hund dafür, dass er nicht mehr Wolf ist, sondern ein verlässliches, uns zugewandtes Tier, das wir nicht fürchten müssen, dessen Unterwerfung und Treue wir mit Zuneigung erwidern. Hund und Mensch verhalten sich, wie es erwartet wird. Dafür werden beide belohnt.

In der grimmschen Version des Märchens vom Rotkäppchen, die der Fassung von Charles Perrault (1697) ähnelt, sind Jäger, Großmutter und Rotkäppchen am Ende zufrieden. Dort heißt es: »Da waren alle drei vergnügt; der Jäger zog dem Wolf den Pelz ab und ging damit heim, die Großmutter aß den Kuchen und trank den Wein, den Rotkäppchen gebracht hatte, und erholte sich wieder, Rotkäppchen aber dachte: ›Du willst Dein Lebtag nicht wieder allein vom Wege ab in den Wald laufen, wenn dir's die Mutter verboten hat.‹« (Brüder Grimm 1985/86: 156–159) Dem bösen Wolf ist das Fell abgezogen worden. Sein Begehren, das ihn Großmutter und Rotkäppchen verschlingen ließ, ist gesühnt worden. Die Tötung des Wolfs brachte dem Jäger das Fell ein, der Großmutter die Gesundheit zurück und dem Rotkäppchen die Erkenntnis, dass ein Mädchen nicht gegen die Gebote der Mutter verstoßen und vom rechten Weg ab in den Wald gehen dürfe. (vgl. Messner 2007)

Weniger eindeutig ist dieses Märchen in der Rekonstruktion des französischen Märchenforschers Delarue. Hier frisst der Wolf die Großmutter, füllt ihr Blut in eine Weinflasche und legt etwas von ihrem Fleisch in den Küchenschrank. Als Rotkäppchen kommt, ermuntert er es, das Blut ihrer Großmutter zu trinken, ihr Fleisch zu essen, sich auszuziehen und sich zu ihm ins Bett zu legen. Doch dann überlistet Rotkäppchen den gierigen Wolf. Unter dem Vorwand, dringend ihre Notdurft verrichten zu müssen, entweicht es nach draußen, entledigt sich der Wollschnur, die der Wolf ihr zur Kontrolle um den Fuß gebunden hatte, und flieht, ehe es der Wolf bemerkt. In dieser Fassung des Märchens ist die alte Frau das Opfer; sie wird vom Wolf und ihrer Enkelin verzehrt. Rotkäppchen ist dem wilden Tier gewachsen, ist ihm ebenbürtig und kann sich vor seinem Zugriff befreien. (vgl. Messner 2007)

In den zahlreichen Fassungen und Interpretationen dieses Märchens geht es um eine Auseinandersetzung mit dem Wilden, Triebhaften und Bösen. Dabei stehen unterschiedliche Aspekte im Mittelpunkt, in denen sich gesellschaftliche und kulturelle Konflikte der frühbürgerlichen und bürgerlichen Gesellschaft ausdrücken. So bringt die Darstellung des Wolfs in vielen Tierfabeln zwischen dem 13. und dem 15. Jahrhundert die Gefährdung der gesellschaftlichen und moralischen Ordnung zum Ausdruck. In der Fabel »Vom Wolf und dem Kranich« wird der Missbrauch der politischen Macht inszeniert, in der Fabel »Der Wolf und das Lamm« das Gewissen der Mächtigen zum Thema. (vgl. Schütze 1973 und Emmerich 1960) Im Mittelalter ist die negative Bedeutung des Wolfs noch deutlicher. Er wird mit Flüchtlingen und Verbrechern in Zusammenhang gebracht. Wolf und Werwolf leben außerhalb der menschlichen Gesellschaft im Wald und am Meer. Sie werden verfolgt, gejagt und getötet. Der Werwolf gilt als Verbrecher und Krieger, als eine Figur aus der Mythologie und dem Aberglauben. (vgl. Jacoby 1974)

Wie vielschichtig die Auseinandersetzung mit dem Wolf und seiner Stellung im kulturellen Imaginären ist, zeigt ein Blick in das Handbuch des deutschen Aberglaubens. Vergleicht man die hier zum Ausdruck kommenden Vorstellungen vom Wolf mit den Bildern, die seine Wiederansiedlung heute begleiten, kann man sich nicht des Eindrucks verwehren, als handele es sich hier um zwei verschiedene Tiere. In unseren kollektiven Vorstellungen ist der Wolf bedrohlich; blutdürstig, vom »Wolfshunger« getrieben, zerreißt der im Wald lebende »Graue« andere Tiere. Er ist das Geschöpf eines bösen Dämons, des Teufels; ihm werden ungeheure Kräfte zugeschrieben. Der Wolf ist ein listenreiches, hinterhältiges, brünstiges Nacht- und Waldtier. Er ist ein Feind und Schädiger des Menschen. Er kann sogar Pflanzen Schaden bringen und die Ernte vernichten. Manchmal wird er sogar als Leichendämon, als Aasfresser bezeichnet. Hexen reiten auf ihm; nicht selten bedienen sie sich seiner Gestalt. Dem Wolf werden magische und prädiktive Kräfte zugeschrieben. Je nach Kontext kündigt er Unheil, manchmal jedoch auch Glück an. Der zur Schau gestellte offene Rachen eines erlegten Wolfs soll böse Dämonen, Diebe und Zauberer abwehren. Manchmal werden dem Wolf auch Heilkräfte zugeschrieben; in der Volksmedizin werden seine Körperteile gegen eine Vielzahl von Krankheiten verwendet. In der germanischen Mythologie ist der Wolf das große eschatologische Untier, auch »Fenrir« genannt. In der Eda wird das Ende der Zeit als »vargold«, als Wolfszeit bezeichnet. Im Gilgamesch-Epos bedient sich die Gottheit des Wolfs, um zu strafen.

Auch die Anthropologie hat sich mit dem Wolf bzw. mit Berichten über Wolfskinder, d.h. über Kinder auseinandergesetzt, die außerhalb der Zivilisation von Wölfen großgezogen wurden. An ihrem Beispiel hat Adolf Portmann deutlich gemacht, wie sehr die kindliche Entwicklung von anderen Menschen und dem durch sie vermittelten kulturellen Lernen abhängt. In dem diesen Überlegungen zugrundeliegenden Tagebuch des Missionars Singh über Wolfskinder in Indien wird deutlich, dass die in der Gemeinschaft von Wölfen großwerdenden Kinder von den Wölfen so gut umsorgt werden, dass sie am Leben bleiben. (vgl. Singh 1964) Doch fehlt ihnen die für die menschliche Entwicklung erforderliche Kultivierung. So lernen diese Kinder z.B. nicht, aufrecht zu gehen. Wenn sie nach ein paar Jahren unter Wölfen mit Menschen zusammenkommen, sind sie nicht mehr in der Lage, soziale Emotionen, Sprachkompetenz und Interaktionsfähigkeit zu entwickeln. Im Vergleich mit anderen Kindern wird deutlich, wie sehr Menschen andere Menschen für ihre emotionale, soziale und kulturelle Entwicklung benötigen und wie sehr sie sich dadurch zum Beispiel von Wölfen unterscheiden. (vgl. Hall/Sharp 1978)

Unsere Sicht des Wolfes oszilliert zwischen den Bildern der Vergangenheit und den Wahrnehmungen der Gegenwart, zwischen den Figurationen des Imaginären und den Sinneseindrücken von den realen Tieren und deren Beobachtungen.

# Z

# ZECKE, DIE

(*Ixodida*, Leach, 1815; engl. *tick*; ital. *zecca*; span. *garrapata*)

Daniel Tyradellis

Gemessen an der Komplexität von Säugetieren oder von Lebensformen, die über einen hohen Grad kollektiver Intelligenz verfügen, ist die Zecke ein einfach gestricktes Tier. Es lauert vorwiegend in Büschen, eher in Knie- als in Kopfhöhe, und tut so gut wie nichts. Die Zecke kennt nur einige wenige Parameter, nach denen sie Welt wahrnimmt und interpretiert: (vertikale) Lage, (Körper-)Temperatur, Haut/Behaarung, Geruch von Buttersäure. Nur sie veranlassen die Zecke zum Handeln: aufs Opfer springen, an die richtige Stelle krabbeln und zubeißen. Das ist alles. Die ihm über die Jahrhunderte entgegengebrachte Aufmerksamkeit muss deshalb zunächst erstaunen und ruft weniger nach einer naturwissenschaftlichen denn nach einer faszinationsgeschichtlichen Antwort.

Dass die Zecke als spinnenartiger Parasit sehr ernst zu nehmende Krankheiten auf Menschen und Tiere zu übertragen vermag (und das weiß man schon sehr lange, wie etwa ein Abschnitt des berühmten »Falken- und Hundebuchs« des Kalifen al-Mutawakkil aus dem 9. Jahrhundert belegt), ist sicher ein Grund für das anhaltende Interesse an dem in etwa 900 Arten vorkommenden Mitglied der Arthopoden, genauer den Chelicerata (Kieferklauenträger). Allen voran sind es die virale FSME (Früh-Sommer-Meningo-Enzephalitis) sowie die bakterielle Borreliose; beide Erkrankungen können zu irreparablen Schädigungen, im Extremfall zum Tod führen. Grund genug also, sich zu informieren. Allerdings: Verlässlich schützen kann man sich nicht, eine wirkliche »Zeckenimpfung« gibt es nicht. Viele Experten gehen davon aus, dass sich durch die globalen klimatischen Veränderungen die Zecken und damit die von ihnen übertragenen Krankheiten noch weiter ausbreiten als bisher und das Problem »Zecke« eher größer als kleiner werden wird.

Die Kategorien »größer« und »kleiner« könnten ein Anhalt sein: Zecken sind so klein, dass sie in freier Wildbahn praktisch nicht zu erkennen und deshalb als Bedrohung potenziell überall zugegen sind, wo Natur sich zeigt –

<< Abb.: Carsten Stolze: Zecke © Carsten Stolze. Fotolia.com

vergleichbar der Überwachungssituation im foucaultschen Panoptikum als Chiffre für die individuelle Selbstwahrnehmung und Dauerkontrolle durch den Staat auch da, wo keine entsprechende Architektur vorliegt. Nichtsdestotrotz ist die Zecke grundsätzlich sehr wohl mit bloßem Auge erkennbar und deshalb nicht so abstrakt wie etwa die Viren oder Bakterien, die sie überträgt. Solcherart Grenzfigur zwischen Sichtbarkeit und Unsichtbarkeit, empfiehlt sich die Zecke als ideales Tier zur medien- und erkenntnistheoretischen Positionsbestimmung. An ihr lassen sich die Grenzen des Mesokosmos und die Abhängigkeit des Menschen von den ihn begleitenden Medien und dem damit verbundenen Wissen explizieren – gerade in (auch emotionaler) Abgrenzung gegenüber jenem Wissen, das auf unmittelbare Sichtbarkeit angewiesen ist oder darin seine Referenz findet wie etwa die husserlsche Phänomenologie mit ihren schillernden Untiefen. Ob mathematische Monsterfunktionen oder kleine Biomonster in der Sommerwiese: Beide bedrohen und stärken sie als Grenzfiguren das Ich. Der romantische Appell »Lebe wild und gefährlich« findet in der Zecke beim Ausflug des Großstädters in die ländliche Umgebung seine letzte Verkörperung.

Die Grenzexistenz des Parasiten ist es wohl, warum das Wort »Zecke« gelegentlich zur Bezeichnung von Punks verwendet wird: Auch sie stehen bewusst an der Grenze des mit durchschnittlichem Bürgerverstand hinreichend Erklärbaren. Als rebellisches und/oder künstlerisches Projekt scheinen sie an der Gesellschaft zu schmarotzen, ihre – unterstellte – unreinliche Lebensweise und Zusammenrottung an schmutzigen und hochfrequentierten öffentlichen Plätzen suggeriert einen Krankheitsherd, der nicht ohne weiteres zu kontrollieren ist. Dazu kommt, dass der Punk sich zeckengleich ernährt: In Kniehöhe sitzend oder hockend stürzt er sich mit Vorliebe auf sein bürgerliches Opfer, um bei ihm Geld oder Zigaretten zu schnorren. Die Krankheit, die er dabei überträgt, wird aber in aller Regel maximal die sein, dass es ihm sein Opfer, angefixt von dieser ganz anderen Lebensform, alsbald gleichtut.

Zweifellos ist es nicht diese soziale Komponente, die die Zecke zu einem gern gesehenen Gast in den Laboren oder Gedankenexperimenten der harten Wissenschaften macht. Vielmehr ist es dort gerade das Gegenteil: ihr für diese Wissenschaften attraktiver Grad von (Nicht-)Komplexität. Die Zecke ist das antikybernetische Tier *par excellence*. Sie funktioniert annähernd wie eine Maschine im Standby-Modus, die auf Schlüsselreize hin ihr Programm ablaufen lässt. Markant ist dabei ihre »Trivialität« im Sinne Heinz von

Foersters: Die Umwelt wirkt nicht auf das Programm zurück, so dass keine Feedback-Kreisläufe entstehen, die die Beschreibbarkeit der Vorgänge schnell an die Kapazitätsgrenzen von Gehirnen oder Computern bringen. So verwundert es nicht, dass die Zecke auch in den Cognitive Sciences eine steile Karriere hingelegt hat. Regalmeter existieren zu dem etwas obskuren Problem, ob denn die Zecke einen Begriff (bzw. ein »concept«) von Mensch besitze. Diese reduktionistische Fragestellung verfolgt den Zweck, das ewige Rätsel des Zusammenhangs von Welt und den Begriffen, in denen man sie beschreibt, mit biologischen Realien in den Griff zu kriegen. Aus dieser Perspektive sind es primär Sensorik und Nervensystem, letztlich aber die gesamte Zecke in ihren physiologischen Spezifika, die den Begriff »Mensch« (oder sagen wir: Säugetiere mit einer bestimmten Körpertemperatur, Buttersäureproduktion und Körperbehaarung) verkörpern. Die Abstraktion eines Begriffs und die Konkretion einer »Passung« kommen hier zusammen – Traum eines jeden Forschers, der an eine Deckung von Sprache und evolutionärer Anpassung glaubt.

Dieser spezifische Passungscharakter ist es auch, den einige Philosophen an der Zecke herausstellen, wenn auch in einem umfassenderen Sinne. Wie die Untersuchungen Jakob von Uexkülls gezeigt haben, kann die Zecke jahrelang komagleich verharren, bis die entscheidenden Reize eintreten und sie plötzlich zur Tat krabbelt. Sie verfügt mithin über eine Art Gelassenheit und Gestimmtheit gegenüber der Welt. Man weiß, dass diese Eigenschaften Martin Heidegger trotz oder wegen der Weltarmut des Tieres interessiert haben. Im Anschluss an ihn hat Giorgio Agamben diesen Gedanken am uexküllschen Beispiel der Zecke erweitert, dessen vermeintliche Zeitlosigkeit Heidegger zum Zeitpunkt seiner berühmten Vorlesungen zum Tier noch nicht kannte. Aus Uexküll wohl näher stehenden Gründen hat Gilles Deleuze die Zecke gar zu seinem Lieblingstier erklärt. Seine Sympathie gilt dem Tier aufgrund der Möglichkeit, an ihm Prinzip und Würde des Immanenzdenkens verständlich zu machen. Denn die Zecke ist Teil eines Gefüges, deren Welt schlagartig sich aufspannt und wieder in sich zusammenfällt. Eine übergeordnete Ebene gibt es nicht, keine Hierarchie, keine Schuld, keine Sinnfrage und keine zu Anthropomorphisierungen einladende Bezüglichkeit wie etwa beim Haustier. Gerade ihre nach naturwissenschaftlichen oder subjektphilosophischen Kriterien so unterkomplexe Lebensform macht die Zecke für Deleuze interessant – kann er doch zeigen, dass es darauf nun wirklich nicht ankommt.

Das, was Deleuze an der Zecke fasziniert, ist schlicht, dass sie eine Welt hat. Was bedeutet, dass sie *ihre* Welt hat, wohingegen es haufenweise Tiere und Menschen gibt, die keine haben – die sich also nur nach dem richten, was ihnen jenseits ihrer Idiosynkrasien eingeredet wird, und die sich willfährig in eine fremde Welt einbauen lassen: der blanke Horror für einen Immanenzdenker. Die Zecke interessiert sich nur für das in der Welt, was sie ureigen angeht. Alles andere ist ihr, so Deleuze, »scheißegal«.

Diese Haltung hat wiederum eine faszinationsgeschichtliche Facette, hier dem Faultier ähnlich, für dessen offensives Nichtstun der Mensch es insgeheim sehr bewundert. Nun ist es immerhin möglich, dass die Zecke ihrerseits nur so lange – Kierkegaard gleich – hadert, etwas zu tun, bis der Reiz den entscheidenden Ausschlag gibt und sie ihr monatelanges Sitzen auf heißen Kohlen beendet. Doch wenn das so wäre, täte sie es, ohne nennenswert Kalorien zu verbrennen – was zumindest der Metapher widerspräche. Auf jeden Fall lässt sich an und mit der Zecke besonders gut der schmale Grat zwischen Maschine und Gefüge beschreiben: Während die Maschine in aller Regel als Gegenmodell zu dem der Freiheit angesehen wird, ist es bei Deleuze gerade die absolute Gestimmtheit von Tier und seiner Welt, die vorbildhaft für Freiheit steht. Das kündet von der Univozität des Seins und ist gelebter Stoizismus: Hier ist alles notwendig und deshalb alles frei, weil weder Hierarchien noch Schuld existieren, dafür aber der Entschluss zum *amor fati* als Aufgabe, sich den Ereignissen würdig zu erweisen.

Die Zecke ließe sich somit als eine Art Anti-Sisyphos fassen. Ihr Leben besteht nicht darin, eine Last einen Hügel immer wieder von neuem hinaufzuwälzen, nur um ihn kurz vor dem Gipfel entgleiten zu sehen und von vorn beginnen zu müssen. Ihr Dasein ist eher dadurch charakterisiert, dass sie auf dem Gipfel hockt und nichts tut. Wenn sie danebenstürzt, was soll's, klettert sie halt wieder hoch. Die Zecke kennt so etwas wie Scheitern nicht. Wir haben uns die Zecke als einen glücklichen Menschen vorzustellen. Oder umgekehrt.

# LITERATUR


Abraham, Karl 1922/1982: Die Spinne als Traumsymbol. In: Ders.: *Gesammelte Schriften in zwei Bänden*, hrsg. von Johannes Cremerius, Bd. 2. Frankfurt am Main: Fischer. S. 240–246.

Aelianus, Claudius 1985: *Die tanzenden Pferde von Sybaris. Tiergeschichten.* Leipzig: Reclam.

Agamben, Giorgio 2002: *Homo sacer. Die souveräne Macht und das nackte Leben.* Frankfurt am Main: Suhrkamp.

Agamben, Giorgio 2003: *Das Offene. Der Mensch und das Tier.* Frankfurt am Main: Suhrkamp.

Alberti, Leon Battista 1435/2000: De Pictura. In: Bätschmann, Oskar/Schäublin, Christoph (Hrsg.): *Leon Battista Alberti: Das Standbild. Die Malkunst. Grundlagen der Malerei.* Darmstadt: Wissenschaftliche Buchgesellschaft. S. 193–315.

Alberts, Bruce u.a. 1995: *Molekularbiologie der Zelle.* Weinheim/New York: VCH.

Albertus Magnus 1962: *De Animalibus libri/Von Falken, Hunden und Pferden. Deutsche Albertus-Magnus-Übersetzungen aus der ersten Hälfte des 15. Jahrhunderts*, 2 Bde., hrsg. von Kurt Lindner. Berlin: Walter de Gruyter.

Allen, Woody 1975: *Without Feathers.* New York: Random House.

Allert, Tilman 2002: Liebe ohne Ambivalenz. Zur kommunikativen Funktion von Tieren. In: Bilstein, Johannes/Winzen, Matthias (Hrsg.): *Das Tier in mir. Die animalischen Ebenbilder des Menschen.* Köln: Walther König. S. 126–143.

Anonymus: *The Story of Clem.* http://vultures.homestead.com/Clem.html, 19.1.2012.

Anonymus 2008: Time Lapse – Whole Gecko Eaten by Ants in just a Few Hours. In: http://www.youtube.com/watch?v=R3Mt2E1M6dU&feature=related, 18.3.2012.

Ansorge, Hermann u.a. 2011: Sie sind wieder da! Seit 10 Jahren gibt es wieder Wölfe in Deutschland. In: *Senckenberg. Natur, Forschung, Museum. Das Senckenberg-Wissenschaftsmagazin*, 141/5–6 (2011). S. 162–173.

Aretin, Johann C. Freiherr von 1810: *Systematische Anleitung zur Theorie und Praxis der Mnemonik, nebst den Grundlinien zur Geschichte und Kritik dieser Wissenschaft*. Sulzbach: Seidel.

Aristoteles 1957: *Historia animalium/Tierkunde*. In: Ders.: *Die Lehrschriften*, hrsg. von Paul Gohlke, Bd. 8.1. Paderborn: Schöningh.

Aristoteles 1959: *De Animalium generatione/Über die Zeugung der Geschöpfe*. In: Ders.: *Die Lehrschriften*, hrsg. von Paul Gohlke, Bd. 8.3. Paderborn: Schöningh.

Aristoteles 1981: *Politik*, hrsg. von Günther Bien. Hamburg: Meiner.

Aristoteles 1983: De Anima/Von der Seele. In: *Vom Himmel. Von der Seele. Von der Dichtkunst*, hrsg. von Olof Gigon. München: dtv. S. 181–347.

Aristoteles 1988: *Physik. Vorlesung über Natur*, gr./dt., hrsg. von Hans Günter Zekl, Halbbd. 2. Hamburg: Meiner.

Arsenijević, Miloš 2007: *Die Bedeutung der Zenonischen Paradoxa für die Philosophie der Zeit*. In: Müller, Thomas (Hrsg.): *Philosophie der Zeit*. Frankfurt am Main: Vittorio Klostermann. S. 139–173.

Asadpour, Masoud u.a. 2006: Robot-Animal Interaction: Perception and Behaviour of InsBot. In: *International Journal of Advanced Robotic Systems*, 3/2 (2006). S. 93–98.

Aumiller, Jochen/ Keil, Uwe 1974: *Terror der Viren*. Freiburg: Herder.

Ax, Wolfram 1986: *Laut, Stimme und Sprache. Studien zu drei Grundbegriffen der antiken Sprachtheorie*. Göttingen: Vandenhoeck & Ruprecht.

Bachofen, Johann Jakob 1861/1954: *Mutterrecht und Urreligion. Eine Auswahl*, hrsg. von Rudolf Marx. Stuttgart: Kröner.

Baerheim, Anders/Sandvik, Hogne 1994: Effect of Ale, Garlic, and Soured Cream on the Appetite of Leeches. In: *British Medical Journal*, 309 (1994). S. 1689.

Barthes, Roland 1974: *Die Lust am Text*. Frankfurt am Main: Suhrkamp.

Bartholin, Thomas 1647: *De luce animalium*. Leyden: Ex Officina Francisci Hackii.

Bates, Henry Walter 1863: *The Naturalist on the River Amazons*, Bd. 2. London: John Murray.

Bauer, Felix 1996: Schweizer Armee mustert ihre Brieftauben aus. In: *Die Welt*, 6.7.1996: http://www.welt.de/print-welt/article650105/Schweizer_Armee_mustert_ihre_Brieftauben_aus.html, 8.3.2012.

Baumgart, Wolfgang 2001: *Europas Geier. Flugriesen im Aufwind. Sammlung Vogelkunde*. Wiebelsheim: Aula-Verlag.

Bazin, Gilles-Augustin 1744: *Historie naturelle des abeilles*, 2 Bde. Paris: Frères Guirn.

BBC Wildlife 2008: Elephants grieving. BBC Wildlife Documentary: http://www.youtube.com/watch?v=C5RiHTSXK2A, 8.3.2012.

Beale, Thomas 1839: *The Natural History of the Sperm Whale*. London: van Voorst.

Bächtold-Stäubli, Hanns u.a. (Hrsg.) 1927–1942: *Handwörterbuch des deutschen Aberglaubens*, 10 Bde. Berlin: Walter de Gruyter.

Beckmann, Dieter 2005: *Lexikon der Pflanzen- und Tiermythen. Etymologie der Wild- und Kulturarten*. Frankfurt am Main: Cornelia-Goethe-Literaturverlag.

Beebe, William 1921: *Edge of the Jungle*. New York: Garden City Publishing.

Bellori, Giovanni Pietro/Santi Bartoli, Pietro 1693: *Admiranda Romanarum Antiquitatum ac Veteris Sculpturae Vestigia*. Rom: Rubeis.

Belting, Hans 2011: *Bildanthropologie. Entwürfe für eine Bildwissenschaft*. München: Wilhelm Fink.

Benjamin, Walter 2010: Berliner Kindheit um 1900. In: Ders.: *Gesammelte Schriften*, hrsg. von Rolf Tiedemann und Hermann Schweppenhäuser, Bd. 4.1. Frankfurt am Main: Suhrkamp. S. 235–304.

Biewer, Ludwig 2010: Der Greif in der pommerschen Kommunalheraldik. In: *Der Herold*, N.F. 53 (2010). S. 121–136.

Bilder-Conversations-Lexikon 1841: *Bilder-Conversations-Lexikon für das deutsche Volk. Ein Handbuch zur Verbreitung gemeinnütziger Kenntnisse und zur Unterhaltung*, 4 Bde. Leipzig: Brockhaus.

Blanchot, Maurice 1982: *Der Gesang der Sirenen*. Frankfurt am Main u.a.: Ullstein.

Blöcker, Susanne 1993: *Studien zur Ikonographie der sieben Todsünden in der niederländischen und deutschen Malerei und Graphik von 1450–1560*. Münster/Hamburg: Lit-Verlag.

Blotzheim, Urs N. Glutz von (Hrsg.) 1989: *Handbuch der Vögel Mitteleuropas*, Bd. 4: Falconiformes. Wiebelsheim: Aula-Verlag.

Blüher, Hans 1912: *Die deutsche Wandervogelbewegung als erotisches Phänomen. Ein Beitrag zur Erkenntnis der sexuellen Inversion*. Berlin: Bernhard Weise.

Blüher, Hans 1914: Zur Theorie der Inversion. In: *Internationale Zeitschrift für ärztliche Psychoanalyse*, 2/14 (1914). S. 223–243.

Blüher, Hans 1920: *Werke und Tage*, Bd. 1. Jena: Eugen Diederichs.

Blumenberg, Hans 1988: *Höhlenausgänge*. Frankfurt am Main: Suhrkamp.

Blumenberg, Hans 1996: *Die Legitimität der Neuzeit*. Frankfurt am Main: Suhrkamp.

Bock von Wülfingen, Bettina 2005: Virulente Perspektiven der Reproduktion. Von der Befruchtung zur entgrenzten Infektion. In: Engel, Gisela/Karafyllis, Nicole C. (Hrsg.): *Re-Produktionen*. Berlin: trafo. S. 115–130.

Böhme, Hartmut u.a. (Hrsg.) 2004: *Tiere. Eine andere Anthropologie*. Köln u.a.: Böhlau.

Borges, Jorge Luis 1967: *Libro de los seres imaginarios*. Buenos Aires: Kier.

Borsi, Franco/Borsi, Stefano 1993: *Paolo Uccello. Florenz zwischen Gotik und Renaissance*. Stuttgart u.a.: Belser.

Bossard, Kathrin/Goetz, Thomas 2005: Städtisches Vergnügen im Zeichen der Neuordnung. London und die Costermonger im Prozess des Übergangs 1830–1870. In: *Berliner Blätter. Ethnographische und ethnologische Beiträge*, 35 (2005). S. 96–114.

Boutang, Pierre-André 1996: *Gilles Deleuze von A–Z/L'Abécédaire de Gilles Deleuze*. Frankreich.

Boyle, Robert 1665: *Occasional Reflections upon Several Subjects, whereto is Premis'd a Discourse about such Kind of Thoughts*. London: Henry Herringman.

Braun, Stephan 2007: *Topographien der Leere – Friedrich Nietzsche. Schreiben und Schrift*. Würzburg: Königshausen & Neumann.

Brehm, Alfred Edmund 1882–1887: *Brehms Tierleben*, 10 Bde. Leipzig: Verlag des Bibliographischen Instituts.

Briedermann, Lutz 1990: *Schwarzwild*. Berlin: VEB Deutscher Landwirtschaftsverlag.

Brinkmann, Bodo (Hrsg.) 2007: *Cranach der Ältere*. Ostfildern: Hatje Cantz.

Brittnacher, Hans Richard 1994: *Ästhetik des Horrors. Gespenster, Vampire, Monster, Teufel und künstliche Menschen in der phantastischen Literatur*. Frankfurt am Main: Suhrkamp.

Brock, Debra A. u.a. 2011: Primitive Agriculture in a Social Amoeba. In: *Nature*, 469 (2011). S. 393–396.

Brown, Terence Austin 1989: *Genetics: A Molecular Approach*. London: Van Nostrand Reinhold.

Brüder Grimm 1985–1986: *Kinder- und Hausmärchen. Jubliäumsausgabe zum 200. Geburtstag der Brüder Grimm*, hrsg. von Heins Rölleke. Stuttgart: Reclam.

Brunner, Bernd 2005: *Eine kurze Geschichte des Bären*. Berlin: claassen.

Bruno, Giordano 1969: *Das Aschermittwochsmahl*, hrsg. von Ferdinand Fellmann. Frankfurt am Main: Insel.

Burgess, Colin/Dubbs, Chris 2007: *Animals in Space. From Research Rockets to the Space Shuttle*. Berlin u.a.: Springer.

Burkert, Walter 1998: *Kulte des Altertums. Biologische Grundlagen der Religion*. München: C.H. Beck.

Burkhardt, Jacob 1985: *Weltgeschichtliche Betrachtungen*. Leipzig: Dieterich.

Butler, Charles 1609: *The Feminine Monarchie. A Treatise Concerning Bees and the Due Ordering of Them*. Oxford: Ioseph Barnes.

Byrd, Brooke 2002–2003: Of Love and Loathing. The Role of the Vulture in Three Cultures. In: *prizedwriting.ucdavis.edu*, 10.5.2012

Caillois, Roger 1966: Premier entretien public 1 présidé par M. Jean Starobinski. In: Ders.: *Le Robot, la Bête et l'Homme*. Neuchâtel: Editions de La Baconnière. S. 201–230.

Canales, Jimena 2009: *A Tenth of a Second. A History*. Chicago/London: University of Chicago Press.

Cann, Alan J. 1993: *Molecular Virology*. London u.a.: Harcourt Brace & Company.

Caprari, Gilles u.a. 2005: Animal and Robot. Mixed Societies. Building Cooperation between Microrobots and Cockroaches. In: *IEEE Robotics & Automation Magazine*, 12/2 (2005). S. 58–65.

Cesi, Federico 1625: *Apiarium ex frontispiciis naturalis theatri principis Federici Caesii Lyncei*. Rom: Iacobi Mascardi.

Chapuis, Félicien 1865: *Le pigeon voyageur belge*. Verviers: Ch. Vinche.

Christ, Karl 1979: *Die Römer*. München: C.H. Beck.

Cicero, Marcus Tullius 1989: *Ad familiares/An seine Freunde*, lat./dt., hrsg. von Helmut Kasten. München/Zürich: Artemis & Winkler.

Cicero, Marcus Tullius 1996: *De natura deorum/Vom Wesen der Götter*, lat/dt., hrsg. von Olof Gigon und Laila Straume-Zimmermann. München/Zürich: Artemis & Winkler.

Cockrill, Pauline 2001: *100 Jahre Teddybären*. München: Coventgarden.

Codognet, Philippe 2003: Transgene Archive. In: Spieker, Sven (Hrsg.): *Bürokratische Leidenschaften. Kultur- und Mediengeschichte im Archiv*. Berlin: Kadmos. S. 223–242.

Cooper, Melinda 2008: *Life as Surplus*. Seattle/London: University of Washington Press.

Craeger, Angela N. H. 2002: *The Life of a Virus. Tobacco Mosaic Virus as an Experimental Model. 1930–1965*. Chicago/London: University of Chicago Press.

Cube, Hellmut von 1936: *Tierskizzenbüchlein*. Berlin: Fischer.

Dante Alighieri 2012: *Commedia. In deutscher Prosa*, hrsg. von Kurt Flasch. Frankfurt am Main: Fischer.

Darwin, Charles 1871: *Die Abstammung des Menschen und die geschlechtliche Zuchtwahl*, 2 Bde. Stuttgart: Schweizerbart.

Daston, Lorraine 2004: Attention and the Values of Nature in the Enlightenment. In: Dies./Vidal, Francisco (Hrsg.): *The Moral Authority of Nature*. Chicago/London: University of Chicago Press. S. 100–126.

Davis, Bernard D. u.a. 1967: *Microbiology*. New York: Harper & Row.

De Shutter, G. u.a. 2001: Animal-Robots Collective Intelligence. In: *Annals of Mathematics and Artificial Intelligence*, 31/1–4 (2001). S. 223–238.

Deleuze, Gilles 1988: *Spinoza: Praktische Philosophie*. Berlin: Merve.

Derheim, J. L. 1824: Physiologische Betrachtungen über die Blutegel, und Bemerkung über die zu ihrer Aufbewahrung gebrauchten Mittel. In: *Repertorium für die Pharmacie*, 21 (1825). S. 341–354.

De Shutter, G. u.a. 2001: Animal-Robots Collective Intelligence. In: *Annals of Mathematics and Artificial Intelligence*, 31 (2001). S. 223-238.

Deutsch, Gustav 1989: Laika & Juri. In: *Materialien zur Gesamtkultur, ein Magazin der Künstlergruppe »Der blaue Kompressor. Floating & Stomping Company«*, 20 (1989).

Didi-Huberman, Georges 2009: *Survivance des Lucioles*. Paris: Éditions de Minuit.

Dingler, Max 1925: *Die Hausinsekten und ihre Bekämpfung*. Berlin: Paul Parey.

Dinter, Uwe 1991: *Das Raum-Zeitverhalten von Schwarzwild im Grunewald in den Sommermonaten unter besonderer Berücksichtigung menschlicher Störungen*. München: Tierärztliche Fakultät der Ludwig-Maximilians-Universität.

Doflein, Franz/Reichenow, Eduard 1953: *Lehrbuch der Protozoenkunde*. Jena: Fischer.

Doré, Gustave 1976: *The Doré Illustrations for Dante's Divine Comedy*. New York: Dover Publications.

Douglas-Hamilton, Iain u.a. 2006: Behavioural Reactions of Elephants towards a Dying and Deceased Matriarch. In: *Applied Animal Behaviour Science*, 100 (2006). S. 87–102.

dpa: Internetadressen: Testlauf für neuen Standard IPv6. In: *FOCUS Online*, 07.06.2011: http://www.focus.de/digital/internet/internetadressen-testlauf-fuer-neuen-standard-ipv6_aid_634836.html, 30.10.2011.

Dubbs, Chris 2003: *Space Dogs. Pioneers of Travel Space*. Lincoln: iUniverse.

Dubois, Alain 1989–1990: Miscellanea nomenclatorica batrachologica (XVIII). In: *Alytes*, 8/3–4 (1989–1990). S. 107–120.

Durkheim, Emile 1994: *Die elementaren Formen des religiösen Lebens*. Frankfurt am Main: Suhrkamp.

Duve, Karen 2011: *Anständig essen. Ein Selbstversuch*. Berlin: Galiani.

Eich, Günter 2006: *Maulwürfe*, mit Illust. von Florian Ruhig. Frankfurt am Main/Leipzig: Insel.

Emerson, Alfred E./Simpson, Robert C. 1929: Apparatus for the Detection of Substratum Communication among Termites. In: *Science*, 69/1799 (1929). S. 648–649.

Emmerich, Karl (Hrsg.) 1960: *Der Wolf und das Pferd. Deutsche Tierfabeln des 18. Jahrhunderts*. Berlin: Rütten & Loening.

Fabre, Jean-Henri 1913: *Les merveilles de l'instinct chez les insectes. Morceaux choisis et histoires inédites du Ver luisant et de la Chenille du chou*. Paris: Delagrave.

Fischer, Wolfgang 2005: *Die Geier*. Hohenwarsleben: Westarp.

Fitter, Richard/König, Claus 1994: *Buch der Vogelwelt. Mitteleuropa*. Stuttgart u.a.: Das Beste.

Flaig, Egon 2004: *Ritualisierte Politik. Zeichen, Gesten und Herrschaft im Alten Rom*. Göttingen: Vandenhoeck & Ruprecht.

Floren, Josef 1977: *Studien zur Typologie des Gorgoneion*. Münster: Aschendorf.

Fontane, Theodor 1984: Oceane von Parceval. In: Ders.: *Sämtliche Werke*, hrsg. von Helmuth Nürnberger und Walter Keitel, Bd. 1.7. München: Hanser. S. 427–441.

Foucault, Michel 1988: Das Denken des Draußen. In: *Schriften zur Literatur*. Frankfurt am Main: Fischer.

Foucault, Michel 2007: *Die Anormalen. Vorlesungen am Collège de France (1974–1975)*. Frankfurt am Main: Suhrkamp.

Frazer, James George 1930: *Myths of the Origin of Fire. An Essay.* London: MacMillan.

Freud, Sigmund 1933/1973: Neue Folge der Vorlesungen zur Einführung in die Psychoanalyse. In: Ders.: *Gesammelte Werke*, hrsg. von Anna Freud, Bd. 15. Frankfurt am Main: Fischer.

Friedländer, Ludwig 1922: *Darstellungen aus der Sittengeschichte Roms in der Zeit von Augustus bis zum Ausgang der Antonine*, Bd. 2. Leipzig: Hirzel.

Friedländer, Paul 1909: Über den Farbstoff des antiken Purpurs aus Murex brandaris. In: *Berichte der Deutschen Chemischen Gesellschaft*, 42 (1909). S. 765–770.

Gebhardt, Miriam 2007: Die Katze als Kind, Ehemann und Mutter? Zur Geschichte einer therapeutischen Beziehung im 20. Jahrhundert. In: Clemens Wischermann (Hrsg.): *Von Katzen und Menschen. Eine Sozialgeschichte auf Samtpfoten*. Konstanz: UVK. S. 237–247.

Geronimus, Dennis 2006: *Piero di Cosimo. Visions Beautiful and Strange*. New Haven/London: Yale University Press.

Goethe, Johann Wolfgang von 1994: Novelle. In: Ders.: *Sämtliche Werke, Briefe, Tagebücher und Gespräche*, 40 Bde., hrsg. von Friedmar Apel u.a.. Frankfurt am Main: Deutscher Klassiker Verlag, Bd. I.8. S. 533–555.

Greenblatt, Stephen 1993: *Verhandlungen mit Shakespeare. Innenansichten der englischen Renaissance*. Frankfurt am Main: Fischer.

Grimm, Jacob/Grimm, Wilhelm 1960: Werwolf. In: Dies.: *Deutsches Wörterbuch*, hrsg. von der Deutschen Akademie der Wissenschaften zu Berlin. Leipzig: S. Hirzel. Sp. 504–507.

Gröning, Karl/Saller, Martin 1998: *Der Elefant in Natur und Kulturgeschichte*. Köln: Könemann.

Grzimek, Bernhard u.a. 1968: *Grzimeks Tierleben. Enzyklopädie des Tierreiches*, Bd. 7: Vögel I. Zürich/München: Kindler.

Grzimek, Bernhard u.a. 2003: *Grzimek's Animal Life Encyclopedia*, Bd. 15: Mammals IV. Detroit u.a.: Gale.

Hahn, Daniel 2003: *The Tower Menagerie*. London: Simon & Schuster.

Hahn, Eduard 1896: *Die Haustiere und ihre Beziehung zur Wirtschaft des Menschen. Eine geographische Studie*. Leipzig: Duncker & Humblot.

Haid, Hans 2010: *Das Schaf. Eine Kulturgeschichte*. Wien: Böhlau.

Hall, Roberta, L./Sharp, Henry S. (Hrsg.) 1978: *Wolf and Man. Evolution in Parallel*. New York: Academic Press.

Hammelehle, Sebastian 2011: In der BH-befreiten Hühnerzone. In: *Der Spiegel*, 16.2.2011: http://www.spiegel.de/kultur/literatur/0,1518,745839,00.html, 8.3.2012.

Hanuschek, Sven 2011: »In einem unbekannten Land / Vor gar nicht allzu langer Zeit«. Waldemar Bonsels' Literatur und ihre Folgen: Skizze eines Forschungsprogramms. In: Haug, Christine/Vogel, Anke (Hrsg.): *Quo Vadis Kinderbuch?* Wiesbaden: Harrasowitz. S. 93–206.

Haraway, Donna J. 1997: *Modest_Witness@Second Millenium_.FemaleMan©_Meets_OncoMouse. Feminism and Technoscience.* New York u.a.: Routledge.

Harrison, Ellen Jane 1903: *Prolegomena to the Study of Greek Religion.* Cambridge: Cambridge University Press.

Harvey, Newton 1957/2005: *A History of Luminescence. From the Earliest Times Until 1900.* Mineola (NY): Dover Publications.

Haycraft, John B. 1884: Ueber die Einwirkung eines Secretes des officinellen Blutegels auf die Gerinnbarkeit des Blutes. In: *Archiv für experimentelle Pathologie und Pharmakologie*, 18 (1884). S. 209–217.

Hederich, Benjamin 1770: *Gründliches Mythologisches Lexikon.* Leipzig: Gleditsch.

Hegel, Georg Wilhelm Friedrich 1969: *Jenaer Realphilosophie. Vorlesungsmanuskripte zur Philosophie der Natur und des Geistes von 1805–1806*, hrsg. von Johannes Hoffmeister. Hamburg: Meiner.

Hegel, Georg Wilhelm Friedrich 1993: *Vorlesungen über die Geschichte der Philosophie.* In: Ders.: *Werke in 20 Bänden*, hrsg. von Eva Moldenhauer und Karl Markus Michel, Bd. 20. Frankfurt am Main: Suhrkamp.

Hegel, Georg Wilhelm Friedrich 1995: *Enzyklopädie der philosophischen Wissenschaften im Grundrisse.* In: Ders.: *Werke in 20 Bänden*, hrsg. von Eva Moldenhauer und Karl Markus Michel, Bd. 9. Frankfurt am Main: Suhrkamp.

Heidegger, Martin 1983: *Die Grundbegriffe der Metaphysik. Welt – Endlichkeit – Einsamkeit. [Freiburger Vorlesung Wintersemester 1929/30].* In: Ders.: *Gesamtausgabe*, hrsg. von Friedrich-Wilhelm von Herrmann, Bd. 29/30. Frankfurt am Main: Klostermann.

Heidemann, Christine 2006: Kalydon am Alexanderplatz. Zur Geschichte der Jagd auf das Wildschwein. In: *Arme Schweine. Eine Kulturgeschichte*, hrsg. von Thomas Macho im Auftrag der Stiftung Schloss Neuhardenberg. Berlin: Nikolai. S. 12–19.

Heine, Heinrich 1975: Florentinische Nächte. In: Ders.: *Sämtliche Schriften*, hrsg. von Klaus Briegleb, Bd. 3. München: Hanser. S. 557–615.

Heinrich, Klaus 1995: Das Floß der Medusa. In: Ders.: *Floß der Medusa. Drei Studien zur Faszinationsgeschichte*. Basel: Stroemfeld. S. 9–74.

Hennig, Rolf 1998: *Schwarzwild. Biologie, Verhalten, Hege und Jagd*. München u.a.: BLV.

Henry u.a. 1824: Bericht über eine von J. L. Derheim's, Apotheker zu St. Omer, an die pharmaceutische Gesellschaft zu Paris eingesandte Abhandlung. In: *Repertorium für die Pharmacie*, 21 (1825). S. 355–372.

Hesiod 1970: *Theogonie*. In: Ders.: *Sämtliche Gedichte: Theogonie, Erga, Frauenkataloge*. Zürich/Stuttgart: Artemis & Winkler. S. 11–82.

Hespeler, Bruno 2004: *Schwarzwild heute. Lebensweise, Schadensbegrenzung, Ansprechen, Jagdarten, Wildbretverwertung*. München: blv.

Heydenreich, Aura Maria 2007: *Wachstafel und Weltformel. Erinnerungspoetik und Wissenschaftskritik in Günter Eichs* Maulwürfen. Göttingen: Vandenhoeck & Ruprecht.

Hildegard von Bingen 2010: *Physica. Liber subtilitatum diversarum naturarum creaturarum*, 2 Bde., hrsg. von Reiner Hildebrandt und Thomas Gloning. Berlin u.a.: Walter de Gruyter.

Hillerier, L.W. u.a. 2004: Sequence and comparative analysis of the chicken genome provide unique perspectives on vertebrate evolution. In: *Nature*, 432 (2004). S. 695–716.

Hobbes, Thomas 1994: *Vom Menschen/Vom Bürger. Elemente der Philosophie II/III*, hrsg. von Günter Gawlick. Hamburg: Meiner.

Hobbes, Thomas 1996: *Leviathan*, hrsg. von Hermann Klenner. Hamburg: Meiner.

Homer 1975: *Ilias*. Frankfurt am Main: Insel.

Homer 2001: *Die Odyssee*. Düsseldorf/Zürich: Artemis & Winkler.

Hooke, Robert 1665: *Micrographia; or, Some Physiological Descriptions of Minute Bodies Made by Magnifying Glasses*. London: Martyn & Allestry.

Hophan, Manú/Parin, Paul 2002: *Das Katzenkonzil*. Hamburg: Europäische Verlagsanstalt.

Hörisch, Jochen 1986: Nachwort ›O dieses ist das Tier, das es nicht giebt‹. In: Ders. (Hrsg.): *Das Tier, das es nicht gibt. Eine Text- & Bild-Collage über das Einhorn*. Nördlingen: Greno. S. 185–228.

Horn, Eva/Gisi, Lucas Marco (Hrsg.) 2009: *Schwärme – Kollektive ohne*

*Zentrum*. Bielefeld: transcript.
Horatius, Quintus Flaccus 1984: Ars poetica/Die Dichtkunst, lat./dt. Stuttgart: Reclam.
Horzinek, Marian C. 1985: *Kompendium der allgemeinen Virologie*. Hamburg/Berlin: Blackwell.
Houellebecq, Michel 2011: *Karte und Gebiet*. Köln: Dumont.
Hugo, Victor 1966: *Der Glöckner von Notre Dame*. München: Goldmann.
Hurka, Florian 2010: *Die Asinaria des Plautus. Einleitung und Kommentar*. München: C.H. Beck.
Jacoby, Carl 1902: Verfahren zur Darstellung des die Blutgerinnung aufhebenden Bestandtheiles des Blutegels. Patentschrift Kaiserliches Patentamt, 136.106 (15. April 1902).
Jacoby, Michael 1974: *Wargus, vargr ›Verbrecher‹ ›Wolf‹. Eine sprach- und rechtsgeschichtliche Untersuchung*. Uppsala: Almqvist.
Jirgl, Reinhard 2005: *ABTRÜNNIG – Roman aus der nervösen Zeit*. München: Hanser.
Johach, Eva 2007: Der Bienenstaat. Geschichte eines politisch-moralischen Exempels. In: von der Heiden, Anne/Vogl, Joseph (Hrsg.): *Politische Zoologie*. Zürich: Diaphanes. S. 219–233.
Johach, Eva 2011: Jungfrauenmaschinen. Über die Zumutungen und Verheißungen der Bienenkönigin. In: Auga, Ulrike u.a. (Hrsg.): *Dämonen, Vamps und Hysterikerinnen. Geschlechter- und Rassenfigurationen in Wissen, Medien und Alltag um 1900*. Bielefeld: transcript. S. 115–130.
Kaiser, Erich 1964: Odyssee-Szenen als Topoi (Teil I). In: *Museum Helveticum*, 21 (1964). S. 109–136.
Karp, Gerald 2004: *Cell and Molecular Biology: Concepts and Experiments*. New York u.a.: John Wiley & Sons.
Kaufmann, Christian 1997: *Vanuatu. Kunst aus der Südsee. Eine Einführung*. Basel: Christoph-Merian-Verlag.
Kautzmann, Gabriele 1998: *Krieg in unserem Körper. Wie das Immunsystem unser Leben schützt*. München: Zabert Sandmann.
Kay, Lily E. 2002: *Das Buch des Lebens. Wer schrieb den genetischen Code?* München: Suhrkamp.
Keller, Evelyn Fox/Segel, Lee A. 1970: Initiation of Slime Mold Aggregation Viewed as an Instability. In: *Journal of Theoretical Biology*, 26/3 (1970). S. 399–415.
Keys, John 1780: *The Practical Bee Master*. London: Joseph Johnson.

Kidder, Daniel P./Fletcher, James C. 1857: *Brazil and the Brazilians*. Philadelphia/New York: Childs & Peterson.

Kircher, Athanasius 1646: *Ars magna lucis et umbrae*. Rom: Scheus.

Kirchmann, Kay 2007: Metamorphose und Halbwesen. Die ›Cat People‹ – Filme von Jacques Tourneur und Paul Schrader. In: Wischermann, Clemens (Hrsg.): *Von Katzen und Menschen. Sozialgeschichte auf leisen Sohlen*. Konstanz: UVK. S. 225–236.

Kittler, Friedrich 1989: *Die Nacht der Substanz*. Bern: Benteli.

Klebs, Georg 1883: Über die Organisation einiger Flagellaten-Gruppen und ihre Beziehungen zu Algen und Infusorien. In: *Untersuchungen aus dem botanischen Institut zu Tübingen*, Bd. 1. Leipzig: Engelmann. S. 233–362.

Klein, Georg 2006: Der Gott der Hühner. In: *Berliner Zeitung*, 28.2.2006.

Kleist, Heinrich von 1807/1991: Erdbeben von Chili. In: Ders.: *Sämtliche Werke und Briefe in vier Bänden*, hrsg. von Ilse-Marie Barth u.a., Bd. 3. Frankfurt am Main: Deutscher Klassiker Verlag. S. 187–221.

Kleist, Heinrich von 1810/1991: Über das Marionettentheater. In: Ders.: *Sämtliche Werke und Briefe in vier Bänden*, hrsg. von Ilse-Marie Barth u.a., Bd. 3. Frankfurt am Main: Deutscher Klassiker Verlag. S. 555–563.

Kleist, Heinrich von 1811/1991: Wassermänner und Sirenen. In: Ders.: *Sämtliche Werke und Briefe in vier Bänden*, hrsg. von Ilse-Marie Barth u.a., Bd. 3. Frankfurt am Main: Deutscher Klassiker Verlag. S. 379–381.

Kleist, Heinrich von 1821/1991: Herrmannsschlacht. Ein Drama. In: Ders.: *Sämtliche Werke und Briefe in vier Bänden*, hrsg. von Ilse-Marie Barth u.a., Bd. 2. Frankfurt am Main: Deutscher Klassiker Verlag. S. 447–554.

Knolz, Johann J. 1820: *Naturhistorische Abhandlung über die Blutegel und ihren medizinischen Gebrauch*. Wien: Heubner.

Koch, Hansjoachim Wilhelm u.a. 2000: *Illustrierte Geschichte der Kriegszüge im Mittelalter*. Augsburg: Bechtermünz.

Kosek, Jake 2010: Ecologies of Empire. On the New Uses of the Honeybee. In: *Cultural Anthropology*, 25/4 (2010). S. 650–678.

Krebs, Inge 1960: *Schildkröten*. Wien u.a.: A. Pechan.

Krell, David Farrell 1981: Der Maulwurf. Die Philosophische Wühlarbeit bei Kant, Hegel und Nietzsche. In: *boundary*, 2: 9/10 (1981). S. 155–167.

Kuhn, Gabriel 2005: *Tier-Werden, Schwarz-Werden, Frau-Werden. Eine Einführung in die politische Philosophie des Poststrukturalismus*. Münster: Unrast.

Kunst, G.K./Gemel, R. 2000: *Zur Kulturgeschichte der Schildkröten unter be-*

*sonderer Berücksichtigung der Bedeutung der Europäischen Sumpfschildkröte, Emys orbicularis (L.) in Österreich*. Linz: Biologiezentrum Linz.

La Rochefoucauld, Francois de 1988: *Spiegel des Herzens. Seine sämtlichen Maximen*, hrsg. von Wolfgang Kraus. Zürich: Diogenes.

Lambert, Oliver u.a. 2010: The Giant Bite of a New Raptorial Sperm Whale. In: *Nature*, 466/7302 (Juli 2010). S. 105–108.

Larisch, Paul 1928: Hermelin. Reinheit und Gerechtigkeit. In: Ders.: *Die Kürschner und ihre Zeichen. Beiträge zur Geschichte der Kürschnerei*. Berlin: Selbstverlag. S. 48–51.

Lasswitz, Kurd 1979: Aus dem Tagebuch einer Ameise. In: Ders.: *Bis zum Nullpunkt des Seins. Utopische Erzählungen*, hrsg. von Adolf Scherl. Berlin: Das Neue Berlin. S. 188–214.

Le Quellec, Jean-Loic 1996: *Petit dictionnaire de zoologie mythique*. Paris: editions entente.

Lehninger, Albert L. 1972: *Biochemistry*. New York: Worth Publishers.

Leitgeb, Christoph 2008: *Barthes' Mythos im Rahmen konkreter Ironie. Literarische Konstruktionen des Eigenen und des Fremden*. München: Wilhelm Fink.

Lenau, Nikolaus 1965: *Die Albigenser: freie Dichtungen*. Leipzig: Insel.

Lessing, Gotthold Ephraim 1769/1974: Wie die Alten den Tod gebildet. In: Ders.: *Werke*, hrsg. von Herbert G. Göpfert, Bd. 6. Darmstadt: Wissenschaftliche Buchgesellschaft. S. 405–462.

Levett, John 1634: *The Ordering of Bees; or, The True History of Managing Them*. London: Thomas Harper.

Lewing, Benjamin 2004: *Genes VIII*. Upper Saddle River: Pearson Prentice Hall.

Lindemann, Klaus/Zons, Raimar (Hrsg.) 1990: *Lauter schwarze Spinnen – Spinnenmotive in der deutschen Literatur – Eine Sammlung*. Bonn: Bouvier.

Linder, Hermann 1948/1983: *Biologie. Lehrbuch für die Oberstufe*, hrsg. von Hans Knodel u.a. Stuttgart: Metzler.

Linné, Carl von 1773: *Des Ritters Carl von Linné Königlich Schwedischen Leibarztes [et]c. [et]c. vollständiges Natursystem*, Bd. 1. Nürnberg: Raspe.

Lodish, Harvey u.a. 2004: *Molecular Cell Biology*. New York: W. H. Freeman and Company.

Luck, Georg 1997: *Die Weisheit der Hunde. Texte der antiken Kyniker in deutscher Übersetzung mit Erläuterungen*. Stuttgart: Kröner.

Lwoff, André 1944: *L'évolution physiologique. Étude des pertes de fonctions chez les microorganismes*. Paris: Hermann et Cie.

Macho, Thomas 1993: Böse Tiere. In: Treusch-Dieter, Gerburg (Hrsg.): *Das Böse ist immer und überall*. Berlin: Elefanten-Press. S. 12–17.

Macho, Thomas 1997/2000: Der Aufstand der Haustiere. In: Fischer-Kowalski, Marina u.a.: *Gesellschaftlicher Stoffwechsel und Kolonisierung von Natur. Ein Versuch in Sozialer Ökologie*. Amsterdam: Gordon & Breach Verlag Facultas. S. 177–200. Wiederabdruck in: *Herausforderung Tier. Von Beuys bis Kabakov*, Ausstellungskatalog. München u.a.: Prestel 2000. S. 76–99.

Macho, Thomas 1997/2002: Tier. In: Wulf, Christoph (Hrsg.): *Vom Menschen. Handbuch Historische Anthropologie*. Weinheim: Beltz. S. 62–85; sowie unter dem Titel: Animal. In: Wulf, Christoph (Hrsg.) 2002: *Traité d'Anthropologie Historique. Philosophies – Histoires – Cultures*. Paris: L'Harmattan. S. 55–79.

Macho, Thomas 2001: Tieropfer. Zwischen Buphonien und Herodesprämien. In: ZDF-Nachtstudio (Hrsg.): *Mensch und Tier. Geschichte einer heiklen Beziehung*. Frankfurt am Main: Suhrkamp. S. 164–176.

Macho, Thomas 2001/2005: Zoologiken. Tierpark, Zirkus und Freakshow. In: Fischer, Hartmut (Hrsg.): *TheaterPeripherien*. Tübingen: Claudia Gehrke (Konkursbuch; 35). S. 13–33; Wiederabdruck in: Theile, Gert (Hrsg.) 2005: *Anthropometrie. Zur Vorgeschichte des Menschen nach Maß*. München: Wilhelm Fink. S. 155–177.

Macho, Thomas 2002a: Tieropfer. Zur Geschichte der rituellen Tötung von Tieren. In: Stiftung Deutsches Hygiene-Museum (Hrsg.): *Mensch und Tier. Eine paradoxe Beziehung*, Ausstellungskatalog. Ostfildern-Ruit: Hatje Cantz. S. 54–69.

Macho, Thomas 2002b: Zeitrechnung und Kalenderreform. In: *Lab. Jahrbuch für Künste und Apparate*. Köln: Walther König. S. 204–227.

Macho, Thomas u.a. (Hrsg.) 2004a: *Tiere. Eine andere Anthropologie*. Köln u.a.: Böhlau (Schriften des Deutschen Hygiene-Museums Dresden; 3).

Macho, Thomas 2004b: »Stufenleiter des Seins«. Was sind die Differenzen zwischen Mensch und Tier? Gespräch mit Stephan Hilpold. In: *Der Standard*. Album vom 29. Mai 2004. A 3.

Macho, Thomas 2004c: *Das zeremonielle Tier. Rituale – Feste – Zeiten zwischen den Zeiten*. Wien u.a.: Styria-Pichler (Bibliothek der Unruhe und des Bewahrens; 9).

Macho, Thomas 2004d: Die Entdeckung der Haustiere. In: Kallinich, Joachim/ Spengler, Gabriele (Hrsg.): *Tierische Kommunikation. Tiere hören hin, Tiere bekennen Farbe, Tiere lügen nicht*. Heidelberg: Edition Braus. S. 121–131.

Macho, Thomas 2005a: Tiere im Film/The Animal in Film. In: Jahn, Hartmut (Hrsg.): *Babylon Circus.* Nürnberg: Verlag für moderne Kunst. S. 9–13 und 65–67.

Macho, Thomas 2005b: Tiere in der Stadt. Ein flüchtiges Panorama. In: Kos, Wolfgang/Öhlinger, Walter (Hrsg.): *Tiere in der Großstadt*, Ausstellungskatalog. Wien: Wien-Museum. S. 15–21.

Macho, Thomas 2006a (Hrsg., im Auftrag der Stiftung Schloß Neuhardenberg): *Arme Schweine. Eine Kulturgeschichte.* Berlin: Nicolai.

Macho, Thomas 2006b: Blicke der Tiere. In: *Menschen. Das Magazin der »Aktion Mensch«*, 1 (2006). S. 42–49.

Macho, Thomas 2006c: Der Aufstieg der Kuscheltiere. In: Kampmann, Sabine (Hrsg.): *Tiger Wäsche. Das Tier und Wir*, Ausstellungskatalog. Braunschweig: Hochschule für Bildende Künste. S. 25–30.

Macho, Thomas 2006d: Der Leibhaftige und seine Tiere. In: Ebach, Jürgen u.a. (Hrsg.): *»Dies ist mein Leib«. Leibliches, Leibeigenes und Leibhaftiges bei Gott und den Menschen.* Gütersloh: Gütersloher Verlagshaus (Jabboq; 6). S. 255–263.

Macho, Thomas 2007a: Tiere zweiter Ordnung. Kulturtechniken der Identität. In: Schmidinger, Heinrich/Sedmak, Clemens (Hrsg.): *Der Mensch – ein »animal symbolicum«? Sprache – Dialog – Ritual. Topologien des Menschlichen*, Bd. 4. Darmstadt: Wissenschaftliche Buchgesellschaft. S. 51–66.

Macho, Thomas 2007b: Tiere, Menschen, Maschinen. Zur Kritik der anthropologischen Differenz. In: Ahrens, Jörn u.a. (Hrsg.): *Die Diffusion des Humanen. Grenzregime zwischen Leben und Kulturen.* Frankfurt am Main u.a.: Peter Lang. S. 17–29.

Macho, Thomas 2008a: Fleisch heißt immer, das Tier ist fort. Der Kulturwissenschaftler Thomas Macho über Vielfraße, den deutschen Nationalhund und Walrosse, die ihre Pfleger bedrängen. In: *Dummy. Gesellschaftsmagazin*, 18 (2008): Thema »Tiere«. S. 22–23.

Macho, Thomas 2008b: Tiere zweiter Ordnung. Kulturtechniken der Identität und Identifikation. In: Baecker, Dirk u.a. (Hrsg.): *Über Kultur. Theorie und Praxis der Kulturreflexion.* Bielefeld: transcript. S. 99–117.

Macho, Thomas 2008c: Wer ist Wir? Tiere im Werk von Joseph Beuys. In: Blume, Eugen/Nichols, Catherine (Hrsg.): *Beuys. Die Revolution sind wir*, Ausstellungskatalog. Göttingen: Steidl. S. 338–339.

Macho, Thomas (in Vorbereitung): *Tiere – Menschen – Maschinen. Zur Kritik der Anthropologie.* Frankfurt am Main: Fischer.

Mainx, Felix 1928: Beiträge zur Morphologie und Physiologie der Eugleninen (2 Teile). In: *Archiv für Protistenkunde*, 60 (1928). S. 305–354 und 355–414.

Margulis, Lynn/Schwartz, Karlene 1989: *Die fünf Reiche der Organismen. Ein Leitfaden*. Heidelberg: Spektrum der Wissenschaft.

Marmontel, Jean-François 1756: Fiction (Belles-Lettres). In: Diderot, Denis/ d'Alembert, Jean (Hrsg.): *Encyclopédie, ou Dictionnaire raisonné des sciences, des arts et des métiers*, Bd. 6. Neuchâtel: Samuel Faulche. S. 679–683.

Marrow, James H. 2005: *Pictorial Invention in Netherlandish Manuscript Illumination of the Late Middle Ages. The Play of Illusion and Meaning*. Paris u.a.: Uitgeverij Peeters (Corpus of Illuminated Manuscripts; 16).

Marshal Thomas, Elizabeth 1994: *The Tribe of Tiger. Cats and their Culture*. New York: Simon & Schuster.

Marx, Karl 1946: *Der achtzehnte Brumaire des Louis Bonaparte*. Berlin: Dietz.

Massumi, Brian 1996: The Bleed: Where Body Meets Image. In: Welchman, John C. (Hrsg.): *Rethinking Borders*. Basingstoke u.a.: Macmillan. S. 18–40.

Mattioli, Stefania 2008: Caravaggio dipingeva von le lucciole. In: *Stile Arte*, 13/123 (2008). S. 6–11.

Meyers Konversations-Lexikon 1885–1892: *Meyers Konversations-Lexikon. Eine Encyklopädie des allgemeinen Wissens*. Leipzig/Wien: Verlag des Bibliographischen Instituts.

McComb, Karen u.a. 2006: African Elephants Show High Levels of Interest in the Skulls and Ivory of Their Own Species. In: *Biology Letters*, 2 (2006). S. 26–28.

McLuhan, Marshall 1968: *Die Magischen Kanäle (»Understanding Media«)*. Düsseldorf/Wien: Econ.

Mebs, Theodor/Schmidt, Daniel 2005: *Die Greifvögel Europas, Nordafrikas und Vorderasiens. Biologie, Kennzeichen, Bestände*. Stuttgart: Kosmos.

Megenberg, Konrad von 1989: *Das Tierbuch des Konrad von Megenberg*, hrsg. von Gerhard E. Sollbach. Dortmund: Harenberg.

Meillassoux, Quentin 2009: *After Finitude. An Essay on the Necessity of Contingency*. London/New York: Continuum.

Melville, Herman 2001: *Moby-Dick or The Whale*. Evanston/Chicago: Northwestern University Press.

Menasse, Robert 1995: »Geschichte« – Der größte historische Irrtum. In: *Die Zeit*, 13.10.1995: http://www.zeit.de/1995/42/Geschichte_-_der_groesste_historische_Irrtum, 16.6.2011.

Méndez de Torres, Luys 1586/1983: *Tractado breve de la cultivacion y cura de las colmenas.* Torrejón del Rey: Amuravi.

Menke, Bettine 2010: Die anagogische Lesart. Verhüllung, Nachahmung, Hybridität, Übersetzungen. In: Krajewski, Markus/Maye, Harun (Hrsg.): *Die Hyäne. Lesarten eines politischen Tiers.* Zürich: Diaphanes.

Merrick, Jeffrey 1988: Royal Bees. The Gender Politics of the Beehive in Early Modern Europe. In: *Studies in Eighteenth Century Culture*, 18 (1988). S. 7–37.

Messner, Rudolf 2007: Das Mädchen und der Wolf – über die zivilisatorische Metamorphose des Grimmschen Märchens vom Rotkäppchen. In: Barsch, Achim/Seibert, Peter (Hrsg.): *Märchen und Medien.* Baltmannsweiler: Schneider-Verlag Hohengehren. S. 24–45.

Michelet, Jules 2006: *Das Meer.* Frankfurt am Main: Campus.

Moffett, Thomas 1658/1967: The Theatre of Insects; or Lesser Living Creatures. In: Topsell, Edward: *The History of Four-Footed Beasts and Serpents and Insects.* London: E. Cotes. S. 891–1132.

Morehouse, Nathan u.a. 2007: Pterin Pigment Granules are Responsible for Both Broadband Light Scattering and Wavelength Selective Absorption in the Wing Scales of Pierid Butterflies. In: *Proceedings of the Royal Society*, B 274 (2007). S. 359–366.

Musil, Robert 1976: *Tagebücher*, hrsg. von Adolf Frisé. 2 Bde. Reinbek bei Hamburg: Rowohlt.

Musil, Robert 1978: *Gesammelte Werke in neun Bänden*, hrsg. von Adolf Frisé. Reinbek bei Hamburg: Rowohlt.

Nakagaki, Toshiyuki u.a. 2000: Intelligence: Maze-Solving by an Amoeboid Organism. In: *Nature*, 407 (2000). S. 493–496.

Nati, Pietro 1674: *Florentina phytologia observatio de malo limona citrata-aurantia florentiae vulgo la bizzaria.* Florenz: Hyppolitide Nave.

Neckam, Alexandri 1863: *De naturis rerum libri duo.* London: Longman.

Negt, Oskar/Kluge, Alexander 1993: *Geschichte und Eigensinn.* Frankfurt am Main: Suhrkamp.

Negt, Oskar/Kluge, Alexander 2005: Der Maulwurf kennt kein System. Oskar Negt im Gespräch mit Rainer Stollmann und Christian Schulte. In: Schulte, Christian/Stollmann, Rainer (Hrsg.): *Der Maulwurf kennt kein System. Beiträge zur gemeinsamen Philosophie von Oskar Negt und Alexander Kluge.* Bielefeld: transcript. S. 11–41.

Neumann, Gerhard 1996: Der Blick des Anderen. Zum Motiv des Hundes und des Affen in der Literatur. In: *Jahrbuch der deutschen Schillergesellschaft*, 40 (1996). S. 87–122.

Nicolaye, Carla 2008: »Sed inter omnia ea principatus apibus.« Wissen und Metaphorik der Bienenbeschreibungen in den antiken Naturkunden als Grundlage der politischen Metapher vom Bienenstaat. In: Engels, David/ Nicolaye, Carla (Hrsg.): *Ille operum custos. Kulturgeschichtliche Beiträge zur antiken Bienensymbolik und ihrer Rezeption*. Hildesheim u.a.: Olms. S. 114–137.

Nienholdt, Eva 1958: *Pelz am Herrscherornat, an weltlichen sowie geistlichen Ordens- und Amtstrachten*. In: *Das Pelzgewerbe*, 9/3 (1958). S. 132–138.

Nietzsche, Friedrich 1886/2000: *Also sprach Zarathustra*. Leipzig: Reclam.

Nigg, Joseph 1999: *The Book of Fabulous Beasts*. Oxford: Oxford University Press.

Nikbin, Mehrouz u.a. 2007: Chimerism: A New Look. In: *Urology Journal*, 4 (2007). S. 1–9.

Nowak, Martin A./May, Robert M. 2000: *Virus Dynamics. Mathematical Principles of Immunology and Virology*. Oxford: Oxford University Press.

Ohno, Susumu/Gropp, A. 1965: Embryological Basis for Germ Cell Chimerism in Mammals. In: *Cytogenetics*, 4 (1965). S. 251–261.

Österdam, Abraham 1766: *Siren Lacertina. Dissertatione academica orbi erudito data*. Uppsala: Universität Dissertation. In: http://www.animalbase.uni-goettingen.de/zooweb/servlet/AnimalBase/home/reference?id=1721, 18.3.2012.

Österdam, Abraham 1769: Siren Lacertina. In: Linné, Carl von (Hrsg.): *Amoenitates Academicæ seu Dissertationes variae physicae, medicae, botanicae antehac seorsim editae nunc collectae et auctae cum tabulis aeneis*, Bd. 7. Stockholm: Kiesewetter. S. 311–325.

Ovid, Publius Naso 1992: *Metamorphosen*, lat./dt., hrsg. von Erich Rösch. München/Zürich: Artemis & Winkler.

Pächt, Otto 1950: Early Italian Nature Studies and the Early Calendar Landscape. In: *Journal of the Warburg and Courtauld Institutes*, 13 (1950). S. 13–48.

Parikka, Jussi 2010: *Insect Media. An Archeology of Animals and Technology*. Minneapolis/London: University of Minnesota Press.

Parker, T. Jeffrey/Haswell, William A. 1900: *A Manual of Zoology*. New York: The MacMillan Company.

Pasolini, Pier Paolo 1979: Von den Glühwürmchen. In: Ders.: *Freibeuterschriften. Aufsätze und Polemiken über die Zerstörung des Einzelnen durch die Konsumgesellschaft*, hrsg. von Agathe Haag. Berlin: Wagenbach. S. 67–73.

Pastoureau, Michel 1993: *Traité d'heraldique*. Paris: Picard.

Pastoureau, Michel 2007: *L'Ours. Histoire d'une roi déchu*. Paris: Éditions du Seuil.

*Physiologus. Frühchristliche Tiersymbolik* 1981, hrsg. von Ursula Treu. Berlin: Union-Verlag.

*Physiologus. Tiere und ihre Symbolik* 2000, hrsg. von Otto Seel. Düsseldorf/ Zürich: Artemis & Winkler.

Platon 1991a: Politeia. In: Ders.: *Sämtliche Werke in 10 Bänden*, gr./dt., hrsg. von Karlheinz Hülser, Bd. 5. Frankfurt am Main/Leipzig: Insel.

Platon 1991b: Phaidros. In: Ders.: *Sämtliche Werke in 10 Bänden*, gr./dt., hrsg. von Karlheinz Hülser, Bd. 6. Frankfurt am Main/Leipzig: Insel. S. 9–150.

Plautus, Titus Maccius 2008: Asinaria/Die Eselkomödie. In: Ders.: *Komödien*, lat./dt., hrsg. von Peter Rau, Bd. 1. Darmstadt: Wissenschaftliche Buchgesellschaft. S. 109–190.

Plinius Secundus der Ältere, Gaius 1978: *Naturalis historiae/Naturkunde*, lat./ dt., 37 Bde., hrsg. von Roderich König. München: Heimeran.

Portmann, Adolf 1957: Die Erscheinung der lebendigen Gestalten im Lichtfelde. In: *Wesen und Wirklichkeit des Menschen. Festschrift für Helmuth Plessner*. Göttingen: Vandenhoeck & Ruprecht. S. 29–41.

Prigogine, Ilya/Stengers, Isabelle 1993: *Dialog mit der Natur. Neue Wege naturwissenschaftlichen Denkens*. München: Pieper & Co.

Pringsheim, Ernest G./ Pringsheim, Olga 1952. Experimental Elimination of Chromatophores and Eye-spot in *Euglena gracilis*. In: *The New Phytologist*, 51 (1952). S. 65–76.

Przibam, Hans 1911: Die Umwelt des Keimplasmas. In: *Development Genes and Evolution*, 43/1–2 (1917). S. 37–46.

Purchas, Samuel 1657: *Theatre of Political Flying Insects*. London: Thomas Parkhurst.

Rachewiltz, Siegfried von 1987: *De Sirenibus. An Inquiry into Sirens from Homer to Shakespeare*. New York/London: Garland.

Rahner, Hugo 1945: Odysseus am Mastbaum. In: *Griechische Mythen in christlicher Deutung*. Zürich: Rhein-Verlag. S. 414–486.

Reynolds, Richard 1992: *Super Heroes. A modern mythology.* Jackson: University Press of Mississippi.

Ritter, Joachim 1957: *Hegel und die französische Revolution.* Köln/Opladen: Westdeutscher Verlag.

Robinson, John Martin/Woodcock, Thomas (Hrsg.) 1988: *The Oxford Guide to Heraldry.* Oxford: Oxford University Press.

Roche, Denis 1982: *La Disparition des Lucioles.* Paris: Éditions de l'Étoile.

Rolland, Eugene 1911: *Faune populaire de la France.* Paris: Maisonneuve.

Rosen, Robert 1991: *Life itself.* New York: Columbia University Press.

Rüchardt, Christoph 2007: Die Farben der Schmetterlingsflügel und anderer Insekten. Die Entdeckung der Pterine in der Wieland-Schule. In: *550 Jahre Albert-Ludwigs-Universität,* Bd. 4. Freiburg im Breisgau: Alber. S. 211–213.

Saerberg, Siegfried 2011: Die schwarzen Wühler. Sinnessoziologische Erkundungen eines zwielichtigen Kampfplatzes. In: Keller, Reiner/Meuser, Michael (Hrsg.): *Körperwissen.* Wiesbaden: VS Verlag für Sozialwissenschaft. S. 353–378.

Said 2003: *Dieses Tier, das es nicht gibt. Ein Bestiarium.* München: C. H. Beck.

Sainsbury, Richard M. 2001: *Paradoxien.* Stuttgart: Reclam.

Sambraus, Hans Hinrich (Hrsg.) 1978: *Nutztierethologie. Das Verhalten landwirtschaftlicher Nutztiere. Eine angewandte Verhaltenskunde für die Praxis.* Berlin/Hamburg: Paul Parey.

Scaliger, Julius Caesar 1582: *Exotericarum exercitationum. Liber XV. De subtilitate, ad Hieronymum Cardanum.* Frankfurt: A. Wecheli.

Schätzing, Frank 2004: *Der Schwarm.* Köln: Kiepenheuer & Witsch.

Schefold, Karl 1952: Das Dämonische in der griechischen Kunst. In: *EPMHNEIA, Festschrift für Otto Regenbogen zum 60. Geburtstag am 14. Februar 1951.* Heidelberg: Carl Winter. 28–39.

Scheibelreiter, Georg 1993: *Tiernamen und Wappenwesen.* Wien u.a.: Böhlau (Veröffentlichungen des Instituts für Österreichische Geschichtsforschung; 24).

Scheibelreiter, Georg 2007: Tiersymbolik und Wappen im Mittelalter. Grundsätzliche Überlegungen. In: *Das Mittelalter,* 12 (2007). S. 9–23.

Scheidler, Karl Hermann 1845: Fechtkunst. In: Ersch, Johann Samuel/Gruber, Johann Gottfried (Hrsg.): *Allgemeine Encyclopädie der Wissenschaften und Künste,* 1. Sektion A–G, 42. Teil. Leipzig: Brockhaus. S. 190–206.

Schlegel, Hans G. 1985: Allgemeine Mikrobiologie. Stuttgart/New York: Thieme.

Schlesier, Renate 1982: Das Flötenspiel der Gorgo. In: Kapp, Reinhard (Hrsg.): *Notizbuch 5/6: Musik.* Berlin u.a.: Medusa. S. 10–57.

Schlesier, Renate 1989: Medusa oder: La belle différence. In: Kamper, Dietmar/ Wulf, Christoph (Hrsg.): *Der Schein des Schönen*. Göttingen: Steidl. S. 128–153.
Schloegel, Judy Johns/Schmidgen, Henning 2002: General Physiology, Experimental Psychology and Evolutionism. In: *Isis*, 93/4 (2002). S. 614–645.
Schmidgen, Henning 2009: *Die Helmholtz-Kurven. Auf der Spur der verlorenen Zeit*. Berlin: Merve.
Schmidt, Harald 2010: Die Klitoris der Hyäne. In: Krajewski, Markus/Maye, Harun (Hrsg.): *Die Hyäne. Lesarten eines politischen Tiers*. Zürich: Diaphanes. S. 105–110.
Schmidt, Uwe 1978: *Vampirfledermäuse*. Wittenberg: Ziemsen.
Schmitt, Carl 1997: *Der Nomos der Erde im Völkerrecht des Jus Publicum Europaeum*. Berlin: Duncker & Humblot.
Schmitt, Marilyn Low 1966: Bellerophon and the Chimaera in Archaic Greek Art. In: *American Journal of Archaeology*, 70 (1966). S. 341–347.
Schneider, Johann Gottlob 1783: *Allgemeine Naturgeschichte der Schildkröten, nebst einem systematischen Verzeichnisse der einzelnen Arten und zwey Kupfern*. Leipzig: Johan Gotfried Müllersche Buchhandlung.
Schneirla, T.C./Piel, Gerard 1948/1972: The Army Ants. In: *Selected Writings of T.C. Schneirla*, hrsg. von Lester R. Aronson u.a.. San Francisco: W.H. Freeman. S. 750–767.
Schober, Wilfried 1996: *Ultraschall und Echolot. Die Fledertiere dieser Welt*. Leipzig: Urania.
Schopenhauer, Arthur 1819: *Die Welt als Wille und Vorstellung*. Leipzig: Brockhaus.
Schütze, Gundolf 1973: *Gesellschaftskritische Tendenzen in deutschen Tierfabeln des 13. bis 15. Jahrhunderts*. Frankfurt am Main u.a.: Peter Lang.
Schwerdt, Wolfgang 2009: Die römischen Spiele als Machtdemonstrationen. In: *History Magazin. Geschichte im Fokus*, 13.10.2009: http://history.mediaquell.com/2009/10/13/die-roemischen-spiele-als-machtdemonstration-839/, 7.3.2012.
Seefeldt, Katja 2005: Der Gecko-Effekt. In: *Telepolis*, 04.01.2005: http://www.heise.de/tp/artikel/19/19152/1.html, 18.3.2012.
Seitter, Walter 1985: *Menschenfassungen. Studien zur Erkenntnispolitikwissenschaft*. München: Boer.
Seneca, Lucius Annaeus 1986: *De clementia/Über die Güte*, lat./dt., hrsg. von Karl Büchner. Stuttgart: Reclam.

Seneca, Lucius Annaeus 1995: Epistulae morales ad Lucilium/Briefe an Lucilius. In: Ders.: *Philosophische Schriften*, lat./dt., hrsg. von Manfred Rosenbach, Bd. 3. Darmstadt: Wissenschaftliche Buchgesellschaft.

Shakespeare, William 1920: *Hamlet. Prinz von Dänemark*. Berlin: Verlag der Bücher des Deutschen Theaters.

Shakespeare, William 2005: *The Complete Works*, hrsg. von Stanley Wells u.a.. Oxford: Clarendon Press.

Shakespeare, William 2010: *The Merry Wives of Windsore*, engl./dt.. Tübingen: Stauffenburg.

Shannon, Claude E. 2003: Presentation of a Maze-Solving Machine. In: Pias, Claus (Hrsg.): *Cybernetics – Kybernetik. The Macy Conferences 1946-1953*, Bd. 2 (Protokolle). Zürich/Berlin: Diaphanes. S. 474–479.

Sidney, Philip 1595/1831: *Defence of Poesy*. Cambridge: Hillard and Brown.

Siebmacher, Johann 1655: *Das erneuerte und vermehrte Teutsche Wappenbuch*. Nürnberg: Fürst.

Simon, Jean-Baptiste 1740: *Le Gouvernement admirable, ou la république des abeilles*. Paris: Pierre de Hondt.

Singer, Emily 2009: Ferngesteuerte Käfer für die US-Armee. In: *Technology Review*, 4.2.2009: www.heise.de/tr/artikel/Ferngesteuerte-Kaefer-fuer-dieUS-Armee-276062.html, 3.1.2012.

Singh, Joseph A. L. 1964: *Die Wolfskinder von Midnapore. Mit einem Geleitwort von Adolf Portmann*. Heidelberg: Quelle & Meyer.

Solis, Virgil 1555: *Wappenbüchlein*, Nürnberg: Solis.

Song, Wei-Guo u.a. 2006: A Remote Controlled Multimode Micro-Stimulator for Freely Moving Animals. In: *Acta Physiologica Sinica*, 58/2 (2006). S. 183–188.

Spinoza, Baruch de 1670/1967: *Der Theologisch-politische Traktat*. Leipzig: Reclam.

Spinoza, Baruch de 1677/1999: *Die Ethik in geometrischer Ordnung dargestellt*. In: Ders.: *Sämtliche Werke*, lat./dt., hrsg. von Wolfgang Bartuschat, Bd. 2. Hamburg: Meiner.

Stadler, Rainer 2010: Der Überflieger. In: *Magazin der Süddeutschen Zeitung*, 47 (2010): http://sz-magazin.sueddeutsche.de/texte/anzeigen/34981/, 17.7.2011.

Stephan, Reinhold 1940: *Zur Geschichte des Rauchwarenhandels im Altertum und Mittelalter und die Erschließung des russisch-asiatischen Raumes vom 16.–18. Jahrhundert*. Bochum-Langendreer: Pöppinghaus.

Stiegler, Christian 2007: *Vergessene Bestie. Der Werwolf in der deutschen Literatur*. Wien: Braumüller.

Stierle, Karlheinz 1982: Der Maulwurf im Bildfeld. Versuch zu einer Metapherngeschichte. In: *Archiv für Begriffsgeschichte*, 26 (1982). S. 101–143.

Strabo 1855–1898: *Geographica/Erdbeschreibung*, 17 Bde. Stuttgart: Hoffmann.

Strasser, Peter 2012: *Kein Tag ohne Erleichterung. Vorletzte Dinge*, zusammengestellt von Astrid Kury, mit Zeichnungen von Fritz Panzer. Wien: Residenz.

Stryer, Lubert 1988: *Biochemistry*. New York: W. H. Freeman and Company.

Stryer, Lubert 1991: *Biochemie*. Heidelberg: Spektrum.

Swammerdam, Jan 1669: *Historia Insectorum generalis*. Leiden: Meinardus van Dreunen.

Swammerdam, Jan 1752: *Bibel der Natur*. Leipzig: Gleditsch.

Swan, John 1635: *Speculum Mundi; or a Glasse Representing the Face of the World*. Cambridge: Printers to the Universitie.

Ternetz, Charlotte 1912: Beiträge zur Morphologie und Physiologie der Eulgena gracilis Klebs. In: *Jahrbuch für wissenschaftliche Botanik*, 51 (1912). S. 435–514.

Tetens, Johannes Nikolaus 1777/1979: *Philosophische Versuche über die menschliche Natur und ihre Entwicklung*. Hildesheim u.a.: Olms.

Uexküll, Gudrun von 1964: *Jakob von Uexküll. Seine Welt und seine Umwelt*. Hamburg: Wegner.

Uexküll, Jakob von 1905a: Studien über den Tonus II. Die Bewegungen der Schlangensterne. In: *Zeitschrift für Biologie*, N.F. 28 (1905). S. 1–37.

Uexküll, Jakob von 1905b: *Leitfaden in das Studium der experimentellen Biologie der Wassertiere*. Wiesbaden: Bergmann.

Uexküll, Jakob von 1924: Die Flügelbewegung des Kohlweißlings. In: *Pflügers Archiv für die gesamte Physiologie des Menschen und der Tiere*, 202 (1924). S. 259–264.

Uexküll, Jakob von/Kriszat, Georg 1934: *Streifzüge durch die Umwelten von Tieren und Menschen*. Berlin: Springer.

Van Helvoort, Ton 1994: The Construction of Bacteriophage as Bacterial Virus: Linking Endogenous and Exogenous Thought Styles. In: *Journal of the History of Biology*, 27/1 (1994). S. 91–139.

Van Helvoort, Ton 2004: Viren, Wissenschaft und Geschichte. In: Mayer, Ruth/Weingart, Brigitte (Hrsg.): *Virus!* Bielefeld: transcript.

Varro, Marcus Terrentius 2002: *Rerum rusticarum libri tres/Gespräche über die Landwirtschaft*, 3 Bde., hrsg. von Dieter Flach. Darmstadt: Wissenschaftliche Buchgesellschaft.

Vaupel, Elisabeth 2008: Nützliche Netzwerke und »kriegswichtige« Forschungsprojekte: Die Handlungsspielräume des Chemie-Nobelpreisträger Heinrich Wieland (1877–1957) im Dritten Reich. In: Kraus, Elisabeth (Hrsg.): *Die Universität München im Dritten Reich. Aufsätze*, Teil 2. München: Utz. S. 331–380.

Vernant, Jean Pierre 1988: *Tod in den Augen. Figuren des Anderen im griechischen Altertum: Artemis und Gorgo*. Frankfurt am Main: Fischer.

Voet, Donald/Voet, Judith G. 1995: *Biochemistry*. New York u.a.: John Wiley & Sons.

Vogl, Joseph/Matala de Mazza, Ethel 2002: Bürger und Wölfe. Versuch über politische Zoologie. In: Geulen, Christian u.a. (Hrsg.): *Vom Sinn der Feindschaft*. Berlin: Akademie-Verlag. S. 207–217.

Völker, Klaus (Hrsg.) 1994: *Werwölfe und andere Tiermenschen. Dichtungen und Dokumente*. Frankfurt am Main: Suhrkamp.

Wallace, Alfred Russel 1858: *Three Papers on the Tendency of Species to Form Varieties. And on the Perpetuation of Varieties and Species by Natural Means of Selection*. London: Van Voorst.

Wallace, Alfred Russel 1869: *The Malay Archipelago: The Land of Orang-Utan and the Bird of Paradise. A Narrative of Travel with Studies of Man and Nature*. New York: Harper & Brothers.

Waller, Richard 1685: Observations on the Cicindela Volans; or Flying Glow-Worm, with the Figure Thereof Made, and Dsiegned by Richard Waller. In: *Philosophical Transactions*, 15 (1685). S. 841–845.

Walne, Patricia L./Kivic, Peter A. 1990: Phylum Euglenida. In: Margulis, Lynn u.a. (Hrsg.): *Handbook of Protoctista*. Boston: Jones and Bartlett. S. 270–287.

Warburg, Aby 2010: *Planetenbilder auf der Wanderung von Süd nach Nord*. In: Ders.: *Werke in einem Band*, hrsg. von Martin Treml u.a. Frankfurt am Main: Suhrkamp.

Warder, Joseph 1712: *The True Amazons; or, The Monarchy of Bees*. London: I. Dawks for John Pemberton.

Weerth, Georg 1956: Gebet eines Irländers. In Ders.: *Sämtliche Werke in fünf Bänden*, hrsg. von Bruno Kaiser, Bd. 2. Berlin: Aufbau. S. 216–217.

Weik, Friedhelm 1980: *Die Greifvögel der Welt. Ein farbiger Führer zur Bestimmung der Ordnung Falconiformes*. Hamburg/Berlin: Paul Parey.

Werner, Petra 1998: Vitamine als kollektiver Mythos. In: *Dahlemer Archivgespräche*, 2 (1997). S. 140–157.

Wheeler, William M. 1910: *Ants. Their Structure, Development and Behavior.* New York: Columbia University Press.

White, David O. (Hrsg.) 1984: *Antiviral Chemotherapy, Interferons and Vaccines.* Germering: Karger.

Whitehead, Alfred North 1987: *Prozeß und Realität.* Frankfurt am Main: Suhrkamp.

Whitehead, Hal 2003: *Sperm Whales. Social Evolution in the Ocean.* Chicago: University of Chicago Press.

Wissmann, Wilhelm (Hrsg.) 1965: *Wörterbuch der deutschen Tiernamen,* Beiheft 3: Die Namen der Libelle. Berlin: Akademie-Verlag.

Wittgenstein, Ludwig 1921/2003: *Tractatus logico-philosophicus. Logisch-philosophische Abhandlung.* Frankfurt am Main: Suhrkamp.

Wittgenstein, Ludwig 1953/1975: *Philosophische Untersuchungen.* Frankfurt am Main: Suhrkamp.

Woolfson, Jonathan 2009: The Renaissance of Bees. In: *Renaissance Studies,* 24/2 (2009). S. 283–300.

Wright, Austin 2010: Backpack-Wearing Cockroaches to Detect Radiation. In: *National Defense Magazine,* 3 (2010): http://www.nationaldefensemagazine.org/archive/2010/March/Pages/BackpackWearingCockroaches.aspx, 3.11.2011.

Wuketits, Franz M. 2011: *Schwein und Mensch. Die Geschichte einer Beziehung.* Hohenwarsleben: Westarp.

Wutzel, Otto (Hrsg.) 1977: *1200 Jahre Kremsmünster: Stiftsführer. Geschichte, Kunstsammlungen, Sternwarte.* Linz: Oberösterreichischer Landesverlag.

Zollinger, Edi 2007: *Arachnes Rache. Flaubert inszeniert einen Wettkampf im narrativen Weben: Madame Bovary, Notre-Dame de Paris und der Arachne-Mythos.* München: Wilhelm Fink.

Zubay, Geoffrey L. 1998: *Biochemistry.* Dubuque u.a.: Wm. C. Brown Publishers.

Zumstein, Hans 1899: Zur Morphologie und Physiologie der *Euglena gracilis Klebs.* In: *Jahrbuch für wissenschaftliche Botanik,* 34 (1899). S. 149–198.